新编21世纪公共管理系列教材

行政伦理学教程

第四版

张康之　王　锋　主编

Ethics in Public Administration:
An Introduction

中国人民大学出版社
·北京·

内容简介

    由张康之教授领衔主编的《行政伦理学教程》是行政伦理学领域的一部经典教材，先后被评为普通高等教育"十五"国家级规划教材、"十二五"普通高等教育本科国家级规划教材，同时也是国家级精品课程"行政伦理学"的配套教材。

    本书从应用伦理学的角度出发，初步建构了行政伦理学的基本框架，系统阐述了行政管理活动中应遵循的伦理原则、规范和操作规程。全书致力于探讨行政伦理制度化的可能性，对行政伦理学的学科体系和基本理念进行了探索，力求反映行政伦理学理论研究的新进展，突出行政伦理学课程的理论性、实践性和综合性的特点。同时，本书紧密结合新时代中国国家治理的新情况和新变化，反映党的十九大、二十大的思想和观点，努力回应实践对行政伦理学提出的新要求。书中安排了丰富的案例和知识专栏，力求理论与实践相结合，并进一步增强教材的可读性，启发读者更好地理解和掌握相关理论。

    本书适合作为高校行政伦理学、公共（管理）伦理学及相关课程教材，同时也是党政干部系统学习行政伦理知识、提升自身伦理素养的理想参考书。

主编简介

张康之 浙江工商大学特聘教授，公共管理学院教授；教育部"长江学者"特聘教授（2007年），首届全国优秀博士学位论文奖获得者，享受国务院政府特殊津贴。曾任中国人民大学公共管理学院教授、博士生导师，南京大学政府管理学院教授、博士生导师，先后在国内外120余所高校任兼职教授、客座教授或讲座教授。长期从事公共管理学科的教学和研究工作，研究专长为行政伦理学和组织理论，近年来主要从事社会治理哲学与文化研究。出版《寻找公共行政的伦理视角》《走向合作的社会》《一般管理学原理》《公共管理学》《公共行政学》《行政伦理学教程》等学术专著和教材30多部，在《中国社会科学》《中国人民大学学报》《学术研究》等期刊上发表学术论文700多篇。获得高等学校科学研究优秀成果奖（人文社会科学）（一等奖1次、二等奖1次）、北京市哲学社会科学优秀成果奖（一等奖4次）、江苏省哲学社会科学优秀成果奖（一等奖1次、二等奖2次）、浙江省哲学社会科学优秀成果奖（一等奖1次）、吴玉章优秀科研奖等诸多奖项。

王　锋 中国矿业大学公共管理学院副院长、教授、博士生导师，江苏省"青蓝工程"中青年学术带头人。主要研究方向为行政伦理、智慧治理等。出版《走向服务型政府的行政精神》《行政正义论》等专著，在《中国行政管理》《马克思主义研究与现实》《江海学刊》等期刊上发表学术论文70余篇；获得江苏省哲学社会科学优秀成果奖三等奖（2018年、2020年）等科研奖项。

现代意义上的公共行政与公共管理研究和教育始于 20 世纪初。时至今日，随着公共管理职业化的发展，公共行政与公共管理的研究和教育事业在主要发达国家方兴未艾。自 20 世纪 80 年代起，为了适应政府改革与公共管理人才培养的需要，我国的公共行政与公共管理研究和教育在经历了发展的挫折之后，开始了恢复和重建的工作。经过多年的发展，特别是公共管理一级学科的设置和我国公共管理硕士（MPA）教育的启动以及高校公共管理类本科专业的大量开设，公共管理已成为当代中国社会科学和管理科学领域的一个充满生机活力、具有远大发展前景的学科。

为了满足广大高校公共管理类专业的教学需要，在历届教育部高等学校公共管理类学科专业教学指导委员会的指导和支持下，中国人民大学出版社自 1999 年起，陆续出版了"21 世纪公共行政系列教材""21 世纪公共管理系列教材""21 世纪公共事业管理系列教材""公共管理系列教材""公共管理核心课程系列教材""21 世纪劳动与社会保障系列教材""21 世纪土地资源管理系列教材""21 世纪城市规划与管理系列教材"等多个本科系列教材。这些教材被国内高校公共管理类专业广泛选用，并得到了公共管理学界的支持和认可，数十种教材被评为"十五""十一五""十二五"国家级规划教材、普通高等教育精品教材以及各省市精品教材，为我国公共管理学科发展和人才培养做出了积极的贡献。

我国高等教育改革的进一步深化，以及新技术和新媒体的不断发展，对高校教材提出了更高的要求。为了回应这种要求，我们在广泛调研的基础上，拟对上述系列教材进行整合和提升，推出"新编 21 世纪公共管理系列教材"，以满足国内高校公共管理一级学科下设的行政管理、公共事业管理、劳动与社会保障、土地资源管理、城市管理、海关管理、交通管理、海事管理、公共关系学等本科专业的教学需要。

"新编 21 世纪公共管理系列教材"将秉承中国人民大学出版社"出教材学术精品，育人文社科英才"的宗旨，从本科教育的特点出发，从公共管理教育的特点出发，为广大高校公共管理类专业师生提供一套高质量的本科教材。在教材编写和内容安排上，"新编 21 世纪公共管理系列教材"强调基础知识、基本理论和基本技能，同时，也尽可能地体现创新性和前沿性，反映相关领域理论与实践的新发展。

"新编 21 世纪公共管理系列教材"由中国人民大学、中山大学、北京大学、清华大学、复旦大学、厦门大学、武汉大学、浙江大学、吉林大学、东北大学、北京师范大学、山东大学、四川大学、西北大学等数十所国内著名大学的知名学者领衔著述，我们期望通过这种强强联合、优势互补、资源共享的方式，为国内公共管理学界奉上一套体现系统性、权威性、通用性，并兼具创新性、前沿性、启发性的精品教材。

公共管理的实践是不断发展和变化的。随着公共管理实践的不断发展，公共管理学科研究的范围、主题和内容也在不断地发展和变化。我们将紧跟公共管理学科的发展，与所有作者一起，不断对本套教材进行修订和完善。望广大读者给我们反馈信息，对本套教材提出批评和建议，以使我们能够在所有读者和作者的帮助下，与中国公共管理学科共同成长。

中国人民大学出版社

前言

《行政伦理学教程（第三版）》出版以来行政管理的理论和实践都发生了巨大变化，技术的发展日新月异，尤其是人工智能、大数据等新技术广泛应用于社会生活，深刻影响到行政管理活动，数字社会、数字政府正成为各国追逐的主要领域；此外，世界的不确定性日益突出，风险社会不再是传说，而是我们不得不面对的现实，行政管理也需要面对这一现实。如何在应急管理与日常管理之间顺利切换，迫切需要政府在实践中不断提升治理效能，在理论上作出回应。行政伦理学也需要对这一问题进行回应，并进行前瞻性探索。因而，现在到了不得不对这本教材进行修订的时候了。

此次教材修订力求既能反映出行政伦理学理论研究的新进展，又能回应现实对行政管理、行政伦理学提出的新要求。在内容编排上，对所有案例进行了更新，力求理论与案例相结合，增强教材的可读性。在修订中，我们努力使本书内容精练、紧凑，力求突出行政伦理学课程的理论性、实践性、综合性的特点，希望帮助使用这本教材的老师们在教学中充分调动学生作为学习主体的能动性。基本目的就是既提高学生的理论素养，又引导学生运用理论去分析具体的现实问题。

本书的写作分工如下：第1、3章由王锋编写，第2章由柳亦博编写，第4、7章由杨艳编写，第5章由杨华锋编写，第6、11章由张乾友编写，第8章由周军编写，第9章由程倩编写，第10章由谢新水编写，第12章由向玉琼编写，第13章由张桐编写。王锋承担统稿工作，最后由张康之定稿。长期使用本教材的老师会发现，第四版更换了第二主编，即由王锋主持修订。这反映了我们求新的愿望。

本次教材修订力求反映党的十九大、二十大的思想、观点，努力让教材体现习近平新时代中国特色社会主义思想的最新成果。同时，我们也广泛吸收了近年来行政管理、行政伦理研究方面的理论成果。本书参考和借鉴了有关专家、学者的最新研究成果，引用了一些新闻媒体的案例，谨向大家表示诚挚的谢意。由于我们的水平有限，错误疏漏之处在所难免，敬请专家和读者批评指正。

张康之

2023 年 6 月

第 4 章　行政伦理规范

第 5 章　行政责任

第 6 章　行政良心

第 7 章　行政人格

第 8 章　行政组织伦理

第 1 章

行政伦理的基本观念

对任何社会来说，行政管理是必要也是必需的。从人类社会的演进过程看，农业社会、工业社会、后工业社会构成了社会演进的清晰线索。走向后工业社会是人们当下生活的背景。这一背景要求我们建构与之相应的行政管理类型与社会治理模式。服务行政、服务型政府以及与之相应的德治模式是后工业社会向我们展现出来的社会治理的基本图景。

1.1　行政体系中的伦理

如果把社会看作一个具有自我组织能力且功能良好的系统，那么公共行政就是维持整个社会系统正常运转不可或缺的部分。现代社会中的公共行政本身则是一个复杂的体系，包含着行政论理的内容。

1.1.1　"行政人"与行政伦理关系

行政关系需要放在整个社会系统中来考察。如果我们仔细思考，就会发现行政关系其实包含三种关系，即权力关系、法律关系和伦理关系，行政关系是由权力、法律与伦理构成的三维结构系统。公共行政中的权力关系是由公共管理组织结构所决定的领导与被领导、命令与服从的结构性关系；法律关系是由国家法令和行政组织中的内部章程、规定、条例等所确立的制度性关系；伦理关系则是建立在一个社会所拥有的普遍人际关系和行为准则基础上的，是体现在行政管理活动中的价值关系。行政伦理关系不同于一般性的社会伦理关系，也不同于存在于政府部门中以权力为核心的职业关系，而是以伦理精神为主导和以权力、法律为支撑的一种新型伦理关系。

从社会历史发展的角度看，农业社会的治理体系以权力为轴心，存在于这个体系中的一切治理关系都是在权力关系的轴心上生成和展开的。在某种意义上，农业社会的治理关系是以权力关系为基本内容的，法律与伦理只是作为权力的调节因素而存在。在农业社会的行政体系中，权力关系是轴心，法律关系处于边缘状态，而伦理关系比法律关系还要具有边缘性。这是因为，农业社会的行政管理是典型的统治行政，管理活动建立在权力关系的基础上，是为统治阶级的利益而服务的。为了维护统治阶级所需要的秩序，必然采取暴力的形式或以强制性的暴力为后盾，法律与道德不过是统治权力的补充，也就是说，法律与道德只不过是统治行政得心应手的治理工具。

工业社会由于采取了统治与管理分立的做法，能够在权力关系之外生成法律关系。众所周知，现代社会化大生产促使社会分工越来越专门化，由此导致的结果就是设立了许多行政组织和行政机构，进而使整个行政体系也越来越复杂化，目的是为了适应社会化大生产的需要。这些专门的行政组织和机构的设立显然是出于管理的需要。出于管理的要求，当行政组织和行政机构面对众多管理对象时，权力关系往往被隐藏起来，依法行政就成为管理行政的必然要求。也就是说，作为管理行政的公共行政中的法律关系凸显出来，而权力关系则隐藏在法律关系背后。在成熟的工业社会形态中，公共行政在管理公共事务时使依法行政得到强化，法律关系在整个行政关系中的作用得到增强，在整个行政系统中处于主导性地位，但这种主导性地位的获得仍然离不开权力关系的强有力支撑。也就是说，在管理行政中，权力的作用方式以及权力关系是以隐蔽的方式出现的。更为明显的是，管理行政的管理形式化和工具理性追求时刻排斥着伦理关系，以至于伦理关系处于边缘位置上。

后工业社会服务关系的日益凸显以及在此基础上的服务定位，向公共行政提出新的要求，即公共行政必须适应后工业化这一历史发展趋势，主动调适自身，从管理行政走向服务行政，这种历史性转变的核心就在于承认公共行政中日益生成的伦理因素。不同于统治行政和管理行政，服务行政能够在对权力关系和法律关系的历史继承中生成一种全新的伦理关系。服务行政不是把社会的服务期望当作压力，而是当作动力。行政管理对象的服务期望越是强烈，越能促进行政伦理关系的增强，并通过伦理关系的增强来影响权力关系和法律关系，进而实现权力关系和法律关系的道德化。"与权力和法律相比，道德的优越性在于，能够催化出人的内心的道德意识，使人在外在的道德规范和社会伦理机制的作用下形成内在的道德力量，这种力量促使他把他人融入自己的生命活动之中，把他人的事业、他人的要求看作促使他行动的命令，同时又把自我生存的意义放置在为他人服务之中。"①

行政伦理关系是客观的，同时又包含于其他行政关系之中。行政伦理关系的客观性就在于它是行政主体与行政客体之间所存在的一种关系，伦理、价值等因素成为行政体系中不可或缺的因素。这是因为，不仅行政关系需要得到价值因素的支持，整个行政体系是否健全也是以价值、伦理因素为标尺的。与权力关系和法律关系相比，伦理、价值关系不是一种独立存在的关系，而是包含于其他行政关系之中，它不像其他行政关系那

① 张康之.论伦理精神.2版.南京：江苏人民出版社，2012：188.

样显露于外，而是时时为人们所感知却又无法准确把握。行政伦理关系虽然是隐蔽地存在于其他行政关系之中的，却拥有自己的结构。行政伦理关系具有多重向度，在整体层面上主要是指行政管理主体与客体之间的伦理关系；在个体层面上主要指行政管理者与管理对象、行政管理者之间的伦理关系；在整体与个体的联结处，则是指行政管理组织与行政管理者个人之间的伦理关系。对行政管理来说，行政管理活动是以组织的形式展开的，在政府组织与社会组织之间、行政管理主体与客体之间，也存在着群体性的伦理关系。

行政伦理关系的生成并在整个行政体系中逐渐居于支配性地位会造成一种错觉，那就是认为伦理关系会取代权力关系和法律关系。在服务行政模式中，由于服务导向的定位，整个行政体系中的权力关系和法律关系实现了道德化，更重要的是，服务行政与统治行政、管理行政的根本区别就在于，在权力关系、法律关系和伦理关系三者之间形成了稳定的结构，从而保证行政管理主体之间、行政管理主体与行政管理对象之间处于相互协调的状态。在这种情况下，伦理关系或者伦理因素处于主导地位，从原来的隐性状态转变为显性状态，但这并不意味着权力和法律完全消失。在服务导向的行政管理体系中，行政管理过程仍然离不开权力和法律，伦理因素的凸显离不开权力和法律的支持和保障。在某种情况下，权力与法律仍然是保证整个行政体系顺利展开的重要条件。"服务型社会治理模式属于德治与法治相统一的模式。其中，权力也还存在，在一些领域还会在一定程度上包含着权治的内容。但在总体上，服务型社会治理属于德治的社会治理模式，它主要是德治与法治的统一。"①

对行政体系中的行政人来说，行政体系是先在于他的。这种先在性意味着具体的行政人选择行政管理作为自己的职业的时候，才成为行政伦理关系的主体，而当他选择退出行政管理活动的时候，也就自然而然地退出了行政伦理关系。行政伦理关系并不因为个体的加入而消失，也不因为个体的退出而变化。在此意义上，公共行政的道德要求和期望，或者说社会对公共行政的道德要求和期望是先在的、客观的、稳定的，它并不会因为行政个体的变化而变化。

虽然行政伦理也有组织伦理、群体伦理的含义，甚至不得不思考组织的道德性问题，但对行政组织来说，行政管理的效果是通过行政管理活动得到体现的。虽然行政管理是集体行动，虽然行政管理面对着集体行动的责任困境，但行政管理活动的展开却不得不由具体的行政管理者来承担。也就是说，即使在一个实现了行政关系道德化的环境中，行政道德的实现程度最终仍取决于行政个体。不同于罗尔斯所说的封闭社会状态，对行政人来说，个体有选择加入和退出的自由，这种自由选择的权利意味着行政伦理关系的作用最终取决于行政个体。"伦理关系在公共管理组织中的作用路线是以个人为起点的，通过个人而实现组织成员间的积极合作和有效协调，然后再上升到群体的层面，成为群体行动中的基本精神。在群体之间，也是通过个人来促进群体间的积极合作和有效协调的。所以，权力关系、法律关系在公共管理中的作用路线是从群体到个体、从集体到个

---

① 张康之. 论伦理精神. 2 版. 南京：江苏人民出版社，2012：186.

人，而伦理关系的作用路线则是从个体到群体、从个人到集体。"① 这意味着，公共行政的道德化最终需要落实到行政个体身上，他们对于伦理道德的理解、对于伦理道德的实践，就成了公共行政道德化的基本支柱。

专栏

西周分封制度蕴含的行政伦理关系

"封邦建国"是西周政治制度中最具特色的制度，也是对后世影响最深远的制度，然而分封却也是最被人误解的制度。长期以来，人们总是认为分封制是周天子将国土分割赏赐给自己的兄弟、诸子，让他们成为"诸侯"，这些诸侯名义上是周王的臣属，实际上则是那片国土上真正的统治者。如果我们细究相关的文献和金文记录，就会发现分封远比我们的想象要复杂得多，这是一种在很长的历史时期行之有效的政治设计，是周王朝早中期繁荣的重要基础，值得重新评价。

分封并非许多人印象中单纯的"分土封建"，康叔封从周公旦手上接过的除了疆域（封畛土略，自武父以南，及圃田之北竟，取于有阎之土），还有仪仗（大路、少帛、綪茷、旃旌、大吕），更重要的是，七个原属于殷商的氏族（殷民七族）也被赐予了康叔封。这些仪仗、人民连同疆域一起，成为康叔封统治卫国的"物质基础"。

在将这些"物质基础"赏赐给康叔封之后，周公旦又向其颁布了统治卫国的基本原则——《康诰》（《康诰》保存在传世文献《尚书》之中，一些学者认为《酒诰》《梓材》两篇也是《康诰》的组成部分），并且叮嘱康叔封，要"启以商政，疆以周索"，即要求康叔封以商王朝的政治惯例施政，以周人的标准分割土地。

所以，在最初的分封中，卫国获得了包括土地疆域、人口氏族、仪仗宝器在内的物质资源和包括《康诰》等在内的施政纲领，可见分封从一开始，就是一套远比"划出一片土地赠予诸侯"更为复杂的政治设计。

资料来源：赵威，李宝轩. 中国古代权力伦理的系统建构及其与天道信仰的关系. 社会科学研究，2019（1）.

1.1.2　行政目的实现中的伦理

行政的直接目的在于维护一定的社会秩序。社会冲突是一种客观的社会现象，一切社会都存在着社会冲突。控制社会冲突、维护社会秩序，是一个社会面临的首要任务。只要存在社会冲突，就会影响甚至威胁到社会秩序，社会成员就会处于普遍的不安全感之中。稳定与和谐的社会秩序是符合社会成员的利益要求的，正是由于人类有控制社会冲突的需求，政府才获得了存在的理由。在这个意义上，我们说，政府存在的目的就是维护一定的社会秩序。只不过，在统治行政下，由于统治与管理之间混沌未分，行政管理的功能直接服务于统治目的，这种统治当然是维护统治阶级所期望的社会秩序。这正是马克思主义经典作家对国家职能的经典分析。在管理行政下，随着社会分化日趋细密，

---

① 张康之. 论伦理精神. 2版. 南京：江苏人民出版社，2012：152-153.

管理与统治相分离，但行政管理维护秩序的功能却没有丧失。这是因为，尽管行政管理以公共行政的面目出现，而这种公共行政则是由政府来承担的，无论如何，政府都不得不首先承担起维护社会秩序的功能。

不过，如果把行政的目的仅仅定位为维护秩序，未免太简单化了。一方面，出于统治的需要，统治阶级必然要想尽一切办法维护既定秩序。这种秩序显然是统治阶级所期望的秩序，尤其是统治行政所致力于维护的秩序显然是统治阶级所期望的秩序，尽管这种秩序中包含着社会的客观要求，也会在一定程度上反映社会的客观要求，但统治阶级所期望的秩序与社会客观秩序要求之间显然不可能在统治行政下得到统一。另一方面，由于行政都以政府为载体，而政府以国家权力为支撑，且这种权力在大多数情况下是以暴力的形式出现，在维护社会秩序方面，政府可以非常方便地使用权力，甚至动用暴力，但其结果是政府在维持社会秩序方面要付出巨大的成本。更为关键的是，这种秩序往往是不稳定的，甚至是虚假的秩序，它是在外在强制力下形成的秩序，而不是社会在演进过程中生成的自然秩序。一旦外部强制力量削弱或者不存在，这种秩序就会走向失序。

这样，对行政目的的追问就需更进一步：行政所追求的秩序背后存在什么力量？或者说，是什么因素在支持行政维护社会秩序？我们知道，工业社会建立在市场经济的基础上，而市场依靠的是每个主体的利己心获得发展的驱动力。基于利益最大化这一共同标准，市场中的每个主体与其他主体进行交换，从而形成市场经济所期望的自然秩序。这种自然秩序仅仅是理论上的推演，从市场经济的演进看，完全自然的市场秩序不仅会造成垄断，而且会破坏市场本身。因而，现实中的市场经济并没有拒绝政府的干预。至少，在现代社会中，政府一方面要维护市场经济健康发展所需要的规则；另一方面，政府需要对市场经济发展中出现的纠纷进行协调和解决。在市场经济发展过程中，逐渐生成了公共利益，出现了统治阶级利益与公共利益的分化，而政府正是公共利益的代表者和维护者，公共行政所致力于维护的秩序背后是公共利益的支撑。管理行政继承了统治行政的秩序意识，但管理行政不能仅仅满足于担当维护秩序的角色，它要求在确保秩序的前提下对社会生活的公共部分进行管理，并使之优化。

对公共行政来说，公共性的品质要求其一切行为都以公共利益为依据，因而，政府提供社会秩序的标准就在于公共利益能否得到充分实现。我们知道，市场经济条件下的利益主体是多元化的，不同主体的利益要求不尽相同。作为公共利益平衡器的政府就需要在多元利益诉求中取得平衡，通过这种平衡发挥维护社会秩序的功能，使社会秩序充分体现正义的价值。如果政府不是公共利益的代表，而是社会利益分配的参与者，它就会和市场中的利益主体一样去追逐自身利益的最大化。在这种情况下，由于政府本身所具有的强势地位以及政府本身掌握着丰富的资源，一旦它成为利益主体，就意味着它一定会成为最强大的也是最有地位的利益主体。显然，如果政府把自己定位为市场中的利益主体，追逐自身利益的最大化，那么不仅扭曲了政府的公共性品质，也破坏了市场经济所需要的基本秩序。

政府是公共利益的代表，意味着政府是整个社会利益的代表。当政府把自身定位为整个社会利益的代表时，要求政府不仅不能拥有自身的特殊利益，甚至也不能在多元利益主体之间有任何倾向性。所以，公共性要求政府是"旁观者"，这种角色功能要求政府从无偏私的立场处理利益冲突。一旦政府如此行为，实际上就已经引入了伦理因素。我们知道，现代社会利益的多元化本身意味着利益冲突的可能，这就要求政府"必须立足于公共利益去对社会的利益冲突进行公正的调节，它不是社会利益冲突的一方，而是所有利益冲突的调节者。它不应当像历史上的政府在实践中所表现的那样，仅仅满足于维护统治阶级的统治秩序，它在其本源的意义上，所反映的是人类对公正、正义的渴望"[①]。

只有当政府作为社会总体利益的代表而不是作为一个独立的利益实体的时候，它才能超越把社会某一群体利益凌驾于整个社会利益之上的历史，才能站在社会整体利益的立场上，在尊重社会和社会组织独立性的前提下对社会活动进行协调和引导，或者为社会活动创造出适宜的活动环境与条件。政府及其公共行政承担着维护和提供社会正义的责任，政府及其公共行政的政治、经济职能是这一责任的具体实现途径。如果政府及其公共行政放弃了维护和提供社会正义的责任，它无论在政治和经济方面做出了多大的努力，都无法得到社会的认可。所以，对政府来说，关键在于为社会在多大程度上提供正义[②]。显然，当政府采取行动时，是基于公共利益的立场，所要维护的是整个社会的公平正义的秩序，所要促进的是社会的公共利益。在这个意义上，政府作为社会公器，必须致力于维护社会公平正义，必须致力于实现社会所要求的公平正义，通过这样的方式不断增强政府的回应性。

公共利益是公共行政所追求的最终目的吗？公共利益是无条件的吗？公共行政或者政府必须在任何条件下维护公共利益吗？如果不是无条件的，公共行政在追求公共利益的背后还有什么进一步的指向？一方面，公共利益并不完全与社会利益相吻合；另一方面，政府本身是公共利益的代表者和维护者，如果由政府及其公共行政自我辩护，那么任何政府都会宣称自己是公共利益的代表者和维护者。显然，政府及其公共行政的目的还必须寻找更进一步的理由。政府存在的理由是否可以止步于此？这就涉及以政府形式出现的公共行政存在的根本意义了。亚里士多德曾说，政治的善就在于让民众过上良善的生活。从政治中分化出来的公共行政虽然有脱离政治的冲动，但归根结底，行政管理的目的也是让民众过上良善的生活。就此而言，公共行政的目的就是马克思主义经典作家所说的人的解放。虽然马克思主义经典作家是着眼于未来社会来考虑的，但这却成为衡量政府及其公共行政的一个重要准则。从根本上看，政府的所有工作都是为了促进人的发展，不管是自由人的联合体，还是对美好生活的追求，这些目标从根本上都是服务和服从于人的全面发展这一主题的。这也构成了判断政府及公共行政所有行为的最终原则。

---

① 张康之．寻找公共行政的伦理视角：修订版．北京：中国人民大学出版社，2012：333.
② 同①276.

专栏

新时代社会保障事业发展的根本遵循

　　2021 年 2 月 26 日，第十九届中央政治局以完善覆盖全民的社会保障体系为主题进行第二十八次集体学习，习近平总书记主持学习并发表题为《促进我国社会保障事业高质量发展、可持续发展》的重要讲话。在这篇重要讲话中，总书记科学地阐明社会保障的地位作用，系统总结党的十八大以来我国社会保障事业的成就、经验和做法，对发展我国社会保障事业做出一系列重大部署。

　　深刻阐明社会保障的重大意义和作用，强调社会保障发挥着民生保障安全网、收入分配调节器、经济运行减震器的作用，是治国安邦的大问题。

　　深刻阐明我国社会保障事业取得的历史性成就，强调我国以社会保险为主体，包括社会救助、社会福利、社会优抚等制度在内，功能完备的社会保障体系基本建成，是世界上规模最大的社会保障体系。

　　深刻阐明推动我国社会保障事业高质量发展、可持续发展的思路方法和目标任务，强调要建设中国特色社会保障体系，科学谋划"十四五"乃至更长时期社会保障事业，深化社会保障制度改革，推进社会保障法治化，加强社会保障精细化管理，发挥好社会保障在应对疫情影响方面的积极作用，坚持制度的统一性和规范性等。

　　资料来源：习近平.促进我国社会保障事业高质量发展、可持续发展.先锋，2022（4）：5-8.

1.1.3　行政伦理与行政道德

　　从词源上来看，伦理与道德都有规则、规律之意，这构成二者的相通之处。不过，伦理更多地指向社会秩序，道德则更多地与个人有关。关于什么是行政伦理、什么是行政道德，目前学者们远未达成共识，一方面，这是因为作为学科意义上的行政伦理学非常年轻，学科史的短暂意味着关于这门学科的核心概念不可能在这么短的时间内取得共识；另一方面，核心概念的无公度性也说明了这些概念本身的开放性，即学者们可以从不同学科背景、不同角度切入、阐释。事实上，行政伦理学的研究正是在后一种意义上得到理解的。

　　与其他领域相比，伦理、道德的特点是无所在又无所不在。无所在表明的是伦理、道德没有一个专门的领地，没有明确的边界可以把它与其他领域区分开来。无所不在说的是伦理道德是以弥散的形式存在的，也就是说，凡是有人存在的地方，都有伦理道德的发生。行政伦理之所以引起人们的关注，从历史背景看，是管理行政的性质引发政府公共行政的道德冷漠，这反而激发了人们对行政伦理的关注，促使人们关注公共行政中的道德问题。

　　伦理是一种应当，它所反映的是事物存在的应然状态。从抽象的意义上看，行政伦理应反映公共行政的应然状态，这种应然状态就是从人自身的角度出发。行政伦理反映的是行政关系应当如何，即客观存在的行政关系的应然状态是什么样子。由此出发，我们可以把行政伦理关系从行政价值、行政组织、行政行为三个层面做进一步分析。从伦理道德的存在特性出发，我们看到，行政伦理首先要关注的是如何超越管理行政的技术主义，如何在公共行政中贯注价值。无论是政治与行政二分，还是事实与价值二分，其背后都放弃了对价值的关照。当公共行政按照技术主义的逻辑行进时，也就在工具理性的道路上越走越远，完全排斥了价值理性。价值是公共行政的灵魂，价值为公共行政指明方向。纯粹技术化的公共行政是无头脑的，它很容易为强权所左右，甚至成为纯粹的治理工具。

正如西蒙所说，价值要对公共行政发挥作用，必须是目标明确的且能够准确预测到其发生的概率。然而，价值本身作用于公共行政的目标事实上无法做到如自然科学那样精确。西蒙的意见应当引起重视，那就是，价值如果不能在公共行政的实践中有效发挥作用，就会走向空谈。事实上，新公共行政在行政学历史上昙花一现，也正说明了这个问题。新公共行政所高举的公平正义的旗帜固然鼓舞人心，但由于它不能落地生根，也就注定了自身很快销声匿迹。西蒙的话语和新公共行政的遭遇给我们一个启示，那就是行政价值必须有适宜的载体，否则，就如同空中楼阁，虽然令人振奋，却无法实现。这就意味着行政伦理还必须关注组织伦理。

当我们谈到组织伦理时，不能不涉及官僚制。事实上，人们对行政伦理的关注，首先针对的是官僚制的弊病。众所周知，韦伯设想的官僚制是一架运转精密的机器，但实际运行中的官僚制不仅没有想象中的高效率，反而充满官僚主义。官僚制组织不仅没有按照韦伯的设想去运转，反而把官僚制组织中的行政管理者和行政管理的服务对象都当作官僚制机器的一个部件来看待，当官僚制组织如此来运转时，也就在官僚制组织中排除了人。正是因为官僚制组织在实际运转过程中出现的问题，才把人们引向了对组织伦理的关注。

组织伦理可以沿着两个路径展开。其一，如何在制度中引入伦理道德，这就是制度的伦理化、道德化。"人与人之间的伦理关系以及个人在参与社会活动中所应遵循的道德原则，不仅存在于人们的日常生活世界中，而且也应当同时存在于制度设计和社会结构之中。在某种意义上，如果能够在制度设计和体制安排中引入道德的内容，就会使人的行为超越外在性的法律、规则等制度规范，从而达到自律的境界。所以伦理关系和道德原则也应当成为制度的基本内容，公共行政更是如此。在公共行政的法律制度和权力体制及其运行机制上，都需要包含着道德的内容，并有着把这些内容付诸实施的具体方式和方法。"① 制度的道德化是实现公共行政道德化的前提，通过制度的形式使行政人员明确什么是应当做的，什么是不应当做的，从而为行政管理者确立明确的行为框架。这意味着，制度的道德化指向了制度安排本身要贯注伦理道德内容。只有当整个政府体系都实现了道德化，建立起了道德化的制度和行政道德发生机制，才能保证行政人员的道德是普遍的道德和稳定的道德，才能造就健康的行政伦理关系。

其二，如果说制度伦理关注在官僚制组织中如何通过注入伦理道德因素去改善组织环境的话，那么另外一种途径则更为彻底，那就是实现对官僚制的超越。如果说发现制

---

① 张康之. 寻找公共行政的伦理视角：修订版. 北京：中国人民大学出版社，2012：232.

度的善意味着对行政伦理的思考还没有超出工业社会的治理框架，那么发现了自 20 世纪 60 年代出现的后工业化浪潮则为行政伦理找到了时代根由。如果说《第三次浪潮》《数字化生存》等还仅仅是未来学对后工业社会的畅想，那么在今天，后工业社会就不再是想象中的问题，而是徐徐展开的图景。这就意味着需要探索与后工业社会相适应的组织形式与相应的治理体系。合作制组织及与之相应的合作治理体系就是适应后工业社会这一全新社会形态而展开的探索，也是与德治相适应的组织结构和治理体系。

行政伦理的制度化为行政道德提供了可能的环境，而行政道德最终能否得到执行，还取决于行政人员，这是因为，所有的行政行为最终都需要落实到具体的行政人员身上，他们的道德认知、道德能力以及对道德因素的确认，会最终体现行政伦理的道德化程度。这样，行政伦理必然要向行政道德转化。行政道德往往是以规范的形式出现的，它反映的是行政伦理关系中那些有利于管理活动的因素，且这些因素能够为行政人员自觉认识到。这样的话，行政道德是对行政伦理的体现，行政伦理又是通过道德规范来加以维持和不断矫正的。行政道德最终落实到具体的行政管理者个体身上，但行政道德却不能完全归结为行政人员的个体道德。行政道德所反映的是对作为特殊职业群体的行政管理者的道德规范和道德要求。习近平总书记在党的二十大报告中谈到我国所处环境时指出："我国发展进入战略机遇和风险挑战并存、不确定难预料因素增多的时期，各种'黑天鹅''灰犀牛'事件随时可能发生。"[1] 在面对这些挑战和风险时，都需要得到行政道德规范的行政人员来作出回应。

就社会伦理来说，一个人是生而其中和死而出其外的。不同于社会伦理，行政管理者有选择加入和退出行政管理体系的自主性。这给我们一个启示：行政管理者在社会环境中生成的道德意识、道德习惯和道德行为还仅仅是在一般意义上的对社会成员的要求，但当一个人选择加入行政管理体系后，他就被赋予了作为行政管理者的职业道德。这种道德规范显然不同于其他职业道德规范，也不同于一般社会伦理准则。对行政管理者来说，"当他进入行政体系之中，也就是他的职业生涯开始的时候，他就开始在他的道德存在中不断注入行政管理这一职业活动所具有的职业理性。从而使他的道德存在适应于这一职业的要求"[2]。当一个人从社会人转变为行政人时，行政管理这一职业的特殊性向他提出了更高的道德要求，但这并不等于否认他作为人的存在。事实上，现代社会的领域分化使行政管理者身上承担了越来越多的角色，这些角色具有不同的道德要求和道德期待。对行政管理者来说，无论这些角色有多复杂，也不管这些角色之间会产生何种冲突，行政伦理所关注的都是作为整体的人的行政管理者，是把他当作职业活动与其社会活动和个人生活相统一的整体，而不是由于角色分隔而形成的支离破碎的人。当行政道德要求行政管理者把"做人"与"从业"两者统一起来的时候，也就意味着行政伦理和行政道德要求从职业道德这一定位来规定行政管理者，赋予行政管理者以主体性和自主性。

① 习近平著作选读. 第一卷. 北京：人民出版社，2023：22.
② 张康之. 行政伦理的观念与视野. 北京：中国人民大学出版社，2008：106.

1.2 服务型政府建设与行政伦理

服务型政府是在后工业化背景下提出的构想。在从工业社会向后工业社会的转变中，社会越来越呈现出高度不确定性和高度复杂性的特征，以至整个社会可以用复杂社会、风险社会来命名。在后工业社会语境中来理解公共行政转变的历史必然性，就是从管理行政转变为服务行政，从法治转变为德治，这种转变是公共行政类型及社会治理类型的根本性转变。

1.2.1 复杂社会中的公共行政

复杂与简单相对。在人类社会的每一个阶段，都有复杂与简单的问题，有些问题会被认为是复杂的，有些问题则会被认为是简单的，只有在相互比较中，才能做出复杂与简单的判断。与此同时，复杂与复杂性也有区别。"复杂"更多的是一个表达量的概念，而"复杂性"则是一个认识质的概念。只有在事物或问题积累到一定程度时，复杂性这一概念才被用来表达其所在场域的状况。农业社会是一个简单的社会，尽管它也会面临许多复杂问题，但它不具有复杂性。与农业社会相比，工业社会的复杂程度要高得多，但它仍然不具有复杂性特质，所具有的只是低度复杂性。"复杂性的概念被用来定义社会，是在 20 世纪后期以来的后工业化进程中才逐渐成为人文社会科学的认识视角，是用来描述后工业化以及作为后工业化结果的后工业社会的概念，目的是要指出后工业社会所具有的不同于工业社会的基本特征。"[①]

最初关注复杂性的是自然科学。在 20 世纪较早时期，量子力学就关注到不确定性问题，随着系统论的研究走向深入，复杂性问题也得到了进一步关注。到了 20 世纪后期，复杂性和不确定性问题已经受到自然科学中几乎所有学科的关注。自然科学对复杂性的关注显然也影响到社会科学。这是因为，人不仅在自然界遭遇复杂性，也在社会领域遭遇复杂性。复杂性是现代社会难以割离的伴生物。"我们在整个科学、技术、社会与文化环境中都遭遇到复杂性问题。也许这一事实最明显的表现就是在选择范围方面，我们在日常生活中方方面面所面对的复杂性——如信息源、娱乐和休闲活动的方式、职业，甚至生活方式，所面对的选择范围都扩大了。文化形式的多重性和机会的多样性的增多，是我们这个时代突出而显著的特征，并且我们也满意地认为这是'进步'的象征，其进步迫使我们面临着可能性变得愈益复杂和多样的形式。"[②]

复杂性成为社会的构成性特质。复杂性的迅速增长，使得整个社会进入高度复杂性状态。这种复杂性是工业社会的社会结构无法容纳的，因而，风险社会的到来就成为必然。从 20 世纪 80 年代开始，随着复杂性和不确定性的增长，人类社会迅速进入了高度复杂性

[①] 张康之、张乾友. 共同体的进化. 北京：中国社会科学出版社，2012：241.
[②] 雷舍尔. 复杂性：一种哲学概观. 吴彤，译. 上海：上海科技教育出版社，2007：206.

和高度不确定性的状态。这种高度复杂性和高度不确定性与低度复杂性和低度不确定性有着本质上的区别。如果说工业社会面对的是低度复杂性和低度不确定性的话，那么，高度复杂性和高度不确定性就成为一种新的社会类型的主要特征，这种高度复杂性与高度不确定性正把整个社会引入风险社会。"在今天，从工业社会向后工业社会的转变已经成为一个必须承认的基本事实。正是在后工业化进程中，我们的社会呈现出高度复杂性和高度不确定性的特征，或者说，正是后工业化使所有造就复杂性和不确定性的能量都释放了出来，让人们感受到了风险社会的压力，不得不面对频繁爆发的危机事件。"①

当控制论发现复杂性时，为了绕过它而提出了"黑箱原则"。由于黑箱本身的神秘性，当运用黑箱原则来管理复杂性时，人们的恰当做法就是只考虑输入和输出，并不考虑黑箱本身是如何运作的。技术系统中黑箱的存在，使管理所面对的复杂性更加明显。随着现代通信技术的迅速发展，由互联网所构建的虚拟世界不再远离现实生活，而是影响现实生活，并且日益成为人们生活的背景。按照黑箱原理思考整个社会越来越明显的技术化特点，尤其是互联网、人工智能技术等越来越多地渗入现实社会，使得整个社会日益智能化，对于生活于这个智能化空间中的个体来说，控制论中所说的黑箱原则意味着整个社会的复杂性程度远远超过以往。在这种情况下，以人工智能为代表的新信息技术进一步加强了社会的复杂性。"我们的技术能力必须以飞快的、跳跃式的指数形式增长，历经连续不断的、更大跨度能力的各个阶段。各种事物的历史进程已见证了这类在复杂性管理方面的技术扩增事件，它历经着由个人、群体、机械装置、单台电子计算机、电子计算机系统或计算机群，或可能更强大而以想象的资源所完成的各个连续的管理阶段。"②

这个新建构起来的社会空间的一个明显特征是不确定性，用卡斯特的话说就是"流动空间"。流动空间意味着与工业社会的结构相比，社会的流动性日益明显，那种固定的结构已经失去了合理性。"有些地方是交换者、通信中心，扮演了协调的角色，使整合进入网络的一切元素顺利地互动，其他地方则是网络的节点，……节点的区位将地域性与整个网络连接起来。节点和核心都根据它们在网络中的相对重要性形成有层级的组织。"③ 显然，卡斯特这里所说的在网络化世界中按节点组织起的社会结构已经完全不同于按官僚制所组织起来的社会，当每个人成为整个网络中的节点时，并且在不同场景中构成不同的关系网络时，也就意味着这种结构不再是固定的、一成不变的，而是随时会因为任务、情境的变化而改变与之关联的对象，并且在这一过程中建构起不同的社会关系。

技术的复杂系统使问题变得更加复杂，也加剧了复杂社会的复杂性。"尽管在为复杂性管理提供智力支持方面取得了许多进步，但我们处在不断增加的复杂性领域里，这里计算机仍然不仅无法消除困难，相反却在转移或扩大困难。"④ 复杂性的日益增长并不意味着不需要管理，也不意味着管理无能为力，反而对管理提出了更高的要求，即管理必

---

① 张康之. 合作的社会及其治理. 上海：上海人民出版社，2014：30.

② 雷舍尔. 复杂性：一种哲学概观. 吴彤，译. 上海：上海科技教育出版社，2007：211.

③ 卡斯特. 网络社会的崛起. 夏铸九，王志弘，等译. 北京：社会科学文献出版社，2001：506-507.

④ 同②210.

须在应对日益复杂的社会秩序时才能显示出自己的力量。这是因为，伴随复杂性而来的是我们面对的任务越来越复杂，进而对操作的要求也就越来越精致。"越复杂的操作越需要精细的处理过程，越精细的过程就越需要更复杂的控制，这样就需要更复杂的管理。"①

　　由此看来，复杂社会的到来，并不意味着公共行政的作用和功能在丧失，也不是固守管理行政的结构，更不是完全否定公共行政在复杂社会的存在，而是在面对复杂社会时，不能继续沿用工业社会的管理行政去应对复杂性和不确定性，更不能竭力去控制复杂性和不确定性。事实上，在工业社会的空间中，通过法律和管理，管理行政可以有效控制工业社会中的复杂性，但面对后工业社会的高度复杂性和高度不确定性，管理行政期望通过控制消除复杂性是不现实的。"在高度复杂性和高度不确定性的条件下，既无法实现对复杂性和不确定性的有效控制，也不应当通过进一步营造复杂性和不确定性空间去激发组织各种要素间的竞争，而是需要通过增强组织的开放性和流动性去适应复杂性和不确定性。"② 因此，面对高度复杂性和高度不确定性，面对后工业社会日益敞开的现实，公共行政必须主动调适自身，告别管理行政的思维定式，从管理行政走向服务行政。

专　栏

专项整治"网暴"不是小题大做！

　　"网暴"并非始于今时今日，但当下"网暴"有多点开花之势，"网暴"者颇为张狂，对此必须引起高度警惕。近日，上海一女孩花 5 万元向全校同学捐赠 70 箱巧克力，本系佳话，却遭"网暴"；同样在上海，一女子打赏外卖小哥，遭"网暴"后不幸离世的消息至今仍在戳痛人心……2022 年 1 月 24 日，曾在网上发布寻亲视频并认亲的河北男孩刘学州留下遗书，在三亚海边结束了自己的生命。刘学州生前遭受众多网友"网暴"，律师表示：仅刘学州微博私信中，截至 2022 年 1 月 18 日，就有 2 000 多条私信涉及"网暴"。这些言论或图片非常恶毒，令人触目惊心。在短视频平台拥有大量粉丝的反诈民警老陈，因受到"网暴"，辞去公职……

　　"网暴"伤人、害人甚至"杀人"于无形，对他人合法权益、公共利益危害性甚巨。不予以坚决遏制、严肃治理，就难以彻底消解乱象，甚至可能愈演愈烈，令更多无辜者受害，更令网络世界失范、失序。

　　资料来源：专项整治"网暴"不是小题大做. 中国青年报，2022 - 04 - 27（8）.

1.2.2　从管理行政到服务行政

　　统治行政、管理行政、服务行政是依据农业社会、工业社会和后工业社会三种社会

---

① 雷舍尔. 复杂性：一种哲学概观. 吴彤，译. 上海：上海科技教育出版社，2007：207.
② 张康之. 合作的社会及其治理. 上海：上海人民出版社，2014：27.

类型铺展开来的行政类型。农业社会所能确立的是统治行政，工业社会发展出了管理行政，而后工业社会则内在地提出了服务行政的要求。

政府是近代社会的产物。在农业社会这样还未分化的社会里，在政治与行政还处于浑然一体的社会里，尽管存在着对公共事务管理的要求，也存在着行政管理，却没有专门化的行政管理部门，行政管理是作为政治统治的副产品存在的。用马克思主义经典作家的话来说，阶级统治职能只有当它体现为社会管理职能时才能进行下去，或者说只有当它履行了社会管理职能后，其阶级统治才能维持下去。行政管理、社会管理是国家进行阶级统治不得不进行的附加活动。政治统治直接服务于统治阶级的阶级统治，直接服务于统治阶级的长治久安。作为行政管理最初形态的统治行政首先是作为统治工具而存在的，尽管它也曾顽强地表现出自己的公共性。"统治行政是在政治与行政尚未实现分化条件下的行政管理活动，它直接服务于阶级统治和统治利益的实现，属于统治阶级的行政。"①

管理行政是工业社会的产物。我们知道，工业社会是一个社会分工日益细密的社会。分工越深入、越细密，越要求社会各部分之间的协作。换言之，分工到什么程度，也就要求社会的协作达到什么程度。然而，要使社会各组成部分进行有效协作，就必然有一个部门专门承担起协调职能，这种职能自然而然落在政府的肩上。这就是管理行政产生的逻辑起点。政府是有继承性的，政府同时承担起了统治职能与社会管理职能，而工业社会日益分化的现实必然要求政府管理性的一面越来越凸显出来。"如果把国家和政府的职能分析分解成统治职能和管理职能的话，就会发现市场经济在对国家和政府的统治职能以及因应这种职能需要而建立起来的组织结构、运行机制和秩序体制的排斥中渴望着国家和政府提供公平、公正、高效的管理。管理如果不是偶然的政府行为，就必然需要政府根据管理的需要而做出制度安排。"② 也就是说，工业社会对管理的需要不是偶然的，而是社会的客观要求，管理行政只不过是适应这种客观要求而逐渐建构起来的。

管理行政适应了工业社会对确定性的要求。根据贝尔的看法，工业社会主要面对的是人与人工自然的关系，它以人与机器之间的关系为中心，利用能源把自然环境转变为技术化的环境。也就是说，这是一个已经技术化与合理化的世界，"这是一个协调行动的世界，人、原料与市场为商品的生产和分配而密切配合。这是一个有日程、有规划的社会，商品的各部分都按确切的时间和确切的比例装配起来，以加速商品流通。这是一个有组织的世界——等级森严的官僚科层体制的世界，人被作为'物'来对待，因为协调物比协调人容易"③。其实，这是一个标准化的世界，是一个追求确定性的世界。管理行政能够提供的就是工业社会所需要的确定性。

管理行政的典型组织形态是官僚制，它本身就是适应工业社会对确定性的要求而建立起来的，同时，它也以其能够为社会提供的确定性和普遍性服务而获得存在的理由。

---

① 张康之，张乾友. 公共行政的概念. 北京：中国社会科学出版社，2013：44.
② 张康之. 论伦理精神. 2 版. 南京：江苏人民出版社，2012：128-129.
③ 贝尔. 后工业社会的来临. 高銛译. 北京：商务印书馆，1984：142.

在韦伯看来，发育成熟的现代理性官僚制，因其所能提供的精确性、稳定性而具有形式上、技术上的合理性，成为工业社会广泛采用的组织形式，其根本原因就在于，一方面它确立了普遍有效的规则的统治；另一方面，它排除了行政管理过程中的个人主观性，不"看人办事"，不因人而异，而是提供稳定的、可预期的规则规范下的管理。

管理行政是适应工业社会的发展要求而出现的。管理行政提供了工业社会所需的确定性，能够满足工业社会对低度复杂性进行控制的要求，随着社会逐渐步入风险社会，管理行政沿用控制的思路去面对风险社会越来越显得力不从心。管理行政是封闭性的，它不能适应后工业社会对流动性和开放性的要求。无论是从管理流程还是从官僚制的运作来看，管理行政总是倾向于把自己构造成一个封闭的体系。如果说这种封闭性在工业社会还可以有效运行的话，那么，后工业化中的流动性与开放性则要求否定管理行政，要求建立与之相应的服务行政。

后工业社会主要面对的是人与人之间的关系，而人与人之间如何相互提供服务，就主要不再是协调，不是管治，而是合作、服务。在整个社会服务关系占主导地位的情况下，政府就在于通过向社会提供基本公共服务来获得自己存在的理由。正因为如此，贝尔一再强调："后工业社会越来越成为一个公众社会，在这里，公共机制而不是市场成了产品的分配者，公共选择而不是个人的需求成了服务的决定者"，后工业社会"把清新的空气、干净的用水和群众运输工具变成了公共问题，并且增加了社会规章和社会控制的必要性。对较高教育和较好保健条件的要求必然极大地扩大政府作为基金提供者和标准确定者的作用。人们对舒适环境的需要，对较高生活质量的要求，使政府进入了环境、娱乐和文化的领域"[①]。

社会关系的变化致使管理行政及其治理体系远不能适应，迫切需要政府及行政管理关系进行相应的重构。也就是说，政府不再是管制型政府，不再是封闭式的，也不能仅仅以管理获得自己存在的理由。政府必须在人的服务需求满足中寻找自己的生长点，进而思考自身与社会的关系、政府内部的构成及相互关系。从根本上说，政府是从服务中获得自己存在的理由，并实现自身的价值与使命。在一个理性而又合理的社会中，如果不赋予政府过多的道德内涵及使命的话，政府存在的理由就在于如何为社会提供服务，如何在差异化服务当中实现自身的价值。这样，从管理行政走向服务行政就成为必然。

服务行政把自己存在的合理性基础放在服务上。也就是说，在从管理向服务转换的过程中，公共行政的重心发生了变化。就此而言，如果说管理行政是适应工业社会的需要而产生的，那么，后工业社会则需要与之相应的服务行政。

服务行政既不是管理行政的简单延续，也不是对管理行政的细枝末节的修补，而是基于后工业社会对流动性和开放性需求而建构起来的一种全新的公共行政模式。"在全球化、后工业社会的背景下，社会的复杂性和不确定性迅速增长，不仅政治统治的观念失去了现实基础，而且，管理的观念也遇到了空前的挑战。既有的管理制度和管理方式都是在工业社会低度复杂性和低度不确定性条件下建立起来的，在今天这样一个高度复杂

---

① 贝尔. 后工业社会的来临. 高銛，译. 北京：商务印书馆，1984：179.

性和高度不确定性的条件下，都显现出了适应性弱化的情况。因而，提出了建构新型行政模式的要求，而服务行政就是因应这种要求提出来的。"[①]

专 栏

"放管服"改革环境下服务大厅建设之发展

政务便民服务大厅是检验和展示各地"放管服"改革成效的"窗口"，地方经济社会发展水平在一定程度上决定着政务大厅建设水平的高低。随着新一轮行政审批制度的不断深入和政府职能转变的持续推进，各地的政务便民服务大厅（有的地方叫群众服务中心或市民中心）如雨后春笋般发展起来，这些政务服务大厅为政府由管理型向服务型转变发挥了积极作用。国务院办公厅《全国综合性实体政务大厅普查报告》显示，2017 年 4 月，全国县级以上各级地方政府共设立政务大厅 3 058 个，覆盖率 94.3%，其中，省级政务大厅 19 个（含新疆生产建设兵团），超过半数；地级市政务大厅 323 个，覆盖率 96.4%；县级政务大厅 2 623 个，覆盖率达 94.2%；直辖市区县政务大厅 93 个，覆盖率达 100%；此外，乡镇（街道）总共还设立便民服务大厅（点）38 513 个，覆盖率 96.8%。

资料来源：刘雯科."放管服"改革环境下服务大厅建设之发展.中国行政管理，2019（2）.

1.2.3　从法治到德治

权治、法治与德治是三种基本治理类型，也是三种基本治理形态。所谓法治就是依法治理，是指法律制度在社会治理中发挥基础性调节作用的过程。从社会治理的发展历史来看，法治的进步性就在于与以权力为基础的权治相比，法治所能获得的社会秩序更稳定，因而法治也就成为一种更为高级的社会治理形态与社会治理模式。

法治是适应工业社会的要求而建立起来的。我们知道，工业社会以市场经济为基础，而市场经济中无数利益主体在追求自身利益的过程中，自然会产生各种各样的矛盾和冲突。法治倾向于把这种矛盾和冲突法制化，设定了许多法律允许的矛盾冲突途径，通过合法化的矛盾冲突途径来暴露社会矛盾和化解矛盾。法治倾向于把社会生活中的一切都纳入依法规范的轨道上来，用法律所提供的确定性来消除权力意志和个人情感的不确定性。

法治是这样一种治理状态或秩序，在该治理状态中，存在着法的普适性与有效性，法律之于政府权力具有优先的、至上性权威或者说政府应由法律规制并服从于法律，从而使公民的基本自由权利得到保护。法治的核心在于政府受法律的约束与控制，法治的固有之意乃是对政府权力的限制。法治的这一要义根源于权力的性质。因为权力具有腐蚀性和扩张性，一个被赋予权力的人，总是面临着滥用权力的诱惑，面临着逾越道德底线约束的可能。如果不对政府权力加以限制，如果政府权力的行使缺乏一定之规，则带来的后果是公共权力的恣意。因而一个法治社会最为根本的首先就是对政府权力的限制

[①]　张康之.寻找公共行政的伦理视角：修订版.北京：中国人民大学出版社，2012：20-21.

与约束。正如麦迪逊所言："在构建人管理人的政府时，最大的困难在于：你首先必须使政府能控制被统治者；其次，使政府能够控制自身。"①

法治并不意味着法律越多越好，也不是为求管理方便而出台法律。如果将法律等同于立法，法治等同于用法统治，那么造成的结果就是导致法律数量上的膨胀，它本身就败坏了法治的声誉。在西方国家，法治思想一直存在两个传统：一个是以法国为代表的大陆法系，主张成文法；另一个是以英国为代表的英美法系，主张经验法、习惯法，认为法律是不断被发现的过程。哈耶克从进化论理性主义立场出发，秉承英国经验主义传统，认为法律是自生自发演化的结果，而非人之设计的结果。法律本身是客观存在的，立法者的作用只不过是把它们发现出来②。法治更重要的是要有一种法治精神。"法治因此不是一种关注法律是什么的规则，而是一种关注法律应当是什么的规则，亦即一种'元法律原则'或一种政治理想。"③ 法治意味着法治精神的一以贯之，意味着法律具有至上性，意味着政府及其人员必须遵守法律与规则。所以，"法治要求，行政机构在采取强制性行动时，应当受下述规则约束，这些规则不仅规定了它可以使用强制的时间和场合，而且还规定了它可以使用强制性权力的方式方法"④。

法治本身是适应工业社会对普遍规则的要求而确立起来的，是为了保护人们的基本权利，因而法治本身具有形式化、普遍化的特征。市场经济要求冲破血缘、情感等因素，确立普遍化规则的统治，因而，"一切形式化了的因素都具有普遍性和普适性，形式化程度越高，普遍性越强，普适范围也越广。法治的形式化特征决定了它在规范和处理一般性社会问题时是有效的治理工具"⑤。

对具体社会问题，法治可能会成为社会治理的障碍。法律所要求的平等、正义精神是一般性原则规定，面对具体的社会问题，这种普遍性原则反而会以不平等、不公正的形式出现。更为主要的问题在于，一方面，法律更多的是一种原则性规定，它不可能事无巨细，对社会生活的每一个细节都面面俱到；另一方面，社会生活本身是丰富多彩的，社会本身的发展会使法律经常滞后于社会要求。在这种情况下，法律本身的适用就取决于对法律的解释，而法律解释得如何，自然反映了释法者的认知能力、理解能力和道德能力。

风险社会面临的是高度不确定性和高度复杂性，它们就不是单纯依靠法律能够控制的了，甚至基于权力与法律本身的控制也无法有效应对社会风险。法治本身的局限性要求一种新的社会治理方式的出现，这就内在地提出了德治的要求。

德治首先建立在对工业社会中官僚制的弊端进行反思的基础上。韦伯所设想的官僚制在运行过程中虽然提供了普遍化、非人格化的管理和服务，但由于它倾向于把人当作

---

① HAMILTON A, MADISON J, JAY J. The Federalist Papers. Beijing：China Social Sciences Publishing House，1999：322.

② 哈耶克. 自由秩序原理. 邓正来，译. 北京：三联书店，1997；哈耶克. 法律、立法与自由. 邓正来，张守东，李静冰，译. 北京：中国大百科全书出版社，2000.

③ 哈耶克. 自由秩序原理. 邓正来，译. 北京：三联书店，1997：261.

④ 同③268.

⑤ 张康之. 论伦理精神. 2版. 南京：江苏人民出版社，2012：138.

物来看待，一方面，处于官僚制组织中的行政人员本身就是官僚制组织中的一个部分和环节，为维持官僚机器的顺利运行，行政人员成了整个官僚机器不可缺少的构成部分。在这里，行政人员充当物的功能。另一方面，就官僚制组织所提供的服务来看，由于官僚制提供的是无差别的服务，这意味着在官僚制组织及行政人员看待行政管理对象时也倾向于把他们当作物来对待。因为只有把他们当作物来对待，才可能提供无差别的服务，才可以忽略他们之间的差别。然而，正是官僚制组织把人物化，使其弊端逐渐显现出来，这就是官僚制本身所倚重的法治对人的否定。面对这一困境，唯有通过德治来弥补法治的不足。

德治首先强调行政人员的道德自觉，这就是以德行政。面对官僚制的缺陷，面对法治的形式化的不足，以德行政要求行政人员通过道德来弥补法治的不足，要求行政人员具有主体性和主体地位。"行政人员的主体性是在他对一切客观限制的超越中获得的，而不是自然生成的，当他受到各种客观性制约机制约束时，他是以一种客体的形式而存在的；只有当他超越了各种客观性规范制约的时候，才能够获得主体性，才是以行为主体的形式存在的。"①

然而，这种意义上的德治还只是法治的补充，还只是在工业社会的框架下对作为法治的治理模式的修补，也就是说，它并没有超出工业社会的法治框架。后工业化向我们展现出来的是高度复杂性与高度不确定性，使工业社会的管理行政模式下的政府应对所出现的捉襟见肘，这意味着需要在后工业化的背景下来思考不同于工业社会的治理模式。从这个意义上看，作为与法治互补意义上的德治就不能完全满足后工业社会的要求了。因而，德治进一步指向了制度的道德化，即需要在德制的框架下来开展治理活动。

在高度复杂性和高度不确定性条件下，我们需要改变制度建设的思路，不应把制度看作控制复杂性和不确定性的物化设置，而应当把制度看作存在于复杂性和不确定性之中及适应复杂性和不确定性条件下人的行为以及共同行动要求的制度。这种制度本身就具有道德性，它发挥着诱发、促进道德行为的功能，通过诱发、促进道德行为而对人的行为选择产生规范作用。因而，这种制度是内在于人的，存在于人的行为选择的内在冲动中，它不再是充当外在强制性的力量和因素②。制度的道德化不是法治框架所能够容纳的，而是需要在后工业社会框架下来进行建构的。在一个道德化的制度空间中，如果行政人员的行为不具有道德内涵，他就不会有自主性，也就失去了运用公共权力的机会和能力。

德治并不意味着完全取消了法治，也不意味着权治完全消失。在后工业社会这一框架下，道德与法律、权力之间并不是相互排斥的，道德反而把法律与权力包容在自身之中。与权力和法律相比，道德的优越性在于，能够催生出人的道德意识，使人在外在的道德规范和社会伦理机制的作用下形成内在的道德力量，这种力量促使他把他人融入自己的生命之中，把他人看作促使他行动的命令，同时又把自我生存的意义安置在为他人

① 张康之. 寻找公共行政的伦理视角：修订版. 北京：中国人民大学出版社，2012：261.
② 张康之. 合作的社会及其治理. 上海：上海人民出版社，2014：186-187.

服务之中。从而在整个社会张扬起伦理精神，实现整个社会充分的道德化。

专　栏

农村自治、法治、德治"三治融合"

围绕利益主体推进农村"三治融合"必须坚持人民立场。当前，农村利益结构和利益主体复杂多元归根结底是人民内部利益的调整，是人民利益平等基础上的实现方式的再优化，因此，农村"三治融合"治理必须坚持人民立场，强化治理过程的人民民主。具体到治理实践中，首先，要打破农村现行以户籍为基础的政治权利分配制度，建立"户籍＋利益"的农村二元政治权利分配制度，赋予非户籍利益主体对农村各类治理组织和各种决策机制平等的参与权；其次，推进农村协商民主，尤其是农村各类事项的决策规则要逐渐从少数服从多数向平等协商转型，通过平等协商，寻求农村多元利益主体诉求的最大公约数，以共治推动共享共赢；最后，由乡镇政府主导建立农村内外利益矛盾冲突的协调救济机制，为农村发生的内外利益主体的利益纠纷提供调解和救济。农村利益结构和利益主体日趋复杂多元的现实迫使农村治理方式必须转变。在农村推进自治、法治和德治融合治理的当下，必须以人民立场为指导，以人民利益的普遍平等实现为依归，推进以多元利益主体为核心的"三治融合"。

资料来源：李小红，段雪辉．农村自治、法治、德治"三治融合"路径探析．理论探讨，2022（1）.

1.3　新时代对公共行政的期待

公共行政不是抽象的体系，行政管理面对的是丰富多彩的公共事务；公共行政也不是处于真空中，公共行政处于一定的社会环境中。在当代中国，新时代中国特色社会主义是公共行政所处的社会环境，在这一大的社会背景下，有着对公共行政的新要求。

1.3.1　人民至上

党的十八届五中全会提出以人民为中心的发展思想，党的十九大对这一思想做了进一步阐发，十九届六中全会进一步提出"人民至上"的思想。党的二十大明确提出"必须坚持人民至上"，明确要求全党包括各级政府要"站稳人民立场、把握人民愿望、尊重人民创造、集中人民智慧"。[①]

坚持人民至上，是由我们党和国家的性质决定的。我们党是无产阶级政党，代表着绝大多数人民和中华民族的利益，是工人阶级和中华民族的先锋队。中国共产党的宗旨就是全心全意为人民服务，党的性质和宗旨决定了必然要坚持人民至上。我们国家的性

---

① 习近平著作选读．第一卷．北京：人民出版社，2023：16.

质是人民民主专政的社会主义国家，工人阶级的领导是我国国家性质的首要标志，人民民主专政的本质是人民当家做主。党的性质、国家的性质决定了我们的政府是人民的政府，公共行政的人民性在社会主义国家得到完整呈现，人民至上要求行政人员站稳人民立场。

对公共行政来说，人民至上意味着公共行政的人民性。人民性规定着公共行政的性质。公共性是行政管理的本质规定，公共行政的公共性在我们国家体现为人民性。我们的政府是人民政府，政府的权力来自人民，政府是为人民服务的。政府没有任何私利，政府本身必须全心全意为人民服务。政府干部不是要做官当老爷，而是要甘做人民公仆。政府工作人员要"心系群众，为民造福。大家心中要始终装着老百姓，先天下之忧而忧，后天下之乐而乐，做到不谋私利、克己奉公。对个人的名誉、地位、利益，要想得透、看得淡，自觉打掉心里的小算盘。要着力解决好人民最关心最直接最现实的利益问题，特别是要下大气力解决好人民不满意的问题"①。既然干部是人民公仆，是为人民服务的，那就必须树立正确的政绩观，做到"民之所好好之，民之所恶恶之"。这就要求政府及其工作人员求真务实，真抓实干，自觉从维护和实现人民利益出发进行工作，绝不能为了树立个人形象，搞华而不实、劳民伤财的"形象工程""政绩工程"。

以人民为中心意味着经济社会发展的目的和判断标准只能由人民来决定。这也就是说，政府推动经济社会发展，不是为了某一部分人，不是为了少数人，而是为了全体人民，这也就是我们非常熟悉的共享。共享不是某一方面的共享，而是全面共享。人民对美好生活的期待是多方面的，政府引导社会发展，推动社会进步，其最终目的是促进人的全面发展、社会的全面发展。这样的话，政府的责任就是全方位的，它要推动经济、政治、文化、社会、生态等各方面的发展与进步，而不是仅仅局限于某一方面。因而，对政府工作的评判，不是政府的自我辩护，而是由人民进行评价。如果说还要有一个终极标准的话，那就是政府工作是否促进了人的全面发展，是否推动了社会的全面进步。因而，人民既是行政管理的出发点，也是行政管理的目的。

人民至上要求公共行政的出发点必须是人民。行政管理不是纯粹技术性的，公共行政一直受到价值的纠缠。对公共行政来说，价值的出发点就是人民。作为社会公器，行政管理不是为某一群体服务的，也不是为某些人服务的，至少在形式上来说，公共性的品性要求行政管理是为全体社会成员服务的。习近平总书记讲过，以人民为中心不能停留在口头上，要"顺应人民群众对美好生活的向往，不断实现好、维护好、发展好最广大人民根本利益，做到发展为了人民、发展依靠人民、发展成果由人民共享"②。行政管理的公共性品质要求行政管理要维护最大多数人的根本利益，实现最大多数人的根本利益。

人民至上意味着公共行政不能有自己的私利。政府在管理社会公共事务过程中拥有一定的权力，但这种权力是人民赋予的，这种权力是用来为老百姓谋福利的，而不

①　中共中央文献研究室 . 十八大以来重要文献选编：中 . 北京：中央文献出版社，2016：322.
②　中共中央党史和文献研究院 . 十八大以来重要文献选编：下 . 北京：中央文献出版社，2018：168.

是用于谋取个人私利。正如习近平总书记所说："党的根基在人民、血脉在人民、力量在人民，人民是党执政兴国的最大底气。……党代表中国最广大人民根本利益，没有任何自己特殊的利益，从来不代表任何利益集团、任何权势团体、任何特权阶层的利益，这是党立于不败之地的根本所在。"① 中国共产党的执政地位，社会主义国家的性质，意味着公共行政在这一社会背景下，没有自己的特殊利益，也不允许自身有特殊利益。

人民至上要求公共行政在实现人民利益的过程中，所有工作的评价最终必须以人民为标准。也就是说，"凡是为民造福的事情就千方百计做好，凡是损害群众利益的事情就坚决不做，努力实现好维护好发展好最广大人民根本利益，着力促进人的全面发展、社会全面进步"②。判断公共行政好坏的标准不是由公共行政自己来评价，而是由社会、由人民来评价。这就要看公共行政是否促进了人的全面发展，是否促进了社会的全面发展。为此，公共行政就必须抓住人民最关切、最现实、最直接的那些利益问题，一抓到底，抓出成效，建设人民满意的服务型政府。

人民不是抽象的符号，而是有血有肉的活生生的个体，是一个一个具体的个体，他们的喜怒哀乐、衣食住行，他们的梦想追求，构成了中国共产党追求的目标。人民对美好生活的追求就是中国共产党的奋斗目标。对行政管理者来说，必须热爱人民，自觉与人民同呼吸、共命运、心连心。热爱人民不是一句口号，而是实实在在的行动，要求行政管理者关心人民福祉，关注民生。"对人民，要爱得真挚、爱得彻底、爱得持久，就要深深懂得人民是历史创造者的道理，深入群众、深入生活，诚心诚意做人民的小学生。"③ 人民对美好生活的追求是实实在在的，他们关注的是自己的衣食住行，关注的是有没有更安全的食品、有没有更好的医疗保障、有没有更高水平的教育，人民对美好生活的期待是具体的，那就是生活更方便，环境更美好，日子更舒心。"我们的人民热爱生活，期盼有更好的教育、更稳定的工作、更满意的收入、更可靠的社会保障、更高水平的医疗卫生服务、更舒适的居住条件、更优美的环境，期盼孩子们能成长得更好、工作得更好、生活得更好。人民对美好生活的向往，就是我们的奋斗目标。"④ 为社会、为人民提供更好的管理和服务，提供更好的公共产品和公共服务，这是政府的职责和义务。

人民至上要求行政管理者具有担当精神。习近平总书记一再强调，面对新时代、新要求，干部就要有担当，有多大担当才能干多大事业，尽多大责任才会有多大成就。不能只想当官不想干事，只想揽权不想担责，只想出彩不想出力。责任意味着尽心尽责干事。党的干部是人民公仆，自当在其位谋其政。"我们做人一世，为官一任，要有肝胆，要有担当精神，应该对'为官不为'感到羞耻"⑤。"无私才能无畏，无私才敢担当，心底无私天地宽。担当就是责任，好干部必须有责任重于泰山的意识，坚持党的原则第一、

① 中共中央关于党的百年奋斗重大成就和历史经验的决议. 北京：人民出版社，2021：66.
② 中共中央党史和文献研究院. 十九大以来重要文献选编：上. 北京：中央文献出版社，2019：99.
③ 中共中央文献研究室. 十八大以来重要文献选编：中. 北京：中央文献出版社，2016：131.
④ 中共中央文献研究室. 十八大以来重要文献选编：上. 北京：中央文献出版社，2014：70.
⑤ 同③98.

党的事业第一、人民利益第一，敢于旗帜鲜明，敢于较真碰硬，对工作任劳任怨、尽心尽力、善始善终、善作善成。"[①] 担当是为了党和人民的事业，干部手中的权力是为人民服务的，而不是为了个人目的，更不是唯我独尊。

专　栏

为人民服务

"大国之大，也有大国之重。千头万绪的事，说到底是千家万户的事。"在二〇二二年新年贺词中，习近平主席温暖的话语、真挚的感情，彰显大党大国领袖深厚的人民情怀，诠释中国共产党人不变的价值追求。

"千家万户都好，国家才能好，民族才能好。"构成"千家万户"的一个个家庭，是社会的基本细胞。

心系民生冷暖、情牵万家灯火。党的十八大以来，以习近平同志为核心的党中央高度重视家庭文明建设，积极回应人民群众对家庭建设的新期盼新需求，推动社会主义核心价值观在家庭落地生根，推动形成社会主义家庭文明新风尚。

努力使千千万万个家庭成为国家发展的重要基点，成为人们梦想启航的地方。家和万事兴。中华民族历来重视家庭，正所谓"天下之本在国，国之本在家"。

"正家而天下定矣。"踏上全面建设社会主义现代化国家、向第二个百年奋斗目标进军新征程，在以习近平同志为核心的党中央坚强领导下，在习近平新时代中国特色社会主义思想科学指引下，广大家庭要把新时代家庭观作为日用而不觉的道德规范和行为准则，把爱家和爱国统一起来，把实现个人梦、家庭梦融入国家梦、民族梦之中，心往一处想，劲往一处使，把我们 4 亿多家庭、14 亿多人民的智慧和热情汇聚起来，形成全面建设社会主义现代化国家、实现中华民族伟大复兴中国梦的磅礴力量！

资料来源：千家万户都好，国家才能好，民族才能好. 人民日报，2022 - 05 - 15（1）.

1.3.2　民族复兴

在中国，作为国家机构的公共行政还承担着民族复兴的使命。这一道义性使命源于中国共产党本身的生存际遇，或者在更宏大的社会历史叙事中，缘于近代以来中国社会的生存处境。近代中国一度深受帝国主义的侵略与欺凌，摆脱贫困与压迫是中华民族的共同愿望与要求。"实现中华民族伟大复兴始终是近代以来中国人民最伟大的梦想。"[②] 近代中国无数仁人志士进行了艰苦卓绝的探索，地主阶级改良派、农民阶级、资产阶级先后登上了历史舞台，然而，这些努力无一例外都失败了。中国共产党一经成立，就把实现共产主义作为最高理想和最终目标，义无反顾地肩负起实现中华民族伟大复兴的历史使命，中华民族的伟大复兴从此走上了一条正确的道路。"一百年来，党领导人民不懈奋

---

① 中共中央文献研究室. 十八大以来重要文献选编：上. 北京：中央文献出版社，2014：341.
② 同①688.

斗、不断进取，成功开辟了实现中华民族伟大复兴的正确道路。中国从四分五裂、一盘散沙到高度统一、民族团结，从积贫积弱、一穷二白到全面小康、繁荣富强，从被动挨打、饱受欺凌到独立自主、坚定自信，仅用几十年时间就走完发达国家几百年走过的工业化历程，创造了经济快速发展和社会长期稳定两大奇迹。"[①]

民族复兴在不同的历史时期具有不同的内涵。中华人民共和国成立以前，民族复兴的主要任务就在于实现民族独立，成为一个独立的主权国家，为实现中华民族伟大复兴创造社会条件。近代中国，由于西方列强入侵和封建统治的腐败无能，中国逐渐沦为半殖民地半封建社会，国家蒙辱、人民蒙难，中华民族遭受了前所未有的劫难。为了挽救民族危亡，中国人民进行了可歌可泣的斗争，但这些斗争都以失败而告终。民族复兴的重任历史性地落在了中国共产党身上。实现中华民族伟大复兴，是中华民族近代以来最伟大的梦想，中国共产党一经成立，就义无反顾地肩负起实现中华民族伟大复兴的历史使命。要实现民族复兴，就必须推翻压在中国人民头上的帝国主义、封建主义、官僚资本主义三座大山，实现民族独立、人民解放、国家统一和社会稳定。为此，中国共产党带领人民找到了一条农村包围城市、武装夺取政权的正确道路，完成了新民主主义革命。中华人民共和国的成立，实现了近代以来无数中国人梦寐以求的民族独立和人民解放，中华民族从此以崭新的面貌屹立于世界民族之林。

在社会主义革命和建设时期，中国共产党的主要任务就是要实现从新民主主义到社会主义的转变，进行社会主义革命，推进社会主义建设，为实现中华民族伟大复兴奠定根本政治前提和制度基础。中华人民共和国成立后，中国共产党团结带领人民完成社会主义革命，确立社会主义基本制度，推进社会主义建设，完成了中华民族有史以来最为广泛而深刻的社会变革，为当代中国的发展进步奠定了政治前提和制度基础，也为中华民族实现伟大复兴奠定了政治前提。

在社会主义改革开放时期，民族复兴的主要内涵就体现在为了人民富裕。这一时期中国共产党的主要任务就是继续探索中国建设社会主义的正确道路，解放和发展社会生产力，使人民摆脱贫困、尽快富裕起来，为实现中华民族伟大复兴提供充满新的活力的体制保证和快速发展的物质条件。事实上，改革开放是中国共产党的一次伟大觉醒，是中国人民和中华民族发展史上的一次伟大革命。改革开放使我国焕发了勃勃生机，社会主义建设成就举世瞩目。我国实现了从生产力相对落后的状况到经济总量跃居世界第二的历史飞跃，实现了人民生活从温饱不足到总体小康、全面小康的历史性跨越，推进了中华民族从站起来到富起来的伟大飞跃。

历史是不断前进的。"每一代人有每一代人的长征路，每一代人都要走好自己的长征路。今天，我们这一代人的长征，就是要实现'两个一百年'奋斗目标、实现中华民族伟大复兴的中国梦。"[②] 进入社会主义新时代，民族复兴被赋予了国家强大、国家富强的内涵。在社会主义新时代，我们党和国家的主要任务是在新的历史条件下继续夺取中国特色社会主义建设的伟大胜利，全面建设社会主义现代化强国，奋力实现中华民族伟大

① 中共中央关于党的百年奋斗重大成就和历史经验的决议．北京：人民出版社，2021：63.
② 习近平．习近平谈治国理政：第二卷．北京：外文出版社，2017：48-49.

复兴。这是继续推进中华民族从富起来到强起来的历史进程。在社会主义新时代，民族复兴就是要实现国家富强、民族振兴、人民幸福，这是中华民族伟大复兴的中国梦，是中国人民追求幸福的梦。实现中华民族伟大复兴是历史趋势，是民族大义之所在，是全体中国人民的梦想，是谁也阻挡不住的。

实现中华民族伟大复兴的历史使命，绝不是轻轻松松就能实现的。实现伟大梦想，绝无平坦大道可走。中华民族迎来了从站起来、富起来到强起来的伟大飞跃是中国人民奋斗出来的。为了实现中华民族伟大复兴的历史使命，中国共产党带领人民，历经千难万险，付出了巨大牺牲，攻克了一个又一个难关。今天我们比历史上任何时期都更接近、更有信心和能力实现中华民族伟大复兴的目标。伟大梦想绝不是轻轻松松、敲锣打鼓就能实现的。这不仅是因为在前进道路上还有许多未知风险，更是因为，在中国这样一个大国所从事的社会主义现代化建设是前无古人的事业，没有现成经验可供选择，马克思主义也没有提供现成答案。这就意味着，面对这一崇高事业必须有清醒的头脑，同时，我们也必须意识到，社会主义建设从来就不是喊出来的，而是干出来的。"喊破嗓子，不如甩开膀子"就是告诉我们要以钉钉子的精神去实现这一伟大梦想。习近平总书记强调，全党要"从伟大胜利中激发奋进力量，从弯路挫折中吸取历史教训，不为任何风险所惧，不为任何干扰所惑，决不在根本性问题上出现颠覆性错误，以咬定青山不放松的执着奋力实现既定目标，以行百里者半九十的清醒不懈推进中华民族伟大复兴"[1]。世界上没有坐享其成的好事，要想幸福必须靠我们自己的奋斗。

对政府来说，由于我们是社会主义国家，中国共产党的领导地位、党的性质、国家的性质决定了作为国家重要构成部分的政府也承载着民族复兴的使命。公共行政始终承载着社会主义核心价值，公共行政不可能也不允许是纯粹技术化的。中国共产党的执政地位，决定了其所肩负的民族复兴使命必然由公共行政来承担。这是因为，一方面，在政府中工作的行政人员绝大多数是共产党员，党员的身份要求其必须履行党员义务，而中国共产党所肩负的实现民族复兴这一崇高使命也就在实际行动中必须由其党员来落实；另一方面，政府行政的执行性使得它必须接受政治系统为之设定的价值指向。具体就民族复兴而言，如果说是新时代中国共产党的政治宣言，那么政府的任务就在于如何把这一政治宣言落到实处。

专栏

浙江扎实推进共同富裕示范区建设

当前，浙江将农村文化礼堂、新时代文明实践站、公共图书馆服务体系深度融合，努力为群众提供丰富多彩的文化生活。一个布局合理、覆盖城乡、惠及全民的公共文化设施网络正在形成。

晚饭过后，嘉兴市南湖区大桥镇胥山村村民张美祥来到嘉兴市图书馆大桥镇分馆，享受宁静的阅读时光。柔和的灯光、舒适的座椅以及周到的服务，让这里成为越来越多

---

① 中共中央关于党的百年奋斗重大成就和历史经验的决议. 北京：人民出版社，2021：72.

村民的学习和休闲之地。

依托 14 个新时代文明实践站，大桥镇组织党员干部、专家、乡贤等，通过线上线下多种形式开展党的创新理论宣传，持续推广厉行节约、文明用餐、礼让斑马线等新风尚，为推进共同富裕凝聚精神力量。

浙江省委主要负责同志表示，将聚焦解决发展不平衡不充分问题和群众急难愁盼问题，扎实推动共同富裕美好社会建设，加快探索具有普遍意义的共同富裕之路。

资料来源：浙江扎实推进共同富裕示范区建设．人民日报，2022-05-19（1）．

1.3.3　人类命运共同体

人类命运共同体，顾名思义，就是每个民族、每个国家的前途命运都紧紧联系在一起，各个国家、各个民族应该风雨同舟，荣辱与共，努力把我们生于斯、长于斯的这个星球建成一个和睦的大家庭，把世界各国人民对美好生活的向往变成现实。"后工业社会的共同体已经是一个泛共同体了，它与农业社会的家元共同体（等级共同体、地域共同体）不同，也与工业社会的族阈共同体（利益共同体、阶级共同体、政治共同体或社区共同体）不同，而是整个世界、整个人类被一种无形的力量纠结在一起而形成的共同体，比如，在环境以及生态问题面前，人类作为一个统一性的共同体已经是毋庸置疑的了。"①

在今天，人类命运共同体不是学者的想象，而是一个现实的问题。人与人之间、国家与国家之间从来没有像今天这样相互依存，这是一个可以感受到的事实。这种相互依存性，首先反映在经济的全球化上。我们知道，现代社会普遍实行市场经济。市场经济依靠的是专业分工的优势来配置资源，从而提高生产效率。当市场通过专业化分工来配置资源，实现生产要素的优化时，也就产生了市场主体之间的相互依存性。也就是说，当把市场主体当作利益主体来看待时，由专业分工带来的必然是主体之间的相互依赖性，这种依赖性是基于利益纽带而产生的相互依赖。从生产的角度看，由于专业分工，产品的生产必然由不同利益主体通过协作来实现。在市场经济中，谁也不可能独自生产所有产品，同样，谁也不可能独立生产。正是生产过程中的相互依赖性通过利益纽带把市场中的主体结成了共生共在的主体。当然，在市场经济发展初期，这种相互依存性还仅仅局限于民族—国家范围内。由于资本的逐利性，必然意味着资本要在世界范围内开拓市场。一旦资本成为世界性的，也就意味着生产、消费必然在世界范围内进行。

今天，生产要素的配置早已超出了民族-国家的边界，实现了在世界范围内的流动。也就是说，在今天的世界，金融、资本、贸易已经实现了全球化。当生产要素在全球范围内配置时，也就意味着基于市场体制而产生的相互依赖性早已跨出民族-国家的边界，在世界范围内形成了相互依存性。"经济全球化是人类社会发展必经之路，多边贸易体制为各国带来了共同机遇。在各国相互依存日益紧密的今天，全球供应链、产业链、价值

---

① 张康之．论伦理精神．2 版．南京：江苏人民出版社，2012：37.

链紧密联系，各国都是全球合作链条中的一环，日益形成利益共同体、命运共同体。"①由经济全球化而引发的世界范围内的相互依赖性是经济规律使然，不以人的意志为转移。"当今世界正在经历百年未有之大变局。世界多极化、经济全球化、社会信息化、文化多样化深入发展，全球治理体系和国际秩序变革加速推进，新兴市场国家和发展中国家快速崛起，国际力量对比更趋均衡，世界各国人民的命运从未像今天这样紧紧相连。"②

鲍曼认为："由于每天都面对着相互依存的迹象，我们迟早会认识到，没有谁有权把地球，或地球的任何一部分，视为他的个人财产。从相互依存的观点出发，'共同命运'并不是选择问题。依赖于我们选择的是，共同的命运将在共同毁灭中终结，还是产生共同的情感、目的和行动。"③由于经济全球化的推动，这种依存性日益成为一个现实存在，而不是个人能够选择以及如何选择的问题。"在这个行星上，我们都依赖他人，我们的所作所为都与他人的命运联系在一起。从伦理学的观点看，这使我们每一个人对他人负责。责任就'在那里'，不管你是否承认它的存在，不管你是否愿意接受它，全球的相互依存网络都坚定地把它放在了应有的位置。"④这种相互依赖性也早已超出了经济领域，超出民族—国家的范围，在全球范围内相互依存。

同时，当今世界，人类面临着许多共同问题。世界面临的不稳定性和不确定性日益突出，世界经济增长动能不足，贫富分化日益严重，地区热点问题此起彼伏，恐怖主义、网络安全、重大传染性疾病、气候变化等非传统安全威胁持续蔓延，人类面临许多共同挑战。这其中既有传统问题，也有非传统问题，既有社会问题，也有经济问题，既有科技问题，也有政治问题。这些问题早已超出民族—国家的边界，是各个国家独自无力应对的。同时，以人工智能为代表的新技术日益得到各国重视，它将引发社会颠覆性的变革，将对人类生产方式、生活方式和价值观念产生深远影响。公平与效率、资本与劳动、技术和就业之间的关系成为国际社会需要共同面对的问题。

世界的高度不确定性和高度复杂性使整个社会呈现出风险社会的特点。也就是说，今天的世界已经无法用工业社会的话语来进行解释了。正如鲍曼所说："同那时一样，目前的民主、政治和伦理控制机构不再适应日益不受约束和自由流动的全球金融、资本和贸易。同那里一样，现在的任务是创建和确立这种有效的政治行动机构，以适应全球性经济势力的规模和力量。"⑤正如我们所看到的那样，今天人们所面对的风险，早已超出民族—国家的界限，无论是资本、金融、贸易，还是数据流动、网络安全等问题，没有哪个国家能置身事外，独善其身，需要全世界共同面对和应对。在这种情况下，日益加深的全球性问题让人们前所未有地感受到彼此之间相互依存，休戚与共。

面对日益突出的共同问题，面对日益明显的风险社会，需要全世界共同努力构建人类命运共同体。也就是说，需要意识到彼此之间的休戚与共。不过，能不能在此基础上采取行动则是另外一回事。共同体意识只解决了彼此之间的观念问题和认同问题，而要

---

① 习近平. 习近平谈治理理政：第三卷. 北京：外文出版社，2020：456.
② 中共中央党史和文献研究院. 十九大以来重要文献选编：上. 北京：中央文献出版社，2019：640.
③ 鲍曼. 被围困的社会：第 2 版. 郇建立，译. 南京：江苏人民出版社，2006：引言 16.
④ 同③引言 17.
⑤ 同③引言 15.

把这种共识落实到行动上，还需要采取进一步的行动。人类命运共同体就是要致力于建设一个远离恐惧、普遍安全的世界，建设一个远离贫困、共同繁荣的世界，建设一个远离封闭、开放包容的世界，建设一个山清水秀、清洁美丽的世界。

人类命运共同体具有层次性。即使人们意识到彼此之间休戚与共，即使人们意识到彼此之间利益攸关，即使共同的命运把人们彼此紧紧捆绑在一起，命运共同体也不可能是同质性的。人类命运共同体的出发点是人自身，这里的人不是原子化的个人，而是马克思所说的"自由自觉的人"，是远远超越了个体局限性的人，是意识到彼此之间共生共在的人。如果把共同体比作一个同心圆的话，如果处在这个圆圈中心位置的是人类自身，那么，这个圆圈不可能是同一性的，而是呈现出不同的层次。也就是说，根据人类所要面对的不同问题，根据利益的相关程度、人们彼此依存程度的不同，可以划分出不同层次的命运共同体。比如，根据问题的广泛程度，可以分为全球性共同体和区域性共同体、亚洲命运共同体、金砖国家命运共同体、中非命运共同体等；根据问题存在的不同领域，可以划分为人与自然命运共同体、海洋命运共同体、网络共同体等。

人类命运共同体，不仅需要凝聚共识，更需要各国人民的共同参与。在可以预见的未来，人类还只能生活在地球上，地球是人类唯一的家园。面对共同的挑战，退缩没有出路，徘徊也没有出路，唯有人类共同应对。这就需要各个国家破除民族—国家的边界，积极应对挑战，寻找问题的出路。构建人类命运共同体不可能一帆风顺，需要人类共同付出长期艰苦的努力。为了构建人类命运共同体，我们应该锲而不舍地进行努力，不能因为现实复杂而放弃梦想，也不能因为理想过于遥远而放弃追求。

专　栏

持续推动构建人类命运共同体

冲出迷雾走向光明，最强大的力量是同心合力，最有效的方法是和衷共济。过去两年多来，国际社会为应对新冠肺炎疫情挑战、推动世界经济复苏发展作出了艰苦努力。困难和挑战进一步告诉我们，人类是休戚与共的命运共同体，各国要顺应和平、发展、合作、共赢的时代潮流，向着构建人类命运共同体的正确方向，携手迎接挑战、合作开创未来。我们要共同守护人类生命健康。我们要共同促进经济复苏。我们要共同维护世界和平安宁。我们要共同应对全球治理挑战。

资料来源：习近平. 携手迎接挑战，合作开创未来：在博鳌亚洲论坛2022年年会开幕式上的主旨演讲. 人民日报，2022-04-22 (1).

◀ 本章小结 ▶

行政关系是客观的、先在性的，行政关系不仅包括权力关系、法律关系，还包括伦理关系。公共行政不仅是执行政治决策的工具，还需要在价值关系中来理解自身的目的。在公共行政实现自身目的的过程中，伦理道德的因素凸显出来了。从社会演进的角度看，农业社会、工业社会、后工业社会构成一条清晰的演进线索。在今天，后工业社会的风险性、不确定性和复杂性越来越明显，以至于人们用风险社会、复杂性社会来指称我们今天所生活于其中的社会。从工业社会到后工业社会的转变，意味着一种新的社会类型的出现，从而对公共行政提出了革命性要求。服务行政是适应后工业社会而逐渐生成的新的公共行政类型。这种新的公共行政类型的最显著特征就是道德因素在社会治理中的作用愈来愈明显，以至于德治成为后工业社会的显著特征，并成为取代法治而建构起来的新治理模式。新时代人民至上、民族复兴和构建人类命运共同体的要求，对公共行政和行政管理者的道德要求及道德修养提出了新的要求。

◀ 关键术语 ▶

行政人	行政关系	行政伦理关系	行政伦理	行政道德
工业社会	后工业社会	复杂社会	管理行政	服务行政
法治	德治	人民至上	民族复兴	人类命运共同体
公共利益				

◀ 复习思考题 ▶

1. 如何理解公共行政的三重关系？
2. 公共行政的目的是唯一的吗？
3. 伦理道德如何支持公共行政？
4. 简述行政伦理与行政道德之间的关系。
5. 人类社会如何从简单演进到复杂？
6. 复杂社会中的公共行政发生了什么变化？
7. 从管理行政转变到服务行政是否具有必然性？
8. 如何理解德治对后工业社会的适应性？
9. 人民至上对公共行政的要求如何体现？
10. 民族复兴的内涵有何变化？
11. 如何理解人类命运共同体？

第 2 章

行政伦理学的思想资源

　　从希腊语的本义看，"伦理学"是一门关于风俗或道德的学科，它立足于对一般人性（尤其是精神与社会方面）的知识，目的在于解决生活中的问题，使生活达到最充分、最美好和最完善的发展①。这标识出了伦理学的历史文化和实践哲学的双重维度，它既研究何种规范是善的，也研究这些规范如何指导我们恰当地行动。行政伦理学可以从中西方的伦理学思想中汲取大量的资源，这些思想资源提供一种可参照的依据，帮助行政伦理学研究者判断公共组织内部的人和生活方式是善的还是恶的、是正当的还是不义的。行政组织对于这些伦理学思想资源的使用，取决于组织内部的公职人员对"公共善"的理解，对于公共善的错误理解无疑会招致一系列错误的伦理判断，对于公共生活的破坏远大于错误地理解了其他概念所引发的破坏。

2.1　中西方伦理思想举要

　　所有伦理思想都要放置在其诞生的历史背景下加以考察，才能对该思想的实质有一个更接近真相的把握。中国行政伦理思想的源头可溯源至"子学时代"，彼时礼崩乐坏、政治黑暗、社会纷乱、民生困苦，贵族统治业已瓦解，新的秩序尚未形成，诞生了许多不同于之前的"异类"思想，其中不乏关于治国的行政伦理思想。中国古代社会一直向往着以"德治为本"，从实践来看，伦理规范在维系社会的正常运行方面具有举足轻重的意义。曹德本将中国传统政治思想史的文化体系概括为"究天人之际，明修身之道，施治国方略，求天下为公"四部分②，这四部分内容实际上都体现了一种德治的政治伦理理

① 包尔生. 伦理学体系. 何怀宏，廖申白，译. 北京：商务印书馆，2021：8-9.
② 曹德本. 中国政治思想史. 北京：高等教育出版社，2004：9.

想。为了实现国家的长治久安，为了维护统治阶级特别是统治集团的利益，古代各个时期的统治者大都重视处理君臣、君民等社会阶层间的关系，注重"官德"，形成了丰富的有关行政伦理的理论和道德规范体系。所谓"官德"，指的是官员恪守职业道德，保持政治操守。"官德"本质是一种政治道德，而政治道德始终处于社会道德的核心地位。这是因为，没有哪一种职业道德像"官德"一样，所涉及的是在运用国家权力过程中体现出来的道德问题。中国古代的官德主要包括公忠、诚信、廉政、勤政、爱民、用贤、修身等，对这些传统德目的解读需要回到其思想源头，需要通过对儒家、道家、法家思想的阐释去加以理解。

2.1.1　中国传统伦理的简要谱系

在整个农业社会的历史时期，行政伦理与政治伦理都未实现分化。传统伦理思想是以往时代的思想家的政治智慧的结晶，其中含有大量可供行政伦理汲取的养分。中华民族有着悠久的历史传统和丰富的思想文化，其中也包含着光辉的行政伦理思想和丰富的行政伦理实践。尽管社会历史发生了翻天覆地的变化，但这些行政伦理思想和产生于行政实践的精辟见解、宝贵经验，都是值得我们继承和发扬的。中国传统伦理思想大多源于先秦诸子，诸子思想又有许多相通之处，很难断言某个思想家属于儒家、法家、道家或墨家。简单来说，儒家作为中国传统思想的主流，是中国传统伦理主要的思想资源。蔡元培认为，"我国以儒家为伦理学之大宗……我国伦理学说，发轫于周季。其时儒墨道法，众家并兴。及汉武帝罢黜百家，独尊儒术，而儒家言始为我国惟一之伦理学"[1]。由此可见儒家思想之于中国伦理学的重要意义。儒家尤其重视天人关系和人文价值、追求自然的人化，儒家所强调的贵仁、重人伦等，可视为人道原则的具体展开，同时儒家伦理也强调道义原则的至上性，这使得以儒家思想为主的中国社会表现出对功利主义的较强的拒斥[2]。对于中国传统的行政组织而言，除了儒家思想，道家、法家也是不容忽视的伦理源头，且道家和法家思想与儒家思想一样，主要在价值层面体现其真实意义。例如，儒家之所以崇尚德治教化，是因为他们认为理想中的政治生活应该是符合道德的生活，而道家主张无为政治的理论前提是"小国寡民"的政治理想，法家主张用严刑苛法治天下是由于其君主利益至上的价值取向[3]。由于道家和法家思想在价值层面与儒家思想的一致性，使它们在中华文明五千年的发展中相互渗透、彼此辐辏。应当说，儒道法三家思想对中国传统政治和伦理都产生了长远而深刻的影响，不能仅聚焦儒家思想，而是需要对三家思想逐一考察。

1. 儒家的伦理思想

儒家不仅是中国传统思想中最丰富、影响最广的一派，同时也是与传统治国理政的前现代中国行政组织结合最紧密、最长久的一派。汉武帝采纳董仲舒的建议宣布儒学

① 蔡元培. 中国伦理学史. 北京：商务印书馆，1999：1-2.
② 杨国荣. 善的历程：儒家价值体系研究. 北京：中国人民大学出版社，2012：7.
③ 孙晓春. 关于中国政治思想史研究的几个问题. 政治学研究，2022（3）：97-105.

（主要以六经为代表）的官方学说地位，即所谓"独尊儒术"，其中的"术"字说明了儒家思想被统治者用作一种治国理政的行政技术的本质。儒家对"仁"的强调，以及"仁"在儒家思想体系中包容多变的含义，使得行政伦理与儒家思想具有一种天然的亲和性。"仁"不仅仅是君子的主观理想人格规范，更是一种作为儒家最终价值归宿的世界观、人生观，孔子通过树立"仁"的个体人格（君子），替代了宗教圣徒的形象而又具有相同的作用①。孔子所构想的行政伦理是一种同心圆结构，家与国采用的是一套以"仁"为核心的伦理规范，将"孝""悌"作为"仁"的基础来约束人的行为，将"亲亲尊尊"作为"仁"的标准来统治社会，同时孔子反对将"政""刑"从"礼""德"中分化出来，主张治理百姓应以礼以德而非以法以刑，亦是遵照同样的逻辑。从坚持传统治道来看，儒家持守的"仁政"思想属于保守主义的行政观，但从它主张打破门第出身和财富多寡的限制吸纳人才、反对"礼治贵族、刑治平民"的角度看，儒家的"仁政"又是理想主义的、进步的、革命的②。可以说，正是儒家对"仁"注入了丰沛的含义，才使得儒家思想能够根据不同情境给出自洽的解释，从而使自身获得与不同时代的行政组织兼容的生命力。

除了对"仁"的关注，儒家也非常重视"礼"的意义。"礼"涵盖了一系列旨在教化人们对彼此的合宜感与喜爱感的社会规范、社会礼节及社会仪式，"礼"的教化将人们引向"仁"，二者都是面向他人时的友善特质③。孔子一生都致力于维护、保卫"周礼"，《论语》中处处可见孔子对"约之以礼""克己复礼"的推崇和对"礼崩乐坏"的痛心，亦有学者认为孔子讲"仁"的目的在于释"礼"。事实上，"礼"的起源和核心是尊敬和祭祀祖先，例如周礼就是原始巫术礼仪基础上的晚期氏族统治体系的规范化和系统化制度，包括了一整套的典章、制度、规矩、仪节。一方面，"礼"有明确而严格的秩序规定，如长幼尊卑、上下等级等概念；另一方面，"礼"在一定程度上又保存了原始的民主性和人民性，让统治秩序建构在食色声味和喜怒哀乐等"人性"的基础上④。据章太炎的考据，儒家正是由原始礼仪巫术活动的组织者、领导者演化而来的，他们专司"礼仪"的监督和保存，而"礼"与"巫""史"本不可分，儒家的理想人物（如皋陶、伊尹、周公）其实都是巫师兼宰辅的"方士"⑤。在礼制的基础上，儒家伦理进而发展出了"三纲五常"等在国家层面运用的伦理概念，打通了微观的伦理规范与宏观的伦理理念，如将本来适用于家庭之中的"孝"的原则应用到治天下的世界层面，将统治者和被统治者形塑为一种父子式的伦理关系⑥。由此可见，儒家伦理在前现代的行政组织中表现出了一种笼罩性的"连续体"特征，用一套制度规范统摄个人、家庭和国家关系。在儒家的观念中，只要保证每一滴水都是清水，那么这一池水无疑也是清澈的。同理，只要所有人都

---

① 李泽厚. 中国古代思想史论. 北京：三联书店，2008：24.
② 冯友兰. 中国哲学简史. 涂又光，译. 北京：北京大学出版社，2013：159.
③ 桑德尔，德安博. 遇见中国：中西哲学的一次对话. 朱慧玲，贾沛韬，译. 北京：中信出版社，2022：6.
④ 同①2.
⑤ 章太炎. 国故论衡. 上海：上海古籍出版社，2006：86.
⑥ 翟学伟，张静，周雪光，等. 关于"儒家伦理与社会秩序"的对谈. 清华社会科学，2020，2（1）：248-292.

以君子为做人的标准,那么这个国家也就是美好的,成为由君子行"仁政德治"的理想形态。

儒家思想对中国的政治和行政具有深远影响,儒家伦理在中文世界也是一个使用频率很高的词组,而学术界对儒家的批评却从未停止过。例如,有学者认为,儒家按伦理标准征召"孝廉""贤良方正"之人为官的察举制、中正制流于虚假,往往变成出于私心的拉帮结派、门阀自固①。又如,有学者认为从逻辑学意义上考察,儒家并非一个严格的伦理学思想体系。因儒家对情境性的依赖太强,但它并不是情境主义的,这就导致儒家内部许多概念相当模糊,如果按照逻辑去思考就会陷入各种各样的伦理悖论中。前文提及"仁"的含义很多,"仁"字在《论语》中出现了上百次,含义不尽相同。那么,当忠义之"仁"与宽爱之"仁"发生了冲突时,该以哪种"仁"为最终的价值旨归?儒家并未给出答案。此外,儒家将"仁"作为君子最重要的品德之一,将"和谐"作为组织内的第一义,然而君子和而不同,即便是全部由仁爱君子组成的组织也难保证始终是和谐的。若"仁"与"和谐"发生了冲突,君子该当以何者优先?对于这个问题,儒家确实能给出答案,但在面对差异的情境时给出的答案却不尽相同,这就导致道德标准弹性巨大。在具体的行政行为方面,作为古典伦理学代表之一的儒家伦理虽然提出了"为政以德"等德治思想,但儒家所讲求的德主要是指"统治者的个人品德",这与现代行政伦理所讨论的以"组织内部的伦理规范"为内核的德治有着本质上的不同。再如,有学者认为,儒家伦理在本质上是一种谬误的道义论或义务论,因为其理论的出发点是将法律和道德视为必要的善,认为道德起源于每个人完善自我品德的需要,最终目的也在于完善每个人的品德,而儒家的道义论结论——增减每个人的品德完善程度是衡量一切行为是否道德的终极标准——并不能成立②。这些对儒家的批判,可能单独来看都无法真正构成对儒家的挑战,但所有的批判合起来就会组成困住儒家的"囚笼"。儒家思想及其伦理观想要脱困,唯有依靠自身与时俱进的调整和改良,去不断适应新的社会形态。

2. 道家的伦理思想

道家是一个哲学学派,而道教则是一种宗教,二者在思想上有着很大的区别,是不可混为一谈的。道家在中国古代思想史中始终是作为儒家的对立或补充物存在的,比如儒家游方之内,道家游方之外,儒家以人的情感心理作为重要根基,道家则不讲情感只重规律,这种对立和互补也为道家注入了强大的生命力。考察道家的伦理思想,需要从《老子》(即《道德经》)切入,但必须强调的是,老子讲的"道""德"与今人所说的"道德"不同,所以《老子》并不是一部伦理学著作。在道家看来,天地的运行变化是没有也不需情感的,"圣人"统治亦然,重要的只在于遵循客观的法则规律——"德""道"③。《老子》强调"以正治国,以奇用兵",即强调管理国家时应行正道而非奇路,应从明昧、高下、曲直的角度理解王朝的存亡、成败、祸福,这可以视为对建构治国之"道"与行政之"德"的一种表达。

① 秦晖. 传统十论. 太原:山西人民出版社,2019:143.
② 王海明. 儒家道德新探:评估儒家道德科学方法之我见. 第三届世界儒学大会论文集,2010:315-323.
③ 李泽厚. 中国古代思想史论. 北京:三联书店,2008:86.

在政治与行政领域突显"德"的作用自周朝开始一直绵延到今天，最初的"德"主要与氏族部落的祭祀、出征等重大政治行为相关，其后逐渐演变成维系部落生存发展的一整套社会规范、秩序、要求、习惯等非成文法规，对道德的遵从包含了神秘的祖先崇拜和对"天道"的信仰等多重理由①。至《老子》的时代，"德"的含义已经发生了巨大变化，人们主要在"统治者的方术"意义上讨论"德"，而道家的一个主要贡献就在于将这种统治方术提升到哲学高度去思考何为"上德"。若要概括道家的政治哲学，可以从其主张中提炼出"无为"和"守柔"两个思想内核。道家所谓的"无为"，绝不是西方的无政府主义。老子思想在政治哲学中的体现与赫胥黎的行政虚无主义有颇多相似之处，但老子从未在任何意义上主张一种无政府主义，只是要求政府以"清静无为"（自由放任）作为统治的最高标准。老子主张的是积极的政治，只不过这种积极的政治层含义恰恰以其消极的社会层含义为基础和根源②。无为之道讲究道法自然，即统治者应任社会、世事自然地存在，尽可能少地干预但又要施以必要的统治。所谓"反者，道之动"，即事物发展到一个极端就会转向其相反的一方，在运动中相反相成的对立项其实是相互转化的，但动反者意却在得正，非欲反而动反。因此道家看似"无为"，实则"无不为"。在这个意义上，道家所谓的"守柔"也体现了"反者，道之动"的逻辑，即著名的"守柔曰强"思想，追求濡弱谦下、宽容逊退。在《老子》中出现的"弱者，道之用"以及"兵强则灭，木强则折""天下之至柔，驰骋天下之至坚""物，或损之而益，或益之而损"等表述，其目的就在于强调"贵柔""守雌"才能保持持久和坚韧，才能不被对方转化掉。道家认为，只要处于柔、弱、贱的一方，善于隐藏优势并且不去争夺强大，就永远不会被战胜。这不是以明辨是非为目的的辩证法，而是以维护生存为目的的辩证法，它体现了"道可道，非常道"的哲学智慧。

由于《老子》既在真理意义上讨论"道"的指向，又在实践意义上讨论"道"的规律，所以在治国策略上，道家的行政实践始终是与行政伦理合一的、不可分的。"无为即上德"体现的正是行政活动与行政伦理的一体性，此处的"上德"就是"道"，而"道"是无法用任何有限概念界定和描述的。表面上看，《老子》的"道"是与人无关的客观规律，事实上，它只是与人的情感或意愿无关而已。"道"与人的活动是高度相关的，否则，中国的精英阶层也就不会将"闻道"作为至高理想了。在《老子》中散发出来的古典辩证观提炼和净化了东方世界的矛盾观，其中"贵柔""守雌"等对待矛盾的具体态度也影响了其后中国统治阶级的行政观——它时刻提醒行政者要把握"度"，行事不可"太满"，要注意对立项的依存渗透、中和互补。如果说儒、墨、法家主张的是一种接近君主专制的政体，那么道家主张的则是"虚君"民治③。老庄之后，韩非试图以"理"说明"道"，即所谓"理定而后可得道""道者，万物之所然也，万理之所稽也。理者，成物之文也；道者，万物之所以成也。故曰：'道，理之者也'"。应当说，韩非进一步聚焦于万事万物的具体矛盾（即"理"），要求以极端冷静、毫无偏见、思虑周密的态度对待政事，

① 李泽厚．中国古代思想史论．北京：三联书店，2008：87.

② 同①91.

③ 萧公权．中国政治思想史．北京：商务印书馆，2011：171.

这为道家的行政观提供了一种理性主义、功利主义的价值基础，也由此体现了法家思想之精髓。

3. 法家的伦理思想

连续不断的战争和无处不在的剥削推动着历史从早期宗法制快速走向更先进的地域国家制，这在导致周礼统治秩序彻底崩溃的同时，也令管仲到韩非的法家思想体系逐渐取得优势。至东周后期，法家学说成为一种盛行的国家意识形态，军队逐渐被国家所掌控，商人无法将财富转换成具有自主性的政治权利[①]。从这一点看，如果我们将儒家定义为一种理想主义的行政观，那么法家就是一种现实主义行政观，它关注的是法律维持与政治秩序的稳定，强调治世的实现重在赏罚分明，赏功罚过必须遵照一套客观的绝对标准。法家坚决反对将尊卑贵贱、长幼亲疏等因素纳入赏罚的考量之中，而是主张法律面前人人平等的理念，将统一的"刑德"作为实现善政的两柄抓手，一以劝善、一以止奸[②]。法家努力在治国实践中去私任公，例如商君就明确反对儒家提出的"刑不上大夫"之主张，他强势冷酷地宣称："所谓壹刑者，刑无等级，自卿相、将军以至大夫、庶人有不从王令、犯国禁、乱上制者，罪死不赦……有功于前，有败于后，不为损刑；有善于前，有过于后，不为亏法。"[③]需要强调的是，法家讲求的"法治"与今日我们所说的依法治国之"法治"有着本质上的差异，法家的"法治"全然不是为了给社会提供稳定的秩序，而是为了愚弄和剥削人民，律法只是稳固君王统治的工具。

相对来说，儒家更重视在治理中展现差异性，强调因人而异，所以可以使用"礼"来规范不同群体的行为。法家与儒家不同，法家更强调同一性，反对徇私枉法，反对因尊卑、贵贱、长幼、亲疏等身份差异而区别对待，但这并不意味着法家比儒家更讲究人人平等，因为法家在"平等"的价值之上还放置了"尊君"。《管子》代表法家确立了春秋战国之后的中国行政中"尊君"和"平等"两个平行层面上的伦理传统。"尊君"即对君主权威的无限尊崇，是在宗法制度崩坏之后因贵族日渐消亡、君民地位逐渐悬绝所致。君与国合而为一，目的是要在乱世自保而采用严刑峻法实行极权专断，民则成为君主统治的对象和"所属物"。在"尊君"的前提下，我们才能理解法家讲的所谓"平等"。事实上，法家追求的是一种法律层面的"平等"，即法治的运行需要使用统一的规则约束被法律体系笼罩的除君主之外的所有人。在这个意义上，日益稀少的贵族与人数众多的平民一起平等地面对同一规则，是法家积极推动制定成文实定法的形式化特征本身固有的要求[④]。不过，以商鞅、韩非为代表的法家人物尊君至极，将人民视为国家富强的资本，因而法家讲的"平等"是对君主之外的人而言的，人民本身不再具有绝对的价值，甚至将人民视为愚顽的禽兽一般。

在吏治思想和如何对待人民这两大问题上，法家和儒家持相反的、无法调和的观点。儒家"吏治循谨"，而法家"吏治刻深"，二者的差异源于历史环境的剧烈变迁。具体来说，儒家的民本思想承袭了周的宗法封建社会余风，其吏治观建立在性善论基础上，主

① 赵鼎新. 儒法国家：中国历史新论. 徐峰，巨桐，译. 杭州：浙江大学出版社，2022：7.
② 瞿同祖. 中国法律与中国社会. 北京：商务印书馆，2010：322.
③ 周立昇，赵呈元，徐鸿修，等. 商子汇校汇注. 南京：凤凰出版社，2017.
④ 萧公权. 中国政治思想史. 北京：商务印书馆，2011：191.

张行政正义优先，强调官员持守清廉自律的伦理标准。法家的君本思想则是宗法封建社会衰微之后的产物，在血缘族群转向大一统帝制的历史转折中形成，天子与诸侯间的伦理关系此时逐渐变成了臣属关系，所以法家的吏治观建立在性恶论基础上，主张行政安全优先，强调行政中的居重驭轻、强干弱枝、防止权臣窃柄、君位架空[①]。有学者据此将法家的行政伦理与边沁的思想相比，认为法家主张的是一种原始版本的功利主义伦理。但是，功利主义追求的是"最大多数的最大善"，法家追求的则是在政治上尽可能维护君主的统治利益和秩序，在社会领域则着力形塑一种"不可族居、鼓励告亲、禁止容隐"的极端个人主义。所以，与法家更具可比性的是社会达尔文主义和现实主义，而非功利主义。基于性恶论基础的法家，想要的是"能吏"甚至"酷吏"，在行政伦理上不会要求官员学习道德圣贤，君主反而更喜见臣子出现道德污点，这样才更易控制。例如，汉朝时萧何就曾买田自污，以此表明自己没有政治野心，让汉高祖刘邦安心。对于今天的行政伦理建设而言，传统的法家似乎无法成为积极的思想资源，人们很难接受现代行政采取《商君书》中"愚民"的帝王统治术。所以，学者们曾提出"儒法互补""儒表法里"或者"儒表"之下的"法道互补"等试图调和儒家与法家的主张，从而实现既重视行政伦理、人文化成，又重视行政效能、秩序稳定的良治，这为法家思想去芜存菁、重新焕发活力提供了一种可能。

2.1.2　西方伦理学的主要理论流派

西方行政伦理自 20 世纪中叶以来经历了几次大的转向，从探讨公职人员的道德行为转向讨论公共政策的伦理标准，进而转向为公共行政建立一种源于认同的价值基础。在这期间，行政组织对行政伦理这门学科的认识，也不再仅仅是逻辑实证主义的（即考察政策文本是综合命题还是分析命题）或者管理工具主义的（即要求行政组织快速做出伦理判断），而是转向了探讨伦理的原则、价值、语法等更复杂、更深层的问题，这些问题几乎没有一个可以得到永恒的确定答案。因为不同的理论流派对这些问题给出的答案各不相同，也从一个侧面说明西方伦理学思想的复杂，无法用简单的线性谱系去概括。宋希仁认为，西方伦理思想在历史上的发展波澜曲折，异说纷呈，历史悠久，但从总体上看具有明显的前后相继的递进性和逻辑的一贯性。西方伦理学所涉问题甚多（如人的本性、善的本质、行为法则和规范、德性的分类、意志自由、道德义务和良心、幸福和终极关怀、道德的结构、道德判断、道德价值、伦理关系、权利和义务、理想人格、自由和必然的关系等），对这些问题的回答在观点和方法上亦多分歧，这就形成了如自然主义、快乐主义、幸福主义、经验主义、理性主义、直觉主义、功利主义、利己主义、个人主义等众多学派[②]。万俊人则将传统的西方伦理学归纳为三大理论系统——理性主义、经验主义和宗教伦理学，认为它们代表着西方两千多年的古典伦理思想史的主体构成，也是其发展流变的基本脉络。其中，理性主义与经验主义表现为两个基本对应（而非对

① 秦晖. 传统十论. 太原：山西人民出版社，2019：145.
② 宋希仁. 西方伦理思想史：第 2 版. 北京：中国人民大学出版社，2010：5.

立）的倾向，宗教伦理学则是始终贯穿西方伦理思想史的特殊理论形态和传统。理性主义、经验主义和宗教伦理学交互渗透汇合，构成了马克思主义以前的西方伦理思想主流，现代西方伦理思想的主要流派都不同程度地继承和更新了这三大传统。① 李泽厚曾提出，中国哲学的特征之一是世界观与人生观合而为一②。事实上，作为西方哲学源头的古希腊哲学思想亦如此，宇宙论与人生论相即不离、关系密切③。许多讨论世界本质的哲学理论也可转化为道德理论。当然，我们确实看到有些道德理论攻击了道德哲学的合法性，如文化相对主义、主观主义、怀疑论以及决定论；有些道德理论则试图通过树立正确的道德观念来从正面建立道德理论的基座，如功利主义、道义论、契约论、伦理利己主义和神圣命令理论。这些理论并不都能成为现代行政伦理学的思想资源，本节仅讨论那些关键的、被行政组织广泛借用的西方伦理思想，包括功利主义、道义论、契约论和德性论四种思想流派。

1. 功利主义

功利主义是一种对传统观念中人的义务边界提出挑战的道德理论，同时它也是近代西方自由主义思潮中三大主流派别之一。功利主义的创始人是英国哲学家杰里米·边沁（1748—1832），约翰·斯图尔特·穆勒、西季威克等著名哲学家亦属功利主义麾下。边沁认为人们在做道德决定时，正确（right）的行为总会导向尽可能多的善（good），即使功利（utility）达到最大化。功利主义也许不是最优选择，但至少不是最坏的选择：假如功利是道德义务的最终根源，那么当道德义务的要求彼此不相容时，人们便可以诉诸功利，在相互冲突的义务中做出一个取舍④。边沁对功利的理解是从幸福角度出发的，他将抽象的、难以量化的观念替换为具体的、真实可感的观念，即将快乐与痛苦的差值大小视为道德判断的标准，由此可知，功利主义的最终目标就是为最大多数的人带来最大数量的幸福。功利主义的批评者们认为边沁的这种计算幸福效用的方式过于简单了，认为他将原本复杂的问题中一些不可忽略的关键问题剪除了。比如，功利主义没有考虑不同性质的快乐无法加总或转化——就像吸食毒品和取得学位证书都会让人获得快乐，但它们显然是不同性质的快乐，不可简单地相加或抵消。此外，还应注意到一个关键问题，快乐不能简单视为善的等价物。正如西季威克曾指出的那样，"快乐是唯一的善"仅仅是一种直觉，"在各种存在物中，可直接看到有一种独特的属性只属于快乐本身"⑤。即是说，快乐与善的定义集其实是两个只有部分重合的圆。当功利主义不仅用于个人的幸福计算，而且被应用于整个社会层面时，就需要计算不同人之间不同性质的快乐与痛苦，并执行那个能使众人的快乐总量减去痛苦总量所得到的数值最大的选项。由于功利主义并不在人与人之间做出严格区分，所以要达到功利主义的最自然方式就是对作为一个整体的社会采取对一个人适用的合理选择原则。对此，功利主义的批评者们认为，边沁试图回答的问题过于复杂，而他给出的答案过于简单。也许

① 万俊人 . 现代西方伦理学史 . 北京：中国人民大学出版社，2011：14 - 17.
② 李泽厚 . 中国古代思想史论 . 北京：三联书店，2008：127.
③ 冯友兰 . 中国哲学史 . 苏州：古吴轩出版社，2021：4.
④ 穆勒 . 功利主义 . 徐大建，译 . 北京：商务印书馆，2019：30.
⑤ 摩尔 . 伦理学原理 . 陈德中，译 . 北京：商务印书馆，2017：68.

功利主义最能吸引现代行政组织之处恰恰是它的基本观点极其"简单"且往往符合公众的常识——合乎道德的行为或制度应该能促进"最大多数的最大幸福"——同时还体现着公共性。

在现代道德哲学的诸种理论中，功利主义或以功利主义为内核的思想变体确实在行政组织中占据着优势。在罗尔斯看来，出现这一现象的原因在于：功利主义一直得到一系列创立过某些确实富有影响和魅力的思想流派的杰出作家们的支持。罗尔斯进一步强调，那些伟大的功利主义者如休谟、亚当·斯密、边沁和穆勒同时也是一流的社会理论家和经济学家，他们所确立的道德理论旨在满足他们更宽广的兴趣和适应一种内容广泛的体系。那些批评他们的人则常常站在一种狭窄得多的立场上，虽然他们指出了功利主义的许多推断与我们得到的情感之间的明显不一致，但没有建立起一种能与功利主义抗衡的实用的和系统的道德观①。结果，面对复杂公共决策的公职人员不得不在功利主义和直觉主义之间进行选择。由于直觉的个体差异性和不稳定性，最后公共决策的逻辑很可能停留在某一功利主义的变种上，这一变种在某些特殊方面又受到直觉主义的修正和限定。功利主义者认为，根据"最大幸福原则"，行政人员应当在公共决策中选择那些尽可能多地免除公众痛苦的政策，并且让人们能够在数量和质量两个方面尽可能多地享有快乐。"趋乐避苦"不仅是人类行为的目的，同时也是道德的标准，只要遵守此标准，那么所有人（以及所有有感觉的生物）都有最大的可能过上幸福的生活。"己所欲，施于人"，"爱邻如爱己"，构成了功利主义道德的完美理想。所以，为了尽可能接近这一理想，政府应当在"公共政策"以及"教育和舆论"两方面做出实质性的努力。首先，在制度和社会安排上应当使每个人的幸福或利益尽可能地与社会整体的利益和谐一致；其次，应充分利用教育和舆论的力量塑造人们的品性，使每个人在内心把自己的幸福与社会整体的福利牢牢联系在一起，同时在自己的幸福和他人的幸福之间应当像一个公正无私的仁慈的旁观者那样不偏不倚②。从这一点看，功利主义对人提出的道德要求丝毫不比康德的道义论要求低，人们对功利主义的误解基本来自对"功利"一词想当然的理解。

2. 道义论

道义论（deontology）是强调自身公共责任的政府普遍持有的伦理观念，道义论者相信虽然所有道德原则都是无条件的约束，但有一些原则比其他原则更为根本，而政府有责任确立这个最根本的道德法则（moral law），并在该法则与其他道德原则冲突时坚守其为最高原则、适用于所有行为者的立场。遵从道义论的行政组织被要求遵从"法则的普遍性本身"，即是说，如果行政组织打算以某种方式或依照某种策略去行动，那么首先该组织需要确信它的意图是可普遍化的（universalizable），要确信它希望生活在每个人都以此方式行动的世界中。若不能确信自己能够同时"意愿"该准则（maxim）应该成为普遍法则，那么按照此准则进行的行为方式或行动策略就是道德上不被允许的③。道

---

① 罗尔斯. 正义论. 何怀宏，何包钢，廖申白，译. 北京：中国社会科学出版社，1988：2.

② 穆勒. 功利主义. 徐大建，译. 北京：商务印书馆，2019：21.

③ 卢坡尔. 伦理学是什么. 陈燕，译. 北京：中国人民大学出版社，2014：192.

义论的代表人物是德国哲学家伊曼努尔·康德，该伦理思想的一个基本特征是，正当的概念优先于善的概念：要知道某事物是否有价值，我们先必须知道什么是正当的。康德认为，道德应该是"自治的"，做有道德的人不可能有任何理由，道德呈现自身为一种直接的要求，一种绝对命令①。对行为的道德评价根本上是对行为者意图的评价，而不是对行为者行为结果的评价，因此对康德及其他道义论者而言，不是我们改变世界的方式决定了我们是不是道德的人（或善良的人），而是我们对责任的反应和把握决定了我们道德与否②。需要强调的是，绝对命令不是指某种道德行为，而是要对道德行为建议的价值进行衡量，这些建议只是道德上有价值的，如果它们遭遇苛刻的限制条件并且必须以普遍化的准则为依据，那么它们自身才是道德上有价值的③。

正是因为准则应该是可普遍化的，康德的这一要求被认为排除了"使我们自己成为准则的例外"，即排除将自己当作享有特权者。道义论的这一特征为其成为政府的一种主导伦理奠定了充足的合法性。它要求政府必须想象可称之为依它的准则产生的世界的样子，如果该世界是不可能的，则会出现一种观念矛盾（contradiction in conception），如果政府不"意愿"它的准则产生的世界，则会出现一种意志矛盾（contradiction in will）。只有在两种矛盾都未出现的情况下，它的准则才是可普遍化的且在道德上是被允许的。康德所谓"意愿"一个世界，并不是说我们可以在那个世界满足自己的一切愿望，而是指，在我们的准则所产生的世界中，可以容纳一组特定的利益，这些利益大概会是所有理性存在者共享的利益，由此对每个人的道德要求是相同的，且不因人们的特殊愿望而改变。在道义论者看来，对某一个行为的道德评价根本上是对行为者"意图"的评价，而不是对行为者具体行为"结果"的评价。即是说，评价政府的某项政策或行动，应考察其制定政策或实施行动的本意。如果政府的意图在于促进公共善，那么无论结果如何都不应在道德层面对政府进行谴责。但是，这并不意味着行为结果不重要。相反，结果有助于确定人和组织的责任是什么。判断某个准则是不是可普遍化，则要求我们设想出每个人采用该准则的结果，然后确定我们能够"意愿"这样一个世界。如果政府的某项行为确实导致了意料之外的伤害，尽管政府的"正当"意图无可指责，但导致无辜的人受到伤害对于受难者和政府而言都是一种不幸。只不过在道义论者看来，这种不幸是为了"最高的善"不得不付出的代价，政府在面对同样的需要它恪尽职守的情境时必须选择履行责任，因为正当的概念优先于善的概念。

作为一个绝对论者（absolutist），康德坚定地认为道德原则制定应无条件地精确，这也导致了道德要求变得异常刚性，无法随着具体情况而变通，致使无论是个人还是行政组织在确定责任时始终处于一种自身与责任程序的紧张状态。因此，对于将道义论作为主要行政伦理思想资源的政府而言，一种相对可行的方案是对康德设计的责任框架给予"例外状态"，拒绝绝对论并限制每一种道德原则，尊重道德的主体性和相信道德主体的

---

① 威廉斯. 伦理学与哲学的限度. 陈嘉映，译. 北京：商务印书馆，2017：47.
② 同①202.
③ 瑞斯特. 真正的伦理学：重审道德之基础. 向玉乔，等译. 北京：中国人民大学出版社，2012：180.

自决能力，赋予道德要求必要的弹性。由此，在人们有可能面对的诸种情境中，每种原则所设定的责任都不会跟其他原则设定的责任相竞争。例如，可以将"不要撒谎"的道德原则转变成"不要撒谎，除非有必要用撒谎来阻止无辜者被杀"的原则，在极端情况下允许极少的谎言（但依然禁止别的谎言），我们有理由相信这样变通会在绝大多数情况下令过程与结果都指向善。

3. 契约论

契约论旨在用自愿缔结的"契约"来证明某一行为的正确性和缔约双方的责任问题，此契约通常是隐性的契约。契约论认为，政治合法性、政治权威以及政治义务都来源于被统治者的认可，都是自由与平等的道德主体自愿同意的人为产物[①]。应当说，社会契约理论为探讨道德问题提供了一种更为积极的可能性，它用契约伦理约束人们遵守规则，克制人们短视自私的直觉以换取长远的共同利益。契约论有许多版本，其中最经典的、流传最广的一个版本来自 16—17 世纪的英国哲学家托马斯·霍布斯（Thomas Hobbes）和约翰·洛克（John Locke）。霍布斯在其著作《利维坦》中强调，人们要想免于"一切人对一切人的战争"，要想脱离"自然状态"和睦相处、确立公正和美德、保有私人财产，就需要规则和一种强制执行规则的政治权力，即通过一个所有人都接受的、对彼此有利的"社会契约"来保证。霍布斯认为，"契约"即权利的相互转让[②]，"契约"必须合乎每一个人的利益（至少不能让其处境变得更糟），因为我们每一个人在集体有利的规则下比他在其他状态下的境况更好，尤其是当另一个选项是"自然状态"时。为了让每个人对契约的效力保持信心，即相信在自己遵守协议的情况下他人也会遵守，霍布斯提出所有人应同意将自己置于一个具有绝对统治力的权威（利维坦）之下。由于利维坦的权力是每个人自愿让渡出来汇聚而成的，因此它在面对个体时具有强迫其遵守契约的绝对权力和道德权威——因为订立契约之后，非正义的定义就是不履行契约。洛克与霍布斯提出的契约论思想略有不同，在洛克看来通常人们说的道德即正义规则，这些要求对个人自由权利加以保护的规则是那些明理之人愿意（或能够）通过一个适当的协议采用的。洛克强调，我们最基本的权利和义务是独立于社会契约的，这些基本权利和义务有助于确定一个契约何时是正当的，即契约是捍卫而非破坏人们的"自由"和"政治平等"。

霍布斯和洛克的契约论都旨在保护社会中相对弱势的人，但 18 世纪的法国哲学家让-雅克·卢梭（Jean-Jacques Rousseau）的观点与霍布斯或洛克均不同，卢梭不认为社会契约是弱者用来约束强者的工具，由此他提出了另一个版本的契约论。如果说霍布斯的社会契约是人与人签订的，那么卢梭的社会契约就是人与国家签订的，前者毁约并不会导致人民反对政府，而后者毁约则极易引发反对当前政权的社会革命。卢梭在《论人类不平等的起源和基础》一书中指出，虽然穷人的数量远远超出富人，却被富人控制着，这是因为富人想出了"最狡诈的计划"，即雇用那些攻击自己的人来为自己服务，同敌人

① 戈尔迪，沃克勒. 剑桥十八世纪政治思想史. 刘北成，马万利，刘耀辉，等译. 北京：商务印书馆，2017：332.

② 霍布斯. 利维坦. 黎思复，黎廷弼，译. 北京：商务印书馆，2017：101.

结成盟友。卢梭在《社会契约论》中认为，契约将个体结合在一个共同体中，该共同体有着某种"公意"（general will），它被每个人都视为己之意志。在与他人联合在一起时，我们不再是个体的性格，转而成为一个有着共同自我、共同生命和意志的道德的组织，此时的人转变为自由的道德存在者，统治权仅仅是一种集体的存在。① 卢梭的观点得到了当代英国哲学家卡罗尔·佩特曼和牙买加哲学家查尔斯·米尔斯的进一步扩充，他们指出传统道德是某个群体或阶级用来将自身意志强加在所有人身上的一种手段，社会契约中的道德规范一直以来都是由富有的白人男性构想出的，这不仅伤害了穷人（正如卢梭主张的那样），还伤害了非白种人和女性。

尽管契约论的反对者的观点颇有说服力，但我们同样不能否认一个事实，即契约论与现代行政组织的伦理观具有天然契合的政治基础。在社会契约中，即便人们拥有相悖的利益，契约也能保障每个人至少都能有最低限度的道德和利益。当然，这种最低限度的保障只能提供最基本、最有限的公共品，这无疑难令有责任感的政府满意。为了解决这个问题，罗尔斯设计了一种"无知之幕"来改善社会契约。罗尔斯认为，在思考自己准备订立的契约时，每个人都被笼罩在一块帷幕之后，每个人对自己的利益全然无知——不知道自己的性别、族裔、天赋、阶级、信仰、家庭，也不知道他人的善的观念和社会文明的发达程度——无知之幕可以让契约尽可能体现对处境最差者的关怀，因为所有人都必须拿出符合所有人利益的公平规则②。罗尔斯提出的契约理论的优势在于，它不依靠人们的道德直觉，而是通过将所有人对自身利益的关切和他们对自身利益的无知结合起来，在这个基础上推导道德规则。罗尔斯的观点很大程度上代表了当今世界政治左翼的契约伦理观，因此，罗尔斯也更为那些将"公平"视为更重要、更优先的公共价值的行政组织所接纳，成为这些组织建构自身行政伦理的思想基石。

4. 德性论

道义论、功利主义以及契约论都试图找到一种严格的方法论作为其思想体系的基础，这样做的结果就是将伦理探索变成寻找道德上正确的抽象公式，从而使行为能够得到测试。例如，功利主义给出一个正向效用与负向效用的公式以解决所有的道德问题；义务论给出了一个测试来判断具体行为是否道德。然而，亚里士多德却认为道德无法被简化为一个公式、一套简单规则，不可能成为一个用来判断行为的测试。早在 2 000 多年前的古希腊时期，亚里士多德就已经指出伦理问题复杂且含糊，对所有伦理问题都期待一个准确答案的想法是危险的。既然如此，如何判断一件事究竟是对还是错呢？亚里士多德给出的标准是：德性（virtue）。德性是一个在日常生活中并不常见的词语，人们对其反义词"恶行"（vice）更为熟悉，为了讲清楚何为德性，亚里士多德专门讨论了一系列与德性相对的恶行，并提出了一个德性伦理学的核心观点：过度和不足都会摧毁德性，如果不能找到"过度"与"不足"的中间点，那人们几乎总会在这个或那个方向上犯道德错误。由此可见，"中庸"的思想不仅在中国儒家思想传统中占有重要的地位，在亚里

---

① 卢梭. 社会契约论. 李平沤，译. 北京：商务印书馆，2011：18 - 21.

② 罗尔斯. 正义论. 何怀宏，何包钢，廖申白，译. 北京：中国社会科学出版社，1988：136.

士多德的德性伦理观中亦非常重要。亚里士多德在德性伦理中所强调的"中庸"（golden mean），是"过度"与"不足"这两种恶行的平均数（mean），但想要找到这个中庸之道，则需要通过实践才能发现它。

德性论的关键概念即"美德"（*Arete*，该古希腊词亦被译为卓越）这种人类品格。德性论最早可见于柏拉图和亚里士多德的伦理主张之中，不过，柏拉图与亚里士多德的伦理观念与今人的观念有许多差别，时至今日再去审视这对师徒的理论，他们最重要的贡献在于察觉到了幸福并不完全取决于个人努力，还取决于运气。但是，运气问题一直到2 000多年后的20世纪70年代，由罗尔斯在其《正义论》一书中提出"无知之幕"概念才算基本得到了解决。在经历了欧洲中世纪长达千年的"黑暗时代"后，由神学家托马斯·阿奎那（约1225—1274）将德性论复活，不过阿奎那所建立的是一种基督化的亚里士多德美德伦理学，且仅做到了复活而非复兴。美德伦理学的复兴是相当晚近的事，直到20世纪80年代，它才逐渐由伦理学舞台的边缘走到了中心。在组织中，诸如诚信、勇敢、节制、谦虚、负责等美德都是受到欢迎的品质，只不过在行政组织内部，对美德的要求较其他组织更高、更具体。例如，行政组织会对其中的行政人员提出更高的克己和节制的道德要求，当然，这并不是要求行政人员彻底抛开自己的利益去做一个完全无私的圣贤，而是要求他们将自身利益与他人利益视作同样重要的事情。

亚里士多德认为，德性既是一种需要学习的知识，也是一种在实践中才能真正理解的知识，它是行为、欲望、感觉的一种含有智识的内化取向，包含当事人的判断，即包含与实践理性同样的品质，因此德性不只是习惯[1]。但是，已经拥有了某种德性的人，反而在思考和行动时不会刻意去使用这种德性[2]。比如，一个正直清廉的官员，不会在面对利益诱惑时叩问自己："面对这种情况，一个清官应该怎么做？"真正清廉的官员会对"清廉"这种德性形成习惯，也就会出于本能地、不假思索地拒绝贪腐行为，反而是那些正在努力习得"清廉"这种德性的官员才会思考自己应该怎么处理这个问题。

2.2 中国革命和建设时期的伦理资源

中国在革命和建设时期经历了巨大的社会结构变革和文化转向，相应的主流伦理观念也发生了数次转变，我们可以大致梳理出四种主要的伦理：第一，中华人民共和国成立前的革命伦理（1919—1949）；第二，社会主义建设时期的伦理要求（1949—1978）；第三，改革开放后的社会发展伦理（1979—2012）；第四，新时代中国特色社会主义伦理（2012年至今）。

---

[1] 威廉斯. 伦理学与哲学的限度. 陈嘉映，译. 北京：商务印书馆，2017：47.
[2] 沃尔夫. 道德哲学. 李鹏程，译. 北京：中信出版集团，2019：298.

2.2.1　中华人民共和国成立前的革命伦理（1919—1949）

革命伦理出场的时代，是中国传统伦理被彻底击碎但新的伦理并未成功建立的混乱时代。康有为、梁启超、严复等思想家纷纷提出中国靠祖宗之法已无法站起来，必须靠向西方学习的"求变"思想救亡图存。在"变"的旗帜下，当时的中国思想界从王韬、郑观应等一代知识分子那里寻找思想源头，以中国文化传统资源为理论依托，以他们所体认的西方伦理思想为参照，通过对比和借鉴，试图建立一套适用于中国的道德理论体系[①]。然而，思想界的尝试屡次被动荡的社会现实中断，直至一种革命道德出场。中国的革命道德是以马克思主义伦理观为指导的重要价值思想，其根植于中国革命和建设实践，发源于中华民族优秀传统文化，具有鲜明的时代特色。革命道德的形成和发展被普遍视为中国伦理道德史上的革命性变革，这既标志着传统的占统治地位的封建主义道德体系的崩溃和瓦解，又象征着马克思主义中国化的又一阶段性成果。中国革命道德萌芽于五四运动时期，发端于中国共产党成立之后的浩荡工人运动和农民运动之中，于土地革命阶段初步形成，并沿着抗日战争的历史轨迹渐趋成熟。从发生学角度看，中国革命道德是"革命"和"道德"的有机融合，是立足于革命年代、由革命者倡导并主动遵循的价值规范，是伦理道德发展的逻辑使然，具有强大的感召力和价值引领作用。中国革命道德的基本内涵是"以实现社会主义和共产主义的崇高理想为目标，以全心全意为人民服务为核心，以集体主义为原则，高举爱国主义与国际主义相结合的旗帜，形成无私奉献、顽强拼搏、艰苦奋斗、勤俭节约等革命精神"[②]。中华人民共和国成立之前的革命伦理在救亡图存的时代背景下孕育和锤炼，在一次次的战争中破碎、凝聚和重组，是处于不同社会发展阶段的应然的道德发展要求。

"十月革命一声炮响，给我们送来了马克思列宁主义"，以李大钊、陈独秀为代表的部分有识之士以马克思主义为武器同旧思想、旧道德展开了激烈的斗争，他们崇尚以无产阶级道德覆盖传统的封建道德。由此，中国马克思主义伦理思想得以产生，揭开了"道德革命"向"革命道德"转化的序幕。与此同时，"五四运动"将鸦片战争之后中国人对传统伦理道德的批判推至高潮，人们在这场运动中找到了重塑一种自由、平等的社会新伦理关系的变革指向。"五四运动"毫无疑问是中国启蒙思想运动的重要时间节点，运动中提出的"打倒孔家店""科学和民主"等观念对封建伦理纲常的冲击颇大，这场以倡导人的个性解放为主的伦理革命扫除了遮掩在中国伦理思想史上的迷雾，破除了封建伦理道德的枷锁，并试图以新文化运动为载体并通过对自由和民主等道德观念的宣传来进行思想启蒙，从而创造出相对独立的道德个体，由此产生了中国革命道德的萌芽。然而，从唯物史观的视角看，这一时期的知识分子未能深究革命道德背后蕴藏的社会架构。也就是说，囿于某种程度的认知局限和半殖民地半封建社会的时代背景，"五四运动"时期广大仁人志士想要以伦理道德领域的创新倒逼制度改革和经济发展是行不

---

① 王人博．1840 年以来的中国．北京：九州出版社，2020：111.
② 罗国杰．中国革命道德．北京：中国人民大学出版社，2013：1.

通的。

1921年中国共产党成立，无产阶级以独立的力量登上了政治舞台，共产主义运动在中国蓬勃发展，这不仅是中国革命史上里程碑式的大事件，还标志着伦理道德领域发展路途上的变革性突破，革命道德由此产生。一方面，这次变革可以视为对以往传统道德的扬弃和超越，确立了马克思主义在中国伦理道德领域的引领地位。传统道德范式尽管已经随着中国社会的变迁难以与时代交融而整体面临溃散的境地，但作为积淀了几千年的价值体系依旧有着顽强的文化生命力和价值导向作用，因而在面对传统道德问题上，中国共产党在全盘否定历史虚无主义的基础上选择地吸收了传统道德思想中的精华部分，同时尝试着用辩证唯物的观点来解决实践中所产生的各种社会伦理问题，从而概括出符合时代要求的革命道德体系。以爱国主义为例，忠君爱国是古代约定俗成的统一伦理道德观念，《明史·袁凯传》中提道，"诸将朔望早朝后，俱赴都堂，听讲经史。庶几忠君爱国之心，全身保家之道，油然日生而不自知也"，而这也意味着古人大多从属于国家而无法作为独立的精神主体。在这一历史时期，中国共产党人不断赋予革命道德以新的时代内涵，爱国主义的要义也创造性地转化为道德主体在中国共产党的领导下为建立新中国而努力奋斗，同时将爱国赋予忠于人民的新道德思想，使得广大长期处于"失语"状态下的群众能够与革命实践产生新的联合和认同，就像陈独秀曾在《爱国心与自觉心》一文中提及的，"国家者，保障人民之权利，谋益人民之幸福者也"。另一方面，这一变革将传统道德提升到了社会主义和共产主义的高度，形构了富有民族特色的革命道德体系。在当时的中国，农民对于封建伦理体系的依附性较强，因此，中国共产党人将目光投向了工人阶级，"劳工神圣"等新伦理观念的产生与"劳心者治人，劳力者治于人"的传统伦理思想天然对立。在这些革命道德的感召下，广大无产阶级于国家危难之际为求得民族的独立和解放进行了艰苦卓绝的斗争，而这一行为又反过来填充了中国革命道德的内容体系，并在工人运动和农民运动中逐步成长。

土地革命战争时期，艰苦奋斗、不屈不挠、一心为民、廉洁奉公等伦理道德成为这一阶段的主旋律，而这也标志着革命道德的初步形成。国民大革命失败后，相对于在城市知识分子中广泛弥漫着的悲观主义和享乐主义，广大无产阶级在残酷的战争中逐渐形成了敢于斗争、不怕艰辛的革命精神，中国共产党也闯出了一条"农村包围城市，武装夺取政权"的革命道路。这一时期的革命道德是马克思主义政治伦理、中国共产党伦理思想以及中华民族传统伦理精神的有机统一。除此之外，土地革命战争时期的革命道德主要围绕着土地革命、建立民主政权而展开，这具体体现在中国共产党关心人民生活的实践过程中。为完成民主革命反封建的任务和调动农民支援革命的积极性，中国共产党将目光聚焦在民生问题上，开展了打土豪、分田地、废除封建剥削和债务的土地革命，将马克思主义劳动价值理论大胆应用到伦理关系的变革之中，广大无产阶级由此对中国共产党所倡导的"一心为民"的革命道德的认同逐步加深，革命道德的内涵在土改过程中不断丰富，既重塑了无产阶级的世界观、人生观和价值观，又汇聚了激励中国人民取得战争胜利的强大精神力量。

进入抗日战争和解放战争时期，革命道德建设面临着更加复杂和严峻的环境。在抗战期间，群众的道德素质难以满足激烈战争要求，致使以毛泽东为代表的中国共产党人认识到，除了为人民服务这一道德思想的确立和集体主义道德原则的践行，不畏牺牲、团结奋战等革命精神的传播都将极大地扭转战争格局。这也标志着中国革命道德的成熟。在这一历史时期，中国共产党通过对英雄模范作用的大力宣传来取缔广大群众根深蒂固的传统道德思想，进而使人民树立抗战胜利的必然性和正义性等观念。据资料记载，1942 年 1 月至 1944 年 12 月，晋绥边区先后举办了 4 次大型群英会，对 1 000 余名劳动模范和战斗英雄进行了表彰。这些道德模范以马克思主义为思想武器，以对人民的利益维护为指向，将个人价值构筑在共产主义的追求上，为中国革命道德的发展打开了新的大门。

　　虽然各个时期的革命道德建设各有侧重点，但归根结底，这些道德思想的支持点都隐含在广大人民群众为民族独立和人民解放所进行的斗争实践之中。革命道德在帮助中国共产党取得革命胜利的进程中发挥了至关重要的作用，它是符合革命年代的、先进的、革命的新型伦理观。由此可见，中华人民共和国成立之前的革命道德大致可归纳为两个方面：从对外的角度来说，革命道德强调对待敌人要不畏牺牲、敢于胜利、英勇战斗、顽强抵抗，要以清除敌人、建立新中国为主要切入点，要有为实现社会主义目标而斗争的革命精神；从对内的角度来说，主要集中在对待人民的问题上，要团结人民、依赖人民、善待人民，其要求以"为人民服务"和"集体主义原则"为道德核心。中国革命道德的产生有着进步战胜倒退的历史必然性，是中国道德发展史上的革命性变革，它使马克思主义与新民主主义革命时期的斗争实践相结合，实现了马克思主义伦理观在中国的第一次伟大飞跃，不仅极大地唤醒了个体道德的能动性，而且将传统的革命道德提升到了为实现社会主义和共产主义而努力奋斗的高度，同时，中国革命道德将诸多中华优秀传统道德延续下来，赋予其新的时代内涵，比如，"天下兴亡，匹夫有责"这一道德观念被内嵌于为实现革命胜利的实践之中；"吾日三省吾身"这一道德思想被应用于中国共产党人的自我革命之中。因而，呈现出继承性和时代性相统一的民族特色。

2.2.2　社会主义建设时期的伦理要求（1949—1978）

　　1949 年中华人民共和国成立之后，中国摆脱了帝国主义、封建主义和官僚资本主义三座大山的压迫，迈进了社会主义建设的新时期。在社会主义建设时期，虽然"三大纪律，八项注意"（一切从实际出发、正确执行党的政策、实行民主集中制；同劳动同食堂、待人和气、办事公道、买卖公平、如实反映情况、提高政治水平、工作要同群众商量、没有调查没有发言权）等解放战争时期对党政干部队伍建设具有重要的意义的伦理规范依旧发挥着重要作用，但政党工作重心和社会发展方向的转变带来伦理价值指向的相应调整。要建设发展，自然需要各行各业职业伦理的支撑。我们在道德结构认知上，经过长期探索，逐步形成了以国家道德和主流道德为主导的新的道德结构体系，即以为人民服务为核心，以集体主义为原则，以"五爱"（爱祖国、爱人民、爱劳动、爱科学、爱社会主义）为公民基本道德规范，主要体现在三大社会生活领域的道德，即家庭道德、职业道德、社会公德①。这一时期的总体道德要求得到持续的变化和调整，随着国家功能和社会结构的逐渐修复，公域的道德和私域的道德呈现出一种相互渗透、相互影响的特征，国家和社会层面的道德影响了家庭共同体的价值指向，家庭道德也会影响到社会公德和职业道德。

从哲学的角度说，一个新兴统一体的诞生，其首要目标是维护自身安全和稳定，因此这就需要以这一时期的道德要求为主线串联起这一阶段的历史任务。刚经历了社会性质更替和体制变革的新中国，在伦理道德领域展开了曲折漫长的探索。一方面，这亟须中华人民共和国成立之前的革命道德来巩固民心，强化公众建设社会主义的积极性和主动性；另一方面，促进革命道德的自我转化，以免其有悖于时代任务，比如，中华人民共和国成立之前为了夺取革命胜利而不惧牺牲的大无畏精神已然与时代脱钩，这就需要将其与大公无私的精神相衔接，促进它的自我转化。中华人民共和国成立初期，社会积贫羸弱、百废待兴，以公有制为主导的经济格局契合了时代要求，这就需要大力弘扬无私奉献的精神，以达到凝聚共识、促进人民投身社会主义建设的主要目的。社会主义建设时期的道德要求以马克思主义为指导，以"为人民服务"为宗旨，以"集体主义"为主要原则，以"五爱"为基本规范，并兼顾热爱祖国、艰苦奋斗、无私奉献、勤俭节约等道德思想，这与新民主主义时期的革命道德相比较各有发展的时代合理性。但是，是社会主义道德建设是一个长期的过程，具有前进性和曲折性相统一的特性，而这一路径中每一节点上的道德要求都应与时代要求相契合，并且，只有那些能够促进社会主义发展的道德范式，才能够纳入总体的社会主义道德建设体系中来。

1949年《中国人民政治协商会议共同纲领》提出了"爱祖国、爱人民、爱劳动、爱科学、爱护公共财物"的"五爱"道德要求，为社会主义建设时期规划了清晰的道德蓝图。"五爱"既是对传统道德的超越式发展，又成为这一时期规范全民行为准则的道德要求，是巩固新生政权、促进经济复苏的客观需要。其中，"爱祖国"是为人们所普遍遵守的亘古不变的道德主题，是"五爱"公德的核心要素，是社会主义建设时期所有道德要求的统一交汇点；"爱人民"是对传统民本和仁爱思想的继承和发展，是社会主义道德思想的基本价值取向；"爱劳动"是对"劳工神圣"等革命道德的续写和超越，是马克思主义劳动价值理论在社会主义建设时期的直接体现；"爱科学"最为直观地体现在"科学技术是第一生产力"这一时代发展要求上；"爱护公共财物"是对集体利益的维护，是社会主义建设实践的具体体现，直到1982年第五届全国人民代表大会第五次会议，这一道德要求才被更改为"爱社会主义"，从而更加贴合时代内涵。虽然中华人民共和国成立初期的道德要求饱含政治色彩，人民群众缺乏足够的行动自觉，但正是不计其数的普通民众，将个人价值和祖国的命运紧密地联系在一起，才能在中国共产党的领导下，以朴素的爱国情怀和无私奉献、艰苦奋斗、建设新中国的赤诚之心形成了一种道德共振，使得新中国在生产力相对落后的情况下取得了不俗的成就。

"为人民服务"的道德要求并不是中华人民共和国成立之后才出现的，其可以追溯至中国共产党成立之后的革命实践之中。早在1945年，毛泽东就在党的第七次全国代表大

---

① 陈来. 中国近代以来重公德轻私德的偏向与流弊. 文史哲，2020（1）：5-23.

会上明确提出了"全心全意地为人民服务，一刻也不脱离群众"的理论思想。在《论联合政府》一书中，他又着重强调了"为人民服务"的重要性，即"紧紧地和中国人民站在一起，全心全意地为中国人民服务，就是这个军队的唯一的宗旨"。由此可见，为人民服务的道德思想和社会主义建设紧密相连，这一理论既顺应了中华人民共和国成立初期综合国力较弱情况下的发展要求，又承担起凝聚人心、改造思想的艰巨任务，是具有先进性和普适性的崇高的道德要求。特别是"为人民服务"的道德核心，决定了"集体主义"的道德原则。在这一时期，虽中间受到"文化大革命"的影响，集体主义曾因过度强调集体利益而忽视了个体的需求，但总体来说，集体主义的最终目的都是使人们意识到集体劳动对国家建设的显性影响，让人们意识到个人利益服从于集体利益的重要作用，不管是在建立合作社，还是在促进工业化进程方面，集体主义原则都有着不可取代的必然性。1952 年楚图南曾在《民盟盟员思想改造问题》一文中谈及："新社会是集体主义的，个人利益要服从整体利益。专作个人打算，计较个人得失的旧思想会妨碍国家建设，妨碍我们自己的发展，也妨碍社会的进步。所以思想改造，我们必须作为一种政治任务来完成它。"[①] 因而，集体主义原则不仅不会妨碍个人利益的实现，其重要作用恰好在于维护公民的正当权益，同时要求公民以大局为重，必要时个人利益要让位于集体利益。最后，统筹来讲，"为人民服务"的思想和"集体主义"原则也是相辅相成的，为人民服务中穿插着社会、集体利益高于个人利益的思想，而集体主义原则也要求以人民利益为出发点，两者共同汇聚成了社会主义建设时期最具价值性的道德要求之一。

中华人民共和国成立之后，中国革命道德进一步衍化为更加符合社会主义建设的道德要求，它从社会实际和群众需求的角度出发，在党的统一领导下成为具有广泛性和先进性的社会规范。虽然经历了十年"文化大革命"，但中国革命道德仍旧呈现出波浪式前进和螺旋式上升的发展态势。在社会主义建设时期，为人民服务、集体主义、"五爱"等道德要求为中华民族增添了宝贵的精神财富，帮助人们在艰苦的物质环境中完成了诸多看似不可能的社会任务，为改革开放后经济的快速发展奠定了良好的基础。

2.2.3　改革开放后的社会发展伦理（1979—2012）

改革开放为社会带来了思想解放，孕育了关于"真理标准"等问题的广泛讨论，同时也使政府部门的工作重心发生了巨大的转移。1980 年首届全国伦理学术研讨会召开，中国伦理学会也于同年成立，随后一系列马克思主义伦理学教科书相继出版发行，这些学术思想界的发展进步为中国马克思主义伦理学思想体系向社会层面的拓展延伸打下了坚实的基础[②]。我们知道，马克思主义伦理思想是西方资本主义社会的产物，同时又是作为对西方资本主义道德关系及其观念的批判者和对新社会道德关系及其价值观念的确立者而出现的。理论上说，这种源自西方又批判西方并始终站在无产阶级和广大劳动人民立场上为其根本利益和长远利益辩护的伦理文明，本应恰好适应改革开放初期的中国既

---

① 《楚图南文选》编辑组 . 楚图南文选 . 北京：中共党史出版社，1993：48.
② 肖祥 . 改革开放 40 年中国马克思主义伦理学建设的基本经验 . 齐鲁学刊，2019（1）：76-84.

要学习西方文明又要防止资本主义产生的伦理诉求[1]，它本应代表一种既超越封建主义道德又超越资本主义道德的价值自觉而在中国获得快速发展。然而，在改革开放后的前十年，刚刚经历了"文革"的中国面对顿时宽松的思想环境和日益开放的对外政策，国家上下都被一种名为"新启蒙主义"的西化思潮所笼罩。"新启蒙主义"将自身视为"五四"精神的继承和延续，试图完成"五四"未竟的事业，它不再诉诸马克思主义基本原理，而是秉持"西体中用"的错误理念，试图将西方发达国家的政治、经济和文化理念融合一些所谓的"中国精神"，从而将中国引上西方的现代化道路[2]。

新启蒙主义的核心主张是：在经济学方面，它强调市场经济和私有制（它被理解为经济自由），批判传统的社会主义计划经济，以改造自身经济制度的方式令中国可以被世界资本市场所接纳；在政治方面，新启蒙主义要求重建形式化的法律和现代文官制度，通过扩大新闻和言论的自由，逐步建立保障人权、限制统治者权力的议会制度（它被理解为政治自由）；在文化方面，用科学精神或理性主义价值观重建世界史和中国史的新图景，从而把西方现代化已经实现的目标作为中国社会变革的最高规范，并以此将对传统社会主义实践的批判扩展为对整个中国封建历史的社会结构的批判；同时通过对哲学和文学等领域中的主体性概念的讨论，吁求人的自由和解放，建立个人主义的社会伦理和价值标准（它被理解为个人的自由）。也许在20世纪80年代初，新启蒙主义确实是彼时中国最有影响力的现代化意识形态，其思想蕴含的批判潜能也确曾激发了中国社会的伦理革新，但在被组织到现代化意识形态框架内的过程中，这些批判潜能逐渐丧失了活力[3]，以至于由一种富于激情的批判思想迅速堕落为资本主义的文化鼓手。直至20世纪80年代末，"新启蒙主义"这股以"资产阶级自由化"和"个人主义"为基本主张的、本质上反社会主义的有害思潮才逐渐降温，但时至今日，这一在改革开放后持续了近十年的社会思潮对行政伦理产生的负面影响仍不容轻视。从20世纪90年代到21世纪头十年，每当中国的发展进入改革深水区或者攻坚期，"新启蒙主义"就如同一个幽灵般出现，它会戴着新自由主义、普世主义或者其他"面具"出场，但最根本的主张依旧是"资产阶级自由化"和"个人主义"。

进入20世纪90年代后，中国社会的伦理生态发生了一些变化，在经济伦理上带有较强的新自由主义倾向，而在政治与文化伦理上则表现出与经济伦理的不同。在政治上，中国更加谨慎地对待宪政民主论；在文化上，中国基本上拒斥了西方提出的带有明显宗教伦理色彩的普世价值论。1992年邓小平同志视察武昌、深圳、珠海、上海等地并发表南方谈话，进一步明确提出党和政府的政策基调，廓清了许多长期束缚人们思想的重大认识问题，把中国的改革开放和现代化发展推向了新的高度。也是在这一时期，中国的行政伦理价值导向和方法论逐渐稳定，运用辩证唯物主义和历史唯物主义方法论，形成了以马克思列宁主义、毛泽东思想、邓小平理论（进入21世纪后又继续补充发展了"三个代表"重要思想、科学发展观和习近平新时代中国特色社会主义思想）为根本指导思

① 王泽应.20世纪中国马克思主义伦理思想的理论成果和历史地位.道德与文明，2007（2）：4-9.
② 郭忠华.改革开放以来中国主要社会思潮：阶段与本质.政治学研究，2022（4）：76-88.
③ 汪晖.当代中国的思想状况与现代性问题.文艺争鸣，1998（6）：6-21.

想的伦理理论。与政治伦理发展马克思主义伦理理论、走中国特色社会主义道路不同，这一时期中国的经济伦理主要在传统左派和西方新自由主义之间摇摆，一方面国内对经济改革的具体举措究竟"姓资姓社"仍有争论，公有制和计划经济仍然具有相当的活力；另一方面资本则不断尝试从政府的计划和规制中挣脱。彼时新自由主义在全世界风靡，到 2008 年全球金融危机之前，国内的新自由主义者都将改革开放与全球化、私有化联系在一起，鼓励政府将国有企业私有化、公共服务市场化、经济干预最小化作为改革的价值指向。与新自由主义思潮同步到来的还有宪政民主思潮，它不仅是因为宪政民主的"有限政府"主张与新自由主义的"政府干预最小化"主张相互契合，主张"司法独立"和"党在法下"，更主要的是二者从根本上都希望改变中国的社会主义政治制度，把中国改造为西方的翻版。从本质上看，新自由主义在 20 世纪 90 年代对中国特色社会主义制度确实提出了挑战，但在进入 21 世纪后，中国学派、新左派与新儒家等思想再度占据主流，在弘扬中国价值观的同时也抑制了新自由主义、宪政民主、普世价值论等西方伦理思想的蔓延。

现在回望 20 世纪末中国的伦理观念发展，会发现西方主流的伦理思想确实对中国造成了深刻的影响，这些西方伦理思想包括强调"契约关系、限制公权力和福利国家"的新自由主义[①]，强调"人的本质是绝对自由"的存在主义，主张以人道化"健全社会"的人道主义，以"文明差异"解释对抗和演化的文明冲突论[②]，等等。在这些思潮中，对中国的伦理观念影响最深远的是新自由主义，究其原因，是由于伦理根源于社会发展和经济生活所致。但是，随着越来越多留学回国的学者和中国思想界的进一步开放，更多本土内生性思想得以蓬勃发展，逐渐取代了新自由主义的主导地位。其中，新左派和新儒家就是两种典型的本土思潮，前者认为中国正因积极融入全球化而失去社会主义性质[③]，后者则在强调勤劳节俭、诚实互助等美德的同时积极主张振兴儒教，试图将中国建设成为一个政教合一的儒教国家[④]。应当说，新左派和新儒家思想的兴起，可以看作中国社会对西方伦理思想入侵的一次激进反弹，虽然具有一定的积极意义，但都严重偏离了中国特色社会主义道路。直至 2006 年党的十六届六中全会明确提出了"建设社会主义核心价值体系"的重大命题和战略任务，明确提出了社会主义核心价值观在国家、社会、个人三个层面上的价值目标——"富强、民主、文明、和谐，自由、平等、公正、法治，爱国、敬业、诚信、友善"——并指出社会主义核心价值观是社会主义核心价值体系的内核，才最终完成了对改革开放以来社会主流伦理价值的一次拨乱反正。社会主义核心价值观是我国社会各界对改革开放和中国特色社会主义建设的经验教训进行深刻反思、总结和研究而形成的伦理智慧，说明党中央和当代中华民族在认识中国特色社会主义的特征、本质以及国家治理问题方面达到了新高度、新水平和新境界[⑤]。总的说来，从改革开放到 21 世纪头十年这30 余年间，马克思主义伦理思想与中国革命、建设、发展和改革的道德实践相结合，出

①　哈维．新自由主义简史．王钦，译．上海：上海译文出版社，2010：4.
②　邢贲思，江涛．当代西方思潮评析．中国社会科学，2000（1）：73-82.
③　郭忠华．改革开放以来中国主要社会思潮：阶段与本质．政治学研究，2022（4）：76-88.
④　蒋庆．政治儒学．北京：三联书店，2003：348.
⑤　向玉乔．习近平的道德治理思想．伦理学研究，2018（1）：15-19.

现了三次明显的理论飞跃，相应地，产生了邓小平伦理思想、江泽民伦理思想和胡锦涛伦理思想三大理论成果[①]，这三大伦理思想也标志着马克思主义伦理思想的中国化在不断深化，同时也意味着中国的伦理生态在中国特色社会主义伦理范畴中逐步稳定下来。

2.2.4 新时代中国特色社会主义伦理（2012 年至今）

进入社会主义新时代，我国的行政管理建设进入了一个全新的时期，同时我国的公共行政道德伦理建设也迈上了新的台阶。中国政府对中国特色社会主义的行政伦理探索是一个持续的过程。2012 年，胡锦涛同志在党的十八大报告中首次提出了"三个倡导"，即"倡导富强、民主、文明、和谐，倡导自由、平等、公正、法治，倡导爱国、敬业、诚信、友善"[②]。十八大以来，以习近平同志为核心的党中央领导中国人民取得了全方位、开创性的成就，解决了许多长期想解决而没有解决的难题，办成了许多过去想办而没有办成的大事，推动党和国家事业发生历史性变革。由此，党的十八大开启了中国特色社会主义的新时代。2013 年 12 月，中共中央办公厅印发《关于培育和践行社会主义核心价值观的意见》，明确提出"三个倡导"的内容即社会主义核心价值观的基本内容。[③]2017 年，党的十九大提出了"培育和践行社会主义核心价值观"，以及"推动中华优秀传统文化创造性转化、创新性发展"的国家发展战略。习近平总书记在十九大报告中指出："经过长期努力，中国特色社会主义进入了新时代，这是我国发展新的历史方位。"[④]习近平总书记对"新时代"的这一表述，清晰地指明了中国的行政管理面对的将是新环境、新问题，行政组织需要适应新时代的伦理规范。新时代的道德伦理的内核是以社会主义核心价值观为主的公共伦理，"社会主义核心价值观"的内容为新时代的公共行政道德伦理建设提供了总体指导，成为我国公职人员要遵守的基本准则。

习近平总书记在党的二十大报告中进一步指出，坚持中国特色社会主义道路需要"坚持以经济建设为中心，坚持四项基本原则，坚持改革开放，坚持独立自主、自力更生，坚持道不变、志不改，既不走封闭僵化的老路，也不走改旗易帜的邪路，坚持把国家和民族发展放在自己力量的基点上，坚持把中国发展进步的命运牢牢掌握在自己手中"[⑤]。这直接点明了中国在新时代树立社会主义核心价值观所应坚定不移之事，中国共产党要团结带领全国各族人民全面建成社会主义现代化强国、实现第二个百年奋斗目标，以中国式现代化全面推进中华民族伟大复兴，离不开社会价值观的稳固。

德治思想是习近平新时代中国特色社会主义思想的重要组成部分，这对于一个久经磨难的民族迎来从站起来、富起来到强起来的伟大飞跃意义重大。在国家治理的大框架

---

① 王泽应.20 世纪中国马克思主义伦理思想的理论成果和历史地位.道德与文明，2007（2）：4-9.

② 胡锦涛.坚定不移沿着中国特色社会主义道路前进 为全面建成小康社会而奋斗.北京：人民出版社，2012：31-32.

③ 中共中央办公厅印发《关于培育和践行社会主义核心价值观的意见》.党建，2014（1）：9-12.

④ 习近平.决胜全面建成小康社会 夺取新时代中国特色社会主义伟大胜利：在中国共产党第十九次全国代表大会上的报告.北京：人民出版社，2017：10.

⑤ 习近平.高举中国特色社会主义伟大旗帜 为全面建设社会主义现代化国家而团结奋斗——在中国共产党第二十次全国代表大会上的报告.北京：人民出版社，2022：27.

内，习近平的道德治理理念同时涵盖国内和国际两个维度，对内大力推进社会主义核心价值观的培育和践行、道德规范体系和道德治理能力的现代化、德治和法治方略的融合和统一、公民道德建设的落实；对外重视推进中华传统道德文化和当代中国价值观念在国际社会的传承传播、塑造中国的国际道德形象，同时注重用中国道德价值观念和道德智慧影响世界发展进程。通过这两个维度的努力，当今中国的内政和外交都被更加深刻地打上了道德治理的烙印①。正所谓"法安天下，德润人心"，2014 年党的十八届四中全会提出"全面推进依法治国"，以及"坚持依法治国和以德治国相结合""国家和社会治理需要法律和道德共同发挥作用"，都鲜明地体现了习近平法治与德治并举的思想特征。看今日之中国，从公共部门到公民个人，都在积极培育和践行社会主义核心价值观，为实现公平正义、促进向上向善培植深厚土壤，新时代的中国社会伦理风清气正，爱国主义、集体主义广为弘扬，崇尚英雄、尊重模范、学习先进成为风尚，人民思想觉悟、道德水准、文明素养不断提高，为中华民族的伟大复兴创造了良好的伦理生态和道德环境。

进入 21 世纪的第二个十年开始，中国伦理建设的价值指向除了培育和弘扬社会主义核心价值观、加强德治法治相结合外，同样重要的还包括坚持自我革命、坚持反腐倡廉。党的十八大提出的反腐败斗争是新时代的道德伦理建设篇章中浓墨重彩的一笔，它回应了群众反映强烈的突出问题，是党应对"四大考验"和"四大危险"的重要举措。在反腐败斗争中，党和国家努力使国家公职人员做到不敢腐、不能腐和不想腐。"不敢腐"和"不能腐"需要相关法律制度、组织机构等消除或减少腐败的机会，在公共组织内营造对贪污腐败零容忍的高压环境；"不想腐"则需要国家公职人员把清正廉洁内化为自己的操守，成为自觉遵守的规范。习近平总书记在党的二十大报告中特别提出全面从严治党和反腐败的长期性问题，"以党的政治建设统领党的建设各项工作，坚持思想建党和制度治党同向发力"②。各级政府都要深刻认识到腐败问题的严重性，当前有些中国共产党的党员、干部"政治信仰发生动摇，一些地方和部门形式主义、官僚主义、享乐主义和奢靡之风屡禁不止，特权思想和特权现象较为严重，一些贪腐问题触目惊心"③。坚决反对腐败、惩治腐败，是中国共产党在治国理政过程中必须坚守的道德防线，因此，习近平总书记强调："只有以反腐败永远在路上的坚韧和执着，深化标本兼治，保证干部清正、政府清廉、政治清明，才能跳出历史周期率，确保党和国家长治久安。"④ 新时代的反腐倡廉有如下几个特点：

首先，新时代的反腐倡廉是在复杂的国内外形势下开展的自我革命。就国内形势来说，我们正处于实现中华民族伟大复兴的关键历史时期，贪污腐败行为不仅给社会主义建设事业带来直接的物质损失，更会给公共部门、给全社会带来负面情绪，损害公平正义，影响人们为中华民族伟大复兴做贡献的积极性，危害内部团结。进入新时代后，我

---

① 向玉乔. 习近平的道德治理思想. 伦理学研究，2018（1）：1519.

② 同①13.

③ 习近平. 高举中国特色社会主义伟大旗帜 为全面建设社会主义现代化国家而团结奋斗——在中国共产党第二十次全国代表大会上的报告. 北京：人民出版社，2022：5.

④ 习近平. 决胜全面建成小康社会 夺取新时代中国特色社会主义伟大胜利：在中国共产党第十九次全国代表大会上的报告. 北京：人民出版社，2017：67.

国社会主要矛盾已经转化为人民日益增长的美好生活需要和不平衡不充分的发展之间的矛盾，人民不仅对物质生活水平有了更高的要求，对民主法治、公平正义等精神层面需要也有了更高的追求。贪腐行为违背公共行政伦理，与民主法治和公平正义的伦理要求相悖，不符合人们树立起的社会主义核心价值观信仰。就国外形势而言，国际秩序总体稳定可控，但局部冲突不断，以美国为首的西方国家仍以促进民主改革为借口频繁干涉他国内政、煽动民粹主义，世界民主政治面临着霸权主义、单边主义的威胁，全球经济总体形势不容乐观，人类命运共同体正经历着严峻考验。面对严峻复杂的国际形势，更要警惕萧墙之祸，绝不能让腐败分子破坏国内和谐稳定的政治局面。

其次，新时代的反腐倡廉与人民群众密切相关。一方面，推进新时代反腐倡廉，很大程度上是为了解决人民反映强烈的问题。习近平总书记在十八届中央纪委二次全会上做了题为《依纪依法严惩腐败，着力解决群众反映强烈的突出问题》的讲话，认为"坚定不移惩治腐败，是我们党有力量的表现，也是全党同志和广大群众的共同愿望"[1]。长期以来群众身边存在着一些贪腐行为，腐败问题和不正之风严重损害了百姓的切身利益，百姓对此深恶痛绝，因此，大力推进反腐败斗争，是顺应民心的举措，是党"全心全意为人民服务"宗旨和人民政府"为人民服务"的宗旨的具体体现。另一方面，推进新时代反腐倡廉工作需要广大人民群众的参与。人民群众首先要给予反腐败斗争充分的支持，给予党和政府充分的信任，对贪污腐败形成高压态势离不开群众的配合。广大群众还要积极主动地向有关组织、单位提供违法违纪线索，使贪腐分子无处遁形。

再次，新时代的反腐倡廉需要从党政领导干部抓起。习近平总书记强调，"反腐倡廉建设，必须从领导干部特别是主要领导干部抓起"[2]。一些高级党政领导干部的违法腐败、以权谋私的行为在社会上产生了恶劣的影响，特权思想、特权现象还存在于一些领导干部中间。党的十八大以来，中央查处了一批高层领导，在全党全社会形成震慑效应，也显示了我国反腐倡廉的决心和力度。领导干部的贪污腐败行为不仅意味着自身的堕落，更有可能导致整个部门歪风邪气盛行，引发"塌方式腐败"。所以，新时代的反腐倡廉工作从领导干部这个关键少数抓起，保证领导队伍的清正廉洁，发挥其表率作用，形成良好风气。并且，反腐正风工作需要依靠广大党政干部来领导开展，这就更需要党政领导洁身自好，而不至于包庇下属，与下属沆瀣一气。在抓好领导干部的基础上，反腐的对象由领导干部扩大至全体党员、公职人员，坚持"打虎拍蝇"，这样才能形成整个社会清正廉洁的良好风尚。

最后，新时代的反腐倡廉应注重反腐的长期性、制度化。习近平总书记在中共第十九届中央纪律检查委员会第四次全体会议上发表讲话时指出，我们要清醒认识腐蚀和反腐蚀斗争的严峻性、复杂性，认识反腐败斗争的长期性、艰巨性，切实增强防范风险意识，提高治理腐败效能。对于公职人员而言，诱惑无时不在，手中权力时刻有被滥用的风险，所以要保证反腐败工作能够长期进行下去。在反腐倡廉工作的制度化方面，党和

---

① 中共中央文献研究室.十八大以来重要文献选编：上.北京：中央文献出版社，2014：135.

② 同③136.

国家下了很大的气力，制定和修订了一系列条例和法律，并且成立了监察委员会专门负责我国的监察工作。这一系列条例和法律为惩处腐败行为提供了依据，贯彻了依法治国精神，同时也保证了反腐工作能够长期开展下去。

2.3　应用伦理学的支援

就伦理学本身是一门实践哲学而言，应用伦理学（applied ethics）对行政伦理的发展无疑起到相当强的支援作用。应用伦理学是当代一门备受关注的学科，它是在理论伦理学的自我反思、自我否定的基础上建立起来的伦理学，它关注的主要问题是各种现实问题之间的价值冲突问题。根据研究对象的不同，有学者将应用伦理学分成"物理应用伦理学"和"人理应用伦理学"，前者关注的领域主要包括生命伦理、科技伦理、工程伦理、生态伦理、核伦理、神经伦理、网络伦理、食品伦理等，后者关注的主要包括政治伦理、国际关系伦理、法制伦理、宗教伦理、家庭伦理、职业伦理、经济伦理、信念伦理等[1]。行政伦理应主要参照人理应用伦理（权力/权利）问题，包括三种伦理范畴：职业道德、信念伦理、家庭美德。

2.3.1　职业道德

有学者认为职业道德本质上是一种德性伦理，或某种情境主义伦理，诸如"克制""自控""平和""独立""勇敢""耐心"等内在品质，或者在具体情境中发挥作用的那些道德规范，大都能被职业道德吸收使用。也有学者将职业伦理与中国传统儒家伦理中的"修身""执事敬"思想联系起来，或与西方的"公民伦理"思想联系在一起，以便从历史哲学中定位职业伦理的思想内核。这些判断都有其道理，但又都不够完整。可以说，职业道德就是社会伦理体系内部的专业群体这一领域的道德，它在原则上从属于社会伦理这一整体，但又具有专业群体的特殊性。一般来说，道德的形成及其规范的确立，既不是科学设计的结果，也不是政治运作的结果，而是与之有关的群体的对行为规范的要求使然。因此，职业伦理应由从事该职业的群体来确立，并在社会分工逐渐复杂化的过程中随之不断调整。根据马克思主义的观点，生产力的发展导致了分工，分工导致了职业的分离和社会角色的分化，这是自然发展起来、随后固定下来、最后由法律加以巩固的[2]。社会分工确立之后，从事某一分工的人员相对稳定，便形成了职业，相应地，为调节职业活动而制定的规范、价值理念等职业伦理逐渐形成[3]。

职业的产生是职业伦理出现的逻辑前提，职业伦理的出现令人类完成复杂的社会大分工成为可能。从社会分工的视角来看，职业伦理是按照知识、技术和技能的专门化区

---

① 任丑. 应用伦理学. 北京：科学出版社，2020：4.
② 马克思恩格斯全集：第四十三卷. 2 版. 北京：人民出版社，2016：372.
③ 肖群忠. 职业伦理的现代价值与当代中国的成功实践. 道德与文明，2022（2）：15-24.

分，赋予社会中的劳动者不同的社会角色并按其角色确定相应的权利及义务，所以职业伦理即角色伦理。既然职业是人因社会分工不同而形成的人的集团，那么这个集团组织内就需要遵循某些特殊的伦理规则，职业伦理的特殊性源自职业活动的特殊性。涂尔干认为职业伦理具有特殊性，在他看来，关于人对自身的道德义务构成了一切伦理规范的基础，人与他者的道德义务构成了伦理规范的顶点，而职业伦理就是处在这两种极端类型之间的、与它们完全不同的、具有多样性和特殊性的道德义务，它将随着践行道德的能动者而变化①。职业伦理越发达，它们的作用越先进，职业群体自身的组织就越稳定、越合理②。

涂尔干寄望于职业伦理能够弥合由社会分工导致的社会分化，在保持相对高度的专业化分工前提下实现社会有机团结。基于此，他在《职业伦理与公民道德》中将道德规范划分为"政治规范"和"职业规范"两大类，前者为共同生活制定，后者则为特定生活制定，二者共同构成了时代的公共规范。从这个意义上说，职业规范作为能够对特定的生活关系产生支配作用的规范，其中非常重要的一种规范形式是伦理规范，即职业伦理——这是一种对其他领域并不适用的伦理——牧师不必奉行士兵的职业伦理，医生也不必恪守教师的职业伦理。在恩格斯看来，这就是"每一个阶级，甚至每一个行业，都各有各的道德"③。因此理论上来说，有多少种职业就相应地有多少种职业伦理，规定着不同劳动、职工收入以及彼此间与共同体应负的义务。不过，并不是社会中的每个人都需要履行职业伦理，因为有的人并不参与劳动或者其从事的职业不被社会所认可。无（正当）职业者，往往被视为社会的寄生虫，是难以自力更生的"游民"④。

现代社会经济活动、个体谋生的职业活动和交往变得更加频繁，人们的社会交往关系主要以业缘关系为中心建立起来⑤，这不但突显了职业交往的重要性，更突出了职业伦理在现代社会的意义。应当说，职业活动是人类生存的需要，职业伦理是伴随着社会分工和职业活动的形成而产生的，是人们在职业活动中表现出来的所有价值观念、规范体系与主体品质的统一，它既包含不同职业群体所拥有的不同的价值观（如医务道德的救死扶伤、实行人道主义，教师道德的传道授业、教书育人等），也包含着职业同事关系以及不同职业关系之间相互交往应遵循的道德规范，以及从业者作为该职业人的某些个体品质（如军人作风、干部作风、师德师风、企业家精神等）⑥。从这一点可以看出，职业伦理对经典的"理欲冲突"问题给出了基于职业特性的答案，有多少职业就相应地有多少个答案，并且职业伦理"无关公众意识对它的看法"⑦，它只在一个被限定的区域内有效。例如，公职人员以及从事教育工作的人，相对来说在行为上有更高的道德要求、更多的道德禁区，且一旦出现失范行为也将面对更严厉的惩罚。又如，医生有时有说谎的

① 涂尔干．职业伦理与公民道德．渠敬东，译．北京：商务印书馆，2015：4．
② 肖群忠．职业伦理的现代价值与当代中国的成功实践．道德与文明，2022（2）：8．
③ 马克思恩格斯选集：第四卷．3版．北京：人民出版社，2012：247．
④ 蔡元培．国民修养二种．上海：上海文艺出版社，1999：93．
⑤ 同②15－24．
⑥ 同①．
⑦ 同①6．

义务或停止施救的义务，不能不分情况地坦言真相，更要抵制无视病人痛苦去干预、修复和控制病人生命的冲动，而律师则有一种完全相反的义务，他们不可说谎作伪，不可为了中止委托人的痛苦而协助其放弃生命。

对于政府以及与国家相关并具有公共性质的组织（如军队、司法部门、公立学校、国有企业等）而言，每个组织都是界限明确的实体，不仅具有自己的统一性，还有自己的特殊规定，而且专门机构也会遵照指令保证这些规定得到强化。有时它们会通过选举或其他形式指定正式的法庭，如军事法庭、纪律委员会以及教育纪检委员会等，以杜绝任何性质严重的不恪守职业义务的行为①。这是因为，在这些具有公共性质的组织之中的职业，具有一种特殊的职业伦理（即公职人员的伦理是一种特殊性的叠加），不仅关涉组织中的公务员群体、军人群体、教师群体等，还要考虑到这些职业处在严格的等级框架之中，且他们需要担负起对社会公众的责任和义务，这种公共责任和义务构成了公职人员自成一体的道德生活的核心，甚至会延展到他们的私人领域中。基于此，许多国家会将公职人员的悖德行为视为一种违法行为，通过完善行政法规、加强教育培训、严格问责监督、提高违法成本等方式多管齐下，以期遏制公职人员的道德失范现象，打造一种行政清廉、恪尽职守、认真履职的伦理氛围。

对于今天的中国而言，进一步加强公职人员的职业伦理建设依旧是国家治理水平和政党执政能力提升的关键，这一过程需要继承和发扬中国共产党在长期实践中形成的优良作风和传统，坚持实事求是、理论联系实际、密切联系群众、批评与自我批评、艰苦奋斗和谦虚谨慎、不骄不躁的行事作风，传递风清气正、吃苦耐劳的正能量。

2.3.2　信念伦理

信念伦理是指人们在特定认识的基础上确立的对某种思想观念、理论学说、偶像人物或其他事物的坚信不疑并由此产生的伦理约束、道德效仿和行为评价等，它具有多样性、统摄性和自律性的特征②。最初提出信念伦理的是马克斯·韦伯，他在名为《政治作为一种志业》的演讲中提出了信念伦理（Gesinnungsethik）这一个概念，有学者将其译为"心志伦理"或"意图伦理"，日本学者西岛芳二和胁圭平则将其译为"心情伦理"③，可见这是一个在德语语境中具有很强思想性的概念，难以被准确地转译。从类型学的角度看，信念伦理的确是一种特殊的道德类型，有学者认为它是一种与元伦理、规范伦理和美德伦理并立的第四种伦理学④。有一点是可以确知的，即信念伦理是一种后天习得的伦理观念，无论这里的信念指向的是某种主义还是某个神祇抑或某个人、某个组织，信念的形成都需要经过长期的学习和认同规训。

在韦伯看来，信念伦理只考虑信念是否高尚、公正和周全，而不问行为本身的正当性及在事实上将会导致什么后果；只要信念是善的，毫无必要纠缠于行为本身是否正当

---

①　涂尔干．职业伦理与公民道德．渠敬东，译．北京：商务印书馆，2015：9.
②　吴俊，周嘉婧．信念伦理及其在当代中国社会的建构．社会主义核心价值观研究，2016（4）：41-47.
③　韦伯．学术与政治．钱永祥，等译．上海：上海三联书店，2019：272.
④　郭良婧．论底线伦理的"后退"与信念伦理的"缺乏"．伦理学研究，2017（6）：27-30.

以及造成何种后果，即使行为本身失当或造成恶果，也不是行为本身的过错，而是行为者误解或违背信念去实施的责任，或直接嫁罪于某种神秘力量暗中阻扰所致①。韦伯在《社会科学方法论》和《马克斯·韦伯社会学文集》中对信念伦理做了进一步的解释，他认为："伦理行为的本身内在价值——以前人们称之为纯粹意志（Reine Wille）或者良知（Gesinnung）——是否即足以证明这个行为的正当。……或者，对于行为可以预见的——可能的，抑是具有某种概率者——后果，照着它在这个伦理上无理性的世界中纠缠出来的样子，所应负的责任，是否应当列入考虑。"②

无疑，信念之于政治行动和行政组织都十分重要，这也是现代政治反复强调理想信念的原因之一。在韦伯看来，"政治行动若要有其内在的支撑定力（Halt），就必须要有追求一个理想的意图。为了这样一个理想，政治家追求权力、使用权力；但是这样的一个理想究竟以什么形式出现，乃是一个由信仰来决定的问题。……总而言之，一定要有某些信念。不然的话，毫无疑问，即使是在外观上看来最伟大的政治成就，也必然要承受一切世上受造物都无所逃的那种归于空幻的定命"③。信念伦理绝不是给人提供一种托词，在他按照纯洁的信念（Gesinnung）行动但引发了罪恶的后果时，将责任推给信念本身或者整个世界、其他人的愚昧等。"一个以信念为伦理原则的人，会认为他的责任只在于确保纯洁的信念——例如抗议社会体制的不公——之火常存不熄。他的行动本身，从其可能后果来说，是全然非理性的；但这种行动的目的，乃是去让火焰雄旺。这类行动的价值，只能在于并且也只应该在于一点：这个行动，乃是表现这种心志的一个楷模。"④对于行政组织而言，保持一种坚定的信念能够让其以一种稳定的行动逻辑面对难以决策的各种困境，至少可以让公权力的运行呈现一种可预期的状态。这对于身处高度复杂、高度不确定环境下的行政部门而言，十分重要。

一般来说，无论抱持何种类型的信念（例如对某种意识形态或宗教的信仰），信念伦理问题都是指向"我们应当相信什么"这类信念规范问题的，现有的对信念规范问题的讨论基本限制在认知领域。因此，回答"我们应当相信什么"的前提是"我们能够相信什么"，而"我们能够相信什么"与我们信念态度的自由是息息相关的。所以说，信念自由是信念伦理的基本前提，但这种自由对应着义务，这就是韦伯在提出"信念伦理"的同时也提出了"责任伦理"的原因。信念伦理学表达的正是人类对于信念的一种哲学立场——既然人们享有信念自由，那就应该对他们的信念负责任⑤，秉持信念从来不应成为为恶的借口这一原则。因而，毫无疑问，信念规范应当是合理的，对于荒谬观念或狂热理论的盲信不是一种合理的信念状态，对于信念过度教条化、极端化也不可能孕育出一种合理的信念伦理。西方伦理学一般将这种合理性寄托在"真理"概念中⑥，而中国的传统伦理则将这种合理性放在"道"的范畴中加以探讨。一种理性的、正义的信念，如对

① 程东旺.从信念伦理到责任伦理：社会潜规则的伦理批判.理论导刊，2013（5）：48-51.
② 韦伯.社会科学方法论.韩水法，莫茜，译.北京：商务印书馆，2013：77.
③ 同②266.
④ 同②273.
⑤ 郑伟平.信念自由与信念伦理.学术界，2018（12）：32-40.
⑥ 郑伟平.信念的认知规范：真理或知识.厦门大学学报（哲学社会科学版），2017（5）：90-96.

共产主义的坚定信念，无疑会成为行政组织建构其自身的行政伦理时可借用的主要思想资源之一，信念伦理也会成为行政伦理最强力的"拱心石"，始终捍卫着公共部门和社会公众关于何者为"善"、何者为"公益"的基本道德判断。

对于今天中国的行政组织而言，其理想信念始终坚定不移地指向中国特色社会主义，始终朝着社会主义和共产主义这个人类社会发展的根本方向前进。社会主义信念伦理的核心思想即在国家层面倡导"富强、民主、文明、和谐"，在社会层面倡导"自由、平等、公正、法治"，在个人层面倡导"爱国、敬业、诚信、友善"。有坚定的信念无疑对现代行政组织的凝聚力和动员能力意义重大，但也要警惕韦伯对信念伦理发出的警告：要警惕信念伦理"在用目的来将手段圣洁化这个问题上触礁"。因为，"'善'的目的，往往必须借助于在道德上成问题的或至少是有道德上可虞之险的手段，冒着产生罪恶的副作用的可能性才能达成"①。信念伦理实际关闭了其他选择，只保留了一个选项，即"凡是行动会用到在道德上言之有可虞之险的手段者，皆在排斥之列。这是从逻辑上来说，它唯一可走的一条路。不过，在现实世界中，我们却一次又一次不时看到，秉持信念伦理的人突然变成预见千年王国的先知。刚刚还在宣扬'以爱对抗暴力'的人，突然敦促他们的追随者使用武力：最后一次使用暴力，以求能消除一切暴力"②。韦伯的警告主要是针对德国精英发出的，尤其是针对那些对第一次世界大战结果不满的以及试图在国内煽动狂热躁动情绪的德国精英，警告他们不要鼓吹虚妄的信心、不要散布言之凿凿的谬误。但是，韦伯的思想对于匡正今天那些信念伦理蓬勃发展的国家不至走向极端依旧意义重大，我们仍需要在借用信念伦理建设行政伦理的过程中反复地回到韦伯这里，审慎考察是否走向了危险的边缘。

2.3.3　家庭美德

家是社会的细胞，亦是人生的起点，是先"通情"后"达理"的私人领域。家庭也是一个微型的政治社会，在情感的背后是权力、伦理、分工、合作，也存在某种程度上的压迫和剥削。用海德格尔的话来说，家庭是活生生的在场涌现，是自然的"生"与"长"，因此家庭美德可视作社会伦理在家庭共同体内部的自然延展和生长，是一种以亲缘关系和情感为纽带的伦理规范体系。在恩格斯看来，婚姻关系本质上是一种世俗的伦理关系，爱情是建立婚姻关系和家庭的基础，只有继续保持爱情的婚姻才合乎道德③。原则上讲，每个人都属于家庭，家庭中有性别的差别、年龄的差别、感情亲疏的差别、血缘关系的差别，这些差别都对家庭成员的义务产生影响，同时这些差别又都是暂时的，各种各样的义务无法同时实现。因此，社会需要一种被广泛认可的家庭伦理规范，来协调各成员之间的义务结构并保证义务变化的稳定性。一个社会中家庭美德的形式，会在很大程度上影响人的伦理观念，进而也会对行政组织的伦理产生间接影响。这种间接的

---

①　韦伯.学术与政治.钱永祥，等译.上海：上海三联书店，2019：274.

②　同①275.

③　马克思恩格斯选集：第一卷.3版.北京：人民出版社，2012：81，348.

影响，无论是在家庭直接从事经济生产的农业社会，还是在家庭生产被社会化生产替代的工业社会，主要是对行政人员的价值观、事业观、人生观等心理感受产生影响，进而影响整个行政组织的伦理观念。一般来说，如果一个社会拥有培育积极良好的家庭美德的整体环境，那么来自伦理关系良好家庭的行政人员就更有可能成为廉洁奉公、勤政为民的公务员。

随着时代的变迁，中国家庭伦理共同体的内部结构和成员之间的关系也在发生变化，家庭伦理从传统的"血缘-宗族"观念上的等级式伦理逐渐转变为以"自由意志"为核心的契约式伦理。传统家庭伦理强调"夫为妻纲""父为子纲""男外女内"，这意味着家族内的男性家长在家庭中财产、责任分配中拥有主导性的地位。随着社会的发展，女性的权益越来越受到重视，父权制、家长制、族长制的家庭伦理逐渐隐没，而一种基于自愿互利关系的契约伦理渐渐成为家庭伦理的主流，男女双方基于平等、自由、开放的基本原则建立恋爱关系、组建家庭，所建立的婚姻契约既保障了夫妻双方的利益，又保障了婚姻关系的稳定。与此同时，随着经济的发展、城市化率的提高和家庭伦理的变迁，传统的"四世同堂""儿孙绕膝"的大家庭不再占据社会中家庭结构的主流，代之以"三口之家""两代四人"等新式的小家庭结构为主，同时也出现了"丁克夫妇""独身主义"等微型家庭，这种家庭结构上的变化导致传统家庭伦理的相应改变。面对现代对传统的冲击，家庭伦理共同体的建构最终指向"自由人的联合体"，这就需要我们及时建立起满足新时代要求的家庭伦理观念、文化和道德体系，为建构新时代的行政伦理观提供不竭动力和基于家的情感支持。

首先，应树立正确的家庭美德观念，为建设良好的行政伦理提供价值导向。这种美德观既包括正确的父母子女伦理观和家庭责任观、幸福观，也包括正确的婚恋观。现代家庭婚姻更多地体现为一种以权责统一的契约精神为引导的婚姻，同时也有很多契约之外的承诺、权利与责任，所有家庭成员皆有维护家庭伦理共同体的责任，也有帮助其他家庭成员的义务。我们可以将家庭权利与责任简单划分为以下三种类型：兼具必须性和应当性的权利与责任；具有必须性而没有应当性的权利与责任；具有应当性而没有必须性的权利与责任①。同时，应将爱作为组建家庭的基础，夫妻双方地位平等、活动自由，都肩负着养育子女、维护婚姻和谐的责任，应明确自身在家庭中的角色定位，尊重两性差异，实现性别优势互补，将"仁爱""尊重"等美德作为一种道德自觉保持和传递下去。

其次，应在社会层面培育优良的家庭美德文化，为建设良好的行政伦理提供支持环境。在这一过程中，对优秀的中华传统伦理文化的传承尤为关键。许多优秀的传统家庭文化资源有待我们深入挖掘，许多民间散落的家风、祖训、族规等文化资源有待搜集整理，其中闪烁的传统智慧和生活哲学对现代家庭依然能起到启示作用，应予以保留和传承②。对于那些有着优秀家风的模范家庭，应进行宣传，让这些优秀的榜样楷模发挥先锋带头作用，引导社会大众学习家庭的良好风尚，规范家庭伦理关系。同时，还应重视培育家庭内部代际的优良伦理文化，父辈要在仁爱孝悌、勤俭节约、坚忍不拔等诸多方面

---

① 李云峰．中国家庭伦理共同体的时代变迁、现状审视及逻辑建构．伦理学研究，2022（1）：127-134.
② 同①.

为子女做出良好的示范,中青年一代也要自觉肩负起代际伦理的传承和过渡,让优良的代际伦理文化得以代代延续和更新。此外,在市场经济日渐发达的当今社会,我们还应着力培育一种物质同精神相协调的优良家庭伦理文化,让家庭成员能树立正确的财富观,将对美好生活的期望与物质财富和精神财富共同增长联系起来。

最后,应在制度层面健全现代家庭伦理体系,为建设良好的行政伦理提供制度支撑。重构现代家庭伦理共同体的内容纲常体系,不但要将"尊老爱幼""夫妻和睦""勤俭持家""解放妇女"等传统伦理观纳入现代家庭伦理之中,还要体现"男女平等"等现代社会的美德和价值,同时也要为人工智能的发展和"人机组合家庭"的出现预留充足的伦理空间,将建设现代家庭的伦理共同体视为所有成员的责任。此外,虽然家是私人空间,但从社会层面看,家庭秩序依然需要法治保障体系和法治监督体系发挥积极作用。所以,我们还应进一步健全现代家庭伦理共同体的科学法治体系,不断完善与家庭伦理相配套的法律制度,从源头上减少家庭内部的违法犯罪现象的发生。让家庭成为人们温馨舒适的生活空间,可以在精神层面极大地缓解现代社会加速发展带来的诸多压力和焦虑感,这无疑会为国家建构一种良善的、包容的行政伦理提供助力。

───────◀ **本章小结** ▶───────

中国传统伦理思想大多源于先秦诸子时期,儒家思想是中国传统伦理的最主要的观念来源,道家思想作为儒家的对立物存在,法家则通过强调一种现实主义伦理观实现了对儒家理想主义的补充。

由于行政伦理自身的现代特征,西方伦理学三个组成部分中可以被行政伦理借用的资源就只有理性主义和经验主义,而宗教伦理学无法以一种恰当的形式融入行政伦理之中。本章选取的道义论属于理性主义思想范畴,功利主义和契约伦理均属于经验主义思想范畴,德性论则要根据具体的美德特征才能判断其属于经验主义还是理性主义。

中国在革命和建设时期经历了巨大的社会结构变革和文化转向,相应的主流伦理观念也发生了转变,大致可以区分为中华人民共和国成立前的革命伦理、中华人民共和国成立后的社会主义建设伦理、改革开放后的社会发展伦理和新时代中国特色社会主义伦理。

应用伦理学对行政伦理的发展将起到支援作用,其中职业道德、信念伦理、家庭美德是与公共部门的行政伦理交叉最多、对其影响最深的三种伦理范畴,形成积极健康的职业道德、信念伦理和家庭美德,是建构良善行政伦理的关键。

───────◀ **关键术语** ▶───────

社会主义核心价值观　儒家伦理　道家伦理　法家伦理　功利主义
道义论　契约论　德性论　职业道德　信念伦理
家庭美德

1. 西方伦理为什么不是普遍主义的，为什么不能直接在中国套用？

2. 试论社会主义核心价值观的伦理学内涵。

3. 儒、道、法三种伦理观是否可相互融合形成一种新的伦理观念？如果不能，请指出其理由。如果能，请简单描述一下这种新伦理观念的核心主张。

4. 除了本章所列举的三种应用伦理（职业道德、信念伦理、家庭美德）之外，是否还有其他应用伦理资源可以被行政伦理借用？请试举一例并简要阐释该伦理的内涵。

第 3 章

行政理性与行政价值

行政理性反映了行政的选择空间，代表着行政的发展方向，是评价行政行为和政府事务的基本标准，理性也成为公共行政科学化道路上的追求。但受制于公共事务的复杂性、信息不对称、经验理性与常识的局限性、收集与处理信息的有限理性等因素，完全理性是不可能实现的。行政管理公共性的实现有赖于行政价值的指引，建立在社会需求之上的行政价值对行政组织与行政个人都具有至关重要的影响，需从其来源与性质上对其进行评价。

3.1　行政理性概述

行政理性是认识行政伦理的重要视角，关乎行政伦理的诸多方面，例如行政正义、行政责任以及行政忠诚等，它不仅是行政主体开展行政活动的依据，也是反思行政之恶的标准。如果将行政理性作为一种前提，它是行政行为的功能性约束；从结果看上，行政理性是衡量行政行为的标准。行政理性是一个系统概念，对其组成部分进行深入了解才能更好地了解行政理性的本质。按照理性、行政理性的内涵，行政理性的实质就是公共行政不断增强合理性、科学性的过程，是行政主体不断调整行为能力与行为模式以符合行政目标与价值判断的过程。

3.1.1　行政理性的界定

理性可以从多个维度来理解。经验主义者认为理性是人的感觉能力的复合，因此理性不排斥经验；理性主义者认为理性是人所具有的一种逻辑判断能力和推理能力。除此之外，学者们往往从认识论、意识论和人性论三个层面去探讨理性。在认识论层面上，理性指人们认识事物本质和规律的思维形式和思维能力；在意识论层面上，理性指人的由意识支配的一切主观的心理活动；在人性论层面上，理性指人区别于动物的理智的、合理的、合逻辑的能力和属性。因此，理性就是指受人的目的和意志所支配并按照一定的逻辑规则和逻辑程序运作的人的认知能力、认知形式、精神活动以及精神属性的统称①。理性既意味着人的一种能力，也指向人应有的一种品行和修养，还反映着和进步具有同等意义的内涵。

对行政理性进行界定，首先要对理性有基本的认识。在走向科学化的道路上，人们对理性的重要性有了基本共识，正如赫伯特·西蒙所认为的，行政组织的存在和运行都是以理性为基础的，且在现实世界里，人类行为才是有意的理性行为。如果将理性与行政结合在一起，那么理性维度反映了行政的选择空间，代表行政的发展路向，是评价行政行为和政府事务的基本标准②。因此，行政理性就是指行政主体在价值判断、事实认知、目标规划、工具选择等方面进行合理权衡、理智取舍、客观分析、冷静思考的行为能力与行为模式③。

理性最初表现为经济理性，行政理性与经济理性具有某种重合之处。我们在行政领域中看到了经济理性的影子，经济理性的逻辑嵌入了行政领域，行政理性与经济理性含混在一起。因此，区分它们之间的关系可以帮助我们更好地理解行政理性的内涵和外延。马克斯·韦伯认为"资本主义的活力欲求是有理性的，它要依据资本核算来调整自身的行为……只要所进行的交易行为是理性的，交易双方就会对每一项交易细节进行核算"④。从韦伯的观点看，经济理性的核心在于效率，崇尚效益至上，只要获得更多的产品和利润就达到了经济理性，即获得利润的多少、所拥有财富的多少是衡量经济理性的唯一标准，而个人的幸福指数、社会的公平程度不在经济理性的考虑范围之内。因此，经济理性的标准要比行政理性简单得多，正如欧文·E. 休斯所认为的"相对于含糊不清的公共行政理论来说，经济学理论是精确的、具有可预测性的"⑤。

行政理性除了关注效率，也关注个人幸福、社会公平等其他因素，因为经济理性与行政理性所在的领域不同，价值取向不同。在经济领域，经济学家们认为资源总是稀缺的，理性的行为就是将有限的资源进行最合理的配置以获得最大收益，限制其行为的底线就是法律规定。"现代理性的资本主义需要的不仅仅是生产技术手段，同时还需要一个可靠的法律体系和依照规章制度办事的行政机关"⑥，因此，在不违反法律规定基础之上的收益最大化就是经济理性。公共行政的行为底线不仅仅在于法律，还包括道德，即使不是"父爱主义"式的公共行政，也需要保证公平、正义来维护社会的基本秩序，所以行政理性需要考虑经济理性的内容，同时还要考虑经济理性之外的合理性，即价值合理性。一旦加入了价值的考量，行政价值的标准就变得模糊了，公共行政就变得复杂了。

---

① 颜佳华，苏曦凌. 行政理性论. 湘潭大学学报（哲学社会科学版），2010，34（5）.
② 罗梁波. 行政理性场景的交互格局：实践错位、理论偏差与未来面向. 社会科学研究，2020（1）.
③ 同①.
④ 韦伯. 新教伦理与资本主义精神. 马奇炎，陈婧，译. 北京：北京大学出版社，2012：8-9.
⑤ 休斯. 公共管理导论. 彭和平，译. 北京：中国人民大学出版社，2001：78-79.
⑥ 同④15.

因此，公共行政不能单纯地使用经济理性，正如法默尔所认为的，"企业主或自由企业的资本主义精神当被移植到公共部门的时候，就会导致矛盾。这一局限来自这样一个事实，即资本主义或自由市场的企业不等于单纯的私利追求。后者代表着资本主义的自私，但不限于资本主义制度。另一方面，自由企业对利润的追求是理性主义的。在公共服务中，企业主——没有资本主义的理性化制度——最终必将失败。资本主义制度是企业发挥有效职能的必要组成部分，自私的理想可以刺激公共服务，但结果并非最优的社会福利"①。

行政理性与经济理性之间也有重合的地方。理性化首先在经济方面体现出来，即体现为精确计算成本与收益之间的比较，经济领域的理性就表现为经济与效率，即以最小的成本达到收益最大化或者在收益既定的情况下选择成本的最小化，即达到所谓的经济。行政理性在此意义上和经济理性存在某种重合之处。威尔逊和古德诺明确说过，公共行政的善就是追求经济和效率。在此意义上，行政理性与经济理性之间可以等同。

在公共行政实践中，行政理性包括理念理性、制度理性和行为理性。理念理性作用于政府的价值系统，注重公共行政所追求的安全、秩序、效率和公平正义等基本价值。对政府来说，在具体的行政实践中，政府需要在这些不同价值之间取得某种平衡，即在特定的场景下，政府所追求的价值不尽相同。比如，在突发公共卫生事件中，对安全的需求就成为主导的价值追求。制度理性作用于政府的制度体系，制度是以确定性应对不确定性的重要方式，尤其是针对政府的权力行使，因此行政制度理性成为行政理性的主要体现。面对纷繁复杂的社会，尤其是进入风险社会后，不确定性、风险性不断增加，制度可以通过确定性应对风险社会的不确定性。制度作为成员所共同遵守的规范，起到约束和规范作用，为成员提供一个相对确定的外部机制，有利于社会的系统化运转。行政行为理性作用于政府的实际运行，表现为注重效率和责任，其特征是程序效能性。

3.1.2 行政理性的实质

行政理性的实质就是理性化行政。理性是社会祛魅的过程，使人类逐渐摆脱神性与变幻莫测的力量，掌握主动权，能够按照自己的理性意志认识世界、解释世界并改造世界。因此，在本质上，理性是对确定性的追寻，是在变幻莫测的不确定性中找寻确定性。"问题的核心是理性主义者专注于确定性。技术和确定性在他看来是不可分隔地连在一起的，因为确定的知识，在他看来，是不需要在它自身之外寻找确定性的；知识，就是不仅以确定性终，而且也从确定性始，确定性贯彻始终的知识。"②

在对确定性的找寻中，行政理性走上了技术化的道路。技术是近代理性的本质，行政学家们通过技术途径来完成对行政理性的追求。当威尔逊意识到政党分肥制对政府系

---

① 法默尔．公共行政的语言：官僚制、现代性和后现代性．吴琼，译．北京：中国人民大学出版社，2005：190.

② 欧克肖特．政治中的理性主义．张汝伦，译．上海：上海译文出版社，2004：11.

统的破坏力之大而决定将政治-行政二分时，就意味着行政被作为一个事务性、技术性的领域，不仅公共行政不涉及价值，行政人员也需要秉承价值中立的态度。韦伯通过官僚制组织将行政部门职能、人员职能分化，进一步巩固了行政系统与行政人员的技术化特征。

理性化行政首先要为行政管理找一种有效的组织形式，这种组织形式就是韦伯所推崇的现代理性官僚制。在韦伯看来，"一种充分发达的官僚体制……精确、迅速、明确、精通档案、持续性、保密、统一性、严格的服从、减少摩擦、节约物资费用和人力，在由训练有素的具体官员进行严格官僚体制的，特别是集权体制的行政管理时，比起所有合议的或者名誉职务的和兼任职务的形式来，能达到最佳的效果"。现代社会的发展迫切需要可预期的普遍化规则。"充分发展的官僚体制在某种特殊意义上，也处于'不急不躁'的原则支配之下。它的特殊的、受资本主义欢迎的特性，使这种可预计性发展得更为充分，它越是'脱离人性'，发展就更为充分"①。具有科学特征的官僚制组织犹如一架运转精密的机器，行政人员成为这个机器中的零部件，就像现代化工厂中的生产流水线一样，众多工人集中在特定的生产区域，重复着单一化的机械动作，从而高效完成某一生产任务。由于韦伯顺应了社会发展的需要，按照资本主义精神进行社会建构，"从而使官僚制理论得到了社会的普遍认同，能够被广泛地应用到社会生活的各个领域的建构中去。不仅在政府部门、国家的政权建设和公共权力的行使中，而且在企业等私人部门的经营活动中，也可以把官僚制理论付诸实践"②。

如果说韦伯找到了使理性化行政管理得以实现的组织形式，那么此后，行政管理的理性化则进一步从两个层面展开。其一，是行政管理内部的职能分工以及行政管理本身的专业化。行政管理的职能分工则是理性化行政的进一步深化。法约尔认为"管理就是实行计划、组织、指挥、协调和控制"③。古利克则在法约尔的基础上，把行政管理的职能由管理的五项职能拓展为七项职能，即计划、组织、人事、指挥、协调、报告和预算。也就是我们所熟悉的 POSDCRB④。法约尔、古利克等提出的管理要素说具有经典性意义和深远影响，至少后来的管理以及行政管理中的管理过程学派都是按照这五种要素来进行管理或行政管理，直到今天，行政管理也还基本上是按照这种职能划分来进行的。也正是在这个基础上，随着社会公共事务的增加以及社会公共事务的日益纷繁复杂，人事管理、财政管理、审计管理等专业性比较强的行政管理部门与领域逐渐发展起来。我们今天所看到的行政管理学科的繁荣以及行政管理学科之下众多分支学科的发展，在某种意义上是这种理性化行政及其思维的产物。

行政管理理性化拓展的第二个方面就是行政行为的理性化与物化。如果说行政职能的理性化还只是从静态的意义上对行政管理理性化的展示，那么行政行为的理性化则意味着从动态的意义上揭示行政管理的理性化。韦伯曾说："文官的荣誉所在，是他对于上司的命令，就像完全符合他本人的信念那样，能够忠实地加以执行。即使这命令在他看

---

① 韦伯.经济与社会.下卷.林荣远，译.北京：商务印书馆，1997：296，297.
② 张康之.寻找公共行政的伦理视角：修订版.北京：中国人民大学出版社，2012：127.
③ 法约尔.工业管理与一般管理.周安华，等译.北京：中国社会科学出版社，1982：5.
④ 丁煌.西方行政学说史.武汉：武汉大学出版社，2004：114.

来有误，而在他履行了文官的申辩权后上司依然坚持命令时，他仍应忠实执行。"① 韦伯在这里想表达的是对官员行为的期望，期望通过法律的约束，能够改变农业社会官员那种偶然的、权力意志式的行为，使官员的行为具有可预期性。当达尔通过规范价值、人的行为及社会文化环境三个方面的分析，忧心忡忡地认定行政管理还不成为科学时，西蒙的理论工作就在于通过理性化决策，使行政管理摆脱原来那种仅仅是执行政治命令的传统模式，把行政管理当作一个过程来看，从而使行政管理真正成为一门科学。

西蒙通过事实与价值的二分从理论上排除了行政管理的价值负担，把行政决策当作理性选择的过程。西蒙认为，决策就意味着行为主体完整地"描述每个备选策略所产生的各种结果，并对这些结果进行比较。他必须从各个层面上了解他行为的变化可能导致的变化，必须使用无限延伸的时间、无限扩展的空间和无穷的价值观来探究各种行为结果"②。按照西蒙的理解，决策就是对各种可能方案发生概率进行判断，这种判断当然是基于对事实进行描述、分析然后进行抉择，这意味着决策是一个科学、理性的过程。其中，判断的标准就在于某一方案可能产生的结果，这种结果会注重那些能够带来可见的、可以物化的方案。

从纯粹工具理性的角度看，为了达到西蒙所说的理性选择结果，即按照经济效率的要求所达到的成本-收益分析最佳的结果，发展出相对完善的行政程序就成为行政理性的必然要求。对公共行政来说，无论是决策还是执行行为都涉及权力的自由裁量问题，即使把公共行政看作一个与价值无涉的过程，在如何按照古典行政所要求的标准来选择出成本-收益最大化的结果这一问题以及如何使行为选择最能符合公共利益，行政权力有着任性的冲动，也有着以权谋私的可能性，为了使行政的行为选择符合公共利益，行政程序的限制就成为必然。行政程序的设置不仅是通过程序限制来使公共行政选择的结果达到实质正义的要求，而且意味着这一结果的产生过程是通过事实、参与者之间的平等对话及理性说服的过程，即哈贝马斯所说的商谈过程。如果这样来保证行政过程的平等性和开放性，程序理性及程序公正就成为商谈得以顺利开展的一个背景框架。

沿着技术化路线发展起来的行政理性只是得到片面发展的工具理性。公共行政从来都不是纯粹的技术性活动，也不是纯粹的科学活动。作为对公共事务的管理，公共行政是具有很强实践性的公共行为，这一公共性特质意味着行政管理在其行为过程中无法摆脱价值理性的纠缠。因而，我们提出技术性与价值性是公共行政的基本结构，不论是从理论上还是从公共行政的实践过程看，都需要从技术性与价值性相统一的结构中来理解技术性与价值性、工具理性与价值理性。如此，我们才能对公共行政有一个完整的理解。

3.1.3　行政理性与行政科学

行政理性是推动行政科学发展的主要力量，也就是说，行政科学的发展、进步是由

---

① 韦伯. 学术与政治. 冯克利, 译. 北京：三联书店, 2005：76.
② 西蒙. 管理行为：第 4 版. 詹正茂, 译. 北京：机械工业出版社, 2013：71.

行政理性来推动的。作为行政科学的重要力量，它不仅推动着行政管理理论的发展，也推动着行政管理实践的进步。欧克肖特的观点印证了这一点，他认为："所有当代政治都深深感染了理性主义……不仅我们的政治罪恶是理性主义的，而且我们的政治美德也是如此。我们的种种计划在目的与特性上大体是理性主义的；但更重要的是，在政治上，我们整个的精神态度都类似地被决定了……理性主义不再只是政治上的一种风格，它已成了一切应受尊重的政治的风格标准。"① 从他的论述中可以看出，政治、行政与理性已经结合为一体，理性程度决定了政治与行政是否科学。启蒙运动之后，理性逐渐成为各个学科的追求，公共行政也不例外。在理性化的目标追求下，工业社会走上了科学化的道路。我们知道，科学在于求真，即寻求自身的内在规律。在这一目标下，公共行政的科学化首先在于寻找自身的规律。

第一，行政科学首先要求探索公共行政自身有无规律性，如果有的话，这一内在规律是什么。对公共行政来说，行政科学首要的就在于从整体上探索公共行政自身的规律性。法约尔在其名著《工业管理与一般管理》中对管理的要素做出了原创性探索。他认为："管理：是计划、组织、指挥、协调和控制"，"管理职能并非一种专有特权，也不是某个负责人或企业领导的个人责任；同其他基本职能一样，这是一种由组织领导和组织所有成员共同行使的职能"②。在总结自己丰富的管理经验的基础上，法约尔对管理的五种职能做了比较详细的说明③。在法约尔这里，管理第一次被当作一个完整的过程来看待，并且不再基于个人经验，而是具有自己的内在规律，这就是管理的五要素。如果公共行政把自身奠基于管理，如果把公共行政看作一个完整的管理过程的话，那么法约尔的管理五要素无疑具有开创性，它第一次把管理看作一个完整的过程，使公共行政至少具有了科学的最初形态。古利克的七要素显然受到法约尔的影响并深刻影响到行政科学的具体形态。

第二，在工具理性的指导下，行政在从政治中独立之后开始寻找自己的安身之处，寻找学科归属的过程也是逐渐增强自身科学性的过程。行政管理从艺术走向科学，并成为一种独立的科学建构活动，关键在于它在脱离政治之后有无自己的安身之地，如果行政管理不能找到自己的立足之地，没有自己的学科归属，这种分离也就注定失去了意义④。显然，公共行政从政治中分离出来之后开始在已经相对成熟的管理学中寻找学科归属，所以怀特指出"公共行政研究的起点应以管理为基础，而非以法律为基础，因此我们应多加注意'美国管理学会'的活动，而不必太在乎法院的各项判决"⑤，公共行政开始学习并借助管理学的方法来提高自身的科学性，例如量化分析、实证研究等，企图通过客观的数据体现其客观规律，即使如此，公共行政也没有在管理学中站稳脚跟，成就自己的科学性，因为公共行政始终未脱离政治的干扰，也没有排除价值判断。正如

---

①　欧克肖特. 政治中的理性主义. 张汝伦, 译. 上海：上海译文出版社, 2004：20.

②　法约尔. 工业管理与一般管理. 迟力耕, 张璇, 译. 北京：机械工业出版社, 2013：6.

③　同②46 - 114.

④　王锋. 走向服务型政府的行政精神. 北京：商务印书馆, 2018：99.

⑤　罗森布鲁姆, 克拉夫丘克, 罗森布鲁姆. 公共行政学：管理、政治和法律的途径. 张成福, 等校译. 北京：中国人民大学出版社, 2002：18.

沃尔多所说的那样，公共行政科学充满了政治理论。后来，众多的学者从不同的方向致力于提高公共行政的科学性，并从私人部门的管理经验中汲取营养，例如泰勒的科学管理理论、法约尔的一般管理理论、古利克的一体化行政思想以及厄威克的系统化行政管理原则，不断丰富公共行政的理论，促进行政理念的更新、行政制度的优化，并提高了行政行为的理性程度。到 20 世纪 30 年代，基本形成了比较完备的行政科学体系[①]。

第三，在从整体上探索行政管理科学规律的基础上，人们还深入行政管理内部，试图从组织层面上探索公共行政的科学性问题。一些学者进一步深入组织内部研究组织的构成原则、设置规模等更具有技术性的问题。古利克集中讨论了行政管理中的几个主要原则，比如专业分工原则、协调原则、控制幅度原则、统一指挥原则等。事实上，无论是从组织层面还是从行政人员层面上看，专业化分工原则、控制幅度原则、组织层级原则、统一指挥原则等既是行政实践上的要求，也是行政经验的总结，更是对公共行政的自觉要求。习近平总书记在《深化党和国家机构改革》中指出，要"科学设置机构、合理配置职能""形成科学高效的党和国家管理体制"[②]，表明了政府管理对科学性问题的重视。

第四，行政科学要求行政行为的科学化。西蒙在区分事实与价值的基础上，认为行政管理只需要关注事实。在西蒙看来，管理就是决策。因而，行政管理活动就是一系列连续的决策过程。从这一角度出发，所谓的行政管理活动就成为纯粹可以按照成本-收益分析进行判断的活动。如果说"经济人"要求达到最优，那么"行政人"只需达到满意。用西蒙自己的话说，"尽管'经济人'追求最优，也就是从所有备选方案中选择最好的那种，他的近亲'管理人'却追求满意，也就是寻找一种令人满意或'足够好即可'的行动方案"。"因为管理者追求'满意'，而不是'最优'，所以他们在做出抉择之前，不需要考察所有可能的行动方案，也不需要预先确定所有的备选方案确实就是这些。……所以管理人只用相对简单的经验法则，对思维能力不提过高要求就能够制定决策。"[③] 这也就是说，所谓的决策就是在一系列备选方案中通过理性计算，即通过得失之间的比较，选择那些利益最大化的方案作为最终结果。

第五，行政科学反过来进一步强化了行政理性。行政科学与行政理性是相互促进、相互强化的两个因素。公共行政所要求的理性需要通过科学行政表现出来，即行政管理本身的规律性、行政组织设置的科学性、行政行为符合科学都是行政理性的呈现。当公共行政组织设置符合科学要求，行政职能的发挥切合科学规律，行政行为体现了科学性的原则时，我们说，公共行政是理性的、是科学的，也就是说，公共行政按照科学的要求进行建构的同时，也就是在不断地强化行政理性。行政理性是行政科学的内在要求，行政科学是行政理性的外在表现。在此意义上，行政理性与行政科学甚至可以在同一意义上来使用。

---

① 董礼胜 . 西方公共行政学理论评析：工具理性有价值理性的分野与整合 . 北京：社会科学文献出版社，2015：53.

② 习近平著作选读 . 第二卷 . 北京：人民出版社，2023：131-132.

③ 同①102，103.

行政科学的建构方向是与行政理性保持一致的，对传统行政理性的不满是推动行政科学不断进步的动力。在工具理性的指导下，威尔逊与古德诺等人试图通过政治-行政二分使行政获得独立的科学地位，马克斯·韦伯通过理性官僚制提出了行政科学的组织视角，赫伯特·西蒙通过批判传统管理原则的"非科学性"，将"效率"作为"好的"或"正确的"管理行为的定义，通过将事实-价值二分试图建立一个客观的认识行政过程中的事实并祛除价值因素干扰的真正的行政科学，对传统理性决策模式发起了挑战。在价值理性的指导下，公共行政通过对工具理性指导下的各项原则进行批判突出了价值的重要意义，构建了更为开放、关注价值的行政科学。行政理性是不断进步与发展的，会随着社会生产力的发展、科学技术的进步以及人们思想观念的革新不断变化。在不同时代，人们对理性的认知是不同的，对行政理性的理解也不同，而随着行政理性的更新，公共行政的科学化也有了相应的调整。

专栏

伪创新泛滥，误了真成效

《半月谈》记者在采访调研中发现，基层治理中出现了三类伪创新。

第一，"造词式"创新。

"爱心妈妈""阳光计划""心连心，手牵手"……一名镇党委书记说，其实这些都是关爱农村留守儿童的活动，工作内容大同小异，但改了个名字、换了个说法，就成了创新做法。每次改名都需要基层视此为一个新活动，重新组织材料上报，给相关干部平添不少工作量。一名街道办负责人诉苦，落实工作时还要苦思冥想"创新"经验，才能给上级留下印象。

第二，"复制式"创新。

随着"河长制""林长制"流行，有的基层工作创新风向呈现以"长"为荣的趋势：治理马路有"路长"，负责环境有"环长"，综合治理有"综长"等。有的"新机制"多一个"长"便多出每月几百元到上千元的补贴，却并未将相关机制办法做适配性调整。

第三，"亮点式"创新。

有受访者反映，村里的村史馆建得"高大上"，迎检多次被夸"新颖"，却常年闭门不对老百姓开放；党建展板"琳琅满目"，楼梯、走廊贴得到处都是，内容却华而不实，只顾"上墙"却不入心。为创新基层数字治理机制，某政务服务 App 安装覆盖率曾作为考核指标之一，但老年人不会用，需要其子女配合，既耽误群众精力，也增加基层干部压力。

资料来源：伪创新，那是真折腾. 半月谈，2022（7）.

3.2 行政理性的限度

虽然从逻辑的角度看可以达到完全理性的程度，但在特定社会场景中，理性从来都不可能达到完全理性。对公共行政来说，从管理者、管理对象和具体管理活动所处的特定场景看，行政理性所期待的只能是有限理性。

3.2.1　完全理性的不可能性

　　行政理性是指行政主体在理性化行政理念的指引下选择备选方案的行政行为，在理性意义上讲，这里的备选方案应该是最佳选择，隐含着行政理性是建立在完全理性的基础上的。完全理性是古典自由派经济理论的前提性假设，完全理性的"经济人"掌握所有信息，了解所有可能的行动方案，在此基础上做出收益最大化的选择。受此影响的传统决策模式认为政治决策中的人也具有如此特性，理性决策行为人具有足够的理性做出决策。哈耶克认为，"就我们所熟悉的这种社会而言，在人们所实际遵循的规则中，只有一部分是刻意设计的产物，如一部分法律规则，而大多数道德规则和习俗却是自生自发的产物"①，完全理性夸大了理性在社会生活中的作用，哈耶克认为"建构的秩序"是基于人类理性建构起来的秩序，是人类理性的产物，但这种建构的秩序相信人类理性全知全能，因而在实践中走向意志论。

　　现代经济学对"理性经济人"进行了批评与反思，而行政领域中也掀起了对"完全理性"的质疑。西蒙从多个角度阐述了"完全理性"的不可能性。第一，从手段-目的的角度看，不论是对个人来说还是对组织来说，手段-目的的层次结构一般都不是完全联系在一起的整合链，它们之间存在矛盾和冲突；同时，组织的手段-目的的层级缺乏完整性，且两者之间的联系有时本身就很模糊。因此，从手段-目的的关系看，组织和个人都不能完全整合自身的行为。

　　第二，从备选方案和后果的角度看，也是不能达到完全理性的。西蒙认为，"决策或抉择，按照我们这里的说法，指的是在某个时刻选择将要执行的其中一种行为备选方案的过程。我们可以把确定一段时间里的行为的决策序列成为一项策略"。理性决策的任务就是选出能够产生最优的一系列结果的策略。决策的任务包括以下三步：（1）列举所有备选策略；（2）确定执行每个备选策略所产生的所有结果；（3）对多个结果序列进行评价②。西蒙明确指出，个人显然不可能知道所有备选方案，同时也不可能准确地了解所有备选方案可能产生的结果。因此，现实里的行为会偏离客观理性模型。同时，做出决策的过程总是受制于时间，时间限制缩小了个人每时每刻必须考虑的备选方案的范围。由于时间因素的限制，人们无法思考所有的备选方案。知识也是影响行为的重要因素，"知识在决策制定过程中的作用就是确定哪个备选策略会产生哪些结果……行为主体当然不可能直接了解自己行为会产生的后果……他所能做的，就是形成对未来结果的预期，这些预期值是以已知的经验和关于现状的信息为依据推断出来的"③。

　　第三，从价值的角度看，由于体现在各种备选方案中的价值观如此之多，个人在选

---

① 哈耶克.法律、立法与自由：第 1 卷.邓正来，张守东，李静冰，译.北京：中国大百科全书出版社，2000：67.

② 西蒙.管理行为：第 4 版.詹正茂，译.北京：机械工业出版社，2013：75.

③ 同②.

择其偏好的方案时必须对它们一一权衡，从中选择合适的价值观。这样一来，我们在判断理性的时候，应该依据什么目标、依据谁的价值观呢？显然，这是一个复杂的过程。因此，现实决策不可能穷尽一切可能，由于价值、时间、知识等因素的存在，建立在社会静态分布基础上的完全理性模式是不可能的。

对理性决策模式提出挑战的还有林德布洛姆的渐进主义决策模式。林德布洛姆认为，决策过程是决策者根据以往的经验对现有政策的修修补补，是一个渐进的过程，理性决策不可能一蹴而就。首先，决策与政治密切联系在一起，"我们将把决策看作一个非常复杂的分析和政治过程。这一过程既无开端，也无结尾，其界限极不确定。一些复杂的，我们称之为决策的力量，由于某种原因结合在一起产生了被叫作'政策'的结果。我们力图弄清所有产生这些结果的原因"①。西方政治也是一个渐进的过程，这从政党选举中就可以看出来，政党竞选的"筹码"也是现有政策上的小修小补，大跨步式的改革政策容易造成社会的不稳定。"的确，政治哲学家和政治学家一直在研究政策是如何制定的，应该怎样制定政策，但他们的注意力通常离不开传统的议题；或者（就像近些年来常发生的）着重研究社会中互相冲突的利益是如何调和的。"② 政治的这种连贯性意味着行政也需要实施渐进的政策。

其次，林德布洛姆对理性决策进行了批判，认为理性决策模式是不可能的。林德布洛姆对理性的"经典"公式进行了逐一评判。传统的理性经典公式包括：（1）面对一个存在的问题；（2）一个理性的人首先澄清他的目的、价值或目标，然后在头脑中将这些东西进行排列或用其他方法加以组织；（3）列出所有可能达到他的目的的重要政策手段；（4）审查每项可供选择的政策会产生的所有重要后果；（5）将每项政策的后果与目的进行比较；（6）选出其后果与目的最为相称的政策③。第一，决策者并不是面对一个既定问题，而是必须指认并明确说明他们的问题，而什么是真正的问题是很难确定的，所以决策分析就有了局限。第二，不论是组织还是个人在穷尽所有目的、价值或目标之前都已经精疲力竭了，更不用说对其进行排列，这些工作都超出了人类的正常能力，因此，永远不能找到正确的政策，复杂的问题也永远不会终止。即使人们具备这样的能力，时间和昂贵的分析代价也不允许人们这么做。第三，分析既不能证明人们的价值观，也不能令人统一它们的价值观，价值观上的矛盾使得政策分析可能无法达成一致。第四，人们本身并不是完全理性的，人们往往以冷漠和敌对的眼光看待政策分析……诸如此类的种种使得"完全理性"是不可能的，因此林德布洛姆认为渐进主义决策模式"尽管或许没有一个政策措施是壮举，但接连而来的小进展却可能使社会发生迅速的变化"④。

不管是西蒙的"有限理性"还是林德布洛姆的"渐进主义决策"，都得出完全理性是不可能的结论。一方面，从行政管理的对象来看，随着社会的发展，社会不断分化，社会事务越来越复杂，追求确定性的行政管理会变得越来越困难，分门别类的精细化

---

① 林德布洛姆.决策过程.竺乾威，胡君芳，译.上海：上海译文出版社，1988：5.
② 同①3.
③ 同①19-20.
④ 同①40.

管理也将面临更大挑战；另一方面，从行政管理的主体来看，行政管理主体由于获取与处理信息能力等因素不可能选出最优方案，同时行政管理主体也不可能具有完全理性化的特征，也不可能与行政管理对象完全"共情"；另外，行政管理者主体与对象之间的信息不对称加剧了有限理性的程度。因此，完全理性是不可能的。

3.2.2 公共事务的复杂性

随着社会的发展，社会日益分化，社会事务越来越复杂，且社会事务之间相互交织、彼此影响，使复杂性进一步加强，公共行政面临着日益复杂的公共事务。公共事务的复杂性表现为作为管理对象的组织与人的复杂性。

首先，公共事务中的组织分化越来越深入，表现出越来越显著的复杂性。随着社会的发展，社会组织的数量在不断增加，且组织结构也在不断分化，组织在横向与纵向上的分工使其作为公共行政的对象变得更加复杂。

第一，随着社会事务的不断增加，社会领域出现了分化，分化成公共领域、私人领域与日常生活领域，每一领域中的事务都在不断增加，同时人们的需求变得更加精细与多元，这就意味着需要更多的组织才能满足人们的需求。

第二，人们对效率的追求也带来了组织的分化。随着工业社会的发展，人们对效率的追求变得越来越迫切，要求人们探索各种方法来提高效率。例如，泰勒在铁锹实验、搬铁块实验等基础上指出科学管理不能依靠经验和感觉，而是根据理性原则建立科学合理的劳动制度，并强调职能工长制的优势。西蒙在接受巴纳德组织理论的基础上对组织理论进行了进一步深化和完善，认为组织要"能实现最大限度的分散决策，使子系统能比较独立地制定其最终决策，而且，它能最大限度地利用比较简便和比较经济的协调方法，如市场机制，使决策子系统彼此联系起来"①，强调组织应该进行横向和纵向方向的专业化分工，处理好集权与分权的关系，充分发挥基层组织与子系统的作用。组织的不断分化，意味着社会事务复杂性的不断增加，需要更为专业、理性的公共行政进行管理与服务。

其次，作为管理对象的人本身具有的复杂性，从而对公共行政提出了更高的要求。行政管理归根结底是对人的管理，而人的复杂多变决定了公共行政对象的复杂性，这种复杂性意味着完全理性是不可能轻易实现的。正如沃尔多所认为的，非理性行为在公共行政中非常重要，行政管理的主要方面是人，而人会思考、能进行价值判断。

第一，人是社会多种角色的集合。人在不同场景中扮演不同的角色，是社会多种角色的集合，尤其是现代化的生活节奏变得越来越快，使得处于复杂社会关系中的个体需要不断转换角色，角色的转换不仅意味着自身权利-义务关系的转换，也意味着对公共行政需求内容的转变。当他作为劳动者时，需要良好的工作环境与良好的福利待遇；当他作为消费者时，需要关注食品安全等消费安全；当他作为普通的社会成员时，需要良好的空气质量与适量的公园数量；同时，他还关注养老保障、医疗保障……人的社会角色

① 西蒙. 管理行为. 杨砾，韩春立，徐立，译. 北京：北京经济学院出版社，1988：283.

的集合性与复杂性使得人本身就是复杂多变的。

第二，人的需求是复杂的。人与动物的区别不仅在于劳动，还在于人类需求的层次性和多元性。根据马斯洛的需求层次理论，人的需求由低到高分为五个层次，即生理需求、安全需求、社交需求、尊重需求以及自我实现的需求。同时，人的需求不单纯是自我的，而与他人、社会环境密切相关，例如社交需求和尊重需求就要在复杂的人际关系中实现，需求的实现不仅依赖他人且不能损害他人合理的需求。这就意味着，人在不同阶段的需求层次是不同的，在不同社会关系中的需求也是不同的，这不仅需要个人的努力，也需要社会提供一个满足个人实现需求的环境与条件，这就给公共行政提出了复杂的要求。

第三，人具有不同的价值取向，且人与人之间的价值可能相互冲突。罗尔斯认为，"各平等的公民都有着各自不同的因而也的确是无公度的和不可调和的善观念。在现代民主社会里，这种多样性生活方式的存在被看作一种正常状态，只有独裁地使用国家权力才能消除这一状态"[1]。不可否认，价值多元在现代社会已经成为普遍现象，成为多元社会的基本特征，同时价值多元并不意味着价值之间存在优劣之分，它们之间可能是冲突的，但都有合理之处。这就意味着，公共行政需要在不同的情境下对不同的价值观念进行调和，当同一情境下出现相互矛盾的价值观念时，则意味着选择和舍弃，而"哪些是被选择的，哪些是被舍弃的"，则成为公共行政面临的巨大难题。正如弗雷德里克森所说，"社会公平是一个包括一系列价值偏好、组织设计偏好以及管理风格偏好的短语。社会公平强调政府服务的平等，强调公共管理者决策和项目执行的责任，强调公共管理的变革、强调对公民需求而非公共组织需求的回应，强调对公共行政研究与教育的探讨，公共行政不仅具有跨学科性和应用性，而且具有解决问题的特性和理论上的合理性"[2]，完美地判断并选择出恰当的价值是常人能力所不能及的，因此，人所具有的复杂而又矛盾的价值系统意味着行政理性是有限度的。

与此同时，作为组织的政府自身的复杂性日益增强。面对复杂多变且相互交织的社会事务，公共行政为了满足社会的需求就不可能再以确定性与简单线性因果关系来处理社会事务。为了满足处理复杂社会事务的需要，行政组织需要不断分化，体现在行政组织内部结构分化、行政组织的功能划分、行政人员专业化与行政体制安排等方面。为了更有效地提供公共服务，行政管理部门也逐渐分化，人事管理、财政管理、审计管理等专业性比较强的行政管理部门与领域逐渐发展起来。正如全钟燮所提到的："公共行政在很大程度上受到职业专家集团的影响，这些专家包括科学家、工程师、健康专家、系统分析师、政策分析师、规划师、电脑专家和经济学家等。""政府创造了职业化，它让职业具有合理性，它支持所有形式的职业化努力，它雇用数量永远在增长的职业人员。职业专家为公共机构提供了知识、培训和领导；影响着公共政策进程；决定着许多公共机构的结构。"[3] 作为现代社会中典型的组织类型，官僚制组织无论在管

① 罗尔斯.政治自由主义.万俊人，译.南京：译林出版社，2011：322.
② 弗雷德里克森.新公共行政.丁煌，方兴，译.北京：中国人民大学出版社，2011：4.
③ 全钟燮.公共行政的社会建构：解释与批判.孙柏瑛，张钢，黎洁，等译.北京：北京大学出版社，2008：4.

理层次上还是在任务层次上都有明确分工，将组织中的工作进行划分，使得每一职位都有特定的权责范围。官僚制将组织分化发挥到极致。"随着组织的发展，它不仅面临更为复杂、难度更大的行政管理上的事务，而且随着这些事务愈来愈庞杂和专业化，处理它不再是轻而易举的事情。随着组织的快速发展，不仅管理事务的数量在增加，而且处理这些事务需要更专业化的技能，后者最终促使组织功能不断走向分化"①，不可否认，组织分化确实提高了效率，可以更有效地应对日益复杂的社会事务，但作为组织的政府自身的专业化也带来了复杂性问题，例如部门之间、职能之间的协调问题变得越来越棘手。

此外，技术的引入进一步加剧了公共事务的复杂性，这表现为两个方面：一是对技术的治理，二是基于技术的治理。首先，由于技术的不断深入，社会事务出现新的特点，引发了新的社会风险，例如包括"网暴"现象、新型网络诈骗、智能设备的隐私问题等使公共事务变得更复杂，旧有的治理方式已经无法适应新的社会事务。其次，公共部门的技术治理也引发了新的社会问题，例如算法的"黑箱"与不透明特征，无法向公众具体解释运作的细节与过程，也无法让公众参与到技术治理中，算法歧视风险、作为技术治理基础的大数据可能造成的数据失真与数据泄露、技术治理带来的隐私侵犯风险、政治黑箱操作等，在提高治理效率的同时也引发了公众对政府权威的质疑……不管是对技术的治理还是基于技术的治理都意味着社会事务日益呈现出复杂性，这给政府进行管理增加了难度。

公共行政科学建立的难度就在于行政行为没有固定的规律可循，也无法像自然科学那样可以通过量化的方式推导出来，更无法检验，这主要在于公共行政对象的复杂多变。尤其是后工业社会的来临，不确定性、风险性与复杂性的特征越来越显著，且公共事务之间相互交织、相互影响使得复杂性进一步增强，人们无法准确预测风险到来的时间、地点与程度，这也意味着我们无法通过纯粹技术治理、制度完善等路径来提高行政理性，"尽管制度建设的成本与日俱增，而我们所遇到的问题却是，无论我们在制度建设方面投入多少，也都不可能实现对复杂性和不确定性的有效控制，更不可能使人们的交往过程中的交易成本下降"②。面对日益复杂的公共事务，公共行政需要准确预测公众的价值需求，并在多元、复杂的社会利益中找到平衡，这无疑是对公共行政的巨大挑战。

3.2.3　经验理性与常识

理性建立在深思熟虑的基础上，行政理性也是行政主体的慎重选择，但行政理性并不排斥常识与经验。反之，经验与常识是公共行政活动的重要组成部分。经验与常识在人类生活中发挥了至关重要的作用，日常生活中的很多活动都是基于经验与常识做出的，对食物的烹饪需要经验的支持，开车技术也需要经验和常识的判断……经验是对以往生

---

①　米歇尔斯. 寡头统治铁律. 任军锋，等译. 天津：天津人民出版社，2003：29.
②　张康之. 合作的社会及其治理. 上海：上海人民出版社，2014：186.

活、经历的总结与升华，可对自己未来的生活、对他人的生活产生指导作用。因此，人们非常注重经验，那些有经验的人往往在生活中受到人们的尊重，尤其是在乡村生活中，有威望、有地位的人往往是那些经验丰富、见识宽广的人。日常生活需要经验，公共行政也是如此。理性并不排斥经验，管理者在总结经验教训的基础上不断提升管理技巧与管理技术，因此管理者的行动策略既是理性的也是经验的，他不仅从既有的经验中获取灵感，也从理性的计算中获取信心。

在公共行政中，虽然技术理性的不断发展使得经验与常识的地位在逐步下降，但其作用仍然不可否认。尤其在农业社会，经验成为管理技巧的主要来源，农业社会的统治是一种基于经验的统治，是主要靠传统与习惯来维持的一种统治式行政①。农业社会的结构简单，领域也并未分化，社会事务并不复杂，在这样的社会形态下，经验容易积累，且经验可以在后续的生活中发挥指导作用。经验在这种稳定、重复的日常生活中充当着"科学规律"的作用，可以使人们不假思索就做出正确的决定。

恩格斯说："在社会发展的某个很早的阶段，产生了这样一种需要：把每天重复着的产品生产、分配和交换用一个共同规则约束起来，借以使个人服从生产和交换的共同条件。这个规则首先表现为习惯。"② 可以看出，经验与常识在日常生活与公共行政中发挥了至关重要的理性，这在结构简单的农业社会中表现得尤为明显。农业社会的结构简单、关系稳定，行政管理也并未与政治分化，建立在经验基础上的相对简单的行政管理足以满足统治的需要。随着社会的发展，经验日益显现出它的局限性，基于常识的行政管理方式是不稳定的，具有极大的偶然性，且因人而异，会因为管理者、统治者的更换而发生巨大的改变，经验所表现出来的这种弊端随着社会结构的逐渐分化变得越来越明显，凸显出被法治型、工具理性型的科学行政代替的必然性。

进入工业社会后，个体经验不适应社会大生产对效率的要求，科学管理成为工业社会管理的迫切要求。这一时期的学界也以此为主题展开了研究。孔德指出，科学的任务就是对一切可能观察到的事实进行描述，然后总结出事物发展的一般规律，并最终达到预测和控制自然的目的。泰勒的科学管理找到了超越个人经验的具有科学性、普遍性的管理原则和方法，并逐步发展成为一套可以学习和实践的知识系统。在法约尔那里，管理第一次被当作一个完整的过程来看待，并且不再基于个人经验，而是具有自己的内在规律。西蒙不但实现了公共行政由经验实证主义向逻辑实证主义的转向，而且他还以"手段-目标链"为基础，进一步明确了行政研究中工具理性的地位③。人们逐渐意识到经验理性不足，并开始将经验升华为科学与规律，使之成为科学，用来作为提高效率的通用准则，而不是适用范围狭窄的常识。只要我们承认决策不能跟着感觉走，只要我们承认工业社会中行政管理事务的复杂性，承认行政管理本身的规律性，承认经验性决策无法适应工业社会纷繁复杂的现实，那么，我们就必须承认行政管理过程中必须遵循科学精神，必须准确把握事情本身的状态，才能了解问题之所在，才能尽快找到问题

① 王锋.走向服务型政府的行政精神.北京：商务印书馆，2018：76.
② 马克思，恩格斯.马克思恩格斯选集：第3卷.3版.北京：人民出版社，2012：260.
③ 宋敏.公共行政的价值反思与理论重构：西方新公共行政学研究.济南：山东大学出版社，2014：43.

的症结，也才能尽快找到解决问题的办法①。

　　常识在公共行政中也发挥着至关重要的作用，经验理性是行政理性不可或缺的一部分，但常识与经验理性具有局限性。随着工具主义成为行政理性的主要标准，经验逐渐被排斥至边缘，甚至成为技术理性的对立面。"理性主义要一开始就摆脱继承来的无知，然后用从他个人经验中抽象出来的条条确定知识填入一个敞开心灵的空无中，这些知识他相信将会被人类共同的'理性'改进。"②欧克肖特强调超越经验的重要性，认为理性主义的政治是政治上没有经验的人的政治。当然，欧克肖特眼中的"理性主义"主要侧重于近代以来流行的技术理性。当我们进入后工业社会，经验仍然表现出了自身的局限性。后工业社会是一个以高度风险性与高度不确定性为特征的社会类型，人们无法准确预知未来会产生怎样的风险类型，也就无法根据已有的经验做出完美的判断与规划。面对后工业社会中更为复杂的社会事务，适应于农业社会的经验式管理表现出了无能为力，我们没有经验可循，却又需要及时、迅速地采取行动。经验是对过去行为的总结，是从已经发生的事实中得出可以指导未来的准则，而过去的行为和事实还会在未来以同样的方式发生吗？后工业社会的答案显然是否定的。如果仅仅依赖经验和常识，那就意味着我们只能以惯性思维重复原有的生活方式，但我们面对的生活环境却发生了翻天覆地的变化；如果仅仅依赖于经验和常识，公共行政不仅会滞后于社会实践，还无法满足人们的多元化与个性化需求，一旦不能依赖于经验与常识，习惯于固定行政模式的行政人员就会手足无措，造成行政低效率。

专栏

打造新时代"枫桥经验"的连云港模式

　　"矛盾不上交、平安不出事、服务不缺位。"20 世纪 60 年代由浙江枫桥干部群众创造的"枫桥经验"，历经全国各地坚持和发展，焕发出旺盛生机与活力，成为全国政法综治战线的一面旗帜。近年来，连云港市委、市政府认真贯彻落实"把非诉讼纠纷解决机制挺在前面"指示精神，积极探索实践，建立形成了"多元导入、一体受理、分类化解、联动处置"的非诉讼纠纷解决机制，依托诉调对接中心，立足司法职能，着眼群众需要，勇于担当作为，当好新时代"枫桥经验"宣传者、传承者和发展者。

　　连云港市委、市政府印发《关于开展非诉讼纠纷解决机制建设的实施意见》，成立全国首个市级非诉讼服务中心，作为落实"非诉在前、诉讼断后"的主阵地。在全市治安管理、市场监管等行政调解任务较重的 28 个部门成立市级非诉讼服务分中心，制定行政调解职责清单 49 条，强化纠纷导入的便捷高效、落实递进式的分层化解，实现"进一扇门，解百家愁"。在全市 6 个县（区）、89 个乡镇（街道）、1 695 个村（社区）设立非诉讼服务中心和非诉专区，实行非诉纠纷"一窗口"受理、"一站式"调处，做

---

①　王锋. 走向服务型政府的行政精神. 北京：商务印书馆，2018：53.
②　欧克肖特. 政治中的理性主义. 张汝伦，译. 上海：上海译文出版社，2004：34.

到"小事不出村、大事不出镇、矛盾不上交"。全市化解非诉讼纠纷 35 万余件，同比增长 6.8%，法院新收民事一审案件同比下降 20.3%，诉前调解占比 74.27%，全市信访问题及时受理率、按期办结率达 100%，各项指标处于国内同行业领先水平。

资料来源：李振峰. 打造新时代"枫桥经验"的连云港模式. 新华日报，2021-10-22 (22).

3.3 行政价值

3.3.1 行政价值的作用

价值反映了一个人、一个组织或一个国家的是非观、善恶观，能够帮助人们在解决人类共同的问题时选择方案，在公共行政中发挥着至关重要的作用。公共行政必须回答价值的问题，必须要将价值阐明清楚，这是良好的公共行政必须要做的。马修·迪莫克强调价值的不可忽略性："哲学是一套旨在实现更好福祉的信仰和实践体系。行政管理的哲学是通过并经由生存的模式和个人与制度的交互影响力来形成一种思想。它是好的政策和好的技术。但是，最为重要的是，行政管理哲学是真正意义上的整合，是将一切事情融合起来，这一点非常重要。"[1]

对公共行政来说，行政价值具有引导作用。价值是公共行政的灵魂，具有导向作用，它为公共行政指明了前进的方向，没有价值指引的行政管理往往是无头脑的，只会成为强权手中的工具。正是在这个意义上，价值具有优先性，内在地规定了公共行政服务的目标、方向等[2]。从本质上讲，行政理性是一种观念性存在，是通过意识对人的行为产生反作用的，而行政价值则显得更为长久。

行政价值虽是观念性的，但不是行政人员头脑中一闪而过的想法，而是长久地作用于行政人员行为和思想，给予行政人员精神指导，影响行政组织的机构、体制、传统、习惯的价值取向。行政价值是在特定社会、政治、经济背景下经过长期发展积淀而成的，是行政组织、行政人员行为选择的精神向导。因此，行政价值必然成为公共行政不可忽略的因素，正如库珀所认为的，伦理学实践就包括更为仔细地系统思考指导我们做出行为选择的价值观，若没有这些价值观，我们只能以现实和政治为基础做出行为选择，当我们思考这些具有隐含意义的价值观时，我们要问自己如何才能将这些价值观和我们所承担的义务以及这些义务所导向的最终目标统一起来[3]。

行政价值具有凝聚作用。行政价值反映了行政主体的是非观、善恶观，影响行政主体解决问题时的方案选择。对组织而言，行政价值是组织整体行动的向导，可以增强行政组织的凝聚力和向心力，有利于组织成员齐心协力，共同服务于组织目标的实现。缺乏行政

---

① 全钟燮. 公共行政的社会建构：解释与批判. 孙柏瑛，张钢，黎洁，等译. 北京：北京大学出版社，2008：25.

② 王锋. 走向服务型政府的行政精神. 北京：商务印书馆，2018：26-27.

③ 库珀. 行政伦理学：实现行政责任的途径：第4版. 张秀琴，译. 北京：中国人民大学出版社，2001：8.

价值的指引，行政组织就失去了向心力。同时，行政价值有利于组织做出正确的判断与选择。组织会面临"目的正义"与"过程正义"的抉择，也会在"效率优先"与"公平优先"两个选择中犹豫，而行政价值的存在则给组织提供了一个风向标。在行政价值的指引下，组织可以选择出符合当时价值主流的正确的目标和方向。

行政价值对个人思想与行为具有重要的指引作用。作为行政行为的具体执行人与承载者，行政人员的思想和行为对行政组织目标的实现、社会公共利益的保障具有直接影响。在具体的行政事务处理中，行政人员对面临诸多选择，在大多数情况下，并不是"善"与"恶"的抉择，而是在"此善"与"彼善"、"强善"与"弱善"之间的挣扎，或是职业道德与社会诉求的矛盾、组织利益与公共利益的冲突，行政价值就如行政人员的灯塔，让迷茫中的行政人员找到正确的方向和道路，做出正确的抉择，并处理好不同利益之间的矛盾和冲突。行政价值引导行政人员全心全意服务于组织目标，有利于公共政策的执行，促进社会公共利益的实现。

行政价值具有规范作用。人们往往认为价值是主观性、观念性的东西，不会对人和组织提供行为规范作用。其实不然。价值虽然是一种应然状态，但这种应然状态提示了某种行为标准和规范，表达着社会对人们和组织行为的某种要求和期望，这种要求和期望以理想的方式发挥着自己的规范作用。就公共行政中的政策评估来说，政策评估是对公共政策的绩效与结果进行分析与评估，是后续政策改进的来源，评估就意味着需要在一定的标准下进行，行政价值就是评估标准的重要组成部分。

弗雷德里克森指出："价值是公共行政的灵魂。我们从来不认为公共行政的理论和实践仅仅是技术的或管理的问题。那种一方面把政府政治和政策制定过程作为价值表达，另一方面把行政作为单纯技术的和价值中立的政策执行的做法，是失败的。无论任何人，欲研究行政问题，皆要涉及价值之研究；任何从事行政实务的人，他实际上都在进行价值的分配。"[①] 行政价值是公共政策制定的标准，只有符合行政价值的社会表达才有可能成为公共政策，同时，行政价值还指导着公共政策的执行过程。公共政策的制定意味着产生了一个较为宏观的行政行为指导规划，它指出了行动的目标与标准，并未规定每一个政策执行人员的行为方式等细节。公共政策执行是一个目标逐渐分解与落实的过程，每一次分解和落实都涉及价值选择，而行政价值的存在为公共政策的执行编制了一条纽带，使公共政策的每一个过程都围绕政策目标进行。

3.3.2　行政价值选择

行政价值是外在价值与内在价值的统一，一方面，行政价值具有内在规定性；另一方面，由于行政是社会系统不可分割的一部分，行政价值自然受到社会系统的影响，特别是政治系统的影响，因此，在不同的社会系统中会选择不同的行政价值。行政价值选择是行政主体依据一定的价值观念对行政体制、行政组织、行政关系和行政行为等加以

① 弗雷德里克森.公共行政的精神：中文修订版.张成福，等译.北京：中国人民大学出版社，2013：105.

确立和改造的行政实践活动，是行政体系发展、变革的主要动力和基本内容之一①。在统治行政那里，行政价值主要表现为政治价值；但在服务行政这里，行政管理的公共性日益显现，这种价值不再是一种外在性的政治价值，而是一种内生的价值，是在国家与社会之间的对立日益消弭的基础上从作为共同体的社会中去开展行政管理的内生性价值②。因此，公共行政既不是纯粹的技术性活动，也不仅仅意味着只关注自身的合理性，而是需要在开放的社会中来思考行政价值问题。

首先，行政价值的选择基于社会表达。行政价值的形成离不开特定的社会环境，不同社会环境孕育出不同的社会需求，不同的社会需求在相互博弈的过程中形成特定的社会表达，行政系统在此基础上进行取舍，最后凝聚成不同的行政价值。在农业社会中，公域和私域并未分离，行政管理被看作统治者的个人事务，行政职权依据统治者的意愿随意变动，且行政人员与领导者之间是一种主仆关系，而不是平等的人格关系，这表明农业社会的政治与行政高度一体化，行政是政治的附属物，行政的公共性被政治所淹没，行政价值也被政治遮蔽。在工业社会中，行政价值逐渐显现，但在不同的发展时期，表现出了不同的社会表达。在经济落后时期，经济和效率成为行政价值的首选，而当人们的物质生活得到一定满足时，公平和正义则成为公共行政的价值选择。这符合人类的需要层次变化，也得到了实践的印证。在工业社会初期，人们的生活水平较低，物质生活贫乏，社会表达出对物质需求的强烈渴望。因此，效率不仅成为经济领域的追求，也成为公共行政的要求。

为了满足这样的价值需求，政府采取了制定规则与遵守程序的行为方式。正如法默尔所认为的，制定规则和遵守程序的行为不仅主导着产出，而且主导着投入，是现代社会行政机构的两个基本机制。对经济、效率的追求带来了经济发展水平的提升和人们生活水平的保障，而社会物质水平得以保障之后则显现出对公平、自由等价值的需求，公众希望公共行政承担起促进社会公平、正义、自由、民主的使命。

中华人民共和国成立初期，百废待兴，社会公众迫切希望解决温饱问题。这一时期的目标就是实现"四个现代化"，本质上就是追求物质财富的增加；当民众的物质生活水平达到一定程度后，贫富差距扩大成为公众关注的问题，缩小贫富差距、构建更加公平的社会成为新的社会共识。因此，党的十五届五中全会提出，从新世纪开始，我国进入了全面建设小康社会、加快推进社会主义现代化的新发展阶段，共同富裕成为新阶段的行政价值选择。

其次，行政价值也是行政系统主动选择的过程。并不是所有的社会表达都会上升为行政价值，行政价值是行政系统在一定选择基础之上积淀、升华而成的。一方面，表现为是否承认行政价值的存在。在公共行政独立建构的初期，"政治是政治家的特殊活动范围，而行政管理则是技术性职员的事情"③，行政价值虽然存在，但由于政治-行政的二分，价值问题被限定在政治领域、排除在行政领域之外。后来，行政系统明确排斥价值

---

① 张康之. 论公共行政领域中的价值选择. 江海学刊, 2000 (1).
② 张康之. 寻找公共行政的伦理视角：修订版. 北京：中国人民大学出版社, 2012：303 - 304.
③ 彭和平, 等. 国外公共行政理论精选. 北京：中共中央党校出版社, 1997：15.

的干扰，并通过行政人员的"价值中立"等制度安排将这一原则落实到行政实践中。随着公共行政的不断发展，开始明确追求行政价值，并致力于通过制度安排等途径实现行政价值，且行政价值的内容不断更新。

"公共行政的传统价值已经很适合我们，他们经受住了实践的检验，效率的价值、经济的价值。我们将亟需强调与有效的理性决策过程有关的价值。据此，我们组织才能够变得富有生产率。有效的公共行政人员将会继续成为实现公共目标的各种备选方案的'理性计算者'，行政理性将会越来越不是意味着目的和目标的抽象概念，而是意味着就特定公共项目达成的一致协议。这将要求行政人员充分参与到选择的做出和规划过程之中，优秀的行政人员将会是规划者，而且规划和行政的过程将会浑然一体。"[1] 公平、正义等开始成为公共行政组织的第一追求；行政人员也不再仅仅是"理性经济人"，而是具有"政治性特征"，承担起社会责任，把出色的管理和实现社会公平作为自身行为的基本准则。

另一方面，表现为具体行政价值趋向的选择。以我国为例，改革开放以来，我国行政价值的选择经历了"从效率到效能""从法制到法治""从控制到服务"三次大的转变[2]。第一个转变是在改革开放初期，我国的行政管理工作服务于经济发展，"效率"不仅是经济领域的主要标准，也成为行政领域的主流价值观。对"效率"的强调造成了行政人员工作重点的迁移，这就是，他们更注重工作任务的完成，却忽略了工作方式的变通，行政人员成为完成行政任务的机器，官僚制的组织模式使政府组织走向僵化。为了应对这一态势，我国用"效能"一词代替了"效率"，效能建设全方位展开，选择用"行政效能"的价值观取代"行政效率"的价值理念，建设"廉洁、勤政、务实、高效"的高效能政府成为行政现代化的必然要求[3]。

第二个转变体现在"从法制到法治"的转变。法制与法治虽有一字之差，其含义却有显著不同。法制是法律制度的简称，而法治就是依法治理，是指法律制度在社会治理中发挥基础性调节作用的过程[4]，因此，法治是法制的实现方式，是法制的目标，法制的建立无非是要实现法治，同时法治也以法制为前提，法制以法治为基本手段。2018 年以前，我国普遍使用"法制"一词，强调按照法律、规章、制度行事。2018 年《中华人民共和国宪法修正案》从"健全社会主义法制"到"健全社会主义法治"的转变蕴含了我国行政价值的重大转变。相比于法制，法治蕴含更丰富的价值追求和内容，致力于实现社会公平与正义，并从经济领域的法治扩展到社会各个领域的法治。

第三个转变体现在行政价值由"控制"向"服务"转变。以控制为中心的价值观表现为将政府视为社会事务管理的单一中心，处于金字塔的顶端……随着经济建设快速发展，供给需求逐渐平衡，政府开始由关注经济转向关注民生和社会稳定[5]。随着国内行政实践的发展，我国政府突破了"官本位"的主流价值观，以"人民公仆"的角色服务于

① 弗雷德里克森. 新公共行政. 丁煌，方兴，译. 北京：中国人民大学出版社，2011：73.
② 魏淑艳，郑美玲. 国家治理现代化进程中公共行政价值的多维选择. 理论探讨，2020（3）.
③ 同③.
④ 张康之. 论伦理精神. 2 版. 南京：江苏人民出版社，2012：135.
⑤ 魏淑艳，郑美玲. 国家治理现代化进程中公共行政价值的多维选择. 理论探讨，2020（3）.

社会公众。

3.3.3　行政价值评价

行政价值的评价主要涉及两个方面，包括评价的主体与评价的标准，即"谁来评价"与"如何评价"。对公共行政来说，行政的出身决定了行政价值的评价主体与评价标准。行政与政治具有不可分割的关系，这意味着公共行政所处的政治体系是进行行政价值评价的当然主体。在威尔逊之前，行政统一于政治之中，是政治的重要组成部分。在意识到政党分肥制等政治因素对行政的消极影响后，威尔逊、古德诺等人希望通过政治-行政二分的方式促进公共行政的科学化。但是，作为政治所制定政策的执行领域的行政自始至终都没有完全脱离于政治，即使是古德诺，也不得不在明确表达了政治与行政二分的意见之后又提出在事实上政治与行政之间存在着某种联系，这种联系要求行政从属于政治。行政不得不受政治的影响，行政价值也必然受到政治的影响。因此，行政的价值就在于是否正确、高效地执行了政治领域的命令。当然，政治环境是社会环境的重要组成部分，政治是社会的一个窗口，行政价值对政治价值的体现与执行在本质上是对社会价值的体现。不管是政治还是行政，所面对的都是社会公共事务，承担着社会利益与价值的协调任务，政治是把社会价值以制度化的方式表达出来，行政则以规范化、技术化的方式将社会价值落实。因此，社会价值是否得到贯彻落实、社会利益是否得到满足，也是衡量行政价值的重要标准。

对公共行政来说，从社会系统来看，除了政治是行政价值评价的主体，公共行政所处的社会也成为价值评价的主体。我们知道，社会是一个大系统，公共行政是整个社会系统有序运转不可或缺的组成部分。行政体系的价值关系是行政主体根据国家和社会公共事务管理的需要，是自觉地进行价值确定、价值选择和价值追求的结果[①]。公共行政所追求的价值无法从自身中寻找，而必须到行政之外的政治、社会中去寻找行政价值。这意味着要对公共行政进行价值评价，社会既是进行评价的主体，也是评价的标准。公共行政是否有效实现社会目标，是否有效满足了社会期望，这当然不是行政管理的自我言说，也不是政治系统的强制性要求，而是需要由社会来进行评价，而且公共行政的属性决定了其价值评价应当主要由社会来进行。

社会本身的系统性、复杂性和组成的多样性决定了由社会对公共行政进行价值评价本身就是一件非常困难的事情。但是，困难并不意味着不能进行评价，也不意味着不应该进行价值评价。当我们不断提到由社会对公共行政进行价值评价的必要性时，也就说明这种评价是客观存在的，而问题的核心在于，社会如何进行行政价值评价？社会本身的复杂性决定了由社会进行行政价值评价不是一件十分容易的事情。社会由社会成员组成，众多社会成员构成公众，而公众对于公共行政是否以及如何实现其所承载的价值，是否切实实现其所应实现的价值，自然会以肯定或否定的形式表达出来，也会对政府的行政管理做出明确的评价。

---

① 　张康之．公共行政中的哲学与伦理．北京：中国人民大学出版社，2004：15.

公众的评价可以以个体的方式进行，也可以通过集体甚至组织化的方式体现出来，即以社会舆论的形式进行。如果说工业社会政府还可以通过制度化、技术化的方式来控制舆论的话，政府还可以凭借自身所掌握的信息优势来实施控制的话，那么，在信息社会，这种控制的能力就受到挑战。特别是当整个社会进入信息化、智能化时代后，互联网的普及、自媒体的出现，使公众可以更方便地表达自身的看法和意见，虽然这些看法和意见中有些是情绪化的，甚至还可能包含着过激的表达，但在这些情绪化的甚至碎片化的表达背后包含着社会对公共行政的价值评价。也就是说，社会对公共行政的价值评价恰恰是通过肯定或否定、赞扬或反对，有时甚至是激烈批评的形式体现出来的。

虽然人们一再质疑公共行政的独立身份，也否认公共行政所具有的主体性，但不可否认，在行政价值关系上，不能忽视公共行政自身成为价值主体，也不能忽视公共行政自身成为价值评价主体。行政价值具有内在规定性，公共行政本身决定了行政价值的属性，因此成为行政价值的评价主体。

公共行政的自谋发展成为行政理性的重要标准，因为公共行政本身的存在与发展是行政理性的前提与基础。当然，公共行政的自谋发展包括多个方面，例如对社会需求的回应、对政治价值的体现落实等。既然如此，什么样的行政价值才是有利于体现政治价值、有利于促进公共行政自身发展的呢？西蒙认为，价值要对决策发挥作用取决于两个条件：第一，设定为组织目标的价值观必须清楚明确，这样才能对目标在任何情况下的实现程度进行评价；第二，必须能判断特定行动方案实现目标的概率[①]。第一个条件中指出价值观必须清楚明确。在不同阶段，公共行政价值取向是不同的，在古典公共行政时期以效率作为第一价值要义，而在新公共行政时期则回归到公平与正义上，这说明了不同时期行政价值的选择趋向是不同的，也表明了不同时期对公共行政价值评价标准的变迁。

在公共行政价值的评价标准方面，经历了从效率第一到公平优先的转变。在效率作为行政价值评价标准的前提下，那些符合效率原则的行政价值得到推崇，例如"程序正义""手段正义"等，这时"不管他们的目标是自私的还是无私的，但它们实现这些目标的手段应该是有效率的和有实际意义的"[②]，程序正义和手段正义等成为公共行政价值不可或缺的因素。效率的行政价值评价标准在相当一段时间内占据主导地位，但公共行政使命的完成是仅靠效率所不能完成的，仅靠效率，可能会与公共性的使命背道而驰。效率必然是公共行政必不可少的价值选择，但一定不是唯一价值，更不是首要价值。

在过去相当长的一段时间内，公正、平等、正义等价值观被忽略了，具体表现就是，更侧重于"怎么做"而不是"做什么"，技术理性与工具理性盛行。公共行政的公共性决定了其所提供的公共产品与公共服务必须要面向全体社会公众，因此只有确保这一前提的效率才是有意义的，否则，就会走向公共性的反面。长期以来，行政价值没有得到正确的阐释与实践，直到社会结构及社会关系的根本变化，公共行政的价值才逐渐凸显出来，这也就意味着对行政价值的理解需要在后工业化进程中涌现出来的社会关系中来思考，并通过新的启蒙去张扬价值理性，去建构普遍服务的治理模式，去塑造合作的行为

---

①　西蒙.管理行为：第 4 版.詹正茂，译.北京：机械工业出版社，2011：52.

②　奥尔森.集体行动的逻辑.陈郁，郭宇峰，李崇新，译.上海：上海人民出版社，1995：74.

模式。

行政价值并不是实体性存在，不能时时刻刻被人所感受到，它弥散于行政体系当中，无所不在，无时不在，"时隐时现地为人们所感觉到却又无法准确把握"[①]，因此它常被人忽略，但并不意味着它没有发挥作用。实际上，价值是个人、组织或国家在选择合适的行为过程或结果时的偏好，价值的存在提供了一个基本的选择标准，能够反映出一个人、一个组织或一个国家的是非观与善恶观，因此价值是无处不在的。价值是公共行政的灵魂，明确指出了行政价值的重要作用，认为不仅要关注行政价值问题，还要将行政价值看作理解整个公共行政的关键。

专 栏

效率与公平：公共行政选择何种价值？

党的十九大报告指出："中国特色社会主义进入新时代，我国社会主要矛盾已经转化为人民日益增长的美好生活需要和不平衡不充分的发展之间的矛盾。"社会主要矛盾是党和政府确立工作主线的基本依据，决定了国家治理在未来一段时期的主要内容和方向。社会主要矛盾的转化预示着我国公共行政价值也要适时做出相应调整。具体而言，人民日益增长的物质文化需要同落后的社会生产之间的矛盾，强调的是效率不高所导致的生产力低下问题，政府工作的重点是以经济建设为中心，不断地解放生产力，发展生产力；人民日益增长的美好生活需要和不平衡不充分的发展之间的矛盾，强调的是因公平失衡导致的发展不平衡不充分问题，政府工作的侧重点应该首先聚焦如何实现全面均衡发展。由此可见，在社会主要矛盾发生转变的情况之下，中国公共行政价值理应顺势而为，重新审视公平与效率之间的逻辑关系。

资料来源：杨振华，李凯林. 新时代中国公共行政价值的回溯与重构. 人民论坛·学术前沿，2019（12）.

◀ **本章小结** ▶

理性是受人的目的和意志所支配的，是人所具有的一种逻辑判断能力和推理能力，它可以与政治、经济或法律结合在一起。如果将理性与行政结合在一起，那么理性维度反映了行政的方向和标准，行政理性成为评价行政行为和政府事务的基本标准。因此，行政理性就是行政主体在一定的价值判断基础上所做出的符合目标选择的能力和行为。当我们提到理性的时候，总是代表当前最符合时代要求的标准，或者说，理性总是与现代性密切相关的，是在历史中不断进步与发展的。因此，理性成为公共行政科学化道路上的追求，也是公共行政是否科学的评价标准。行政科学是通过行政理性来推动的，作为行政科学的重要力量，它不仅推动着行政管理理论的发展，也推动着行政管理实践的进步。

古典自由派经济理论以"经济人"为前提性假设，赋予了"经济人"完全理性的特征。受此影响的传统决策模式认为在政治决策过程中的人也具有如此特性，理性决策行

---

① 张康之. 公共行政的显性结构与隐性结构. 行政论坛，2017（1）.

为人也具有足够的理性做出理性决策行为。但"完全理性"夸大了理性的作用，绕避了信息、价值等因素的影响，同时公共事务的复杂性、经验与常识的局限性也意味着公共行政是不可能达到完全理性的。

价值反映了一个人、一个组织或一个国家的是非观、善恶观，能够帮助人们在解决人类共同问题时选择方案。价值的存在为人们提供了一个基本的选择标准，价值是无处不在的。从忽略行政价值到肯定行政价值的存在，从消极回避到积极应对，人们对行政价值的选择在不同时期表现出了不同的偏好。长久以来，行政价值并没有得到正确的阐释与实践，直到后工业社会中社会结构及社会关系发生了根本变化，公共行政的价值才逐渐凸显出来，这也就意味着对行政价值的理解需要在后工业化进程中涌现出来的社会关系中去思考，并通过新的启蒙去张扬价值理性，去建构普遍服务的治理模式，塑造合作的行为模式。

◀ 关键术语 ▶

理性	行政理性	行政科学	工具理性	价值理性
行政理念理性	行政制度理性	行政行为理性	完全理性	有限理性
经验理性	常识	政治-行政二分	官僚制组织	行政价值
行政效率	价值中立			

◀ 复习思考题 ▶

1. 什么是理性？什么是行政理性？
2. 如何理解行政理性的实质？
3. 怎样理解行政理性与行政科学的关系？
4. 为什么行政理性是有限度的？
5. 怎样理解行政价值的作用？
6. 如何评价行政价值？

第 4 章

行政伦理规范

行政伦理规范可以作为制度安排来加以建设，在有了自觉的制度安排的工业社会中，人们所注重的是科学规范和法律规范建设，忽视了伦理规范建设，但在后工业化进程中，在服务型政府建设的过程中，对伦理规范的渴求开始凸显，特别是在社会治理体系中，需要加强行政伦理规范建设，并作为制度建设的一部分来对待。在行政人员行为的规范问题上，法律制度是根本，具有基础性的意义，但法律制度对行政人员的约束主要属于一种底线约束，往往是在不法行为构成犯罪之后进行直接制裁，行政伦理规范不仅具有直接约束的作用，更多的是对不道德行为加以预防，达到事先预防和根本遏制之目的。行政伦理规范以协调与规范行政人员之间的关系和行为为主要内容，它与法律等其他正式制度安排有一定区别。在我国政府大力提倡并努力走向"以德治国"和"依法治国"有机结合的进程中，行政伦理规范将不断由理想状态走向现实，成为对行政人员的行为产生直接影响的规范力量。

4.1　行政伦理规范概述

4.1.1　行政伦理规范的含义

1. 规范的含义

规范是指一种标准、一种准则。"规"常与"矩"连在一起使用，称规矩。从词源上讲，"规"本指一种量具，用来画定圆弧，是为"圆规"；"矩"则指画定方形的量具，通称"矩尺"。二者经常被联系起来使用，故有"无规矩不成方圆"之说。随着词语的演变，"规矩"常用来指一定的标准、法则、习惯。"范"本指模子，如钱范、铁范，后被引申为模范、榜样，在动词意义上则意味着限制，如防范。"规范"连用通常是在名词意义上使用的，是指约定俗成或明文规定的标准，是一种既定的、公开的、被大多数人认可的限制性要求。

规范可以制度化，当其以制度的形式出现时，则是具有一定刚性的、稳定的人的行为约束机制，构成了人的行为标准或规则系统。在日常生活中，有各种各样的规范，如思维规范、语言规范、技术规范和社会规范等。思维规范是人们进行思维活动时所应遵循的规则，如逻辑"三段论""德摩根律"等。语言规范是人们表达思想的文字、语言规则，通称文法或语法。技术规范则主要指人们利用自然力、生产工具、交通工具等应遵守的技术标准，如驾驶技术规则、电脑操作规则等。社会规范则是人类社会调整人与人之间关系的行为规则，包括政治规范、伦理规范、宗教规范、法律规范，在延伸的意义上，也包括社会组织规章、民族习俗礼仪等。

尽管规范在社会生活中表现出各种各样的形式，但它们在性质上都有着客观的社会基础。换言之，规范本身就是客观的社会要求与人们的主观意识相统一的结果，是特定社会关系的反映。一方面，在内容上，规范总是根源于特定社会关系中所产生出来的对人们的某种客观要求，这种客观要求不以人的主观意志为转移，不是人们的主观意志的产物，而是一种现实的客观要求；另一方面，单就形式而言，规范作为对社会某种客观关系的反映形式，体现了人的思想、认识、价值等主观因素。规范在本质上是内容的客观性与形式的主观性的有机结合。但是，这里讲的形式主观性并不是个人意义上的主观性，而是在人群的整体意义上的主观性，所指的是规范中包含着一定的价值观念。或者说，就规范需要通过人的自觉遵守而发挥作用而言，是主客观的统一，而在其相对于个人来说，则是具有客观性的。

规范以形式化的准则规定了人们的行为模式，界定了人们行为的性质。一般而言，规范具有四种模式：（1）应为，即命令的规范；（2）勿为，即禁止的规范；（3）能为，并非必然具有命令的性质；（4）可为，容许的规范[①]。不同的规范由于其反映的社会关系不同，因而具有不同的形式和内容，甚至有着性质上的不同。如法律规范中的刑法主要表现为"勿为"模式，民法则以"可为"模式为主，而一般伦理规范则以"应为"模式为主。当然，这种区分并不是绝对的，社会生活内容本身的复杂性也不可能以一种单一的行为模式出现，反映在规范上也就不同，往往一种规范同时适用好几种行为模式，反之，一种行为模式也需要得到多种规范共同发挥作用。

专栏

加强国家立法　反腐败法律体系不断完善

党的十八大以来，以习近平同志为核心的党中央把全面从严治党纳入"四个全面"战略布局，围绕反腐败国家立法，实现了改革成果的法治化，反腐败工作在法治轨道上行稳致远。

一是通过国家立法，把党对反腐败工作集中统一领导的体制机制固定下来。党的十九大报告明确提出，深化国家监察体制改革，组建国家、省、市、县监察委员会，同党

[①]　陶希圣. 法律学之基础知识. 上海：新生命书局，1932：80-81.

的纪律检查机关合署办公，并制定国家监察法，依法赋予监察委员会职责权限和调查手段，加强党对反腐败工作的集中统一领导。2018年3月，十三届全国人大一次会议表决通过《中华人民共和国宪法修正案》，在"国家机构"一章中专门增写"监察委员会"一节，确立了监察委员会作为国家机构的法律地位，同时表决通过了《中华人民共和国监察法》。

二是实现了改革成果的法治化，扎紧防治腐败的制度笼子。2020年6月20日，十三届全国人大常委会第十九次会议表决通过了《中华人民共和国公职人员政务处分法》，这是中华人民共和国成立以来第一部全面系统规范公职人员政务处分工作的国家法律。2021年8月20日，十三届全国人大常委会第三十次会议表决通过《中华人民共和国监察官法》。2021年9月20日，国家监察委员会第1号公告公布了《中华人民共和国监察法实施条例》。此外，党的十八大以来，还修改了刑法、刑事诉讼法等，完善与监察法的衔接机制，保障国家监察体制改革顺利进行。

三是制度优势不断转化为治理效能，反腐败更加协同高效。据2022年全国两会上的最高人民检察院工作报告显示，2021年受理各级监委移送职务犯罪20 754人，同比上升5%，起诉受贿犯罪9 083人、行贿犯罪2 689人，同比分别上升21.5%和16.6%。同时审结贪污贿赂、渎职等案件2.3万件，处分2.7万人。此前，十九届中央纪委六次全会工作报告公布，2021年全国纪检监察机关共立案63.1万件，处分62.7万人。

站在新的历史起点上，要健全一体推进不敢腐、不能腐、不想腐体制机制，完善推进规范化、法治化、正规化的法规制度，促进纪法贯通、法法衔接，全面提高纪检监察法规工作质量，进一步发挥法规建设服务保障纪检监察工作大局的作用。

资料来源：加强国家立法反腐败法律体系不断完善. 中国纪检监察报，2022-06-22.

2. 行政伦理规范的定义

伦理规范也称作为道德规范，人们通常并不在伦理规范与道德规范之间做出严格区分。然而，仔细看来，伦理规范与道德规范有着细微的差别：其一，伦理规范与道德规范的客观基础有所区别，两者与伦理关系的相关性程度有所不同，伦理规范直接根源于伦理关系，而道德规范的人为建构内容则要多一些；其二，伦理规范与道德规范的范围有所不同，伦理规范包含着道德规范，也就是说，道德规范是伦理规范的一部分；其三，伦理规范更多地以制度化的方式表现出来，而道德规范的制度化程度较弱；其四，伦理规范实现制度化之后，更多的以作用于规范对象的客观力量而存在，而道德规范更多地需要在其内化为人的道德意识、道德情感时发挥作用。

伦理规范在本质上是主客观因素相统一的结果。在内容上，伦理规范是一定的社会伦理关系的反映，是社会对人们提出的道德要求的反映，因而它是客观的，不以人的主观意志为转移。在形式上，伦理规范作为客观伦理关系和道德要求的反映，必然包含着道德主体的抽象、概括等主观思维活动，会以纯主观的形式被固定下来，主要表现为道德概念、道德范畴、道德判断等。

伦理关系普遍存在于人类社会生活的每一个领域，因而，在人类社会生活的一切领域中，也都存在着对人与人之间关系加以规范的伦理规范。但是，不同的社会生活领域中的生活内容不同，因而对人们的道德要求也不同，人们处理相互间关系的伦理规范也就不同。行政伦理规范产生于社会公共生活领域，是社会对从事行政管理职业活动的行政人员所提出的道德要求的体现，是专门用来规范行政人员及其行政行为的伦理规则和道德标准。首先，行政伦理规范是作为伦理规范而存在的，它不同于同样产生于社会公共生活中的政治规范、法律规范等其他社会规范；其次，作为专门适用于行政人员及其行政行为的伦理规范也不同于其他形式的伦理规范，如不同于家庭伦理规范、企业伦理规范、军人伦理规范等。

伦理关系的普遍性决定了行政伦理规范对行政人员的从思想修养到具体行政行为等全部行政管理职业活动都具有规范作用，是行政人员在行政管理活动以及做人等所有的方面都应遵循的道德要求，既包括对行政人员的思想意识、价值观念等主观因素的一般要求，也包括在行政人员的具体行为中应遵循的活动原则、工作程序、办事规则、言行标准和行政纪律等。这些道德要求是行政人员做人和做事的基本准则，既是行政人员进行职业行为选择的价值依据，也是对行政人员职业行为进行善恶评价的标准。行政人员无论官职大小、地位高低，都应加以遵守。

在近代以来的社会分工中形成了各种各样的职业，而行政管理活动与其他职业活动不同，这种不同决定了行政人员职业身份的特殊性，因而，也决定了行政伦理规范与其他职业活动规范以及社会规范之间有着很大区别，具有自己的独特性质和特征。

行政伦理规范与法律规范一样，都是由国家相应的专门机关制定并负责实施的，都会体现国家意志，但它们也存在很大区别：

（1）在内容上，行政伦理规范主要表现为道德义务和道德责任，而法律规范的核心内容是法律权利和法律义务。

（2）在形式上，行政伦理规范通常是以规定、准则等形式出现的，如《中国共产党廉洁自律准则》（自 2016 年 1 月 1 日起实施），而法律规范主要是以制定法或成文法出现的。

（3）在制定程序上，行政伦理规范虽然也要经过严格仔细的立项、论证、表决、公布等程序，但不像法律规范那么正式。

（4）行政伦理规范的实现主要靠社会舆论和个人的良心起作用，尽管政府也会介入，以一定的外在力量及措施来保障实施，但其强制实施程度远远不及法律。

3. 行政伦理规范的特性

行政伦理规范所反映的是社会对行政人员的道德要求，主要致力于解决行政人员个人的品格修养问题，通过人的品格修养去作用于行政管理行为及其过程。由于其内容及规范对象的特殊性，行政伦理规范具有以下特征：

（1）政治性。作为行政人员的行为准则，行政伦理规范已经把社会对行政人员的道德要求提升为国家意志，并以制度化的形式固定下来，目的是为国家政治功能的实现提供相应保障。在某种程度上我们可以说，行政伦理规范是从属于政治规范的，包含着政治属性。与之不同，一般伦理规范更多地反映了社会一般生活领域的伦理要求，如经济、文化等领域中人与人之间的行为准则就很少具有政治性的内容。

（2）强制性。行政人员是公共利益的实际代表者和执行者，手中握有一定的权力，因此，行政人员如何行使权力，如何切实维护公共利益，是行政伦理规范的宗旨所在。实践证明，对权力的约束不能单纯依靠习惯、舆论、信念、说教等软约束来发挥作用，由于权力与利益的相关性往往使它的行使者背离权力存在的目的，如以权谋私、权钱交易，因而必须借助"物化的力量"即强制性力量对之进行约束。这种强制性的后果通常是以记过、开除等纪律处分的形式出现的。一般伦理规范则通过社会舆论和个体良心来实现，对个体的强制性主要是心理上的道德谴责。

（3）示范性。行政伦理规范通过行政人员个体的行为而对社会其他领域产生全局性和方向性的影响。行政管理职业是行政人员依法行使公共权力、管理社会公共事务的活动，行政人员既是公共利益的代表者和维护者，又是公共意志的体现者和执行者；既是社会生活的组织者和领导者，又是公共关系的协调者和设计者。所以，一方面，行政人员是政府形象的实际体现者；另一方面，政府又通过行政人员的行政行为对社会起着道德教化和示范的作用，引导社会走向理想的道德秩序。

（4）程序性。从程序上讲，行政伦理规范与法律规范、公共政策等有很大相似性。程序是社会制度化最重要的基石，行政伦理规范作为一种制度形式，是政府治理的基本工具之一。因此，从规范的形成、实施到评估等整个过程都严格遵守一定的程序。一定的社会习惯或者人们对行政人员的道德愿望和要求在转化为行政伦理规范以前，要经过政府或权威机构的立项、调查、论证以及试行等过程，而在规范形成之后，其实施过程及之后有执行、评估、监控等严格的程序保证。为什么说行政伦理规范有严格的程序性，是因为：一方面，作为制度化的规范，其本质上要求实现程序化；另一方面，程序的独特性质和功能也为保障规范的效率和权威提供了条件。

通过以上对行政伦理规范特征的比较分析，可以看出，行政伦理规范是一种特殊的伦理规范，与其他伦理规范相比较，它在形式上更接近法律规范，具有强烈的政治性、高度的强制性、广泛的示范性和严格的程序性。行政伦理规范本身的特殊性在于其产生的依据与其他社会规范不同，有它自己的客观社会基础。

专栏

美国《政府工作人员道德准则》

1958年，美国联邦政府众议院通过了《政府工作人员道德准则》，要求在政府部门服务的每一个公务员：

1. 对最高道德原则的忠诚和对国家的忠诚高于对政府人员的忠诚、对政党的忠诚，以及对政府部门的忠诚。

2. 拥护美国和美国各级政府的宪法、法律和法律规定。

3. 全心全意地工作。赚整天的钱，应干整天的活。

4. 努力寻求并运用比较高效和比较节省的方法来完成任务。

5. 无论是否有报酬都不得给任何人特别的照顾或特别的利益，也不得为自己或家人接受特别的照顾或利益。

6. 不得做出任何可能会束缚自己执行公务的私人承诺，因为任何一个政府雇员都不能说出可能会影响执行公务的话语。

7. 不得直接或间接地介入和美国政府之间的商业活动，因为这样做是与认真执行政府职责背道而驰的。

8. 不得将执行公务过程中获悉的机密信息作为牟取私利的工具。

9. 一旦发现腐败行为，立即予以揭发。

10. 遵守上述原则，永远牢记执行公务是受公众的委托。

上述规范只是作为一项评价政府工作人员行为的道德标准，和 1965 年颁布的《政府工作人员伦理准则》都不是法律，执行效果并不明显。1978 年，美国颁布了《政府行为道德法》（1989 年修订为《道德改革法》），基于该法成立的美国联邦政府道德办公室在 1992 年颁布了内容更具体、操作性更强的《行政部门雇员道德行为准则》，并在 2002 年进一步将此前的各种法律条文进行汇编，制定了更加详细的《政府官员行为准则》。

资料来源：马国泉. 行政伦理：美国的理论与实践. 上海，复旦大学出版社，2006.

4.1.2　行政伦理规范的本质

行政伦理规范本质上是整个社会对行政人员基于公共秩序所提出的道德愿望和要求，在内容上，它反映了一定的社会经济基础与社会物质生活状况，以规范的形式表现出来，既限制行政人员行为的随意性，又鼓励和引导行政人员从事"应当"的行为，保证行政伦理功能的实现，完成行政伦理对人的精神和活动的影响。具体地说，行政伦理的本质决定了行政伦理规范的本质，行政伦理规范体现了行政伦理的本质，行政伦理规范与行政伦理之间的关系是形式与内容的关系。就内容而言，行政伦理规范反映了行政伦理的本质，反映了行政管理职业活动对行政人员的要求，也反映了行政管理活动的性质。行政伦理规范体现了政府对行政伦理关系的自觉认识和自觉规范，属于政府自觉建构的范畴。行政伦理规范又是专门规范行政人员及其行政行为的规则和标准，所以对行政人员及其行为具有客观制约性，它能够实现对行政人员个体任何任性行为的理性约束。在此意义上，我们说行政伦理规范是主观性与客观性的统一，是自律与他律的统一。

1. 行政伦理规范是主观性与客观性的统一

关于行政伦理规范是主客观因素的统一，可以做两个方面的理解。

（1）行政伦理规范作为对行政人员及其行政行为的道德要求，植根于行政管理过程中的伦理关系，是反映行政管理职业伦理关系及其客观要求的行为规范。在人类社会生活中，存在多种多样的社会关系，伦理关系是一种最为普遍的关系，它普遍存在于人类社会的一切生活领域中。但是，伦理关系的生成决定于特定的社会经济关系，尤其是社会物质生产关系，同时，还受其他社会关系如政治、文化等关系的影响。行政伦理规范反映的就是行政管理过程中的伦理关系。它是对行政人员与社会、与行政体系之间以及行政人员之间、行政体系内部各部门之间相互关系的反映，同时反映了社会对行政人员及行政体系的总体性的道德愿望与要求，也反映了一定的社会政治制度、法律制度、行政体制对行政人员所提出的道德要求。因而，它是客观的，不以人们的主观意志为转移。

（2）行政伦理规范作为客观的行政伦理关系和行政道德要求的反映，是行政人员及行政体系各部门对行政伦理关系主观认识的结果，必然包含着行政人员作为道德主体的抽象、概括、判断等思维活动，并以行政伦理概念、行政伦理范畴、行政伦理判断等主观形式表现出来。事实上，任何规范的形成都离不开人的主观因素的作用，而这种人的主观因素，在愈是发达的社会和愈是成熟的社会关系中，就愈会超越约定俗成的形式，愈会变成人们有意识的主观选择。所以，行政伦理规范在形式上又是主观的，应当理解成是主观形式与客观内容的统一。

由于社会发展的动态多样性，伦理规范所反映的社会内容以及人的主观能动性在不同时代、不同社会中都会有不同的表现形态，尤其是在阶级社会中，行政伦理规范从内容到形式都不可避免地打上阶级烙印。因此，行政伦理规范的主观性与客观性相统一的特性在阶级社会就会表现为阶级性与社会性的统一。在现代社会，由于社会分工而形成了不同的领域，在不同的领域中，伦理关系的性质也有所不同，行政管理活动是发生在公共领域中的职业化活动，有着不同于其他职业活动中的伦理关系，而且，行政人员是一个社会中的特殊职业群体，所有这些决定了行政伦理规范有着自己的主观形式。

强调行政伦理规范的主客观相统一的特性具有非常重要的实践意义。这是因为，强调行政伦理规范的客观性，可以避免在具体的道德实践活动中把行政伦理规范理解为任意性的、由人们随意取舍的东西，可以杜绝任何否认行为规范的公共价值以及履行行政行为时的规范必要性，可以消除任何否认社会对行政人员及行政体系所提出的道德要求的合理性的看法。承认行政伦理规范的主观性，则是为了防止把行政人员封闭在行政伦理规范体系的规定之中，防止行政人员在有限的伦理规范规定面前丧失道德自主性，从而鼓励行政人员充分发挥道德自主性，主动追求个体道德人格的生成，促成行政伦理规范功能的真正实现。

2. 行政伦理规范是他律与自律的统一

行政伦理规范的他律和自律反映在行政伦理规范的功能上，同时，他律与自律的辩证关系又体现了行政伦理规范的根本性质。

行政伦理规范的他律来自行政伦理的社会历史本质，而行政伦理规范的自律则是行政人员自主性得到充分发挥的结果。他律与自律的统一，是行政伦理规范内在本质的现实展现，也是行政伦理规范与社会其他规范相区别的重要特征。无论什么形式的伦理规范，都首先表现出道德上的他律。所谓道德他律，就是指道德或伦理规范对道德主体的外在约束性和外在导向性。外在约束性即指人或道德主体赖以行动的道德标准或动机受制于外力，受外在的根据支配和节制，外在导向性则表现为道德主体的行为受伦理规范的引导。道德自律是指道德主体的道德自觉性，强调道德主体自身的意志约束，集中表现为道德良心所发挥的作用。从人的道德成长规律来看，人接受和践行道德义务都有一个从他律到自律的过程。他律阶段是达到自律阶段的必经阶段和必要前提。

行政伦理规范的他律主要是指行政人员以及其行政行为选择需要根据行政伦理规范做出。总的说来，行政人员的行政管理活动有着系统化的行动规则和标准，受到来自社会、政府、行政机构、行政职责等外在要求的支配和约束。也就是说，行政人员只要选择了行政管理作为自己的职业，就必须接受这些外在客观力量的约束。其中，行政伦理规范就是行政管理活动的规则和标准中的一个构成部分，而且是非常重要的一部分，是作用于行政人员及其行政管理活动的客观力量。

行政伦理规范在对行政人员及其行政管理活动形成约束时，又在行政人员的自我修养及其行政管理活动的开展中有着导向性的功能，而且，这种约束和导向相互作用。没有约束，导向就失去了自己的轨道，导而无方，毫无意义可言；没有导向，约束也同样会失去目标，约而无向，也无意义可言。约束是从不应当的角度来理解行政伦理规范的，而导向则是从应当的角度来理解行政伦理规范的。行政伦理规范他律的完整表达形式就是在行政管理活动中对行政人员及其行政行为的约束与导向的统一。

行政伦理规范的自律与他律是行政人员及其行政管理活动合乎道德要求的必要前提，自律与他律只有在相互响应的过程中才能真正发挥作用。他律是自律的前提和基础，而自律则是他律的归宿和必然结果。停留在他律阶段的伦理规范还是一种外在于行政人员的"异己"力量，只要行政人员还未将行政伦理规范内化为自己的道德品格，那么行政伦理规范的伦理性就是不完全的。因而，只有当行政伦理规范内化为行政人员的道德意识和道德情感，才能使行政人员实现自律，才能切实地发挥作用，达到行政伦理规范的功能实现的状态。

行政伦理规范的他律向自律的转变，主要表现在行政人员行为的动因由最初的外在约束和导向转变成内在的自我意志。具体而言，首先，行政伦理规范的自律表现为行政人员对行政伦理规范他律的认同，这意味着行政人员作为道德主体既认识了伦理规范的他律，又自觉地服膺于这种他律的约束，将这种外在的客观力量转变成内在于他自身的力量；其次，行政伦理规范的自律表现为行政人员自己为自己的行为立法，即行政人员将外在的客观要求内化为心中的道德法则，自己给自己制定具体的道德行为准则；最后，行政伦理规范的自律表现为行政人员的自我意志对自身行为的把握，主要是理性对爱好和欲望的合理节制。这里的理性，既具有反映了社会的特征，也具有个体自身的特征，是个体化了的社会理性。

行政伦理规范由他律转化为自律，体现了行政人员在道德实践活动中主客观因素交互作用过程的完成，也是自我道德人格的最终形成。

专　栏

香港廉政公署的反贪教育策略

香港廉政公署（简称廉署，ICAC）成立于 1974 年，是我国香港的独立执法机构。在廉署成立以前，香港曾贪腐严重，廉署成立后短短数年，香港便成为全球最清廉的地区之一。这在很大程度上得益于它以肃贪倡廉为目标，采取"调查"、"防止"及"教育"三管齐下的方式打击贪污，并获得政府及广大市民的支持。

香港廉署由执行处、防止贪污处和社区关系处三个部门组成，各自的工作分别是调查、预防和教育。尽管执行处是最核心的部门，但防止贪污处和社区关系处同样是很重要的部门。其中，社区关系处的主要职责就是倡廉及防贪教育工作：

向政府部门推广廉洁信息，是廉署的首要任务，包括：为政府部门各级雇员举办倡廉教育活动，阐释常见的贪污流弊，并就遇到行贿时的处理方法提供意见；为管理层举办研讨会，协助他们管理职员操守事宜；协助各公共机构提高其雇员的道德操守。

维持商界的公平竞争环境对香港至为重要。社区关系处致力在商界推广良好营商手法、提高商业道德水平及宣传维护公平的信息。工作包括：举办防贪讲座，提醒商界堵住贪污漏洞及推行防贪措施的重要性；向职员提供有关法律及道德问题的培训；1995年还成立了"香港道德发展中心"，推广商业道德。

青少年一向是廉署倡廉教育工作的主要培育对象。工作包括：通过卡通短片、漫画、故事游戏集、互动教具及音乐剧向幼儿园及小学生传递倡廉信息，让学生亲自探讨及验证正面价值观的重要性；为即将毕业的中学、职业学校、工业学院及大学学生举办互动倡廉讲座及活动；与其他机构携手合作，向在职青年推广正确的价值观及职业道德。具有道德自主能力的行政人员有责任阻止组织中其他人的不道德行为，这意味着个体对上级与组织的忠诚度需要重新界定，行政人员必须选择更高、更具权威性的准则。

这种三管齐下的策略对培养公众对抗贪污的意识至为重要。检控虽可起到阻吓作用，但预防及教育工作亦不可缺。有关人员认为，唯有令市民彻底改变对贪污的态度，才可令反贪工作收到持久的成效。

4.1.3　行政伦理规范的作用

1. 行政伦理规范的一般作用

行政伦理规范作为正式的制度安排与法律规范一起对行政管理活动中的各种关系发挥着共同规范和约束功能，这种功能是行政伦理规范作为治理工具的一般作用。行政伦理规范的主要治理对象是行政人员，所以，行政伦理规范的作用主要体现在对行政人员的行政行为进行规范、引导、调节等方面。

一般说来，行政伦理规范的作用主要表现在这样几个方面：

（1）对行政管理过程中的特定道德秩序有维护作用。行政伦理规范是行政管理中的伦理关系的反映，这种伦理关系经过社会的发展和历史的变迁，逐渐凝聚成为行政管理过程中的一种固定秩序和要求，行政伦理规范以制度化的形式将这种秩序和要求固定下来，使其明确化、公开化、程序化，易于操作、便于预测。从功能上看，程序的规定实际上是对人们行为的随意性（恣意性）、随机性的限制和制约，它是一个角色分派的体系，是人们行为的外在标准和时空界限，是保证社会分工顺利实现的条件设定[1]。行政伦理通过规范的形式，使得行政人员明白什么是应当为的、什么是不应当为的，并将自己的行为置于规范的制约和指导之下，进而保证社会公共秩序的供给和公共利益的维护。

（2）对以法律规范为主的其他社会规范有补充作用。尽管法律与行政伦理都以规范

---

[1]　季卫东. 程序比较论. 比较法研究，1993（1）.

的形式表现出来，共同规范和调节行政管理过程中的各种社会关系，维护历史生成的特定社会秩序。一般而言，法律规范本身更多的是靠国家机关的强制力实现的，它是一种外在于行政人员的强制性手段，漠视个人良心的作用。法律以其强制性而成为社会理想公共秩序的脊梁，然而"徒法不足以自行"（《孟子·离娄上》），理想公共秩序的实现不能仅仅依赖于法律规范的强制力，还必须得到行政伦理规范的支持。因为，只有行政伦理规范能够深入行政人员的内心，使行政人员认同并自觉维护理想的秩序。行政伦理规范虽然也是国家、政府制定出来的，并由一定的强制力来保证实施，但作为伦理规范，它的实现是依靠社会舆论与个体良心的作用。事实上，法律规范的背后蕴藏着道德因素，法律规范必须以道德确立的价值原则为依归，在法律实践中，也体现和贯彻道德原则。只有这样，才能真正实现其所要达到的调控目标。法律规范和行政伦理规范是维护和保证公共秩序及公共利益所必不可少的两种规范，二者互为补充，共同作用于公共行政领域中所有的社会关系。当然，随着法律的道德化和道德的法律化，这二者的作用将趋于一致，高度统一。

（3）行政伦理规范对社会有着教育和示范作用。行政伦理规范的内容反映的是社会对行政人员及行政体系的道德要求和愿望，这种要求因公共行政地位的特殊性而往往高于人们对其他社会领域及其成员的道德要求，它不满足于用对社会一般成员的道德标准来要求行政人员。这种道德要求经过国家、政府的自觉安排，以规范形式固定下来，并通过行政人员的具体行政行为，一方面保证行政管理过程中既有秩序的稳定，另一方面也对社会其他成员的行为起到引导和示范作用。有时候，国家、政府出于社会治理的需要，顺应行政伦理发展的趋势，前瞻性地将某些道德要求和愿望写入规范之中，以求通过这一方式在社会中倡导一种伦理观念或道德风尚。

（4）行政伦理规范能够促进经济基础的发展和进一步巩固，并影响社会生产力的发展。作为一种制度安排，行政伦理属于社会的上层建筑，它是社会经济关系，尤其是社会物质生活关系在公共行政领域中的一种制度安排和观念反映。行政伦理规范将符合社会经济发展要求的思想和行为纳入其内容之中，并根据一定的善恶标准进行道德评价，进而为产生它的经济基础服务。同时，行政伦理规范通过对行政人员的作用并通过行政人员对社会其他成员的影响，使他们接受一定的道德观念，形成一定的思维方式，这必然影响行政人员的工作态度及工作效率，从而最终影响社会生产力乃至整个社会的发展。

（5）行政伦理规范对文化的传承和开创有促进作用。文化是包括风俗习惯、行为规范以及各种意识形态在内的复合体，是一定的社会经济制度和政治制度在观念形态上的反映。行政伦理规范本身是在一定社会文化背景下被制定出来的，无论在内容上还是形式上，均不可避免地要打上它那个时代的文化烙印。同时，行政伦理规范是人们有意识地制定出来的，它一方面继承传统文化中的精髓，将其合理地运用于现代社会，以保证人们行为规范不至于因传统的失位而失范；另一方面，通过吸收社会上先进的思想观念，肯定某种行为方式，引导文化发展的方向，促进良好文化氛围的形成。在行政体系之中，行政伦理规范对行政文化的生成与健全起着决定性的作用。

2. 行政伦理规范对行政人员的作用

行政伦理是关于行政管理活动的伦理，行政伦理规范直接指向行政人员，行政人员作为行政管理活动的主体，必须遵守特定的行政伦理规范，以这种规范作为其行政行为的基本准则。行政伦理规范对行政人员的作用主要表现在：

（1）对行政人员行为有导向作用。行政伦理规范的他律已经表明其对行政人员外在的导向功能。社会对行政人员提出的道德要求构成了行政伦理规范的内容，这种被形式化的内容既包括人们对行政人员角色的期待，又融入了特定的价值观和理想信念以及对特定行为的倡导。以制度化的形式确立起来的行政伦理规范不仅对行政管理活动具有引导作用，并通过行政管理活动以及行政人员的其他行为而对整个社会产生引导，而且能够在提高行政人员行为的合法性和合理性方面发挥作用。行政人员在行政伦理意识支配下，以社会或公众的利益为标准，能够在不同的价值准则或善恶冲突之间做出的自觉、自主、自控的抉择，能够对自己行为动机、意图、目的和行为方式、过程、结果做出选择。

（2）对行政人员行为有规范作用。行政伦理规范是对行政人员实施治理的正式制度安排，行政人员一旦进入行政管理过程就必须遵守它，并且，只有当行政人员的行为符合行政伦理规范时，才能真正被社会所接受，进而实现行政效能的最大化。否则，当行政人员的行为违背或超出这些规范体系时，可能会激起公众的否定性反应，导致行为的受阻或信任度降低，这样的话，行政人员就有可能被淘汰。行政伦理规范对行政人员行为的种种内在规范和约束作用是其他外在的强制性规范所无法替代的，行政人员关于其角色的道德意识以及在职业活动中的人格追求，都需要从行政伦理规范出发。所以，行政伦理规范直接对行政人员自律品质的形成起指导、监督和自我评价作用。

（3）对行政人员行为有调整作用。这是前两种作用的综合表现。在行政管理活动中，行政伦理规范会表现出对符合行政道德要求的情感、信念、行政行为予以激励和强化；对于不符合行政道德要求的情感、欲望则予以纠正，特别是出现认识错误、方式或方法失当时，行政伦理规范能够纠正行为者某种自私观念和偏颇情感，改变他们的行为方向和方式，以避免产生违背行政责任要求的后果。随着社会环境的变化，行政管理的内容复杂多变，行政人员的行为也会因此而发生相应的变化，以求适应时代的变化，而这种变化必须控制在一定幅度、范围内，不能脱离社会对行政人员的基本道德要求，这就需要通过行政伦理规范来加以调整。

4.2 行政伦理规范的历史演变

4.2.1 农业社会中的行政伦理规范

行政伦理规范随着社会经济关系的发展而变化，同时，行政伦理规范还受社会政治、文化等的影响与制约。由于社会经济关系发展的历史性，尤其是社会物质生活状况的历史变化，以及人们观念、意识发展的变化，行政伦理规范也经历了不同的历史阶段。

在农业社会的前期即奴隶制时期，行政伦理规范更强调"忠"。随着社会生产的发展，人们之间关系的内容逐渐丰富，人们之间绝对性的依赖关系也逐渐松动；相应地，人的社会地位逐渐得到提高。在批判、继承的同时，行政伦理规范得到适时的发展，统治阶级不失时机地把民贵君轻、为政以德等伦理规范作为自己的行为准则。具体说来，以"忠"为核心的行政伦理规范主要包括：

（1）恪守礼仪。这是该规范的总要求。"礼义以为纪，以正君臣，以笃父子，以睦兄弟，以和夫妇，以设制度，以立田里，以贤勇知，以功为己"（《礼记·礼运》），这就是要求官吏都以礼仪来约束自己，摆正君臣上下关系，孝敬父母，慈爱子女，和睦兄弟，处理好家庭事务和夫妻关系，遵守公共秩序和规章制度。其中，君臣关系是首要的。

（2）克明俊德，正人先正己。这是要求从政者发扬光大高尚美好的道德，以仁、义、礼、智、信等行政伦理规范来约束自己，以身作则，自觉践履，立身唯正，修己安人，从而既和睦统治阶级内部关系，又得民心、和谐民众与君王之关系，进而促进社会协调发展，进一步巩固统治阶级的地位。

（3）公忠正义。公忠是"天下之纪纲""义礼之所归"，它既是社会伦理的最高原则，也是臣仆的最高美德，那些能为"公家""社稷""公室"尽忠竭力的官吏被认为是最有道德的。公忠的基本精神就是公正、忠诚国家、先公后私。而所谓义，即正也、宜也，意味着应当的、合理的，其内涵十分宽广，几乎涉及社会生活的所有领域，它既是人的立身处世之本，也是基本的治国之道。

（4）廉洁勤政。"廉者，政之本也"（《晏子春秋·内篇》）。古往今来，廉洁被视为"仕者之德""人生大纲"，它是评价一个官吏为良官的首要标准。一般而言，廉洁的具体要求是，不仅在行为上要禁戒贪污、强调节俭，而且在思想观念上要杜绝贪欲与享乐，甘心淡薄、绝意纷华。勤政则要求官吏态度严谨、勤劳专一，鞠躬尽瘁、死而后已。

（5）为政以德，以民为本。历代统治阶级都十分重视行政道德在巩固政权中的地位和作用，"为政以德，譬如北辰，居其所而众星共之"（《论语·为政》）。以德行政，不仅是以道德伦理规范来约束官吏，要求他们在管理过程中恪守礼仪，施行德政，还要求他们必须以民为本，爱民如子，"爱民""保民""养民""敬民"，进而得民心，取信于民[1]。

在中国历史上，以"忠"为核心的行政伦理规范对于维护国家统一、加强民族团结、稳定社会秩序等起到非常重要的作用，进一步巩固了统治阶级的地位，但它同时把社会成员牢固地束缚在严格的等级秩序中，扼杀了行政人员（官吏）的个性自由，阻碍了行政人员理想人格的生成，并没有真正实现所谓的"伦理政治"。尽管如此，仍有很多行政伦理规范闪烁着智慧的光辉，如廉洁勤政、以民为本等。这些思想对我们当前的德治建设具有宝贵的借鉴意义。

专栏

家风建设：干部的一门必修课

在四川省盐亭县，高灯镇联和村的退休教师杨先卫向台下 200 多位老人讲述"传承弘扬好家风"。2015 年，在他牵头下成立了联合村老年协会，号召村里老年人自觉行动起来，传承弘扬好家风，配合村"两委"建设一个风气好的"新农村"。

---

[1]　王伟.行政伦理概述.北京：人民出版社，2001：312-332.

在成都市温江区，永盛镇团结社区"邻里中心"的十多个小朋友围成一圈，你说一句，我唱一句，正在背诵《正家风 传美德》歌谣："公和私，要分明，先为公来后有私；崇清廉，拒腐败，清白为人正家风……"

在绵阳市游仙区，七对儿女齐聚在74岁秦妈妈身旁，晒着春日暖阳，其乐融融。老妈妈正对儿孙们训话："一大家子要和和睦睦，要跟乡亲处好关系，做人要有信用，特别是老么，你在镇上当官，一定要为老百姓做事，不该拿的不拿，不该吃的不吃，出了事家里丢不起这个脸……"

在泸州市合江县，一场高中生的"成人礼"正在进行。合江县每年5月和9月组织高中（职高）学生集体举行"成人礼"，通过对青少年的责任教育，引导感染家长尤其是党员干部家长要公私分明，克己奉公。

⋯⋯⋯⋯

家风是一种德行传承，更是关系党风、连着政风、影响民风的根本风气。党的十八大以来，以习近平同志为核心的党中央高度重视家庭文明建设，多次强调领导干部要把家风建设摆在重要位置，党员、干部特别是领导干部要清白做人、勤俭齐家、干净做事、廉洁从政，管好自己和家人，涵养新时代共产党人的良好家风。正如学者指出的，家风会在潜移默化中影响领导干部的道德水准和价值取向，最终会影响到党风政风，良好家风无疑是抵御腐败的重要防线，家风建设是反腐新阶段努力的方向。

资料来源：刘艳梅. 家风建设：干部的一门必修课. 四川党的建设（农村版），2016（5）.

4.2.2 工业社会中的行政伦理规范

随着历史的发展，人类告别了农业社会而进入工业社会，生产力水平的快速提升，市场经济的不断完善，突破了自然关系的限制，人不再完全地、直接地受自然关系限制，人对人的依赖关系也解体了。这一社会发展的趋势不仅使行政伦理规范在内容上彻底抛弃了封建的忠君思想和相关的封建道德观念，而且在形式上多以法律等规范性文件表现出来。工业社会中的行政伦理规范主要有以下特点：

（1）忠于国家。资产阶级革命的胜利，造就了民主国家，此时，国家代替了君主，因而，国家利益至上成为行政人员道德行为的追求与归属。

（2）政治中立。这是西方国家公务员制度形成后的一项基本原则，即禁止行政人员参加政治活动，要求他们不得参加政党，不得就政治事件发表意见，不得公开批评政府行为等，其目的在于稳定政局，提高效率，从而保证整个行政人员队伍切实、公正地为行政管理服务。

（3）力倡廉洁。一方面，严格规定各级行政人员严守职业秘密，申报私人财产及其变动情况，不得接受馈赠，不得以任何形式涉足营利活动，不得贪污受贿等；另一方面，正视行政人员个人的合理利益要求，尽量满足其物质生活要求，实行高薪金高待遇的工资福利制度，以此补偿廉洁奉公。

（4）忠于职守。要求行政人员必须服从领导，承担岗位责任，并相互协助；在工作中应将全部精力投入公务，不得以公谋私，不得违背公共利益，不得败坏公务员队伍的形象和声誉。

随着社会生活内容的日益多样化和多元化，行政管理面临的社会形势日益复杂多变，社会对行政人员的道德要求也不断提高，是否保障和促进个体权利的优先实现，越来越成为人们评判行政人员以及政府行为的重要标准，这也促使行政人员在行政体系内部个体地位的变化。这一趋势使得行政伦理规范不仅在内容上更加明确、细化，而且在形式上逐渐实现法制化，即行政伦理规范以法律形式出现，如美国的《政府行为道德法》、加拿大的《公共服务伦理规范》等。同时，公开的程序性规定以及行政伦理监督制度等也逐渐成为政府道德建设的重点，如日本《国家公务员伦理法》中关于"国家公务员伦理审查会"的规定等。

尽管工业社会中的行政伦理规范已经在很大程度上弥补了官僚制工具理性的不足，部分地唤起了行政人员价值理性的回归，然而，它仍然没有摆脱工具理性的纠缠。随着后工业社会的到来，新的行政模式逐渐形成，这就是服务行政，它以服务为价值取向，第一次把行政人员视为伦理的存在物，这对行政伦理规范来说不是形式上的缝缝补补，而是一种根本上的理念转变，从而促进新型伦理规范的形成。

4.2.3　后工业社会行政伦理规范的展望

生成于后工业化进程中的服务行政，其本质在于彰显服务价值和伦理关系。服务行政之所以成为区别于统治行政和管理行政的一种新型模式，本质在于，服务价值在社会治理价值体系中从边缘位移至中心，成为社会治理最基本的价值取向；同时社会治理中的伦理关系不再像传统社会治理中处于居无定所的状态，而是被纳入社会治理的结构和制度中，道德制度得以生成。因此，从规范的角度而言，后工业社会的行政伦理规范在内容上是要确立服务在社会治理价值体系中的核心地位，在形式上，则是道德制度的现实建构，根本任务是要促进合作型信任的普遍生成。

1. 道德制度的现实建构

后工业社会中的行政伦理，必须正视公共行政中的道德及其作用。从理论上讲，道德发生作用的实质是一个内化的过程，是个体将观念价值内化为心中的准则并行为于外的过程。但是，我们不能把道德的社会整合作用寄托在个体的道德行为上，个人承载道德的社会价值只能实现个别的道德行为，而要获得普遍性和稳定性的道德行为，必须改变个人承载道德价值的状况，建立起道德制度以保证社会在整体上承载道德价值[1]。因此，作为对传统行政模式的超越，服务行政中的行政伦理不能仅仅局限于道德教育、道德教化和自我修养，而是要扛起制度的大旗。也正是在此意义上，习近平总书记多次强调要"把权力关进制度的笼子里"。这里的制度不完全是工业社会以来逐渐形式理性化、唯效率至上的制度，而是回归到实质理性的被道德化的制度、张扬人的价值和德性的制度，即一种道德制度[2]。致力于道德制度的建构，促进德治和法治的有机联系和功能互

① 张康之. 面向后工业社会的德制构想. 学海，2013（3）.
② 张康之. 寻找公共行政的伦理视角：修订版. 北京：中国人民大学出版社，2012；张康之. 论伦理精神. 2版. 南京：江苏人民出版社，2010.

补，是后工业社会中行政伦理的根本目标。

后工业社会的行政伦理规范是道德制度的重要内容和载体，作为一种新型的伦理规范和制度建构，首先，必须"改变认识社会的视角，即从共同体的角度去认识社会，以人的共生共在为出发点去形成相应的制度和社会问题解决方案"①。生成于工业社会中的所有制度，是以原子化个体为根本原则进行相应制度安排和制度设计的，塑造的是一个充满竞争而非合作的社会。其次，道德制度的规则设计遵循的是行动主义，相对而言，工业社会中的制度设计是基于完全理性的制度主义。随着社会运行和社会变化的加速化，社会越来越呈现出高度不确定性和高度复杂性，制度主义的规则设计已经陷入绝境，而行动主义基于社会的流动性和开放性，充分赋予治理中的个体以行动者地位，鼓励、承认并保障行动者进行创新性的规则设计。最后，传统行政伦理规范遵从社会控制的需要，以规范约束对象行为的控制性规则为主，而道德制度中的行政伦理规范则是以促成服务价值理念实现、恢复价值理性的促进性规则为主。2015年10月颁布的党内第一部坚持正面倡导的党内法规《中国共产党廉洁自律准则》，正是这种促进性规则在社会治理实践中的运用和体现。

2. 服务价值核心地位的确立

信息革命尤其是网络通信技术的快速发展，社会治理主体的多元化，向政府及行政人员提出了更高的要求，这一要求首先要求确立以"服务"为核心价值的行为选择标准和依据。强调服务的核心价值地位，并不否认统治型和管理型社会治理模式中存在服务的行为，只是这两种模式中，服务处于整个价值体系的边缘地位，"甚至还可能并未成长为一种价值，只是作为一种边缘性的观念或理念而存在"②。在统治行政中，秩序居于核心价值地位，其他一切价值均服从于统治秩序的需要，因而统治秩序的获得成为政府所有行为的根本目的。管理行政中，公平与效率一直居于核心地位，但是，由于这种价值追求的活动建立在事实与价值分离的认识论基础上，而以工具理性原则指导下的官僚制将这种分离予以制度化，因而，在现实中，二者永远处于矛盾和冲突之中，效率在很多时候成为最主要甚至唯一考虑的价值。

服务价值在社会治理体系中核心地位的确立，意味着无论是在组织结构、行为规范等静态的制度设计中，还是在行政人员的具体行动中，政府都要以服务价值的实现为根本目标。因此，服务行政模式中的行政伦理也必须以服务作为自己的价值选择，将服务精神和理念细化为一系列行为规范和标准，以此来彰显行政管理的伦理内涵。

3. 以促进合作型信任的生成为根本任务

伦理作为人际关系的行为标准和规范，内在地具有催生信任的功能。在不同的历史阶段，伦理具有不同的内容与表现形式，因而其所催生出的信任也存在历史性的差异。具体来说，传统农业社会的伦理催生出的是习俗型信任，现代工业社会的伦理产生的则是契约型信任，而后工业社会的伦理孕育的将是合作型信任。③

习俗型信任实质上是一种人格体的信任，由于其过多地沾染了身份和人格的因素以

① 张康之. 合作的社会及其治理. 上海：上海人民出版社，2014，120.
② 张康之. 公共管理伦理学. 北京：中国人民大学出版社，2003：306.
③ 张康之. 在历史的坐标中看信任：论信任的三种历史类型. 社会科学研究，2005（1）.

及特殊主义的价值取向，与现代工业社会中的流动性严重不符，破坏了商品经济所需要的公平公正。适应生产力发展、劳动分工和普遍交往的需要而产生的契约型信任，通过成文的规则体系和形式化的制度来调整社会中的人际关系，超越时空尤其是与身份、地域等相关的特殊主义因素，使得社会交往的公平公正得到了最基本的保障。在契约型信任中，人的情感、价值、道德等被视为阻碍人际交往的非理性因素而被抽象掉，基于此而形成的信任实际上是对非理性因素的防范，是对个体的不信任，而在经过功利的理性计算后，人们又会被迫采取共同行动。于是，信任本身转化为利益谋划并异化为一种交往工具或行为策略，失去了其内在的应有性质反而转化成制造不信任的因素。

在后工业社会，社会各个领域呈现出高度复杂性和不确定性，打破了过去习俗型信任和契约型信任所赖以生存的可预测、可控制的社会关系状态，人与人之间的交往具有即时性，甚至随着信息网络化的发展，还具有匿名性、隐秘性和虚拟性等难以预测和控制的特征，因此这时陌生人间的信任变为多向式和立体式。一方面，这种信任基于信息的广泛认知和知识共享而直接发生于陌生人之间，因而具有习俗型信任的完全性和总体性，但不具有习俗型信任的"人格体"特征，各种"身份"因素被虚拟化或隐去，或者根本就不需要再考虑。另一方面，正是因为其发生于被剥离各种"身份"因素的陌生人之间，这种信任具有契约型信任的平等性和普遍性，但又超越了契约型信任的片面性和非连续性等特征，因为这种信任关系直接在人的互动中生成而不再受物的因素制约。这种信任就是合作型信任。

合作型信任的生成将会促使组织的性质发生转变，在组织中营造出合作的氛围及相应机制，并促进合作行为的普遍实现。因此，对于后工业社会的行政伦理建设而言，其根本任务就是要通过道德制度的建构，极力张扬社会治理中的伦理关系，恢复价值理性的光芒，促成服务价值理念的实现，促进合作型信任在社会中的普遍生成。

4.3　行政伦理规范的基本内容

4.3.1　廉洁奉公

1. 对廉洁规范的长期追求

廉洁奉公是行政人员必备的最基本的行政道德，是行政人员行为的道德底线。"廉洁"和"奉公"互为前提，二者有机统一于行政人员的具体行为之中，它是同一问题的两个方面。要做到廉洁，必须奉公。做到了廉洁，也就做到了奉公，反之亦然。

加强廉政建设一直是国家政权建设的主要问题，是马克思主义、毛泽东思想、邓小平理论的重要内容，历来受到党和政府的高度重视。党风廉政建设和反腐败斗争，是党的建设的重大任务。党的十八大以来，以习近平同志为核心的党中央从制定执行中央八项规定切入整饬作风，"以'得罪千百人、不负十四亿'的使命担当祛病治乱"[①]，以雷霆

---

① 习近平. 高举中国特色社会主义伟大旗帜 为全面建设社会主义现代化国家而奋斗——在中国共产党第二十次全国代表大会上的报告. 北京：人民出版社，2022：13.

万钧之势推进反腐败斗争，激荡清风正气、凝聚党心民心，为党和国家各项事业发展提供了坚强保障。2022 年 6 月 17 日，中共中央政治局就一体推进不敢腐、不能腐、不想腐进行集体学习。习近平总书记在主持学习时强调，反腐败斗争关系民心这个最大的政治，是一场输不起也决不能输的重大政治斗争。

党的十八大以来，经过不懈努力，反腐败斗争工作已经构建起党全面领导的反腐败工作格局，始终以零容忍态度惩治腐败，扎紧防治腐败的制度笼子，构筑拒腐防变的思想堤坝，深化党的纪律检查体制和国家监察体制改革，"反腐败斗争取得压倒性胜利并全面巩固"①。但是，必须清醒，当前反腐败斗争的形势依然严峻复杂，对腐败的顽固性和危害性绝不能低估，必须将反腐败斗争进行到底。"坚持不敢腐、不能腐、不想腐一体推进，同时发力、同向发力、综合发力"②，把不敢腐的强大震慑效能、不能腐的刚性制度约束、不想腐的思想教育优势融于一体，用"全周期管理"方式，推动各项措施在政策取向上相互配合、在实施过程中相互促进、在工作成效上相得益彰。

2. 廉洁规范的基本内容

改革开放以来，中国共产党结合我国现阶段的实际情况，总结以往廉政建设的经验，持续颁布并适时修订了《关于实行党风廉政建设责任制的规定》（2010 年）、《中国共产党纪律处分条例》（1997 年《中国共产党纪律处分条例（试行）》发布实施，并分别于 2003 年、2015 年、2018 年修订）、《中国共产党廉洁自律准则》、《中华人民共和国监察法》等基础性法律和党内法规，以及配套规定或实施细则，注重党内法规与法律相互协调，突出纪法协同、纪法衔接。从这些具体的规范或准则中，可以总结出我国现阶段行政伦理规范关于廉政建设的具体内容：

（1）不贪，这是对行政人员最基本的道德要求。行政人员作为国家公共权力的实际执掌者和公共利益的实际代表者，其行为虽然经常性地以个体形式表现出来，但其内容是全社会的，具有公共性。在具体行为过程中，行政人员会面临许多利益诱惑，如果行政人员以"贪"字当头，甚至主动去追求不合理私利的实现，成为欲望的奴隶，那么势必造成公共利益的损失，造成极坏的社会影响。不贪是行政人员廉政道德的根本，这就要求行政人员一方面要认真学习党和国家廉洁自律、奉公守法、惩治腐败的政策和法律，深刻认识贪污对社会、国家的危害，构筑牢固的思想道德防线；另一方面，在具体行动中，要严格遵守党和国家关于廉政的全部要求，不得有任何贪污、索贿、受贿行为，真正做到不贪，自觉保持廉洁。

（2）不占，即不利用职务之便非法谋取个人私利。社会主义市场经济的不断发展和完善，使得社会生活的内容日益丰富多彩，行政管理的范围和内容也较之以往更加多元化和复杂化，因此，行政人员可"占"的机会很多。随意占取因职务之便所获得的各种利益，不仅会损害国家和社会的利益，还会使行政人员逐渐滋生贪婪的欲望。

（3）不奢，即不能奢侈浪费。这是中华民族的传统美德，在现阶段更应成为行政人员基本的道德要求。奢侈浪费既是腐化的前奏，也是腐化的表现。2012 年 10 月 1 日起，

---

① 习近平. 高举中国特色社会主义伟大旗帜 为全面建设社会主义现代化国家而奋斗——在中国共产党第二十次全国代表大会上的报告. 北京：人民出版社，2022：14.
② 同①69.

国务院颁布的《机关事务管理条例》正式施行，这是我国首个专门规范机关事务管理活动的行政法规。该条例对"三公"经费使用、政府采购、会议管理等做出明确规定，明令政府各部门不得采购奢侈品、超标准的服务或者购建豪华办公用房等。2013 年 11 月 18 日，中共中央和国务院印发实施《党政机关厉行节约反对浪费条例》。奢靡之始，危亡之渐。上述条例的制定和实施，对于推进厉行节约反对浪费工作制度化、规范化、程序化，从源头上狠刹奢侈浪费之风，具有十分重要的意义。

3. 奉公规范的基本内容

尽管廉洁与奉公相互统一，是"二而一""一而二"的关系，但有关廉洁的规范更多的是以"勿为"模式为主，即从否定性的角度来规范行政人员的行为，而有关奉公的规范则是从肯定性角度来鼓励行政人员的行为。因此，二者在具体内容上有所不同。

一般说来，当前我国行政伦理规范关于奉公的具体规定可归纳为：

（1）忠于党，这是由我国政治制度和党的性质、地位决定的，也是我国公务员制度区别于西方国家公务员制度的重要特征。历史证明，中国共产党是中国各民族人民利益的忠实代表，党的利益就是国家和人民的利益。行政人员忠于党的具体要求就是：第一，要热爱并拥护中国共产党，维护党的声誉和领导权威，为党的事业而勤奋工作；第二，坚持和保证党的领导，深入理解和坚决贯彻执行党的基本路线、方针和政策，在思想上、政治上自觉保持与党中央的高度一致；第三，牢固树立全心全意为人民服务的宗旨意识，自觉践行立党为公、执政为民的根本要求。

（2）忠于国家，这是古今中外一切行政人员的基本道德要求。行政人员作为国家和政府权力运行的实际体现者，其行为本身就代表了国家和政府。第一，行政人员应热爱祖国，维护祖国的荣誉和尊严，搞好本职工作，积极投身于国家的现代化建设；第二，保守国家秘密，不背叛祖国，行政人员应严格遵守保密纪律，不得有任何泄露国家秘密的行为，在任何情况下不得背叛自己的祖国；第三，拥护政府，行政人员是国家依法任用或考试录用的政府工作人员，应忠于自己的政府，以实际行动来维护政府的声誉。

（3）以人民利益为根本。我国是社会主义国家，人民是国家和社会的主人。行政人员是人民的勤务员，是人民的公仆。这就要求行政人员首先要热爱人民，真情系民，做群众信赖的表率。认真了解人民的需要，急人民之所急，想人民之所想，办人民之所需，解群众之所难；认真听取人民群众的呼声，自觉接受人民的监督；虚心向人民群众学习，尊重人民的首创精神，保护人民的积极性。其次，以实际行动全心全意为人民服务。为人民掌好权、用好权，正确处理权力关系，正确处理权力与利益的关系；群众利益无小事，多做雪中送炭的事，多关心困难群众，时刻维护群众利益。民之所望，政之所向。全心全意为人民服务是我们党的根本宗旨，以人民为中心是我们一切发展的根本理念，人民群众对美好生活的向往是我们矢志不渝的奋斗目标。始终代表最广大人民的根本利益是行政人员一切工作的出发点。

（4）服从全局，这既是行政体系良好运行的基本组织原则，也是行政人员必须具备的基本道德素质。所谓服从全局，既指行政人员个人服从组织集体，也包括下级与上级、局部与整体之间的服从关系。在社会主义市场经济条件下，整体利益不否定个人利益，但当个人利益与集体利益、社会利益及国家利益发生冲突和矛盾时，行政人员应有牺牲个人利益保全整体利益的自觉性，这是由其所扮演的角色及职业性质决定的。

（5）团结协作。行政组织的共同目标是实现社会公共利益，为社会提供稳定良好的秩序。对行政人员个体而言，它是一个多层次、多角度的目标体系，是一项系统的事业。只有发挥团结协作的精神，集中行政人员的整体力量，才能完成各项行政任务，这是我们事业胜利的基本保证。同时，团结协作还能实现行政人员之间以及与组织之间的沟通，增强组织的凝聚力。团结协作要求行政人员之间友好相处、相互谅解、互相关心、互相爱护、互相帮助、合作共事。当然，团结协作并不是为保持和气而放弃原则，更不是相互勾结、狼狈为奸。

（6）公正严明，一心为公。要求行政人员应不偏不倚地执行公务，严格执法、秉公执法，这是保证行政人员行为公共性的基本道德要求。具体说来，首先要求行政人员公道正派，即行政人员在处理各方面利益关系时，不能偏袒任何一方，也不得损害和压制、打击任何一方；对任何人，无论亲疏远近，都一视同仁，平等对待。其次是严格执法。法律及相关政策是国家意志的体现，是国家和人民利益的要求，行政人员应深刻理解和领会法律政策的实质精神，切实按照法定程序办事，保证政策和法律的真正贯彻与实施。这就要求行政人员秉公执法，刚正不阿，不畏权势，不怕打击报复。

总之，艰苦奋斗是我们党的优良传统，廉洁奉公是每个行政人员应当拥有的行政道德。行政人员一定要坚持"两个务必"，保持艰苦奋斗的作风，做廉洁奉公的表率。要做到此，行政人员不仅要在工作中遵纪守法，严格遵守党和国家制定的各种有关廉洁从政的规定，具体落实廉洁从政的各项要求，而且还要在日常生活中加强自身的道德修养，养成良好的道德习惯，培养理想的道德人格。

专 栏

中国共产党廉洁自律准则

中国共产党全体党员和各级党员领导干部必须坚定共产主义理想和中国特色社会主义信念，必须坚持全心全意为人民服务根本宗旨，必须继承发扬党的优良传统和作风，必须自觉培养高尚道德情操，努力弘扬中华民族传统美德，廉洁自律，接受监督，永葆党的先进性和纯洁性。

党员廉洁自律规范
第一条　坚持公私分明，先公后私，克己奉公。
第二条　坚持崇廉拒腐，清白做人，干净做事。
第三条　坚持尚俭戒奢，艰苦朴素，勤俭节约。
第四条　坚持吃苦在前，享受在后，甘于奉献。

党员领导干部廉洁自律规范
第五条　廉洁从政，自觉保持人民公仆本色。
第六条　廉洁用权，自觉维护人民根本利益。
第七条　廉洁修身，自觉提升思想道德境界。
第八条　廉洁齐家，自觉带头树立良好家风。

资料来源：中国共产党廉洁自律准则．人民日报，2015-10-22（3）．

4.3.2　勤政为民

1. 勤政为民规范的含义

廉洁奉公是对行政人员最基本的道德要求，是行政人员应具备的基本素质和道德准则，它是行政伦理规范中的价值基础。但是，廉洁奉公的实现也有赖于勤政为民的实现，二者密切联系，前者因基础性地位又成为后者所追求的目标。

"勤政"就是忠于职守，勤奋敬业，不当慵懒闲散的官僚。行政人员是社会各项工作的组织者和指挥者，必须在其位谋其政，兢兢业业，脚踏实地，也只有如此，为人民服务才不是一句空话。"为民"，就是要为群众办好事、办实事，切实解决群众在衣、食、住、行、文化等方面的问题。"勤政"的价值取向在于"为民"，不"为民"的"勤政"是暴政；"为民"的实现需要落实到具体的"勤政"过程中，没有"勤政"，"为民"永远只是一句动听的诺言。所以，勤政为民就是指行政人员应勤于政务、忠于职守，一心为民、服务于民，这既是行政人员与国家和政府、人民关系的本质体现，也是行政人员工作方面的道德要求；既是行政人员做好本职工作的基本条件，也是其应尽的道德义务。

2. "勤政"的基本要求

具体说来，"勤政"的基本要求是：

（1）勤于学习和思考，这是做好行政工作的基础。现代社会生活的内容丰富多变，行政管理所需要的知识越来越复杂，业务技能水平的要求也越来越高，行政人员必须勤于学习、善于学习，才能满足时代变化的需要，才能不断提高自身业务能力，避免瞎指挥，减少工作失误。一般说来，在内容上，首先是政治理论的学习，尤其是马克思列宁主义、毛泽东思想、邓小平理论、"三个代表"重要思想、科学发展观、习近平新时代中国特色社会主义思想的学习，这是保证行政工作政治方向的需要。其次是业务知识的学习，学习行政管理的基本原理，掌握本专业领域的基本技能，熟悉本岗位的业务。最后是拓宽知识面，博学多才，尤其是增加人文科学、社会科学领域里相关知识的积淀。加强这方面的学习，不仅可以增强自身的人文素质，提高自身的文化修养，而且有助于了解社会经济、政治、文化发展状况，更清楚地把握管理对象的基本情况。

（2）勤于工作，这是保证行政系统正常运转、提供高质量服务的需要，同时也只有勤于工作，行政价值才能从理念走向现实，行政伦理才能真正由规范走向现实，理想的行政人格才能真正养成。勤于工作，首先要坚守岗位，认真完成本职工作，这是最起码的要求。在行政体系中，行政人员都有自己的具体岗位，承担具体的行政责任，只有按时、保质、保量地完成本职工作，才是一个合格的行政人员。其次，行政人员应开拓进取、勇于创新。现代社会的发展日新月异，社会生活节奏不断加快、内容也日益丰富和多元化，行政管理会遇到层出不穷的新情况、新问题，这就要求行政人员应富有强烈的创新意识和创造热情，敢于走出新路子，开创新局面。最后，行政人员应顽强拼搏。行政管理是一个系统工程，经济全球化和世界一体化的冲击以及社会转型所带来的种种不稳定因素，使得管理的对象、内容更加复杂多变，对行政技能的要求也更高，对行政人员个体而言，必须发扬不怕艰难困苦、顽强奋斗、百折不挠的拼搏精神，努力克服工作中的困难，为现代化建设事业贡献自己的力量。

专　栏

现实版"孙连城"：天津正局级干部因"不作为"被免职

在反腐剧《人民的名义》中，京州市光明区区长孙连城每天掐表上下班，一刻都不耽误，他从来不贪污，但也从来不干事，被老百姓怒斥"当官不为民做主，不如回家卖红薯"。这个"为官不为"的孙区长在被问责后成了京州市少年官的一位天文辅导老师。

现实生活中，这样的"孙区长"也多次被曝光，例如因为不作为问题被严肃问责的天津市工信委原党组书记、主任李朝兴。

项目3年多未推进，下属4次请示未获批复。李朝兴被免职，缘于天津市工信委在一个国家级项目中存在不负责任、推诿扯皮、不作为问题。2013年8月，天津市工信委与国家某局签署框架合作协议，在天津共同建设某国家数据中心。协议签署后3年多来，天津市工信委却一直未组织研究细化协议条款、明确具体内容，工作不严不细，为日后产生纠纷埋下隐患。而负有主要领导责任的李朝兴，在此项目工作中更是态度敷衍。除了有关单位和人员两次来津交流和对接，李朝兴未再组织相关部门和人员就此事进行专题研究，下属单位电子信息中心就推进该项目建设先后4次向李朝兴和市工信委呈报请示，均未得到批复。2017年1月，某有限公司负责人与李朝兴当面沟通协商，要求按照协议提供有关设备，李朝兴不同意，并以市工信委信息化推进处、市工信委电子信息中心已调整至市委网信办为由"踢皮球"。直至2017年3月，该项目协议未取得实质性进展。

十八大以来，中央多项举措整治"为官不为"，对广大为官者"设定了边界、敲响了警钟"。2015年7月中央办公厅印发《推进领导干部能上能下若干规定（试行）》、2016年7月中共中央印发《中国共产党问责条例》等，为整治为官不为、不担当不负责等现象提供了针对性的制度"标尺"。

资料来源：现实版"孙连城"：天津正局级干部因"不作为"被免职. 中国经济周刊，2017（19）.

3. "为民"的内容

"勤政"须"为民"，二者要结合起来。坚持勤政为民，要做到以下几点：

（1）必须深入基层，知民情。行政人员的一切活动，归根结底就是为广大人民群众谋福利，行政人员职责的全部内涵就是全心全意为人民服务。首先，要强化群众观念。离开了群众，行政管理活动就成了无源之水、无本之木，官僚主义、形式主义、主观主义就会到处泛滥；离开了群众，"代表人民利益""当好人民公仆"就成了空洞的政治口号，以权谋私、腐败现象就会难以避免。其次，"扑下身子干实事、谋实招、求实效"[①]，即走出机关，放下架子，带着感情和责任到群众中去，到第一线去了解群众有什么困难，有什么愿望和要求，真心实意为他们解决实际问题。最后，要和群众交朋友。不断强化平民意识、公仆意识，摆正自身位置，主动和群众谈心交友，尊重群众、体贴群众，以

① 习近平. 高举中国特色社会主义伟大旗帜 为全面建设社会主义现代化国家而团结奋斗——在中国共产党第二十次全国代表大会上的报告. 北京：人民出版社，2022：68.

心换心，以情换情，拉近与群众的距离，倾听群众的呼声，了解真实情况，为开展工作打下坚实的群众基础。

（2）必须加快发展，帮民致富。发展是硬道理，发展是解决经济和社会生活中各种矛盾和问题的关键，是实践习近平新时代中国特色社会主义思想的根本要求。行政人员应解放思想，更新观念，强化发展意识、危机意识和责任意识，提升思维层次和工作水平，确立越位争先、跨越发展的新理念和新的参照系，以实际行动帮助人民群众脱贫致富，早日实现小康生活。只有人民富裕起来，人民的生活水平得到提高，才是真正的社会发展与进步。

（3）必须多办实事，解民之忧。以民为本，多办实事，是全心全意为人民服务这一根本宗旨的具体体现。只有坚持多为群众办实事，做好事，解难事，才能凝聚民心，加快发展。"权为民用"办实事，行政人员的权力来自人民，理应为民所用，将权力用到实处；"利为民谋"抓大事，尽快让人民群众富裕起来，这是人民群众的根本利益所在；"情为民系"解难事，切实关心群众疾苦，理解群众困难，把百姓的冷暖、疾苦、安危时刻挂在心上，扎扎实实帮助群众排忧解难，真正与人民群众同甘苦、共患难。

（4）必须改善环境，使民安乐。安居乐业是人民群众的基本追求。积极为人民群众营造舒适方便的生活环境，是党和政府的一项重要任务。只有当人民群众对生活的环境满意、有足够的安全感时，社会才会更加稳定，行政管理活动才会走向良性运行的轨道。否则，人民就会对国家和政府失去信心，就会导致社会不安定，更谈不上发展。

总之，勤政为民是为政之要，是行政人员的立身之本，必须"坚持问政于民、问需于民、问计于民，从人民伟大实践中汲取智慧和力量；坚持实干富民、实干兴邦，敢于开拓，勇于担当，多干让人民满意的好事实事"。

要做到勤政为民，必须树立三种意识：一要树立责任意识，就是要有强烈的事业心和责任感，以对党、对国家和人民高度负责的精神，尽心尽力履行职责。二要树立学习意识。学习是做好任何工作的前提。行政人员一定要把学习作为一种政治责任、一种精神追求、一种思想境界来认识、来对待，刻苦学习，努力提高思想政治素质，具备做好本职工作的专业知识和能力。三要树立宗旨意识。全心全意为人民服务是我们党的唯一宗旨，代表最广大人民的根本利益是我们一切工作的出发点和落脚点。只有牢固树立宗旨意识，始终代表最广大人民的根本利益，才能真正做好行政管理工作。

专栏

最美奋斗者——郑培民

郑培民（1943—2002），曾任湖南省委副书记，湖南省第九届人大常委会副主任、党组副书记，全国第十三届至第十五届人大代表。2002年3月11日，因突发心脏病在京逝世，年仅59岁。

郑培民逝世后，以三件遗物和一句遗言让无数人为之感动。这三件遗物是一个防腐账本、一本廉政记录和几十本日记。他最后的遗言是一句普普通通的话语——不要闯红灯。有人说，这平平常常的五个字，正是郑培民一生官风人格最好的总结和诠释。他从来不搞特殊化，从来不做违规事，两袖清风做了几十年官，光明磊落做了一辈子人。

他是一个高官，但他更像一介平民。他是一个深爱妻子和儿女的普通男人，他更是一个忠心耿耿的人民公仆。为官数十载，他从未用权力谋过半点私利，为官数十载，他没有一件放不到桌面上的东西。在湘西的大山深处，流传着一首这样的苗歌，唱的是当年郑培民带领群众修路致富的故事。郑培民曾在湘西土家族苗族自治州担任州委书记，他爬过湘西最难爬的山，走过湘西最难走的路，去过湘西最穷的村子，住过湘西最穷的人家。湘西是湖南最穷的地区之一，为了尽快解决群众的温饱问题，郑培民在这里大力推广粮食新品种新技术，并且经常亲自下田示范。有一次连日劳作之后，郑培民体力不支，摔下了三米多高的田埂。这一年，郑培民添了一项病症——脑震荡。但也就是这一年，湘西粮食产量翻了一番，实现了自给有余。

在湖南常德地区，人们记忆中的郑培民，不是一个高高在上的省委领导，而是一个和他们一起找沙袋、堵缺口的抗洪战友。1998年夏天，长江流域洪水泛滥，常德安乡县堤垸溃决，灾情严峻，时任省委副书记的郑培民在这里和受灾群众并肩抗洪，度过了80多个艰苦卓绝的日日夜夜。

郑培民在湖南先后担任过湘潭市委书记、湘西土家族苗族自治州州委书记和省委副书记，无论在哪里做什么书记，有两个雅号始终跟随着他：一个是"三不书记"——说他不唱高调，不做表面文章，不搞政绩工程；一个是"三民书记"——说他爱民、亲民、一心为民。

在担任领导职务的近20年里，他始终把"做官先做人，万事民为先"作为自己的行为准则，廉洁从政，艰苦奋斗，尽职尽责，鞠躬尽瘁，真心诚意地为人民谋利益，以自己的模范行为和崇高品德，赢得了广大群众的衷心赞誉，体现了当代共产党人的精神风貌，被人们亲切地称为"为民书记"。2002年，郑培民当选年度"感动中国"人物之一。2018年，被列入改革开放40年"榜样的力量"。2019年，被评选为"最美奋斗者"。

4.3.3 求真务实

1. 求真务实的含义

"求真"是以科学精神对待问题的态度，是对人的主观能动性的自觉和自信；"务实"是实事求是处理问题的作风。在行政管理的实践活动中，这种态度和作风是推动廉政和勤政实现的根本动力和现实保证。求真务实是科学精神的核心内容之一，求真就是求真理、做真人、办真事，务实就是务实际、说实话、见实效，求真是务实的前提和基础，务实是求真的结果和归宿。二者有机统一，是贯穿从认识到实践整个过程的总要求。

求真务实是解放思想、实事求是思想路线的具体体现。解放思想、实事求是是马克思列宁主义、毛泽东思想和邓小平理论的精髓和灵魂，也是我们认识新事物、适应新形势、完成新任务的锐利思想武器。进入21世纪，知识经济、信息社会、网络时代、经济全球化如潮涌来，如果我们不解放思想，不求真务实，我们的理论和政策不向前发展，我们的事业就不可能前进，也就不可能应对各种挑战，更难以永葆蓬勃生机。解放思想与实事求是、求真务实是统一的。只有解放思想，才能做到实事求是、求真务实；只有坚持实事求是、求真务实，才是真正的解放思想。因此，在实际工作中，我们要自觉地把解放思想与实事求是、求真务实统一起来，做到工作顺利时能清醒谨慎，居安思危；遇到困难时能措置裕如，自强自立。要把坚持解放思想、实事求是的思想路线作为创建求真务实作风、永葆蓬勃生机的根本。

2. 求真务实的具体表现

求真务实首先要做到真心实意，这是对行政人员服务意识方面的要求。行政人员作为国家和政府行为的实际履行者，作为国家法律、政策的执行者，其手中的权力及相关的身份、地位直接来源于人民的赋予，人民群众是行政人员的衣食父母。因此，行政人员应甘为勤务员，既要任劳，也要任怨。只有真心实意，甘愿奉献，才能将一切价值理念转化为工作的动力，才能在实际工作中不畏困苦，勇于探索，敢于创新。真心实意首要的表现就是真正树立以人民利益为本的服务理念，诚心实意为人民服务，不讲空话，不讲套话；其次，要以科学的态度对待工作中的一切问题，实事求是，务求实效，不弄虚作假，不搞形式主义；最后，敢于说真话，讲实情，不敷衍塞责，不阿谀奉承。

求真务实，必须要有真才实学，这是对行政人员服务能力方面的要求。随着社会主义市场经济的逐步推进，知识经济、数字经济的到来，对行政人员综合素质包括工作能力、技能水平等提出越来越高的要求，真本事、硬功夫是行政人员立足于本职工作的根本要素。一知半解，不求甚解，甚至以假文凭欺世盗名，只能蒙混一时，时间长了自然会原形毕露，对工作以及国家、社会、自己都有害无益。增长才学的途径有三：一是在阅读学习中丰富自己；二是在具体实践中完善自己；三是在组织生活中锻炼自己。掌握知识、增长才干，一定要注意理论与实际的结合，必须在具体工作中才能真正提高自身的综合素质。

求真务实，必须真抓实干。这是对行政人员服务行为方面的要求，也是求真务实最后的落脚点。真心实意、真才实学要见之于真抓实干才是现实的，也只有在真抓实干中才能体现真心实意，才能真正得到真才实学。抓得真，干得实，既是行政人员个人道德和才能的体现与展示，也是国家政策、法律得到切实实现的唯一途径，是提供良性运行之社会秩序的唯一保证，是促进社会真正进步的唯一阶梯。真抓实干，不仅要深入基层、集思广益，摸清实情、想出实招，进而真正一件一件地抓，一步一步地行，一事一事地干，还要遵循客观规律不蛮干，依法办事不乱干，同时还要率先垂范，身体力行，甘于吃苦吃亏，勇于奉献牺牲。

求真务实，既是一种思想方法，也是行政人员的工作方针，"真""实"是一切行为的最高准则。要真正做到求真务实，必须坚持解放思想、实事求是的思想路线，这是创建求真务实作风，永葆蓬勃生机的根本；必须坚持一切为了群众、密切联系群众的根本观点，这是创建求真务实作风，保持鲜明政治品格的关键环节，只有坚持从群众中来，到群众中去，才能求出"真经"，务出实效；必须发扬艰苦奋斗、克己自律的优良传统，这是创建求真务实作风，实现与时俱进的重要保证，只有发扬艰苦奋斗的精神，按照事物发展的客观规律办事，求真务实才有效率，才能出效益，才能不断使人民群众得到利益。同时，还要通过干部人事制度、廉洁自律制度等体制创新和制度建设，使艰苦奋斗的精神不断得到升华，使求真务实的作风与时俱进。

◀ **本章小结** ▶

　　伦理规范作为一种制度形式，以形式化的准则规定了人们的行为模式，指导着人们行为的性质。行政伦理规范既反映了一定的社会经济基础和社会物质生活状况，又体现了人们对行政伦理关系的自觉认识和自觉建构，体现了人类的主体性、创造性，是主观性与客观性的统一，是自律与他律的统一。行政伦理规范的一般作用主要体现为：对特定道德秩序的维护，对以法律规范为主的其他社会规范的补充，对社会的教育和示范，促进经济基础和社会生产力的发展及进一步巩固，促进文化的传承和开创。行政伦理是人类社会生产、生活发展的产物，是从人的社会本质中引申出来处理公共行政领域中人际关系的准则。行政伦理规范内容随着社会经济关系的发展而变化，在不同历史阶段有不同的关注重点。当前我国行政伦理规范主要包括三方面的基本内容，即廉洁奉公、勤政为民、求真务实。

◀ **关键术语** ▶

规范	行政伦理	行政伦理规范	法律规范	社会规范
自律	他律	道德实践	廉洁奉公	勤政为民
求真务实				

◀ **复习思考题** ▶

1. 简述规范和行政伦理规范的含义。
2. 行政伦理规范有哪些特征？
3. 如何理解行政伦理规范与其他规范的区别？
4. 如何理解行政伦理规范的特性？
5. 为什么说行政伦理规范是主客观的统一？
6. 行政伦理规范是如何实现自律与他律的统一的？
7. 行政伦理规范的一般作用体现在哪些方面？
8. 试举例分析行政伦理规范对行政人员的作用。

第 5 章
行政责任

党的二十大报告明确指出，要强化行政执法监督机制和能力建设，严格落实行政执法责任制和责任追究制度。[①] 行政管理不同于一般的职业活动，需要在行政实践中将公共性作为其根本属性。然而，传统官僚制的价值中立原则和工具理性的设计，使得整个公共行政体系放弃了对社会和公众的责任感。行政伦理学从公共利益的至高无上性出发，关注公共管理者职业行为的道德规范，并通过丰富行政责任的内涵来实现现代责任政府的建设。行政责任既在外部给行政管理构建起制度框架，又在内部把道德责任升华为职业伦理，将公共行政纳入责任与道德的双重约束之下。同时，行政担当的构建，在一定程度上既是行政责任的实现方式，也是行政伦理的内在要求，体现着行政伦理学对实现行政责任的路径探索。

5.1　行政责任概述

5.1.1　责任与行政责任

1. 责任的内涵

"责任"与责任主体的社会角色相关联，是一定社会角色所应承担的社会职责，同时也是对责任主体未做好分内之事而应受到的谴责和制裁。也就是说，它是社会对行为不符合其"分"的社会成员所给予的谴责和制裁。在日常用语中，责任和义务是两个词语，实际上可以看作同一个概念，都是由权力所保障的必须且应该付出的利益。在社会生活

---

① 习近平. 高举中国特色社会主义伟大旗帜 为全面建设社会主义现代化国家而团结奋斗——在中国共产党第二十次全国代表大会上的报告. 北京：人民出版社，2022：41.

中，责任与人的社会角色联系在一起，义务往往同人的权利联系在一起。义务其实是一种法律上的强制规定，法律对公民或法人必须做出或禁止做出一定行为的约束，责任则更多的是一种义务的内化，做好分内的事，表现在社会道德中社会成员必须遵守的规则和条文，具有强制性。在本质上，责任和义务是统一的，都是人与他人、与社会的一种特殊关系，它们的关系归根结底是人与人之间关系的一种。

　　"责任和义务是关于人的社会角色使命的一种规定，是与关于人的社会角色的理想相一致的。一个人在社会群体中扮演什么样的角色，也就应承当相应的责任和义务。"① 人在本质上是社会关系的总和，人的责任需要与社会角色相适应，一旦脱离了组织和社会身份，对单独的自然人而言，"责任"一词并无实际意义。单个自然人在社会中成长的过程，就其实质而言是社会化的过程。这一过程是个人学习社会知识和技能的过程，也是人从"自然人"成长为"社会人"的过程。个人通过主体社会角色体现出的责任通常被称为职责，即职务上应该承担的责任。

专栏

逝去的白晓平

　　2021 年 7 月 17 日以来，河南省普降暴雨。18 日到 20 日 16 时，新密市累计雨量已经达到 512.7 毫米，突破历史极值。从 7 月 19 日深夜起，新密市境内国省干线公路多处发生塌方和严重积水，进出新密的大通道出现阻断。刚做完手术在家养病休息的白晓平，作为新密公路事业发展中心养护科的技术骨干，看在眼里，急在心上。险情就是命令，她拖着还没有恢复的病体，义不容辞地加入防汛救灾队伍中。一连几日，白晓平不间断地在路上排查险情，在发现道路水毁、路基防护坍塌、路基路面冲毁等公路灾害后，她第一时间安排相关人员做好警示标志，迅速上报险情并尽快组织指导抢修。作为一名技术人员，白晓平承担着最危险、最艰巨的任务，哪里有险情，哪里最需要，哪里就有她的身影。从一个抢险现场到另一个抢险现场，从一项任务到另一项任务，她始终坚持在抢险的第一线。7 月 20 日 15 时，白晓平在前往郑登快速通道现场采集灾害信息时，途经下庄河，突遇大雨激流，躲避不及被冲走。经多方搜寻，19 时 30 分左右寻到送医，20 时左右经抢救无效，不幸因公殉职。

　　新密市追授白晓平为"全市先进工作者"，颂扬她"以实际行动践行了'敢于争先、甘于奉献、勇于担当、善于作为'的河南交通铁军精神，谱写了新时代交通人服务人民、不畏艰险的感人篇章"。

　　资料来源：王晓萌 . 平凡之躯搏风雨 . 中国交通报，2021 - 08 - 02 (1).

　　在人把社会文化和价值观念通过社会化而加以内化的过程中，"责任"作为一种外部性设置，也内化到责任主体的内心和价值观念当中。在这个意义上，责任不仅仅是一种纯粹的外部性设置，任何责任只有通过内化、通过具体的责任主体的信念才能得到履行。

---

① 张康之 . 社会治理中的责任和义务结构 . 天津社会科学，2004 (1).

从公众期许和责任政府的内涵来看，责任不仅是对恶的惩处，更包含着对善的追求①。如果责任没有得到内化，没有转化成人的内心价值与信念，就不会转化为负责任的行为。对于行政人员而言，即使行政组织的权责体系相当完善，但是，如果他没有意识到他本人有什么责任，那么他就不会主动承担起维护公共利益的责任，也不会表现出促进公共利益实现的热情，他甚至会去牺牲公共利益而谋求个人私利。个人的责任意识是以价值因素为基础的，只有通过价值观念，才会在实际生活中思考行动的模式，能持有"责任"所要求的"应当"抱有的态度并做出符合"责任"要求的"应当"采取的行动。所以，从表现上看，责任不仅是一个外部性的规定，还是与个体的人的信念紧密联系在一起的，是一种个体的道德自觉。因此，责任既是外在规定，也是社会主体的一种价值内化体现。

2. 行政责任的内涵

行政责任是政府及其行政官员（公务员）因其公权地位和公职身份而对授权者和法律以及行政法规所承担的责任②。在对"责任"一词的内涵的理解中，可以看出，为公益服务的责任至少应包括三个层次：第一，行政人员在一定岗位和职务上开展行政管理活动时所应承担的角色义务，也就是职责，这意味着行政机关及其行政人员必须具有高度的职责感和义务感；第二，在行政过程中，行政组织及其行政人员主动追求公共目标并自觉接受监督、评判的道德态度和行为；第三，由于行政组织及其行政人员没有积极有效地履行职责和监督而承担的责任追究，它往往表现为受到否定性的批评、惩罚和制裁。

完整的行政责任应是上述三个方面的统一和综合，行政人员被安排到一定的岗位和职务上，必然有着相应的职责，因此他必须主动积极地去履行岗位或职务上的职责，否则，他就必须对自己行为的结果负责。行政责任的主体是行政组织及其行政人员，但最终的责任承担者还是行政人员。由于行政管理的主要任务是履行公共职责，其责任与其他职业中的责任以及一般社会生活中的责任在内容上有着很大的不同。行政责任是国家行政机关或行政人员的行政行为，其中没有行政行为就不产生行政责任，主体必须是国家、行政机关及行政公务人员。行政机关和行政公务人员执行公务的行为都是行政行为，一切行政行为都发生行政责任问题；国家行政行为产生行政责任，非行政行为不产生行政责任。

行政责任是具有广泛的政治、社会、道德的内容及含义的责任体系：行政责任是行政人员需要履行职务所携带的责任。行政责任也可以从广义和狭义两方面理解，狭义的行政责任是指"公共行政人员作为一种代理人角色，包括了复杂的责任内容，即对多种委托人负责，这些委托人包括组织的上级、政府官员、职业性协会和公民"③。行政人员要对自己的违法失职行为及其后果负责，行政机关及其他特定机构将依法追究其行政责任并予以惩罚。广义的行政责任包含三个层次的内容：第一，国家的全部行政机构，作为一个整体对广大民众负责。第二，在行政系统内部的各环节、各层次之间进行责任分工和权限分解，通过确立垂直的责任关系和层级负责的方法，将分散的组织和个

① 张闯，亓晓鹏. 内部行政责任的理论分析. 社会科学战线，2019（12）.
② 张国庆. 行政管理学概论. 北京：北京大学出版社，2000.
③ 库珀. 行政伦理学：实现行政责任的途径：第 5 版. 张秀琴，译. 北京：中国人民大学出版社，2010：75.

人组成合力开展行政工作。第三，包括上述狭义的行政责任。本书采用广义的行政责任概念。

政府责任的缺失

　　人口贩运问题泛滥成灾、农业领域强迫劳动触目惊心、私营监狱囚犯惨遭劳动剥削、滥用童工现象普遍存在……在已废除奴隶制 150 多年后的今天，上述问题仍然在美国真实存在着。履行劳工权益保护责任不力，拒不签署有关强迫劳动问题的重要法律文件，放任"现代奴隶制"大行其道，美国已成为强迫劳动的重灾区。非营利机构"美国农场工人就业培训计划"估计，美国至今仍有约 50 万童工从事农业劳作，很多孩子从 8 岁开始工作，每周工作长达 72 小时。加利福尼亚大学伯克利分校法学院教授劳蕾尔·弗莱彻指出："公众普遍认为美国早就解决了现代奴隶制这一问题，但实际上，现代奴隶制依然存在，而且很普遍。"

　　美国强迫劳动盛行，与美国政府不作为密切相关。向来标榜劳动法律体系健全的美国，至今只批准了 14 项国际劳工公约。全球 8 项劳动核心公约，美国仅批准了 2 项，是批准公约数量最少的国家。特别是与强迫劳动问题直接相关的《强迫劳动公约》《强迫劳动公约补充议定书》《关于废止强迫劳动的公约》3 项重要法律文件，美国一项也没有签署。美国执法部门对贩卖人口、强迫劳动等行为的打击力度也明显不足。美国司法部发布的《2021 人口贩卖数据报告》显示，2019 年全美因贩卖人口和强迫劳动遭检察官调查的嫌疑人共 2 091 人，但被定罪的仅有 837 人。美国强迫劳动现象之所以难以禁绝，一方面是因为利润丰厚，另一方面是由于美国立法不力和执法效率低下，作恶者被起诉的风险很小。美国无视本国大规模存在的"现代奴隶制"问题，却肆意抹黑其他国家、散布其他国家强迫劳动的谎言，充分暴露了美国在人权问题上一贯抱持的双重标准以及打着人权幌子干涉他国内政的政治图谋。面对自身严重的人权问题，美国没有资格对其他国家人权状况说三道四。美国应该做的，是深刻检讨自身的人权赤字，采取有效措施终结"现代奴隶制"，切实承担起一国政府应承担的人权保护责任。

　　资料来源：钟声．面对"现代奴隶制"不作为，凸显政府责任缺失．人民日报，2022－06－02（3）.

3. 行政责任的外部性和意义

　　责任是一种外部性设置，行政责任的确定也是由外部法律条文和规定所设定的。在行政管理实践中，存在着行政机构和行政人员之间的争功诿过、推诿扯皮等官僚主义现象和不求有功、但求无过的"混日子"心态，这些现象的存在并不意味着行政组织中没有完善的责任制度，而恰恰是因为这种制度在注重抑制人性恶的一面的同时把人的善的一面也同样给抑制住了。所以，作为外部性规定而设置的责任还只是一种消极的责任，是被动意义上的责任；只有在信念基础上形成的、被内化到人的内心中的、以责任意识为支撑的责任，才是积极的行政责任。因为，在这种积极责任的实现过程中，个人将获得自我价值实现的感受；在没有较好地承担责任的时候，会受到道德良知的谴责。从结果的意义上讲，只有外部责任内化成建立在信念基础上的道德责任，才能形成积极的责任，才是主动意义上的责任。消极责任是责任构成的基准，而积极责任不仅是消极责任的补充，而且更为重要的是，它是对消极责任的超越，甚至是对消极责任的完善和替代。只有积极责任与消极责任有机地统一起来，才能构成完整意义上的行政责任。

同时，行政责任作为一种外部性规定（如法律制度所确立的责任）只是基准，是最低限度上需要满足的责任，最根本的目的是抑制人性中恶的一方面，对于张扬人性善的一面来说，其作用比较有限，更多地表现为一种被动承担，以至于整个组织体系中不再有任何履行责任的主动性。

对于行政责任而言，行政人员的自主性具有二重性。当行政人员拥有自主性，他把这种自主性用来谋取个人私利时，便会导致恶的结果；如果行政人员把他拥有的自主性用来维护公共利益的话，那么这种自主性就是善的。因此，寄希望于制度建设来限制行政人员的自主性并达到根除腐败的目的，只是一种必要，并不是必然。相反，还会造成对行政人员自主性的限制普遍化的结果，在限制了行政人员恶的自主性的同时，也把他善的自主性一并限制掉了①。

专栏

中央纪委国家监委公开通报问责典型案例

2013—2021 年，河南省委原常委、政法委原书记甘荣坤违规收受礼品、礼金，接受可能影响公正执行公务的旅游安排和宴请。甘荣坤先后收受私营企业主等 7 人所送礼品、礼金折合共计 211.57 万余元；要求私营企业主安排或陪同其家人前往境外旅游，相关费用由私营企业主支付；与家人先后 3 次接受私营企业主在北京安排的宴请，费用均由私营企业主支付。甘荣坤还存在其他严重违纪违法问题。2021 年 11 月，甘荣坤被开除党籍、开除公职，其涉嫌犯罪问题被移送检察机关依法审查起诉。

2014—2020 年，江西省政协原党组成员、副主席肖毅违规收受礼品、礼金，接受可能影响公正执行公务的宴请。肖毅多次收受私营企业主所送礼品、礼金折合共计 84.9 万元；多次接受私营企业主安排的宴请，食用高档菜肴，饮用高档酒水。肖毅还存在其他严重违纪违法问题。2021 年 11 月，肖毅被开除党籍、开除公职，其涉嫌犯罪问题被移送检察机关依法审查起诉。

2014—2021 年，河北省人大常委会原党组成员、副主任宋太平接受可能影响公正执行公务的宴请和旅游安排，违规出入私人会所。宋太平多次接受私营企业主在公司内部食堂、私人会所安排的宴请，并饮用高档酒水；与家人先后 3 次接受私营企业主安排，赴云南、福建等地旅游，交通、住宿等费用均由私营企业主支付。宋太平还存在其他严重违纪违法问题。2021 年 12 月，宋太平被开除党籍，其涉嫌犯罪问题被移送检察机关依法审查起诉。

资料来源：中央纪委国家监委公开通报十起违反中央八项规定精神典型问题. 中国纪检监察报，2022-04-26 (3).

① 张康之. 寻找公共行政的伦理视角. 北京：中国人民大学出版社，2002：241.

确立行政责任的意义在于：宪法以及与宪法相一致的法律是政府及其官员施政的准绳；公民的权利与义务受法律的规定与保障；政府的行政行为均须以完备的方式昭示信守，并负违法失职之责任；一切行政行为均须凭依详细之权限规定；受到政府及其官员公务行为损害的公民，有权提起诉讼并获得赔偿。在行政体系中，对行政人员责任的要求除了职业伦理以外，主要是行政职位方面的要求，行政人员在行政管理活动中的责任是与职位联系在一起的。行政责任与行政职位的关系非常密切，行政责任的确定对于行政职位有着重要意义。

行政责任是协调、监控不同行政职位的重要工具。在官僚制的行政组织中，由于各个层级、各个部门之间遵循固定的职责管辖权，按照固定的程序来进行日常工作，所以极有可能造成官僚主义和部门之间推诿扯皮现象。它也会使行政人员丧失自主性，变成一个安分守己的人，只求完成分内工作，对职责以外的事情漠不关心。行政责任的存在，使得协调不同部门、不同人员成为制度化的选择，便于将他们共同引导到公共服务的目标中。引入行政责任的观念和机制，尤其是引入行政道德责任的观念和机制后，将会改变"官僚制"中行政人员的消极履责状况，使公共性和服务理念在他们身上得到复苏。从而使行政人员在行政管理的组织体系中保持自己的道德自主性，以内化的道德责任做出对公众负责任的行为选择。

行政责任是行政组织和社会公众监控行政人员行使其职位权力的必要手段。行政人员是一个特殊的职业群体，构成这个群体的成员既是公民，又是行使行政权力的国家公职人员，他们拥有公民和行政人员双重身份。这样一来，行政人员在行政管理活动中容易出现行为交叉运行的矛盾。在实际的行政管理活动中，两种行为交叉运行，就会造成双重法律身份之间的冲突，出现行政人员不当行使其行政职位所赋予他的行政权力的情况，出现行政人员的行为与其行政人员身份不一致的情况，表现为行政失职或滥用职权。行政责任观念和机制的引入，可以对行政人员滥用职权起到警戒作用，能够使行政组织和社会公众追究其行政责任，使其承担由于不当行使行政职权而受到的应有制裁和惩罚。

行政责任为行政人员个人协调好社会角色冲突提供保障。对于某一行政职位上的行政人员个人来说，也需要妥善处理好自己的角色冲突。这些角色冲突包括两大类：一类是上述公民角色与行政人员角色之间的冲突，行政责任的存在可以避免行政人员利用职位之便徇私；另一类是行政人员在组织的职位链条中应妥善处理好对上和对下的冲突，尤其是当行政人员面临上级的违法行为和下级的守法行为的冲突时。行政责任在这种情况下会使行政人员意识到："我们绝不能放弃良知，我们有责任对上级、同事和我们身在其中的集体说声同意或者反对。"[①]

因此，对行政伦理学来说，行政责任主要是与公共行政主体中的具体岗位联系在一起的，是在这些岗位上的社会治理者的责任义务。行政责任是行政职位的关键性调节因素，它实际上是行政人员的岗位责任。在行政责任体系中，基于权力关系的行政责任和法律责任是与具体的行政职位紧密相连的。不同职位的行政人员，在这两种责任的承担上程度并不相同。这样，无论是处于什么行政职位的行政人员，都能够处在责任的控制

---

① 库珀. 行政伦理学：实现行政责任的途径：第 5 版. 张秀琴，译. 北京：中国人民大学出版社，2010：214.

网络之中。行政责任只有与特定的行政职位相联系，表现为行政人员的职务责任，才获得了它的具体表现形式。

5.1.2　行政责任的特点

行政管理活动以及公共行政体系在社会生活中的特殊地位决定了行政责任不同于其他职业活动及其体系中的责任，也不同于一般社会生活中的责任，行政责任有着自身的特点。具体表现如下：

（1）政治性。行政责任的政治性是由行政组织在国家政治生活中的特殊地位决定的。一方面，在现代政治下，公民与政府之间的委托-代理关系决定了行政责任具有鲜明的政治性特征。诚如党的二十大报告所指出的那样，"一切脱离人民的理论都是苍白无力的，一切不为人民造福的理论都是没有生命力的"[①]。在现代社会，政府及其行政人员都是公共权力的执掌者和行使者，这种公共权力的行使首先是服务于国家的政治目标的。基于现代代议制度的起源逻辑，国家权力来自被统治者的同意和授权，也就是说，国家权力来自人民的同意和授权，国家权力要以民众的意旨为归依，民众委托国家管理社会，而执掌权力的国家，只是人民的委托者，要对人民承担政治责任。行政权力本身就是政治权力的一种具体表现，以政治权力为依据的权力在根本上服从于这种委托-代理关系。就行政责任的来源和实质看，它所反映和代表的是国家的政治责任，是国家的政治责任在公共行政中的具体表现。政府及其行政组织和行政人员是国家政治机关的构成部分，他们需要执行国家民意机关的法令，正确地反映民意，维护社会公共秩序和政治秩序。行政责任如不能得到履行，不仅会影响政府自身在社会公众和民意机构中的公信力和存在的合法性，而且会影响到它所代表的民意机构的威信。因此，行政责任体现的是民意，民主制度的根本就是责任政治。

（2）公共性。行政责任源于公共权力的运作，掌握公共权力不可避免承担公共责任。公共权力本身就代表着公共属性，这种公共性体现在权力本身就是公共的，公共权力的目的和内容是公共的，是一种超出个人组织的特殊利益而追求社会公共利益的体现。公共行政中的行政责任主体，主要是以个体形式存在的行政人员及行政组织。在整体层面上，它反映在社会治理主体与个体之间的关系上；在整体与个体的联络处，它反映在行政人员个体与行政组织的关系上。公共权力的行使具体表现在行政组织或个人根据公共利益并通过公共权力实现社会目标。

（3）合法性。行政责任的产生，是基于规范和控制行政权、确保行政人员行为符合公共利益的需要。因此，行政责任在很大程度上产生于法律和规章对行政组织和行政人员职能及其行为的规定。在官僚化的组织中往往表现为职位，岗位责任，即行政职责。同时，行政人员承担行政责任的过程也是一个尽义务的过程。在西方国家的封建时代，早期的行政责任表现为一种契约义务，行政官吏对国家的最高统治者尽义务。进入近代

---

① 习近平. 高举中国特色社会主义伟大旗帜 为全面建设社会主义现代化国家而团结奋斗——在中国共产党第二十次全国代表大会上的报告. 北京：人民出版社，2022：19.

社会以后，行政责任逐渐表现为一种法律义务，各级行政官员的行政责任被法律加以规范，他们承担着为国家权力主体效忠服务的法律义务。在我国，行政法是调整行政关系以及在此基础上产生的监督行政关系的法律规范和原则的总称，中国行政法主要规定了行政机关的职责、职权关系，行政工作人员的责、权、利关系，行政职位及其之间的职责职权关系。总之，它明确规定了行政主体的责任及权力，是追究行政责任的基本依据。① 行政官员执行国家意志、方针和政策的过程，既是在履行职责，又是在具体履行义务。对行政体系而言，当它能够保障社会利益并能够真正履行自己的责任时，才是合乎理想的，才是道德的和合法的。

（4）具体性。基于权力关系的行政责任义务是发生在具体的权力主体和权力客体之间的责任义务。每一个权力的持有者、每一种权力的行使，都是基于严格的责任义务。而且，就法律对组织群体及其成员的职能、职责的明确确定而言，由法律为行政组织甚至行政人员所确定的责任也是具体的。但是，这种具体性还只是一种形式上的具体性。道德责任的具体性不仅存在于作为个体的行政人员之间，并且通过他们的具体活动来加以确立，体现在每一项行政行为的选择之中。行政责任的具体性表现为行政组织整体承担责任义务的具体性，表现为行政人员及其行政管理活动的责任义务的具体性。

（5）伦理性。行政责任是制度化的责任，不仅法律责任会以制度化的形式存在，而且道德责任也会受到职业道德规范等而成为制度化的道德规范。对于行政责任而言，其伦理性特征更加突出，它所表现出来的是行政组织和行政人员对公共性的遵从，满足社会公众的服务要求。在某种意义上，在行政管理活动中，行政组织特别是行政人员所承担的一切责任，都只有通过转化为道德责任的形式才会成为具有现实意义的责任，才会得到有效实现。事实上，行政人员正是通过把客观责任内化为自己的主观责任，从而把行政责任渗透到具体行动中。所以，在一切行政责任中，我们总能看到其中充盈并闪耀着伦理精神。

（6）不完全性。在行政责任体系中，由于行政责任和法律责任的存在，使得承担行政责任具有一部分明文示意。主要表现为法律的明文规定和行政机关、组织的规章制度。但是，行政责任体系不同于法律责任，因为法律和规章不可能为道德责任确立精确的标准，尤其是不能为行政组织和行政人员的积极行政行为"量身定做"出适宜的法律。此外，由于现代社会的变化速度和复杂多样，行政组织在实际中享有自由裁量权，而法律和规章总是滞后于现实发展，因此，任何人、任何组织都不可能把每一件事情都以法律和规章明示。

5.1.3　行政责任的确定

在现代行政体系中，行政责任对行政主体实现行政目标、保证行政效率具有重要意义。行政责任确定的依据主要有两种：一是国家行政组织依据其管理原则，根据相应的行政权力对责任进行分解，使之具体化，规范具体的行政主体，并以此作为追究行政责

---

① 顾爱华．中国公共行政责任与追究制度探讨．中国行政管理，2002（8）．

任的根据。二是政府根据宪法、行政法和其他有关法律规定，判断行政主体的责任。

1. 行政责任的主体

行政责任的主体即行政责任的具体承担者。行政责任的主体包括国家、行政机关及行政人员。对于政府官员而言，行政人员在执行职务过程中所犯的轻微或一般性过失，行政人员本人不负责任的后果，由国家承担；若行政人员故意或犯有重大过失，则必须承担责任。行政人员个体行政责任根据其是否具有损害性、有无意识来确定，对于完全按照行政组织规定执行自由裁量权的行为，行政人员一般不承担行政责任。对行政机关来说，由于行政机关具有在本部门管辖范围内发布行政法规、命令、指示等权限，具有独立行政行为主体及其相应的行政责任主体地位，因而行政组织存在行政责任问题。确定行政组织的行政目的是为了更好地分清和落实组织责任，在发生行政行为过失的情况下，明确行政诉讼对象或行政惩处对象，避免行政责任全部由个人承担。获得合法委托的从事国家行政管理活动的非行政机关和非行政官员，其行政责任由委托机关承担。但是在现实当中，往往出现"临时工"背锅的情况。这是一种行政部门逃避行政责任的行为，因而在确定行政组织行政责任的过程中要避免此类事件的发生。

2. 行政责任确定的依据

首先，以宪法为依据。《中华人民共和国宪法》第 5 条规定："一切国家机关和武装力量、各政党和各社会团体、各企事业组织都必须遵守宪法和法律。一切违反宪法和法律的行为，必须予以追究。"宪法具有最高法律效力，行政管理活动必须以宪法和法律为根本依据，必须遵循宪法和法律规定，宪法和法律是追究行政责任的根本依据。

其次，国家责任统一法典。统一性的责任法典详细规定国家行政责任问题，规定行政责任的性质、种类、适用等实体问题和程序问题。这种法典有利于集中准确地规定行政责任，划分行政范畴，规范行政责任的履行和承担，从而确保行政责任成为规范行政行为和公民维护自身利益的有效途径。

再次，行政法和行政诉讼法。行政法是调整行政关系以及在此基础上产生的监督行政关系的法律规范和原则的总称，行政法的规定更加详细、具体。其包括规定国家行政机关的建立、职权、组织、编制的组织法；规定国家公务员录用、考核、奖惩、任免及权利义务的公务员法；规定国家行政管理活动的基本原则、形式和方法的行政行为法；规定对行政机关及其公务员进行监督的行政监督法。行政法根据行政法律关系主体权力、责任关系进行规定，保障行政主体权责关系的一致，确保行政责任的正确履行。中国行政法规定了行政机关的职责、职权关系，行政工作人员的责、权、利关系，行政职位及其之间的职责职权关系，明确了行政主体的责任及权力，是追究行政责任的基本依据。行政诉讼法是国家制定的关于行政诉讼程序的法律规范的总称。其从行政诉讼的角度明确了行政主体在履行职务过程中发生的损害性行为，作为行政责任追究的根本依据。

最后，行政性法律文件和道德规范。除具体的法律规定之外，政府根据宪法和法律的要求，在一定范围内可以进行行政立法，在法律原则指导下制定一些行政权利、义务性文件，它一般包括行政规章、行政命令或规定、行政文件和公务员道德规范，一般作为行政法的补充和细化，更加具有灵活性。因为行政文件制定主体不同，其效力的范围也会不一致，但都从不同程度上对行政主体的权责关系进行规范和约束。这些行政性法律文件也是确定行政主体行政责任的重要依据。

5.2 行政责任构成

作为一种公共责任，行政责任体系具有多种表现形式和丰富内涵，从行政责任的构成来看，可以从权责关系角度进行分析；从行政体系来看，可以分为客观责任和行政人员的主观责任；从结构体系来看，可以分为狭义上的行政责任、法律责任、道德责任三个方面。

5.2.1 权责关系

现代公共行政是以责任体系的形式出现的，行政体系的运作过程可以看作公共权力的运行过程，同时也是行政责任体系产生的过程。在这一过程中，行政责任居于首要位置，行政权力只是承担行政责任和使行政责任得到落实的手段。所以，在直接的意义上，承担行政责任就是全部行政管理活动的目的。

一定的行政职位包含相应的行政责任，在一定岗位上和承担一定职务的行政人员必然要求承担相应的行政责任，这就叫作有职有责、职责对应。在现代民主社会，行政权力在整体上受到法律和公民权利的制约和限制，是一种有限的权力。因为，社会公众在赋予行政组织执掌行政权力的同时，也就相应地对其使用行政权力课以相应的责任和义务，以约束权力的运行和使用，确保行政权力在行政组织那里不被滥用，真正做到一切以维护社会公益为目的。既然行政组织从总体上被赋予权力，并被课以相应责任，那么将这种权力和责任进行分解，细化到行政组织的每一个组成部分和每一个行政岗位及职务上，细化到行政权力运行的每一个环节，就是确保对权力进行即时控制的最好方法。这样，我们看到，行政责任不仅对行政组织总体而言有意义，而且对其每一个行政职位而言，也都具有约束力。因此，当行政人员与行政职位联系在一起的时候，他也就必须接受其职位上的全部责任。

公共权力实际被个人所掌握，在实际运作当中，公共权力存在着"公属"和"私属"的分离、公共权力"善"的目的和"恶"的可能的悖论[①]。为了避免公权私用，公共责任就是一种道德上的约束，掌有多大的公共权力就必须承担多大的公共责任。同时，行政责任又是公共责任的主要部分，因此行政责任就具有一定的公共属性。行政责任的公共属性也决定了行政权力需要为公共负责。

在行政权力体系当中，结成权力体系的是那些掌握权力的人，如果掌握权力的这个集团中的每一个人都丧失了责任感，仅仅依靠外在的规定来强化他们的责任的话，这个

---

① 李靖．关于行政伦理责任与行政伦理行为选择困境的几点认识．东北师大学报，2005（3）.

权力体系就会背离其公共性质，变异为权力集团专属的权力，从而与社会、公众相对立①。从总体上讲，一方面，行政责任的设置就是为了规范行政权力的运行，目的是要使行政体系有序化；另一方面，行政责任的实现与发挥也离不开行政权力。在客观的行政责任中，有职责和义务之分。就行政职责而言，关于行政责任的划分实际上就是基于行政职位对行政权力所进行的细化和分层配置，行政权力是确保行政责任最终得以实现的保障之一。行政权力总是需要行政人员来行使的，所以，关于行政责任与行政权力的关系问题，主要体现在行政人员个体行使权力的过程中。

对于个体的行政人员而言，行政权力可以激发起行政责任。但是，行政责任又不仅仅是由行政权力所引起的，往往是由行政体系中的各种外界因素强加给行政人员的。在行政体系中，总会存在着许多相互矛盾和相互冲突的因素。因此，行政权力的矛盾和冲突在现实的行政管理当中非常普遍，这种矛盾的出现会导致行政人员在行使行政权力过程中忽视掉一部分行政责任，或者说避免承担行政责任。反过来，行政责任对行政权力具有制约作用。因为，行政责任在行政人员行使权力的过程中出现，行政人员会依据其行政管理的职业道德，做出符合行政责任的行为。同时，由于行政责任是一种责任价值观内化的过程，行政人员会依据行政管理的职业道德，依据其正直无私的原则和责任感，做出符合其行政责任的行为。同时，这样一种内化的行政责任会反过来推动行政人员做出最符合公意的行为，从而对行政权力形成制约。当这种具有行政责任感的行政人员在运用"自由裁量权"时，行政权力的运用将会更加符合公益目的。行政责任要求行政权力的运用要公正，其基本精神是行政组织及其行政人员办事公道，不徇私情，维护社会公平，实现社会公共利益。

行政权力与行政责任之间有着非常密切的联系，行政责任与行政权力交互式的关系构成了行政管理实践中行政责任的多样性内容。它们之间既有相互生成的关系，又有相互制约的关系。从内容上看，行政责任与行政权力是统一的、对等的，拥有什么样的权力，就负有什么样的责任。我们常说的"权责一致"，就是指有了一定的权力也就必须有相应责任；反过来，在要求行政人员承担一定的责任时，也必须赋予他相应的权力。从"自由裁量权"的角度看，行政责任与行政权力之间又有着相互生成的关系。行政人员的主观责任能够保证他正确地行使权力，充分发挥职位权力，提高其行政权力。同样，当行政人员在行政管理活动中得到了与其职位相称的授权时，他也就意识到了他的职责，从而最大限度地履行自己的职责。对于行政体系而言，任何行政人员、任何行政行为，都必须处于"负责任的状态"。

大数据时代，行政责任的权责关系发生进一步变化，当原本不可知、不可控的数据变得可知、可控时，行政部门所承担的责任也将发生相应变化。社会将基于新的信息处理能力对行政系统产生新的要求。同时，科层结构强调的稳定性和统一性又使行政系统所须适应的新责任要求变得复杂，技术会对行政责任判定产生根本影响，这使得行政责任分配认定的传统逻辑面临冲击②。

① 张康之. 公共行政中的责任与信念. 中国人民大学学报，2001（3）.
② 张雪帆. 大数据时代行政责任的挑战与机遇. 行政论坛，2020，27（3）.

5.2.2 客观责任和主观责任

特里·L. 库珀把行政责任分为客观责任和主观责任。他认为，客观责任与外部强加的可能事物有关，具体有职责和应尽的义务两个方面，"所有的客观责任都包括对某人或某集体负责，也包括对某一任务、下属员工人事管理和实现某一目标负责"，"职责和义务，对某人负责和为某事负责，都是客观行政责任的两个方面"，"从相对重要性角度来看，义务更为根本；职责是确保义务在等级制度结构中得以实现的手段。职责包含上下级关系以及自上而下地行使权威以确保实现既定的目标"。主观责任则"根植于我们自己对忠诚、良知、认同的信仰"，"履行行政管理角色过程中的主观责任是职业道德的反映"①。客观责任更多的是一种外在的规定，包括法律等对于行政人员职务责任的规定；而主观责任源于人的内心，具有内在性、主观性和个体性，体现为一种责任价值的内化过程。

行政人员根据职业道德规范的要求，对公共领域中社会和公民正当需要的满足，产生了行政人员的客观责任，这是不以行政人员的主观意志为转移的行政责任。从行政人员的价值观出发去实现责任的过程，就是行政人员的主观责任。客观责任往往是社会或行政部门作出的行政人员不能违反的规定，只能满足责任达到的下限，对于行政人员没有更高的要求上的规定；主观责任则是一种行政人员个体的自我意识和认知。仅仅靠客观责任对行政人员进行约束往往是不够的，行政人员在承担客观责任的过程中需要得到主观责任的补充和支持。这就是说，行政责任的实现离不开行政权力的规制。如果没有行政权力的层级划分，没有对行政权力的合法化要求，行政责任就无从产生。在没有客观行政责任规定的情况下，即便一个行政人员高风亮节，他也不是真正的行政人员，而只能说是一个公益志愿服务者。

实现客观责任的方法主要是对行政人员所必须遵循的道德要求进行规范化、制度化，直至进行伦理立法。伦理制度化、法律化的优势在于，可以为行政人员确定伦理底线，也就是最低的行为准则。它可以对行政人员的行为起到一定的震慑作用，从而防止行政人员滥用行政权力，违背行政责任。但是，一般说来，这些伦理立法往往存在着缺乏可操作性的问题，很难付诸实施。主观行政责任源于角色期待，从行政人员的立场出发看待这些责任，其价值观、态度、信念等主观因素所产生的责任感就会发生作用。责任感在一个人的负责任行为的产生过程中起着关键性影响，合理的制度、组织的文化氛围等因素共同作用，使人做出符合主观责任的行为。综上所述，客观责任与主观责任缺一不可，二者统一才能使得行政人员真正履行行政责任，避免其权力的滥用。

5.2.3 行政、法律和道德责任

对于现代公共行政而言，行政责任体系是在法律关系、权力关系和伦理关系三者基

---

① 库珀. 行政伦理学：实现行政责任的途径：第5版. 张秀琴，译. 北京：中国人民大学出版社，2010：74-75，84.

础上产生的复杂的结构体系。也就是说，从整体看，现代的行政责任体系中包含行政责任、法律责任、道德责任三个方面的内容。

1. 行政责任

广义上的行政责任包括政治、法律和道德责任，而我们重点论述的行政责任是狭义上的行政责任。在行政管理发展的历史过程中，行政责任有一个逐步演进、传承和不断被扬弃的过程。在国家产生之前，人类可能已经产生了责任意识，但不存在我们今天所说的"行政责任"。只是当国家产生，而且在国家中分化出专门的行政机关的时候，才有明确的行政责任的要求。

在统治型社会治理模式中，虽然不存在严格的行政责任体系，但在一定程度上存在着与近代行政责任相同的形式。在这种社会治理体系中，只存在着单一的权力结构。由于统治行政模式下的社会治理是一种混权型的社会治理，行政还没有从一般的社会治理活动中分离出来，所以，尽管它也具有伦理色彩，却不是现代意义上的行政责任体系。

严格意义上的行政责任，是在管理型社会治理模式下出现的。近代社会以来，尤其是工业革命以后，政府作为行政管理的主体，在其体系内迅速分化出许多专门领域。行政管理也逐渐取得了一定程度上的独立性。在统治行政模式已经无法对社会实施有效治理的情况下，社会治理体系在吸收了统治行政模式中积极因素的同时，建立起了适应大工业生产方式的"官僚制"管理体系，这种管理体系就属于管理行政的模式。随着政府部门的扩张，这种管理模式被扩展和应用到了几乎一切社会管理领域。

政府及其组成人员不仅要对社会、人民、政党承担政治责任、道义责任，在政府体系内部，对上下级行政机关、领导及职务更须任劳任怨地负行政责任或义务。政府各级行政部门一旦建立，经法定程序进入行政体系的公职人员一俟确立行政职务关系，政府机关及其公职人员就应当遵守法定权限，不越权行事。在层级控制体系中，对上有服从的责任和义务，对下有监督的权力。政府机关和公务人员执行职务，除司法人员依法审查的诉讼案不受上级干涉外，一切行政机关和行政人员对上级的命令有忠实服从的义务和责任。

一旦政府行政权力发生越位或者损害了行政责任，就必须接受行政问责。行政问责制是指关于法定主体对行使公共权力的组织与个人在履行法定职责以及绩效等方面实施监督、质疑与责任追究的制度规范[①]。行政问责的本质是对行政权力的控制，这种控制既可以是来自行政体系之内垂直维度的内部控制，也可以是来自行政体系之外水平维度的外部控制，从而可以将行政问责分为内部问责和外部问责。行政内部问责建立在行政组织体系的科层制基础上，一切行政机关和行政人员对上级的命令有服从的责任和义务，且他们自己的行为应符合法律要求，不以权谋私，合理使用裁量权，避免行政失当[②]。

2. 法律责任

伴随着管理从一般社会治理活动中分离出来，基于法治精神，行政组织中产生了法

---

① 姜晓萍. 行政问责的体系构建与制度保障. 政治学研究，2007（3）.
② 钱小平. 中国特色"分层式"行政问责模式：创新、不足与完善. 东南大学学报（哲学社会科学版），2021，23（5）.

律责任。在这一过程中，在契约精神的指导下，整个社会被按照法治的要求加以重建。法治所追求的目标，是把社会生活的一切层面都纳入依法规范的轨道上来，用法律意志的确定性取代权力意志和个人情感因素的不确定性。这种法律责任的演变，应当看作从统治型社会治理模式中的道德责任"幻象"中演变而来的。法律责任在实体方面要求"依法办事，不偏私；平等对待相对人，不歧视；合理考虑相关因素，不专断"，在程序方面则要求"自己不做自己的法官；不单方接触；不在事先未通知和听取相对人申辩意见的情况下做出对相对人不利的行政行为"①。同时，违背法律责任并不意味着违背刑事犯罪，公、检、法将行政违法认定为刑事犯罪的主要原因有三点：一是没有以正当理念为指引，即没有正确认识刑法的机能与性质，没有将自由保障、刑法的补充性等理念运用于刑事司法实践；二是没有做出实质解释，即对刑法条文的解释仅停留在字面含义，而没有基于法条目的理解和适用刑法条文；三是没有进行独立判断，即将行政责任的认定结论与根据直接作为刑事责任的认定结论与根据。②

在近代政治民主化、经济自由化的进程中，在权力关系和法律关系的共同作用下，管理行政模式下的行政责任体系表现为这样几种情况：行政组织中的某一层级，作为组织链条中的一个环节，在整体上对其上的另一个层级负责，并集体对某一事件负责。整个社会中行政管理主体对管理客体负责，呈现为委托-代理关系。在行政管理主体内部，各组织之间进行专业分工，相互负有责任。在有法律明文规定的地方，行政责任体系从属于法律的规定，表现为法律责任；在法律没有规定的情况下，行政责任体系则从属于行政权力，由行政权力来调节，表现为行政责任。

3. 道德责任

行政机关及其官员的生活与行为若不能适合人民及社会所要求的道德标准和规范，将会失去其统治之正当性③。在官僚制体系的完善过程中，对效率的追求、对权责近乎苛刻的明确划分，伴随着对行政人员自主性的抑制，管理行政模式自身和二元行政责任体系的缺陷也逐渐暴露出来。这种二元行政责任体系是不完善的，是因为法治本身就存在悖论：就法治的本意看，其本质就在于限权，对国家的、政府的以及社会中的各种权力加以限制；但是，法律的贯彻又必须借助于权力，正是权力在为法做后盾，才使法治成为现实。因此，道德责任的出现为弥补公共行政领域中行政责任先天缺陷提供了条件。

在对管理行政模式的不断完善中，在回应社会发展和公众期望的要求中，政府走上了强化行政责任体系的道路。主要表现在人们根据实际需要，在官僚制既有框架内，有限地引入行政人员的价值判断和道德要求作为行政人员的行政管理职业规范。道德责任源于人的内心，具有内在性、主观性和个体性。道德责任一方面表现为行政人员出于自身的品性而进行的自我约束；另一方面，道德责任是行政人员根据行政、法律责任的规定而内化的价值判读和道德要求，是行政制度体系演化的结果，它同时具有外在约束的特征。在行政管理活动中，行政人员的道德责任在于如何去满足公共领域中社

---

① 姜明安. 行政法与行政诉讼法. 北京：北京大学出版社，1999：48.
② 张明楷. 避免将行政违法认定为刑事犯罪：理念、方法与路径. 中国法学，2017（4）.
③ 张成福. 责任政府论. 中国人民大学学报，2000（2）.

会和公民的正当需要。这种道德责任弥补了行政体系中行政、法律责任的不足，使得行政人员更好地遵循行政责任，在合理的范围内运用行政权力，避免行政权力的私用和异化。

行政管理领域如同其他领域一样，道德责任的实现也是一件困难的事情，其困难之处在于道德责任本身。道德责任是一种内在的约束机制而非外在的强制机制。当然，这并不是说道德责任无法实现或不能实现。无论一个政府或组织是否存在制度化的道德准则，在改进和建立道德责任方面仍然大有可为。经验表明，致力于建设一个道德责任的气候是重要的：承认道德努力对政府机构发展的重要性；在人事录用、晋升和福利等环节体现道德的因素；将道德评价纳入组织绩效的评价过程中；建立有助于道德责任发展的组织文化；提高政府人员参与政策制定的机会；通过培训提高道德水准；为处于道德困境的人们提供咨询和帮助；高层领导以身作则，践行道德；在政府决策中，考虑社会道德的因素。

道德责任的概念可以直观地理解为人们由于"行动、后果或疏漏"所应担负的道义上的责任。其实，道德责任不仅是责任的一种类型，而且是对责任的道德评判。责任都具有道德意义，但并不是任何一种责任都可以称为道德责任，只有能够称为应当的责任才是道德责任。道德责任应该具有两个条件：其一，是客观上可以进行善恶评价的责任，这是道德责任的实际内容，任何责任的履行都会涉及利益关系的处理，都会被予以善恶评判；其二，是在履行责任时，体现了行为主体的意志自由。道德责任的大小和行为主体的意志自由度成正比，在其他条件等同的情况下，行为主体意志越自由，所应承担的道德责任越大。正因为如此，在康德看来，合乎责任的行为严格来讲并不具备道德品质，只有出于主观愿望而承担责任的行为才具有道德价值。也可以说，当行为主体的意志自由时，任何责任都具有道德性质。在另一个层面上，道德责任是对行为的道德评判。对于政府等公共领域来说，需要面对和处理的是公共利益和私人利益之间的关系。因此，道德责任是行政管理主体对公共利益所负的责任。一般来说，政府的责任首先表现为对作为国家权力主体的公民或代议机构负责。从根本上说，政府的一切公共行政行为，都必须符合公民的意志、利益和需求，都必须对公民承担责任。因此，从一定意义上说，政府的责任是出于民主的要求，政府的所有责任形式都具有道德的含义。

道德责任和主体的自主性是相关的，严格来说，这是责任和义务相区别的地方。义务是对必然关系的反映，而道德责任和主观意图紧密联系在一起。当我们讲行政人员应该负责任的时候，内在地包含着行政人员对责任的意识，因为任何一个行政人员，既然能选择从政，就意味着能做出自主选择。行政人员是否具有责任意识和公众认为他是否具有责任意识是有区别的，一旦发现某个行政人员的责任意识与其职位不相称，我们的理性就会提出强烈抗议，直到胜任的人出现。责任意识的存在，表明行政人员是可以做出这样或那样的选择的，也就是说行政人员是需要承担道德责任的。只要有责任意识存在，不管主观上是不是中立的、科学性的、无价值偏好的，客观上必然是一种道德选择。在道德选择中，不管行为主体做出怎样的决定，都不可避免地对社会公众利益产生这样或那样的影响。

专栏

弗洛伊德案

2020 年 5 月 25 日晚，46 岁的非洲裔男子乔治·弗洛伊德因涉嫌使用假钞购买香烟，被白人警察残忍跪压 8 分钟之久致死。明尼阿波利斯市市长雅各布·弗雷悲愤地说道："我所看到的是彻彻底底的错误。作为黑人在美国不应等同于被判了死刑。"律师本·克拉姆普发表声明指出："弗洛伊德受到的仅是一项非暴力指控，却因警察过度和不人道地滥用武力而丧生。"美国法治民权律师委员会会长克里斯汀·克拉克指出："对这个国家的黑人来说，现在的绝望深不见底。毫无节制的警察暴行日积月累，酝酿了一场巨大风暴。"警察暴行引燃社会怒火，"黑人的命也是命"抗议浪潮席卷全美，并波及多个国家。美国各地骚乱连连升级，抗议人群堵塞道路、构筑街垒与警察对峙，大量警察局和公共机构、商场商店被洗劫。英国《卫报》网站 2020 年 6 月 8 日报道，乔治·弗洛伊德遭警察当街跪杀之后，美国 50 个州的大约 140 个城市都发生了针对这起谋杀的抗议和示威。

面对沸腾的民怨，美国政府领导人火上浇油，调集大批国民警卫队奔赴各地，号召开枪射击，现场橡皮子弹横飞，催泪瓦斯弥漫，民众惊恐不已，社会陷入一片混乱。政府派遣的联邦探员在各地随意抓捕抗议者，1 万多人被逮捕，其中包含大量无辜民众。2020 年，非洲裔女子布伦娜·泰勒被警察枪杀公之于众后，再次引爆"黑人的命也是命"抗议浪潮，仅在路易斯维尔的抗议活动中就有 435 人被逮捕。英国《卫报》网站 2020 年 10 月 29 日报道，2020 年 5 月以来的反种族主义抗议中，美国至少发生了 950 起警察针对普通民众和记者的施暴事件。警方对抗议者使用了橡皮子弹、催泪瓦斯和"非法的致命性武力"。新闻记者遭到执法部门前所未有的攻击。

2020 年美国至少有 117 名记者在报道反种族主义抗议等活动中被逮捕或拘留，比2019 年暴增 12 倍。英国《卫报》网站 2020 年 6 月 5 日报道，"记者被警察殴打、喷胡椒喷雾和逮捕的数量在美国前所未有地增加"。在弗洛伊德事件发生后的一周内，美国便发生了 148 起逮捕或袭击记者事件，遭逮捕的记者人数超过了前三年的总和。"保护记者委员会"2020 年 12 月 14 日发表声明称，美国记者在 2020 年遭遇了前所未有的攻击，其中大多数是被执法部门袭击的。

资料来源：中华人民共和国国务院新闻办公室．2020 年美国侵犯人权报告．人民日报，2021-03-25（10）．

如果将这三种责任加以比较，就会发现：法律责任基本上是属于客观性责任；行政责任有很大一部分内容属于客观责任的范畴，不过当行政责任通过人来承担时，它又有了一定的主观性色彩；道德责任基本上属于主观性的责任。道德责任不仅是对行政责任、法律责任的补充，且是二者的提升，更是对二者的替代。这样，我们看到，行政责任体系是一个由主观责任和客观责任构成的体系，在构成方式上，它存在着一个从客观责任到主观责任的逻辑序列结构。三者之间可以互相转化，不过，由于公共行政的根本性质最终要靠行政人员的行为来体现，所以三种责任的转化实际上主要是行政责任和法律责任向道德责任的转化，这是一个主观化的过程。由于道德责任的总体性与普遍性，它能够把行政责任和法律责任结合起来，并赋予它们一种网状结构模型。

总之，行政责任体系是一个结构复杂的体系，既涉及行政组织，又包容了行政人员；既是整体上的总体责任，又是每个行政人员在行政管理活动中处理每件事的具体责任；既是外部性的责任设置，又是内化为信念和价值标准的道德自觉。所以说，它是一个客观见之于主观、主观与客观相结合的责任体系。

5.3　行政担当

担当是一种行为，是一种意识，更是一种价值取向。在行政伦理学看来，公共行政需要道德与责任来规范和约束行为，而行政担当就是这样一种价值理念。理想状态下的行政担当就是公共行政能力与公共行政精神的合二为一，是工具理性和价值理性的共同实现。

5.3.1　担当与行政担当

1. 担当的内涵

"担当"一词在广义上是指一种责任意识和使命感，在狭义上则是指承担起自己应负的职责与责任。在《现代汉语用法词典》中，担当作为一个动词，常常与表示较艰巨的工作、重大的责任、任务及风险等事物的词语搭配。担当所蕴含的行为常常有两个维度：其一是履行自我的职责，其二是承担应负的责任。前者对于自我职责的担当往往更为宏大，需要远大理想和坚定信念作为支撑，以一种追求卓越的态度，履行自身职责。这种职责的担当，不囿于简单地完成任务，而是将自己置于使命之下，发挥自身最大能力，来履行义务，实现工作的升华。后者更注重对后果的承担，勇于担当责任，不推诿，不扯皮，对责任有清晰的归属，即为担当责任。

自古以来，中华民族对担当的内涵有着丰富的理解，并在历史文明的不断发展中，沉淀为中华民族的担当精神，"敢于担当作为民族精神的重要内容，深深植根于中华民族优秀文化传统"[①]。其中既有林则徐"苟利国家生死以，岂因福祸避趋之"和陆游"位卑岂敢忘忧国，事定犹须待阖棺"所展现的国之大义的担当，也有"一室之不治，何以天下家国为？"所体现的对家庭责任的担当。《大学》云"自天子以至于庶人，壹是皆以修身为本"，家齐、天下平所始于的身修，正是对自我能力和品质的担当的写照。无论是家国担当，还是自我担当，抑或是"乐民之所乐……忧民之所忧"的为官为民的治世担当，都体现着中华民族传统担当精神的丰富内涵。

我们理解的担当，一方面是用使命意识指引自我的履职之路，饱含家国情怀，以天下为己任；另一方面是用责任意识构筑自我的履责之行，敢于挺身而出，承担责任，在

---

① 陶文昭. 中华民族伟大复兴的历史担当：学习习近平同志关于担当精神的重要论述. 中共中央党校学报，2014（6）.

问题面前不退缩、不逃避。

专 栏

从李大钊看共产党人担当精神：铁肩担道义 碧血铸丰碑

担当精神贯穿了李大钊的一生。他矢志努力于民族解放之事业，这既是其担当精神的力量源泉，又是其担当精神的迫切追求。

李大钊一生忠于理想信念，忠于党的事业，做到了"勇往奋进以赴之""殚精瘁力以成之""断头流血以从之"。为了求得挽救国家民族之良策，"急思深研政理"，把自己的追求与拯救国家民族的命运紧密联系在一起。在俄国十月革命的感召下，经过深思熟虑，他毅然选择了马克思主义理论和社会主义道路，进而对中国革命的许多重大问题进行了一系列卓有成效的探索。李大钊特别强调必须以马克思主义为指导，才能使中国社会的实际问题得到"根本解决"，此可谓马克思主义中国化的先声和最早的理论建树。

李大钊身上所体现的共产党人的担当精神，源于中华民族优秀的传统文化。中华民族千百年来积淀下来的忧患意识、深沉的社会责任感和历史使命感，是中华民族宝贵的精神财富。李大钊身上所体现的共产党人的担当精神，源于对马克思主义和社会主义的坚定信仰。信仰是一个人的人生观、价值观和世界观的体现。对马克思主义的信仰，对社会主义和共产主义的信念，成为一代代共产党人的政治灵魂和经受各种严峻考验的精神支柱。李大钊身上所体现的共产党人的担当精神，更为重要的是源于对党的无限忠诚。对党无限忠诚，就是要对党的事业极端负责，归根到底是对人民无限忠诚，忠诚于党的事业就是为人民谋福祉。

习近平总书记指出："是否具有担当精神，是否能够忠诚履责、尽心尽责、勇于担责，是检验每一个领导干部身上是否真正体现了共产党人先进性和纯洁性的重要方面。"敢于担当是共产党人的政治本色。当前，世界局势复杂多变，我国正处于深化改革开放的攻坚克难的关键时期和各种复杂矛盾凸显期。在新的伟大斗争中，在重要的历史节点上，共产党人更应该大力弘扬担当精神，勇往直前。

资料来源：朱文通，裴赞芬.铁肩担道义 碧血铸丰碑：从李大钊看共产党人担当精神.光明日报，2017-05-29（5）.

2. 行政担当的精神内核

行政担当是在行政过程中，对行政职能的积极履行和对行政责任的积极承担。行政担当是行政人员施政的内在要求，也是对所有行政人员行政行为的伦理期待。"干部就要有担当，有多大担当才能干多大事业，尽多大责任才会有多大成就"①。一个人担当意识的构建，需要主观与客观的双重作用。

具体到行政担当上，既需要行政人员对行政职能与责任的积极履职和承担，又需要行政体系为行政担当建构起权责一致的行政氛围。只有清晰的职能划分，才能使行政人

---

① 习近平.做焦裕禄式的县委书记 心中有党心中有民心中有责心中有戒.人民日报，2015-01-13（1）.

员在行政管理中明确自身权责边界，承担起该承担的责任与义务。同时，行政担当的实现也离不开对自身的认知。担当所依赖的"使命感"，很大程度上取决于行政人员的意识，他们如何认知和理解行政决定着他们的行政行为态度。行政体系需要那些愿意为人民服务，能够理解并践行公共行政的公共性的人来从事行政活动。行政担当对于行政人员来说，既是要求，也是追求。一方面，行政担当需要行政人员对职能的积极履行，他们的行政行为需要达到组织和社会对他的期待，以达到行政目的。行政担当还需要行政人员对责任的积极履行，这要求行政人员需要对行政责任构建起理性认识，勇于担责任、敢于做实事。另一方面，行政担当也是对行政人员的理性呼唤，是行政理性精神的高级追求，这种理念号召将为整个行政队伍的能力和风气建设产生巨大的作用。

专栏

时代楷模：黄文秀

　　黄文秀，女，壮族，广西田阳人，中共党员，1989 年 4 月出生，生前系广西壮族自治区百色市委宣传部理论科副科长、百色市乐业县新化镇百坭村党支部第一书记。她毕业时放弃了大城市的工作机会，毅然回到家乡革命老区百色工作，并报名到条件艰苦的边远贫困山区担任驻村第一书记，在脱贫攻坚一线倾情投入、默默奉献，奋斗至生命最后一刻。她把扶贫之路作为"心中的新长征"，全身心扑在工作上，遍访建档立卡贫困户，手绘"民情地图"，往来奔波于崎岖的山路上，跑项目、找资金、请专家，组织贫困户成立互助组，建立电商服务站解决农产品滞销问题，有力促进了农民增收、带动了全村整体脱贫。她对群众满怀深情、真诚质朴，虚心向老村支书请教群众工作方法，关爱孤寡老人和留守儿童，发挥自身法学专业优势，积极为村民化解矛盾，赢得了群众的普遍信任。2019 年 6 月 16 日，黄文秀同志利用周末回田阳县看望病重手术不久的父亲，天降暴雨，她心系所驻村群众的生命财产安全，连夜开车返回工作岗位，途中遭遇山洪暴发不幸遇难，年仅 30 岁。

　　黄文秀同志是在习近平新时代中国特色社会主义思想教育指引下成长起来的优秀青年代表，是"不忘初心、牢记使命"的先进典型，是在脱贫攻坚一线挥洒血汗、忘我奉献的基层党员干部的缩影。她性格坚毅、自强自立、克己奉公，尽管父母长期患病，家境困难，却从未向组织提过任何要求，始终保持乐观向上的态度，尊敬孝顺父母，热心帮助他人，用人格力量感染和温暖身边每一个人。黄文秀同志把青春和热血都献给了脱贫攻坚事业，以实际行动诠释了共产党人的初心和使命，用短暂而精彩的人生谱写了一曲新时代共产党员的奉献之歌。

　　习近平总书记对此做出重要批示："黄文秀同志研究生毕业后，放弃大城市的工作机会，毅然回到家乡，在脱贫攻坚第一线倾情投入、奉献自我，用美好青春诠释了共产党人的初心使命，谱写了新时代的青春之歌。广大党员干部和青年同志要以黄文秀同志为榜样，不忘初心、牢记使命，勇于担当、甘于奉献，在新时代的长征路上做出新的更大贡献。"

　　资料来源：中共中央关于追授黄文秀同志"全国优秀共产党员"称号的决定．光明日报，2019 - 10 - 11 (1).

5.3.2　行政担当的面向

行政担当既体现在对职能的积极履行上，又体现在对责任的积极承担上。在行政责任体系中，职责是相对应而生的，责任既涵盖了职能履行的行政后果，又体现在职能缺失的追究上，故而行政担当也可以看作一种对行政责任的担当。

1. 担当的实质

承前所述，行政责任的内涵有三个层次，一是行政主体对角色职责的主动履行；二是行政主体对公共目标的主动追求和自觉接受监督；三是行政主体对失职和结果的主动担责。这三个方面共同构建起了行政主体在行政过程中所肩负的行政责任，行政责任担当就是对这三个方面的主动履职与承担。

首先是行政主体对角色职责的主动履行。行政主体在行政体系中首要目标是完成行政任务，实现行政目标，这需要他们对行政职责有一个清晰的认知和主动的履行。这种角色义务是行政主体安身立命之本，更是行政"公共性"的体现，"对于公共行政来说，认识公共性问题，实现公共性自觉，是根源于把握公共行政的发展方向和推动人类社会治理文明进步的要求"[1]。在具体的行政履职中，行政人员既要积极主动地完成行政任务，更要在行政过程中践行公共行政的核心价值，树立行政伦理精神，这是行政责任担当所提出的要求和挑战。

其次是行政主体对公共目标的主动追求和自觉接受监督。权力的运行离不开对其制约和监督，现代社会普遍建立起对权力的有效约束机制。但是，行政责任担当所要求的绝不是监督机制这么简单，行政责任担当需要行政主体自觉接受监督和以一种无惧无畏的态度面对监督和批评，这种担当是对权力良性运行、程序正义和规范行政的担当。

最后是行政主体对失职和结果的主动担责。"行政结果"是指政府行为主体在进行行政行为过程中和过程后产生的内容和影响，包括但不限于行政结局、判决、社会影响和行政主客体的反应等。在现代行政理念和制度下，行政结果大多是中性或良性的，绝大多数的行政结局是符合理性目标的。在新公共管理的理念下，结果导向的问责制得到广泛强调，"问责重点从行政过程问责转向更为重要的行政结果问责"[2]，结果导向的问责依赖于对行政主体的追踪与判别，这就要求行政主体一方面要对行政过程持续关注与跟进，另一方面要对行政结果长期绑定和负责。无论行政结果如何，行政主体对行政结果的主动承担和负责都是行政责任担当的重要表现之一。

2. 担当的确定

行政责任担当的确定需要对行政责任有一个明确的划分，前文提到行政责任的确定主要有两种情况：一是依据一定的管理原则来确定行政责任的行为主体；二是根据一定的法律原则来判定行政责任的存在和履行。与行政责任相对应，行政责任担当的确定也

---

① 张康之. 论"公共性"及其在公共行政中的实现. 东南学术，2005（1）.

② HOOD C. The "new public management" in the 1980s: Variations on a theme. Accounting, Organizations and Society, 1995（20）.

有三个要素：行政担当的主体、行政责任的确定和行政行为的后果。

行政担当的主体即行政体系中所有有能力开展行政行为的行政主体，在宏观上包括整个行政体系。可以说，无论是体系、组织还是个人，从进入行政领域之内起，他们就肩负着实现行政担当的使命。对于体系而言，需要担当起整个行政系统引导者的职责。一个行政系统能否恪守公共性的根本原则，很大程度上取决于行政体系的价值取向和行为方式，当体系内部出现内生性问题和不良风气时，行政体系需要承担起掌舵整个行政巨轮的责任，自觉通过顶层设计、开展整顿、重塑价值观等方式维护行政体系的公共精神和廉洁高效。对组织而言，它们是行政行为的中坚力量，在社会分工复杂多样的现代社会，一切行政活动都要通过具体的行政组织来落实，组织需要承担起高效应对社会问题和积极培育行政人员的责任。行政组织是权力与个人之间的枢纽与调节器，既需要展现工具理性的非人格化管理模式和能力，又需要极具价值理性，平衡行政与社会之间的各种价值冲突，将最优的行政范式呈现给社会。对个人而言，他们需要一并担当起公共能力与公共精神，这是公共行政对行政人员最深刻的期待，也是行政伦理学对现代行政的呼唤。这种担当对行政人员提出了挑战，在承担起职能和责任的同时，还要将公共性的精神内核在行为中展现出来。

行政责任的确定对行政担当的确定来说至关重要，只有通过制度规范确定好行政主体的行政责任，行政责任的担当才能够实现。行政责任的确定对主体、依据和追究都做出了明确的论述，行政责任担当一定是在行政责任的基础上实现的。我们不能够让个人担当起行政组织应负的培育责任，也不能让行政体系为了极个别的行政丑闻而承担罪责。明晰了行政责任确定的依据，就能够让行政担当的实现具有更强的合法合理性，让"主动担当"拥有价值驱使外的制度保障。除此之外，对行政责任的追究，明确了行政责任担当的方向，对行政责任的担当不仅体现在对积极责任的努力上，还体现在对消极责任的不躲避和甘愿承担上。

最后，行政行为的后果也是确定行政担当的重要一环，任何行政行为都会产生结果，或达成既定目的的中性行政，或超出预期取得额外效益的良性行政，抑或是产生冲突、意见、不良后果的劣性行政。不同的行政行为后果也预示着需要不同的行政担当，这也体现了现代行政范式的独特智慧。对于中性行政而言，行政人员需要担当起努力向优发展的责任，在日复一日的行政内容中思考如何精简高效、扩大收益。对于良性行政而言，行政责任担当则体现在稳固成果、推广行政范式上。对于劣性行政而言，行政担当需要更大的勇气和成本，行政追责是对行政人员行政的强有力监督和威慑，任何损失和矛盾都需要有人承担和付出代价，勇敢地为自己的行政行为负责也是一种行政担当。

5.3.3 行政担当的步骤与问责

1. 行政担当的基本步骤

在对行政担当有了一个大体的认知之后，如何在公共行政过程中实现行政担当是一个必须要讨论的问题。在具体的行政实践中，行政担当的实现有其发展路径。

首先，对行政担当的基本判定。行政担当是对职能的积极履行和对责任的积极承担，这是行政担当所达成的共识。在具体的行政过程中，行政人员首先要做的是判断自身的行政担当是否有发生的必要，这种判定的标准基于前文中所介绍的那样。其一是对行政职能的判定，当今行政职能的划分大多清晰明确，行政人员各司其职，明确自己担当的范围是进行判定的第一步。其二是对自我能力的判定，这种能力的判定包含两个方面，一方面是对自身意志力和使命感的判定，行政担当所要求的积极作为需要坚定的理想信念和使命驱使，这一过程对自身的个人品质提出了巨大考验。另一方面是对个人专业能力的判定，积极作为需要行政人员在其所担当的岗位或事务上产生成绩，如果没有专业的能力作为支撑，空有担当意志也难以达到理想的行政效果。

其次，对行政担当的具体履行。行政担当的具体履行过程即为公共行政过程，行政担当需要行政职能的积极履行，行政人员在从事行政事务时，要以坚定不移的恒心来处理行政内容，这种积极履行不单单是简单地完成行政任务，更需要用更大能力和更多付出来达到行政行为的尽善尽美。这种意义上的担当，需要对行政行为的综合把控，对行政结果的最优处理。行政担当还需要行政责任的积极履行，在行政行为完成之后，行政结果的积极履行意味着对行政责任的承担，对于善果要承担起总结经验、"前人栽树，后人乘凉"的先验式责任，对于恶果更要承担起弥补风险、落实责任、负责到底的行政责任。

最后，对行政担当的控制监督。行政担当的最终完成还需要监督和控制环节的验证和认定。外部控制包括进行新的立法或组建新的组织来实现监管，这些控制行政人员个体的因素都来自行政人员之外，即为外部控制。通过行政监督，建立严格的问责机制使整个行政过程符合人们对负责的期待，将具体的行政行为纳入合理的负责范畴中，通过这样的外部控制实现对行政行为的责任调配和兜底。内部控制主要是对行政人员的自我责任调控。简言之，就是要回答如何让行政人员更具责任感。行政担当是一种基于职能和责任的主动行为，这种主动不仅是在履职和担责行为上的体现，更是在谋求一种更加卓越的结果上的体现。按照当前行政伦理的具体实践来说，这确实对行政主体提出了较高的要求，法律制度问责机制等外部控制对行政的塑造所能达到的最好结果只能停留在行政承担上，行政伦理所追求的行政担当还需要行政主体的内部控制。无论是外部控制还是内部控制，都是行政担当能够顺利实现的必要保障，这些控制也在激励或推动着行政人员的担当行为，使他们的行政担当能够更具合理性与现实性。对于行政担当的监督是存在于行政行为过程中与过程后的，特别是对行政责任的担当，绝不是简单表态就可以实现的。行政责任的担当需要行政人员付出更大的努力来承担自己行为的后果，一个负责任的行政人员是能够被检验和认定的。

2. 行政担当的问责逻辑

责任既是社会角色所应承担的职责，同时也是责任主体未做好分内之事所应受到的谴责和制裁。这与行政担当是相对应的，行政担当所弘扬的正是积极地担当这两种责任——积极地承担职责，同时积极地接受谴责与制裁，并做出相应的补救。这种担当是行政伦理对当代行政的殷切呼应与期待。但是，在实际行政过程中，不担当责任的情况却时有发生。特别是对行政主体违法违纪行为进行追责和要求其承担相应责任时，行政担当需要责任追究来为其实现提供有力保障。

法治政府建设是全面依法治国的重点任务和主体工程，转变政府职能，优化政府职责体系和组织结构，推进机构、职能、权限、程序、责任法定化。[1] 在现代社会，法治政府就是责任政府，行政机关的权责职能都是通过法定形式确定下来的。具体落实到行政过程中就是权责一致，行政职权越大，行政责任就越大，需要承担的后果也就越大。行政责任的追究正是通过法律手段对行政责任的承担进行强制认定，兜底式地保障了行政责任的最后一环，对行政担当的实现起着极大的震慑作用。

值得注意的是，行政责任的追究不仅是实现行政伦理与行政担当的倒逼手段，更是整个行政生态能够良性发展的保护机制，是法治政府能够依法行政的最后一道城墙，"构建科学、有效的行政责任追究制度，既是法治政府的内在要求，也是责任政府建设的核心内容"[2]。因而，行政责任追究需要严格置于法律的框架下有序实施，以推动行政的规范化和法治化。

首先，在理论上，行政责任追究需要满足权责对应、适当激励与回应民意的原则[3]。权责对应保证了权力与责任的匹配，责任的追究不会因外界的意志而改变，应确保责任追求的客观公正，并在内容上明确行政担当的具体内容，有利于行政担当的实现。适当激励与回应民意则体现着一种"委托-代理"的关系，这种关系是在政府内部上下级之间的"委托-代理"关系和在政府与民众之间的"委托-代理"关系。前者意味着适当激励能够推动行政体系内部的赏罚更加分明，行政人员自下而上地更愿意去主动担当责任。后者则需要回应民意对行政责任的追究，人民政府的目的就是更好地为人民服务，"责任机制在民主政治中的最终目的在于确保政府对公民偏好和需要的回应，要使政府及其机构和官员对其最终的所有者——公民更加负责"[4]。大多数行政行为的后果都是直接或是间接作用于民众的，这就赋予了人民在行政责任追究中的话语权。

其次，在内容上，行政责任追究要明确划分好责任的主体和类型，这与行政责任担当确定的内容是相呼应的。如果行政主体没能履行好相应的内容，需要行政体系内部对其进行监督和提醒。在行政责任追究的问题上，对于主体的确定则需要更为精准的划分，每一个行政人员不是孤立存在的，他总是联系着他的上级与下级、部门与区域，每一个行政行为背后都是一个巨大的行政工程，谁负有领导责任，谁负有组织责任，谁负有执行责任以及谁负有监督责任，都是需要在行政责任追究中进行判定的。除此之外，对于不同的责任类型也需要一个清晰的划分，不同的责任意味着不同内容的失职和过错，行政责任的担当也就存在着方式上以及赔偿与法律上的不同。

最后，在程序上，行政责任追究需要明确其合法程序和追责期限。十八届四中全会做出的《中共中央关于全面推进依法治国若干重大问题的决定》明确提出："健全依法决策机制。把公众参与、专家论证、风险评估、合法性审查、集体讨论决定确定为重大行政决策法定程序……建立行政机关内部重大决策合法性审查机制……建立重大决策终身

① 习近平. 高举中国特色社会主义伟大旗帜 为全面建设社会主义现代化国家而团结奋斗——在中国共产党第二十次全国代表大会上的报告. 北京：人民出版社，2022：41.
② 陈党. 行政责任追究制度与法治政府建设. 山东大学学报（哲学社会科学版），2017（3）.
③ 林鸿潮. 重大行政决策责任追究事由的偏离和矫正：以决策中对社会稳定风险的控制为中心. 行政法学研究，2019（6）.
④ 李军鹏. 当代西方政府问责制度的新发展及其启示. 上海行政学院学报，2008（1）.

责任追究制度及责任倒查机制……"党的全面推进依法治国部署推动了行政责任追究的法治化、标准化进程。

3. 行政问责的主要途径

行政责任的追究是在行政责任确定的条件下，依据一定的法律原则和规定，从行政责任主体、责任事实、责任依据等角度，对损害行政行为的责任主体予以一定的行政或法律惩处，根据实际情况使之承担赔偿的制度。行政责任追究制度是整个行政责任制度的基本的和重要的环节之一，从根本上保障了行政责任的承担。《中华人民共和国行政诉讼法》规定："公民、法人或者其他组织认为行政机关和行政机关工作人员的行政行为侵犯其合法权益，有权依照本法向人民法院提起诉讼。"追究行政责任的途径是多元的，在西方国家追究行政责任的主体为议会、法院和行政法院、国家检察机关、政府自身和公民。在我国追究行政责任的主体为立法机关、司法机关和行政机关。

立法机关在其权限内追究政府的政治责任。人民代表大会通过行使任免权、审查辞职申请权、罢免权的方式，来保证国家权力机关对公务员的行为是否合法进行监督。罢免不称职的本级政府组成人员，以控制其违法和渎职行为的发生，追究公务员的政治责任；通过制定地方性法规的备案、审查政府规章来限制公共权力的扩张，使行政自由裁量权更具有操作性。

司法机关的追究是人民检察院和人民法院对公务员违法行为实施的追究，司法机关追究是公务员承担法律责任的主要形式，其最大特点是解决行政机关具体行政行为的违法问题，并直接产生法律效力。人民检察院通过行使行政法律监督权对国家行政管理活动进行法纪监督。对行政机关及其公务员是否遵守宪法和法律，对国家公务员侵犯公民的权利而构成犯罪的行为和渎职犯罪行为，行使法纪检察权，追究犯罪公务员的刑事法律责任。

行政机关主要追究公务员的工作责任，其主要手段是行政处分和道德谴责。行政处分是行政机关对违反纪律规定的国家公务员，按照法定条件，经过法定程序，给予国家公务员的行政性制裁措施，是对公务员进行的内部纪律上的惩戒措施，追究的是公务员的工作责任和行政首长的失职责任。国家公务员行政处分的种类有警告、记过、记大过、降级、撤职、开除共六种。道德谴责主要是通过社会舆论的压力和违背道德规范产生的内心自责来约束公务员行为，以公务员的职业道德规范为追究其道德责任的主要方式。

◀ **本章小结** ▶

行政责任是行政伦理学探究的核心内容，是政府及其公职人员因其公共属性而需要为其行政行为和结果承担的责任。这种责任既体现在行政职业要求上，也体现在应尽的行政义务上。在现代行政制度中，行政责任对维护行政主体的纯净和效率有重要意义，需要正确地分辨责任主体，依托法律、制度和道德规范来准确地追究行政责任，以约束行政行为，维护社会的公平正义。

行政责任既有作为公共行政内容的公共属性，也有依托行政主体实现的私人属性，行政责任的构成有多种表现形式和内涵。从权责关系上看，行政体系的运作过程既是公共权力的运行过程，也是行政责任体系产生的过程；从行政体系来看可以分为客观责任和行政人员的主观责任；从结构体系来说可以分为狭义上的行政责任、法律责任、道德责任三个方面。复杂而又多样的行政责任体系是一个客观见之于主观、主观与客观相结合的过程。

　　行政担当是行政责任理论和行政伦理学重要的行为和道德规范，它的提出为行政责任的实现和履行提供了重要的方向指引。行政担当是公职人员在行政体系中对职能和责任的最高要求和准则，行政担当的构建既需要行政人员对行政职能与责任的积极履职和承担，又需要行政体系为行政担当建构起和谐的氛围。行政责任担当体现着我国现代公共行政对行政责任的伦理认识和行为期待，对责任的积极认识和主动践行是构建责任政府、弘扬公共精神的重要原则。

◀ 关键术语 ▶

责任	行政责任	责任外部性	行政权力与责任关系	客观责任
主观责任	法律责任	道德责任	行政担当	政治担当
行政责任担当				

◀ 复习思考题 ▶

1. 行政责任有哪些内涵？
2. 行政责任有哪些特点？
3. 行政责任如何确定，如何追究？
4. 行政责任有哪些类型？
5. 行政责任中的权责关系有哪些？
6. 如何理解行政担当？
7. 政治担当的具体表现是什么？有何独特内涵？
8. 如何理解行政责任担当？
9. 如何确定行政责任？
10. 如何理解道德责任与行政担当之间的关系？
11. 行政担当是如何实现的？
12. 行政担当面临何种冲突困境？

第6章

行政良心

在汉语中，"良心""良知"等概念最早是由孟子提出来的，孟子所说的良心，就是"仁义之心"。孟子认为："人之所不学而能者，其良能也；所不虑而知者，其良知也。"（《孟子·尽心上》）在孟子看来，人在后天生活中，本心被遮蔽了、失落了，要使它重新澄明，就要把它找回来。在一般伦理学中，这样的观点被归入德性伦理学的范畴。所谓德性，即良心的外在形式，德性伦理学强调的是人本身的伦理化。在行政伦理学中，行政良心和行政良知都被赋予了崭新的内涵。行政良心是指行政人员在履行行政管理这一特殊职业活动的责任和义务过程中形成的道德责任意识以及对自我的行政行为进行自我道德评价的能力。行政良知是行政人员在行政管理实践中形成的职业道德情感、道德意识、道德意志和道德判断能力的总和，是行政人员形成、认识和把握行政良心的主观意识活动及其过程。

6.1　德性概述

6.1.1　德性与德性伦理

1. 德性及其价值

人的德性问题历来受到思想家们的关注，伦理学历史有很大一部分就属于德性研究的历史。早在古希腊，柏拉图、亚里士多德都从理论上证明了德性之于共同体生活的意义，柏拉图关于"哲学王"的政治设计就是伦理学德性论的实践期求，是从德性出发进行社会治理体系设计的尝试。具体来说，柏拉图认为，人的灵魂由理智、意志和情欲所组成。相对于灵魂的各个部分，人有不同的德性。理智使人具有智慧的德性，意志使人具有勇敢的德性，情欲使人具有节制的德性。一个人的正义就在于他的灵魂在理智的统率下各得其所，达到一种和谐有序的状态。亚里士多德认为，德性不仅具有行动的品质，而且也是根据正确的理性命令进行判断的品质。德性的实践就是为了过上幸福的生活，成就人之为人的目的。德性分为理智德性和道德德性。理智德性是理智活动的具体发挥；道德德性是人的灵魂中理性控制非理性即情感和欲望所表现出来的德性①。

德性是人的道德存在的组成部分，是道德存在的表现形式，从人的道德存在到人的道德行为的转化是通过德性发挥作用的。所以，从人的道德行为的角度来看德性，往往会把德性理解为人在群体生活和职业实践活动中所具有的行为品质。

在社会的共同体生活中，要求人们推己及人，敬他人，讲廉耻，秉礼让，使人们把一切对同类的殷殷关切上升到自由自觉的境界。没有这种德性根基，人性就会沦为兽性。今天，我们将道德关怀推广到人、社会与自然界，正是为了建立一个真正富有人性的世界。从这个意义上说，德性也是人类文明的基石。原始人从野蛮状态进化到文明状态的过程就是人们学会用道德规范进行自律的过程，就是人的社会行为越来越多地包含着德性的过程。然而，当代人类的道德实践之所以处于深刻的危机之中，就在于功利和权利的概念取代了以往的德性概念在社会生活中的中心位置，德性已沦为实现外在利益——功利的工具。

2. 德性伦理及其复兴

由于德性的重要性，它一直是伦理学关注的重点，无论中西方，传统伦理学的主流都属于德性伦理。以中国来说，在孔子、孟子那里，"仁"是基本的伦理概念，类似于德性的"仁"受到高度重视。虽然孔子、孟子也有过一些有关义务规范的言论，但孔子、孟子的伦理思想基本上还是属于德性伦理的范畴。孔子以"仁"作为各种规范的心理基础，孟子从"四心"开出"四德"，他们都以其特有的方式彰显了德性伦理相对于规范伦理的重要地位。西汉董仲舒建立了伦理规范体系，系统地设定了中国封建社会的伦理制度，将德性伦理转化成了规范伦理，但德性伦理仍然是理论研究的主要切入点②。在西方，亚里士多德在《尼各马可伦理学》一书中考察了若干种具体的德性，建构起第一个成型的德性伦理学体系。中世纪时，德性被篡改为神性，德性伦理只留下了一个形式。到19世纪，康德声张人为自己立法的权利，重新肯定了人自身的德性，同时也开启了西方德性伦理向规范伦理的转型。

所谓德性伦理，是出自个体德性的伦理，即以个体的德性为自因的伦理。德性伦理的实现过程，是道德、伦理的主体化、个性化过程，是将外在的伦理要求内化为个体自身的道德品性和素质的过程③。德性伦理的理论视角，注重行为者自身的德性或道德品质，把德性的形成、美德的培育看作道德生活中最重要的事情，即它是"以行为者为中心"而不是"以行为为中心"。它关心的是人的存在状态，而不是人的行为规范，所以试图回答"我应该成为何种人"，而不是"我应该做什么"的问题。根据这一视角，判断一个人的道德价值，不能只看他是否履行了某些道德规范，而更要看他是否具备了一定的

---

① 李建华，胡祎赟. 德性伦理的现代困境. 哲学动态，2009（5）.
② 吕耀怀. 道德建设：从制度伦理、伦理制度到德性伦理. 学习与探索，2000（1）.
③ 吕耀怀. 规范伦理、德性伦理及其关联. 哲学动态，2009（5）.

德性或道德品质。德性伦理的基本主张就是从个体的内在特质、动机或个体本身所具有的独立的和基本的德性品质出发，对行为做出评价[①]。

德性伦理的关注点是塑造有德性的人，而在现代社会中，市场经济倾向于将所有人都改造成经济人，在这种经济人的交往中，德性是没有立足之地的。社会要避免理性经济人间的交往产生严重的负面后果，就必须为他们设置一些行为规范，并通过相应的制裁手段来确保他们无论是否拥有德性都会遵守这些规范。由此，德性伦理也逐渐被规范伦理取代，功利主义和义务论这两种规范伦理成为现代伦理学的主流。不过，规范伦理也存在缺陷。它试图把人和人的行为分开，试图在不考虑人的道德品质的前提下规范人的行为，这必然带来社会交往在形式上的道德化。

6.1.2　德性与良心

1. 德性与良心的关系

行政人员的德性是行政良心的外在形式，是指行政人员在管理公共事务过程中所形成的对自己所应承担的行政责任的道德感和自我评价能力。行政人员的德性既包括行政人员主观的心理形式，也就是看到由于自己失职使人民利益受到损害而焦虑不安、深深自责，又包括把客观化的行政责任落到实处的行为。德性与良心是一体的，德性的实质就是良心，而良心的外在显现就是德性。行政人员在行政管理活动中按照良心的要求履行行政义务和承担行政责任，从而使他的行政行为具有德性。同时，行政人员一切合乎德性标准的行政行为也都必然反映行政良心的状况。所以，行政人员的良心，不但表现在他对自己的行政责任有道德感，对自己的失职有负罪感，更表现在他还必须把这种道德感和负罪感转化为认真履行行政责任的行为。只有这两方面结合起来，才能说行政人员是有良心和有德性的。

无论从历史的进程还是理论的逻辑看，昭示德性的力量在今天的市场化过程中都有着重要意义。由德性所铸成的道德自觉和心灵秩序，将是遏制物欲、邪念、恶势力蔓延和滋长的精神武器。德性无形，于心灵深处凝结，化理想、美德为日常行为。我们之所以必须重视德性的力量，根本原因就在于德性对于塑造人的心灵秩序和人格结构具有不可替代的作用。

作为行政人员德性的行政良心对行政人员有道德地开展公共事务管理具有重要的意义。由于行政良心是行政人员把其行政责任道德内化的结果，所以，在行政人员对公共事务进行管理的过程中，行政良心会一直发挥着作用，其表现形式就是纯洁管理动机、监控管理过程和评价并矫正管理结果。

2. 德性的养成

德性虽然根源于人的道德存在，但人在后天社会生活中的学习和人生修养也对德性的产生有着重要的影响。首先，人在社会中学习分辨善恶，继而根据善恶观念做出行为选择、处理和评价人际关系中的各种事务和行为，不断提高自己的道德修养，从而获得

---

① 高国希. 当代西方的德性伦理学运动. 哲学动态，2004（5）.

德性。对于职业活动中所应拥有的德性，还需要通过对职业性质的认识和反思来获得。行政人员职业活动所需的德性，就是行政人员对其职业活动的性质进行认真反思和正确认识而获得的。德性作为学习和修养的结果，一俟获得，就使人成为道德理性的存在物，使人在行为中体现出德性的力量。

德性之所以能够在学习和修养中获得，是因为它具有社会性内容。虽然德性属于个人，是个人的品质和品性，但在社会和群体生活中，德性则是通过人的行为来证明的做人标准。作为一种做人的标准，是属于社会的。所以，在对德性的拥有上，它属于个人，是具体的个人所拥有的德性；在德性能够成为规范和指导人的行为的力量上，德性是属于社会的，是社会用以判别人的行为善恶的标准。

德性的培养是一个过程。它最初主要以向善的潜能等形式存在，唯有通过教育、学习及道德实践的过程，内在的潜能才能不断获得现实内容，并成为真实的德性。作为德性培养的出发点，内在的潜能具有历史性，是由特定的历史条件决定的。道德主体的潜能在后天的作用过程中化为现实的德性，这本身又成为德性进一步提升的新的根据，并为德性的培养提供了更高层面的出发点，而新的实践又赋予内在根据以新的内涵。就主体都具有向善的内在潜能和根据而言，德性培养确乎以既有的"德性"为前提；就内在的潜能和根据向现实德性的转化而言，德性的培养又离不开社会作用、历史实践。作为前提和出发点的"德性"与作为结果和终点的德性不断地在道德实践达到统一[①]。

6.1.3　德性与德行

1. 德性与德行的关系

德性对人的行为的影响是以一种本能冲动的形式出现的，具有自发性。人在职业活动中所应有的特殊德性来源于职业的性质、从业者对职业的态度以及他的职业责任意识和义务感的强弱，等等。对人的一切有道德的行为来说，德性是最直接、最根本的道德动力。在现实的社会生活中，人的德性必然会反映在人的行为之中，只有那些能够体现在人的行为中的德性，才是真实的德性。否则，我们无法判断人的德性存在的真实性。事实上，人们也主要是从人的行为承担社会责任义务的过程来把握人的德性，或者说，根据人的行为的实际结果来判断人的德性这一道德存在的状况。所以，德性的概念也可以表述为德行。但是，在伦理学中，人们又倾向于把德性与德行区分开来，把它们看作主观原因与客观结果的关系，即把人的德行看作人合乎道德的行为，是人的德性的外在表现。

德性作为人的行为品质是一种合乎道德理性的品质。或者说，德性赋予人的行为以道德理性的内容，从而使人的行为成为德行。德性在外显的过程中所蕴涵着的道德理性，是通过德行来体现的。如果德性不是以伦理学的德性条目的形式存在，而是作为现实的和实践中的人的道德存在，就会以道德理性的形式存在于人的德行之中。或者说，表现

① 杨国荣. 道德系统中的德性. 中国社会科学，2000（3）.

为人的德行，能够被人们认识和把握，并能够用来对人做出道德评价。

在具体的道德实践中，德性与德行二者的统一与否一般表现为四种状态[①]：（1）高德性与高德行：这种状态既体现了主体德性的完善建构，又体现了社会伦理秩序和伦理氛围对其高尚德行的支持。（2）高德性与低德行：这种状态虽然表明主体具有较稳定的德性建构，却难以体现与之一致的德行，因为缺乏社会伦理秩序和氛围对其可能的高尚德行至少是有力的支持。（3）低德性与低德行：卑劣的德性必然在相应的社会伦理秩序和氛围中，表现出低下的德行。（4）低德性与高德行：不能排除主体在特定境遇中的高尚之举，因为德行有时可以是情景性的，也可以是倾向性的，受情景因素驱使，因而不恒常一贯。

相比德性，应用伦理学更加关注德行，目的是引导人们做出道德的行为选择。从德性与德行的关系看，虽然低德性条件下也可能产生高德行，但这是异例，而不是常态。在通常情况下，高德性才能为高德行提供稳定的基础。不过，高德性条件下也可能产生低德行，表明在德性与德行之间还需要相应的制度规范来起连接作用。所以，对社会而言，要促进从德性向德行的转化，就要加强道德制度建设，既要促进道德的制度化，也要促进制度的道德化。道德制度将高德性转化为人的行为规范，使人的行为能够更直接地体现高德性的要求，从而表现为一种德行。

2. 行政人员的德性与德行

虽然德性与德行在实践中可能不一致，但在规范意义上，它们应当是一致的，我们之所以要求行政人员具备某些德性，就是希望他们能够实际做出相应的德行。由于行政人员的职业特殊性，他们需要具备一些特殊的德性，做出相应德行，这里主要阐述以下三种行政人员所必需的德性。

第一，仁爱。在一般伦理学中，仁爱是人与他人相与为友的德性，所谓"仁者爱人"。在行政伦理学中，仁爱有两方面的含义。首先，它是权力执掌者的一种美德。在实践中，无论职级高低，行政人员都执掌着公共权力，成为权力主体。作为权力主体，他不得不经常对某些权力客体采取制裁措施，以制止和矫正后者侵害公共利益的行为，但这种制裁的度是他可以裁量把握的。在某些情况下，仁爱要求行政人员"枪口抬高一寸"，以尽可能在维护公共利益的同时减少对权力客体的损害。其次，仁爱是行政人员作为服务者的职业要求。行政人员在根本上是为民众服务的，这就要求他主动关心他所面对的民众，积极了解他们的诉求并寻找解决的办法，而这种关心的动力就是他的仁爱之心。只会照章办事的人是不可能成为民众的服务者的。要鼓励行政人员做出仁爱的德行，某些制度就应更具容错性，不要过于刚性地追求特定行政目标的达成，否则就可能出现层层加码的情况。只有当制度具有容错性时，行政人员才能更多顾及相对人的利益，才能做出仁爱的德行。

第二，公正。公正是一切伦理学说最基本的范畴之一。行政伦理学之所以强调公正，是因为行政权力主要表现为一种分配权力，它的行使总是伴随着特定社会善（如奖励）与社会恶（如制裁）的分配，如果不以公正为准绳，这种分配就可能造成消极的社会后果。行政公正的实现既包含制度的要素也包含人的要素。在制度方面，它要求基于社会公正的主流观念建立一套相对完善的制度体系，让行政人员在履行职责时有章可循。但

---

① 俞世伟. 论"规范—德性—德行"动态伦理道德体系的实践价值. 社会科学，2005（9）.

制度的规定往往是原则性的和形式化的，具体的履责行为总是需要行政人员的主观判断。所以，行政公正也要求行政人员承担维护道德公正的责任义务，在行使权力时经常反思自己是否出自公心，以及他的行为选择是否出自整个社会道德观念的正觉。

第三，诚信。诚信，即诚实守信，这是为人处世的基本原则，所谓"人无信不立"。政府也是如此，如果某个政府对民众说了谎，或没有兑现它所做出的某项承诺，就将失去公信力，此后，无论它想做什么事情，都将很难得到民众的信任和支持。对行政人员来说，坚持诚信有几方面的具体要求。首先是不能说谎。今天，民众与政府之间有着频繁的信息互动，民众会经常性地向政府机构与行政人员发出问询，在回应这些问询时，行政人员必须保证信息的真实性。其次是有诺必行。行政人员在工作中会直面各种社会冲突，为调解这些冲突，他经常需要做出承诺，而为了维护他所代表的政府的公信力，他必须审慎地做出确实能够履行的承诺，并在事后实际兑现这些承诺。只有这样，行政人员与民众之间才能建立起基于诚信的信任关系，行政人员的行政行为也才能被视为一种德行。要鼓励行政人员诚实守信，某种形式的失信惩戒制度将是必不可少的。

6.2　行政良心概述

6.2.1　行政良心的含义

1. 行政良心的定义

在中国古代，良心被定义为"不忍之心"，也就是指我们常说的同情心、恻隐心、羞耻心等。其实，从现代人们对良心的理解来看，良心是一种道德意识，是人们在履行对社会、对他人的责任和义务的过程中形成的道德责任感和义务意识的总和，是一定的道德观念、道德情感、道德信念在个人意识中的统一。

良心范畴在实质上是一种反映了个人对他人与社会的责任义务关系的意识。人类在原始的群体生活中，逐步产生一种对亲属及其他人的义务感，某种在男女关系等方面的羞耻心，以及一种关于自己行为好坏的内心情感体验。开始时，这些意识是模糊的，时隐时现，很不稳定、很不牢固。随着社会生产的发展和社会关系的进步，这种意识逐渐明确起来。这种道德上的自我意识，经历了漫长的发展过程，逐步形成道德良心。所以，良心是在人类生活实践与相互交往的过程中形成的，是人的社会活动的结果。在某种意义上，良心也可以看作外部的社会伦理关系转化为人们内心的道德要求和个人品德的结果。社会文化不同，所受教育不同，都会对良心的形成产生不同的作用和影响。

同时，良心也是人们道德行为的自我评价系统，人们的道德行为经过良心的自我评价，经过内在信念的自我估量，就会得出恰当结论，使自己感到平静或不安，严重的会备受折磨，以至于痛不欲生。也就是说，良心是人们内心的道德法庭。当然，良心在对别人的评价中也发生一定的作用，但这种评价常常是将自己放到对方的境况中去进行反思，去发现自己的行为对他人的影响。其实，这依然是对自我行为的评价。如果在对自己的行为、他人的处境以及自己行为对他人的影响方面的反思中受到了良心的谴责，就会做出否定的结论。这就是我们经常讲的"设身处地""将心比心"。良心的作用是很重要的，没有良心，就没有人的自觉的道德行为。或者说，虽有某种道德行为，但也因缺乏良心而失去自尊和自律的性质，成为一种纯粹的受外在因素强制的行为。

行政良心是指行政人员在其行政管理这一特殊职业活动中形成的道德责任意识，也包括行政人员对自我的行政行为进行道德评价的过程和能力。当行政人员因为看到自己责任范围内的人民群众的利益受到损害而焦虑不安、深深自责时，就可以说他拥有了值得称道的行政良心。当然，行政人员是按规章政策办事的，而凭良心办事则带有很多的感情色彩。行政机关及其行政人员的行政管理工作需要贯彻执行政策，要力求避免以感情代替政策。但是，在社会主义国家，行政人员按政策办事和凭良心办事是统一的。行政人员不仅在贯彻执行政策时需要具备行政良心，而且制定方针政策时也需要行政良心。

根据现代心理学的研究成果，可以把行政良心的基本结构划分如下：（1）自我道德认识。这是公务员在行政过程中对自己的行政行为善恶性质的自我体认、自我观察和自我思考。自我道德认识的根据要么是国家制定的行政伦理规范，要么是自己在社会中获得、认同和信奉的伦理规范。（2）自我道德情感。这是公务员在行政道德实践中发生的情感体验，具体表现形式有自豪感、责任感、自卑感、愧疚感等。（3）自我道德意志。这是公务员在自我道德认识和体验基础上产生的道德意志，是公务员对自己的行政行为从动机确定到实际实现的整个心理活动过程，具体表现为公务员在行政伦理行为动机和执行上的自我激励、自我约束、自我命令、自我完善等[1]。

专栏

为官从政，别把"良心"落下了

"市长说，地下铺了管网，把几百亿埋在地下，老百姓也看不见，我怎么能干这个事儿呢！"在一个沿海地区经济发达城市调研时，全国工商联环境商会秘书长骆建华听到这样的观点。

"几百亿埋地下，百姓看不见"应该是"说了实话"的，而大言炎炎，冠冕堂皇，但不做"老百姓看不见"事的官员有吗？

雨果曾写道：下水道是城市的良心。然而某些官员唯GDP马首是瞻，早就把诸多"良心"抛之身外，不管是地下管网建设、水污染治理还是环境保护建设，一些地方都存在"重面子、轻里子""重地上、轻地下"的毛病。这些现象折射出的无疑是某些官员政绩观的扭曲。

"几百亿埋在地下"真的是担心老百姓看不见吗？答案恐怕是否定的。比起老百姓看不看得到，想必这些官员更在意的是上级领导是否看得到。在他们看来，要是上级领导看不到自己在下水管网建设维护、地下水治理等方面付出的种种努力，就可能影响自己的政绩评价乃至官位升迁。而"金玉其外"很重要，高楼大厦、标志性建筑等形象工

---

① 李鹏飞．行政良心的三个基本问题．前沿，2007（12）．

程"短平快"的显性政绩，上级领导看得见、摸得着，更容易成为升迁的"敲门砖"。

怎样让地方官员别落下"城市的良心"？怎样让地方官员少做一些心浮气躁的官面文章，多做一点眼光长远、脚踏实地的为民实事？那就是坚持正确的用人导向，进一步完善科学的政绩考核体制机制，让"看不见的政绩"也能有"看得见"的关注和监督，让心里只装着升迁、抛弃"良心"的官迷们付出相应代价。

资料来源：汤虹玲. 为官从政，别把"良心"落下了. 上海人大月刊，2014（7）.

2. 行政良心的特点

行政良心不同于一般社会成员的良心，也不同于人们在其他职业活动中应拥有的良心，有其自身的特点。

（1）行政良心有强烈的集团性和民族性。行政良心尽管有其复杂微妙的主观心理形式，但它的内容是客观的。它实质上是行政责任和义务的内化，是对特定社会关系及其客观要求的主观心理反映和升华。由于行政机关是国家的核心部分，政府及其行政人员与国家政权的性质紧紧相连，因而行政良心具有强烈的集团性和民族性。

（2）行政良心有相对独立性。行政良心一旦形成，便作为行政人员的内心信念而存在，就具有相对独立性。它能成为政府及其行政人员的共同意识，对社会产生巨大的影响。特别是在当前，我国处于新的历史时期，行政良心更能起到激励政府及其行政人员依靠和带领人民群众振奋民族精神、增强民族团结的作用。

（3）行政良心具有高度的自觉性。行政良心作为政府及其行政人员道德意识的一个重要组成部分，在支配和评价政府及其行政人员的行为时表现为一种完全出于内心的、自觉自愿的活动，不被外力所强制，即使在无人监督的情况下，也不会违背道德要求，并愿意多做有利于国家和人民生存发展的事情。

（4）行政良心具有他在性。行政良心是行政人员道德行为的内在驱动力量，却并非完全自在的。行政良心要求行政人员从他在性的立场出发思考问题，也就是从他所面对的各种类型的他者的立场出发思考问题。在抽象意义上，行政人员面对的他者就是公众；在具体意义上，就是在职务行为中面对的相对人。行政良心要求行政人员在与公共利益相一致的前提下以他者的利益为旨归，在这个意义上，行政人员的自觉就是对自身他在性立场的自觉。

专栏

依法治官中的"深喉"及其保护

中国职务犯罪案件的办理，对举报的依赖程度很高。

时任最高人民检察院副检察长柯汉民曾在 2010 年表示，在检察机关立案侦查的案件中，群众举报或通过群众举报深挖出来的职务犯罪案件，占立案总数的 70％ 以上。他说，离开了群众举报，反贪污贿赂和反渎职侵权工作将成为无源之水。

中国政法大学副教授吴丹红曾经在文章《举报人法律保护的实证研究》中援引最高检的数据说，从 20 世纪 90 年代起，每年检察机关受理的打击报复举报人的控告在千件以上。《法制日报》在 2010 年曾报道称，最高检的材料显示，在那些向检察机关举报涉嫌犯罪的举报人中，约有 70% 的人不同程度地遭到打击报复或变相打击报复。而发生在举报人与被举报人之间的报复性案件，在现实中很难立案。2001 年，全国检察机关初查打击报复举报人案件有 289 件，其中立案侦查 14 件，占比 5%。

有鉴于此，十八届四中全会刚结束，最高检就修订了《人民检察院举报工作规定》。一方面首次规定举报人有向检察院申请保护的权利。《人民检察院举报工作规定》第 8 条列举了举报人享有的 6 项权利，其中第 4 项为："请求保护。举报人举报后，如果人身、财产安全受到威胁，有权请求人民检察院予以保护。"另一方面是规定了上述权利实现的路径：一是"人民检察院受理实名举报后，应当对举报风险进行评估，必要时应当制定举报人保护预案"；二是"举报人向人民检察院实名举报后，在人身、财产安全受到威胁向人民检察院求助时，举报中心或者侦查部门应当迅速查明情况，向检察长报告。认为威胁确实存在的，应当及时通知当地公安机关；情况紧急的，应当先指派法警采取人身保护的临时措施保护举报人，并及时通知当地公安机关"。

资料来源：韩永. 最高检出台新规保护"深喉". 人民文摘，2015（1）.

6.2.2　行政良心的作用

1. 良心的作用

良心具有使人遵守道德规范的价值或作用。因为，一个人只有遵守道德规范，才能实现良心的目的——满足做一个好人的道德需要，成为一个有道德的人。反之，如果他不遵守道德，便不能实现良心所指向的目的，便不能满足做一个好人的道德需要，便不能成为一个有道德的人。这样，一个人的行为如果符合道德，具有正道德价值，那么他便会因做一个好人的需要和目的得到实现而体验到自豪的快乐，沉浸于良心满足的喜悦。反之，他的行为如果违背道德，具有负道德价值，那么他做一个好人的愿望和目的便落空了，他便会体验到内疚感和罪恶感，便会遭受良心谴责的痛苦折磨。快乐与痛苦不仅是需要和目的是否得到实现的心理体验，而且是引发一切行为的原动力。因此，一方面，通过道德行为带来的自豪感和良心满足的快乐而推动行为者遵守道德，以便再度享受这种快乐；另一方面，则通过产生内疚感、罪恶感和良心谴责的痛苦，阻止行为者违背道德，以便从这种痛苦中解脱出来。

良心使人遵守道德，并且人人皆有良心，那么为什么人们还会不遵守道德呢？这是因为，每个人的行为都产生和决定于他的需要、欲望、目的，而任何人都有做一个好人、一个有良心的人这样一种需要、欲望、目的。谁都知道，欲望和需要往往不能同时得到满足：若顺从良心的欲望，做一个好人，便不能顺从、满足其他需要和欲望，于是发生诸多欲望和需要之间的冲突。斗争的结果，无疑是顺从、满足比较强大的、起决定作用的需要和欲望。当一个人的良心与其他欲望发生冲突时，如果他的良心的愿望和目的比较强大，他便会顺从良心的指令，遵守道德，由此产生的自豪感和良心满足的快乐又会推动他继续遵守道德。反之，如果他的其他欲望比较强大，他便会违背良心的指令，不遵守道德。但是，事后他会因不遵守道德产生内疚感、罪恶感，受到良心谴责的痛苦折磨，进而，他或多或少要下一个决心，以后不再违背道德。

可见，良心具有促使人遵守道德的作用。事前，它通过做一个好人的需要和目的而推动每个人遵守道德；事后，则通过良心满足的快乐和良心谴责的痛苦而使人继续遵守道德或改过迁善、归依道德。

一个人的良心具有促使他遵守道德的作用，因而，是极其有利于社会和他人的。那么，它是否也极其有利于自己呢？是的。因为良心既然能够使自己遵守道德，也就使自己具有美德：美德无疑是经常遵守道德的结果。所以，良心对自己的作用，与美德对自己的作用是一样的：就其直接作用来说，良心无疑是对自己的某些欲望和自由的压抑，但就其间接的、最终的作用来说，良心能够防止更大的恶（社会和他人的唾弃、惩罚）和求得更大的利或善（社会和他人的赞许、赏誉）。所以，从根本上看，良心与美德一样，对自己是非常有利的，是人在一个社会中的安身立命之本，是人的最根本、最重大的利益得以实现的重要途径。

在良心的强弱、遵守道德以及利己害人的问题上，三者间的关系会表现出一种正比例定律：一个人的良心越强，他遵守道德所带来的自豪感和良心满足的快乐便越强大，他违背道德所产生的内疚感、罪恶感和良心谴责的痛苦便越深重，他便越能够克服违背道德的冲动并遵守道德，他的品德便越高尚，他便越有利于社会和他人，他自己——长远地看——从中所得到的利益也就越多；反之，他的良心越弱，他遵守道德所带来的自豪感和良心满足的快乐便越弱小，他违背道德所产生的内疚感、罪恶感和良心谴责的痛苦便越轻微，他便越容易顺从不道德的欲望而违背道德，他的品德便越低下，他便越可能有害于社会和他人，他自己——长远地看——从中所遭受的损害也就越多。

专　栏

长江"清漂人"，干着良心活

清道光十九年（公元 1839 年），云阳县令发出一则"安民告示"——"禁止塘水，不准污秽"，并将这八个字刻在石碑上。

当前，长江经济带"共抓大保护，不搞大开发"，对老百姓而言，就是在保护好共饮的一江水、建设好共同的大家园。这就需要调动各方力量，形成全社会共同参与的生态保护"行动共同体"。

在长江的重庆万州段，一名 29 岁的清漂队员刘波，就是这个共同体的一员。从事清漂工作四年，面对记者讲起自己的事，刘波显得有些腼腆，却也很认真很动情。父母当初不太能理解，常抱怨他说，半年不回家，工资也不高。他也没辩解，而是带着父母来到江边。当时三峡库区 175 米的蓄水刚完成，江面垃圾杂物比较少，他对父母说："这样干净的江面，也有我的一份功劳。"

习近平总书记指出，推动长江经济带发展不仅仅是沿江各地党委和政府的责任，也是全社会的共同事业。保护母亲河没有局外人和旁观者，只有更加有效地动员和凝聚起各方面力量，才能形成全社会共同参与的共抓大保护、不搞大开发格局。

"漂情就是命令。"刘波说，个人的事再大也是小事，延误了清漂工作进度，影响了库区水环境那才是大事。保护长江需要一腔热忱、一份担当，就像一位同行记者评价的，这是"良心活"。今天再看那座"环保碑"，上面的"禁止塘水，不准污秽"八个字，也启示我们一起行动、一起保护、一起为了一江清水而努力。

资料来源：长江"清漂人"干着良心活．人民日报，2018-08-02.

2. 行政良心的作用

行政良心作为行政人员的深沉的职业责任意识，构成了行政人员内心深处最基本的"道德律"，是推动行政人员履行行政管理职业责任的内在精神力量。当行政良心体现为行政人员对自己在行政管理这一特殊职业活动中的行为进行自我评价的能力时，构成了行政人员内心深处的"道德法庭"和调节器，对行政人员的行政行为选择具有多方面的规范和指导作用。费希特指出："你要永远按照对于你的职责的最佳信念去行动，或者说，你要按照你的良心去行动。"[①] 由于行政良心是行政人员把行政责任道德内化的结果，因此，在行政人员管理公共事务的过程中，这种良心一直发挥着作用，其表现形式就是纯洁管理动机、监控管理过程和评价并矫正管理结果。

费尔巴哈曾把良心区分为"行为之前的良心、伴随行为的良心和行为之后的良心"三种类型[②]，我们也可以从这样三个方面来分析行政良心在行政人员的行政行为中的重要作用。

（1）行政良心在行政人员的行政行为发生之前，会对行为动机的选择起调控作用。行政人员在对公共事务实施管理（亦即行使行政权力）以前存在一个管理动机问题，即会遇到为了私人利益还是公共利益或二者兼有的问题。行政人员的行政行为选择，不仅受外部环境的影响，而且受到良心的调控。行政人员在做出某种行政行为选择之前，由于行政良心的作用，总会使他根据自己所内化的责任和义务的要求，去衡量和检查动机在道德上的纯洁性。凡是断定符合行政管理职业道德要求的动机，在心理上就会得到肯定；反之，就会形成一种心理上的不安或不满意的感受。这种正反心理体验就会促使行政人员去修改、放弃或端正原有的不良动机。这表明，行政良心通常能够促使行政人员选择与行政理想和行政管理职业道德观念相一致的行为动机。当行政人员的个人利益与公共利益发生冲突时，其行政良心会使他选择有利于公共利益的行为。

行政人员的行政行为可分为执行和决策两类。决策行为在一开始时就有个动机的问题。从事决策的行政人员需要用行政良心来衡量决策的动机，看它是否符合道德要求，符合的就加以肯定，不符合的就予以否定，以便从道德上保证决策行为的正确性，力求避免决策失误。正是由于这个原因，我国行政机关及其行政人员都非常注重从人民群众的根本利益出发进行决策，认为只有胸怀为民之心，永远想着群众，时刻把群

---

① 费希特．伦理学体系．梁志学，李理，译．北京，中国社会科学出版社，1995：9.
② 费尔巴哈．费尔巴哈哲学著作选集．荣震华，李金山，等译．北京，商务印书馆，1984：585.

众的疾苦和安危挂在心头，才能制定出为民之策；也只有常听为民之言，广开言路，拓宽联系群众的渠道，并深入调查研究，了解民情，体察民意，才能制定出为民之策。但是，也有极少数地方和单位，利用制定政策的权力为个人和小集团谋取私利。特别是在改革开放的过程中，它们往往利用上级政府在政策制定上放权的机会，想方设法在制定政策上打主意，出台一些不合理的"土政策""土法规"，给国家和人民群众的利益造成损害，制造干群矛盾，败坏党和人民政府在人民群众心目中的良好形象。我们经常可以看到，一些以政策谋私的行为却打着"集体决策"的旗号披上"合法"的外衣，但这个"合法"并不能改变行政良心缺失的事实。

（2）在行政行为中，行政良心对行政行为取向的变化起着监督和控制作用。行政良心作为行政人员内心深处的"调控器"，总会像"警察"一样伴随行政行为的全过程，并构成一道强有力的心理防线。当行政行为保持正确的方向时，它会给以内在的激励和支持；当行政行为的方向发生偏离，违背了承担行政管理职业责任和义务的要求时，它会以内在愤怒的心理方式加以制止和克服。在市场经济条件下，行政良心的这种作用更为重要和突出。不少行政人员在做出了"出租权力"的行为选择之后，之所以又随之自觉放弃，就是因为"良心发现"起了作用。行政良心的这一作用，还突出表现为"慎独"。我国古代提倡"慎独"，就是指在个人单独行动、无人察觉的情况下，仍然恪守道德准则和规范，从而突出了良心在人的道德操守的获得和维护中的重要作用。也就是说，当行政人员在没有任何外在监督的情况下独自处理一项公务时，其行政良心会使他不会因为"独处"而徇私枉法或贪赃枉法。政府及其行政人员在施政过程中，当意识到自己有违背社会主义道德原则时，就会设法予以制止和纠正，并随时注意防止萌生私心，以确保政策的正确贯彻执行，不让国家和人民的利益受到损失。这些就是行政良心所起到的监督作用。

（3）在行政行为选择已经完成的时候，行政良心会对行为后果起反思和评价的作用。行政人员的行政良心是其行政行为的裁判者。拥有行政良心的行政人员总能自觉地在道德法庭上自己既当起诉人又当审判官，认真检查和审判自己的言行。当发现自己的行为符合道德要求时，内心便会感到欣慰和满足；当发现自己的行为违背道德要求时，内心就会受到谴责，深感内疚、不安和痛苦，或羞愧得无地自容，决定改正自己的行为。行政良心是行政人员对自己的行政行为所做的一种内在的、自觉的评价，可能在自省中实现自警。特别是在领导监督、群众监督和社会舆论监督难以或无法达到的地方，行政良心的评价作用显得更为重要。所以说，行政良心的这种作用是通过行政人员的内心活动而发生的，是在行政人员把行为后果与行为动机、行为方式联系起来进行较为全面的道德反思和自我评价之后发生的。当行为后果符合行政道德原则和规范的要求时，良心就给予肯定，从而在内心产生一种道德上的满足感，给行政人员带来欢乐和安慰，即问心无愧，并进一步增强行政人员的道德自觉性，巩固符合良心要求的行为动机和行为方式；当行政人员从行政良心的角度通过反思感到自己的行为违反了职业道德要求，给社会利益、公共利益带来了损害，给他人带来痛苦和不幸，他就会形成一种心理上的负罪感，感到内疚、惭愧和悔恨。当行政人员受到良心上的谴责时，这种良心的责备还会转为一股动力，促使他设法纠正自己的行为。

6.3 行政良知

6.3.1 行政良知的含义

1. 行政良知的定义

"良知"在孟子那里本是指人类先天具有的分辨是非善恶的道德感、道德判断能力，是一种"不待思虑而自然知"的本能，它的理论基石是"性善论"。不过，历代学者对人性的善恶并无一致的意见，对所谓"良知"（符合良善标准的道德判断力）是一种先天禀赋还是在后天养成也各执一词。东汉王充对性善还是性恶采取了一种折中的态度，他说："论人之性，定有善有恶。"（《论衡·率性篇》）但他承继了墨子的思想，强调后天的社会现实对人性的塑造作用。"人之性，善可变为恶，恶可变为善"，犹如练丝，染之蓝则青，染之丹则赤；又如蓬生麻间，不扶自直。王充用了一系列比喻来论证社会环境对人性的影响。这种说法过于绝对，抹杀了人的主体意识，撇开了个人的道德选择，不能解释为何"一样的米养百样的人"，为何同样的家庭背景中会走出盗跖与柳下惠两种人生取向迥然不同的人。但是，对非圣非贤的芸芸众生来说，他是对的，绝大多数人只能是环境造就的。

王阳明是我国明代最著名的哲学家，是"心学"的集大成者，他发展了朱熹的心本体论和陆九渊的"心即理"的学说，构造了一个完备的、首尾一贯的主观唯心主义体系。王阳明的"良知"已和孟子的"良知"大不相同，它已经由先天的道德观念上升为超越万物和人心的绝对本体，即上升为最高的哲学范畴。王阳明这样做，绝非偶然。作为一个哲学家，他清楚地知道，要建立一个能从理论上说明"万物一体"的世界观，要把封建道德化为哲理，使之适用于宇宙一切领域的准则，必须借助于理论的思维方式，必须借助于最高的哲学范畴。基于这种哲学理论，王阳明认为，"良知"原本是"心之虚灵明觉"，是"天理自然明觉发见处"。这显然是对良知进行了夸大，使它成为一种本体论、认识论和伦理观的综合体，成为超越一切的绝对本体。

所谓良知，就是人们在社会生活中必备的一种道德情感、道德意志和道德判断能力。行政人员作为社会成员，在他的社会生活中也需要拥有一般的道德情感、道德意志和道德判断能力。同时，行政人员又是行政管理这一特殊职业的从业者，他还需要拥有不同于一般社会成员的道德情感、道德意志和道德判断能力。在一般社会成员的这种道德情感、道德意志和道德判断能力的基础上形成的行政管理职业从业者所独具的道德情感、道德意志和道德判断能力就是行政人员的行政良知。也就是说，行政良知是行政人员在行政管理实践中形成的职业道德情感、道德意识、道德意志和道德判断能力的总和，是行政人员形成、认识和把握行政良心的主观意识活动及其过程。

专栏

做有良知的合格评审专家

在当前的政府采购实践中，专家评审制是政府采购制度的核心安排。该制度设计的初衷是希望通过借助评审专家技术水平高、法治意识强、道德素质高的独特优势以及无利益第三方的独立地位，为政府采购活动审查把关。按照现有管理机制，所有政府采购评审专家都是通过财政部门的选聘程序受聘，以独立身份参加政府采购评审工作，体现的是专业性、权威性和严肃性。评审专家权力是法定的，在整个政府采购活动中，其地位特殊，责任重大，作用重要。

总体来看，整个评审专家队伍是好的，能够秉承原则、遵守纪法、公平公正、尽职尽责，但也确有部分专家，忘记了身份、抛弃了原则、丧失了良知、背离了法纪，在评审过程中随心所欲、为所欲为、混淆是非，败坏了专家队伍的整体形象，破坏了政府采购的基本秩序，严重透支了政府的公信力，引起了其他政府采购当事人的气愤、社会各界的不满。

评审专家要当好裁判员，就应时刻绷紧公平公正之弦，做到有准绳、有标准、有尺度，一把尺子量到底。能够公平公正地对待采购项目的需求、采购人的要求、供应商的期求、社会各界的诉求，维护政府采购市场优良秩序。始终做到坚持原则、坚守正气，说正直的话、走正直的路、评正义的标。任何时候、任何情况下都能够不昏头、不乱心、不花眼、不歪行，当一个公平正义的、问心无愧的裁判者。

资料来源：韩震. 做有良知的合格评审专家. 中国政府采购，2019（1）.

2. 行政良知与行政良心

良心、良知、良能，三者不是同义词，它们的关系大致是：良心在传统哲学中叫作"本体"，这个本体不是西方自古希腊以来讲的本体论哲学意义上的本体，而是中国哲学中所讲的"体用"关系中的那个与"用"相对应的"体"。有其体必有其用，这个"用"就是"良能"。良能是通过本质直观、发现良心后所表现出的道德能力。但是，在从良心到良能的转化过程中，包含着良知，良知是对良心的知觉、认识，良知是良心与良能的"体用"关系中的中介，正是通过良知，良心才能转化为良能。在孟子看来，人在后天生活中，本心被遮蔽了、失落了，要使它重新澄明，就要把它找回来，而良知就是对本心的直观。当然，良知本身也是包含着良能的。因为，在把良心找回来的过程中，也有一个能否找回来的问题，如果真的把良心找了回来，就说明良能的存在。如果从道德实践的角度来看，良心、良知和良能又是无法分开来谈的，因为良心如果不被良知所发现的话，是无法判定它是真实存在着的，所以，良知中是包含着良心的。同样，良知如果不在道德行为选择中以良能的形式出现，也是没有意义的。

良知对良心的发现是直观的。对此，孟子做了很好的解释。孟子说，猛然见孺子将落井，于是心动，因而知道自己的良心到场了。这是当下即知的，不假思索的。同时，良知对良心的直观又是"人同此心，心同此理"的东西。最为重要的是这种直观不是经验的而是先验的，因为它所直观到的本心既不是逻辑上的结论，也不是经验上的结果，而是自明的，是人自身所具有的一种存在物。当然，根据唯物主义的观点，并不存在先天的和先验的良心，良心也是在社会生活实践中和后天的教育过程中形成的。在此意义上，良知就不仅是发现良心的过程，而且也是形成良心的过程。但是，也必须指出，良心的形成过程不同于通过认识而形成知识的过程，所以，对于形成良心的良知，是不能按照认识论所规划的认识过程来加以理解的。如果把通过良知而形成良心的过程当作认识过程的话，虽然合乎科学的解释，但与道德实践中的实际情况大相径庭。因此，不能根据认识论的逻辑来分析形成良心的良知现象，即使说良知包含着认识的内容，也是属于道德认识和道德实践的范畴，是一种较为特殊的认识现象，是一种通过直观、直觉的认识和实践活动去形成或认识良心的认识现象。

可见，行政良知也是行政人员通过行政管理活动去形成和认识行政良心的过程，表现为行政人员在行政管理活动中根据全心全意服务于公共利益和满足社会需求的原则去认真体察、自觉认识和努力发现行政良心的主观追求。行政良知是形成行政良心的途径，反过来，行政良心又是行政良知的根据。在行政人员的行政管理活动中，只要有着自觉的道德追求，就会走向形成行政良心的结果。同时，当行政人员拥有行政良心的时候，在他的行政行为中就会体现出行政良知，就会自觉地维护和促进公共利益的实现，就会主动地为一切合理的社会需求提供有效的公共产品。从根本上说，行政良知必然要体现在行政行为中，以行政人员对公共利益和社会需求的道德意识的形式而存在，表现为行政管理行动中的良能。

3. 行政良知的意义

良知是人的基本的内在品性与人格要素，它既是人与社会相联系的中介，又构成人的社会生活的内容。离开良知，便无所谓人与人之间的社会生活，也无所谓人类社会及其历史。人类社会之所以能够延续下来，是因为有着良知在发挥作用；人类文明之所以是发展的和进步的，不只是反映在生产和科学技术进步之中，而且也反映在人的良知在生产的目的和形式方面发挥的作用中，正是人的良知，决定了科学技术如何利用等问题。所以说，良知是人所特有的，也是在人的社会生活之中生成和发展着的。可以毫不夸张地说，若没有良知，便不可能有人类社会和人的生活。

良知是人成为人的重要因素，在某种意义上，可以说，良知是人之为人的决定性因素。对于真实的个人而言，没有良知便无法形成基本的社会人格。其实，人也只有在良知的基础上建立起起码的社会人格，才有可能生存于社会生活中。在任何一个社会中，所拥有的基本观念、意识和精神，都或多或少、或显或隐、或直接或间接地建立在人的良知的基础上。也正是因为一个社会的基本观念、意识和精神中包含着良知，才会作用于个体的人，使之拥有良心，并获得良知和在社会行动中表现出了良能。尽管近代以来的社会发展反映了人的按照科学和法律原则去进行自觉建构的特点，但这个社会也始终是以良知为基础的。在各种各样的规则、制度、组织与机构等物质设施的深层，依然得到了人的良知的支撑。

因此，对于人和社会的存在，对于人的现实生活的各个方面，良知都有着非常重要的意义。有史以来，人们始终把拥有了正义、爱和公正的原则的人看作有良知的人，当人按照这些原则去做事的时候，就认为是良知的体现。历史上无数不朽的道德形象都是依良知而行的楷模，当他们的国家腐败和不讲正义时，他们就会谴责自己的国家，并预言它的没落。苏格拉底宁死也不愿使真理遭到损害和违背良知而行，就是一个典型的例子。可以断言，失去了良知，人类也就失去了未来。实际上，如果没有良知，人类也就没有历史。

行政良知对于行政人员的行政管理活动有着重要意义，它所要解决的是行政人员如何从事行政管理活动、如何做出行政行为选择的问题。有了行政良知，行政人员就会满腔热情地投入行政管理的职业活动中，在行政管理活动中注入他的道德情感、道德意志，并体现出他的道德判断能力，对行政管理过程中的一切相关的人和事，都能做出正确的道德评价。

6.3.2 行政良知的内容

1. 行政良知的来源

关于良知以及行政良知从何而来的问题，人们众说纷纭、莫衷一是。美国哲学伦理学家梯利把关于良知来源问题上的理论观点分为神话的观点、理性直觉论、感情直觉论、知觉直觉论、经验论以及直觉论和经验论的调和等几类。神话的观点把良知看作神在人的灵魂里发出的声音，是神直接对我们所讲的话；理性直觉论认为，人本身具有一种天赋，一种特殊的道德天资，良知就是来源于人的这种理性直觉，它能使人直接区分行为的正当与否；感情直觉论认为，良知来源于人天生具有的对于善的偏爱的直觉感情；知觉直觉论认为，良知属于一种天赋的善恶知觉；经验论则根本否认良知的先天性，认为它是后天获得的东西，是一种经验的产物；调和论则主张良知来源于人的一种道德感与道德直觉，但这种道德感与直觉并不是超自然的而只能是自然的，它们依靠社会内外活动的训练而成长，它们不是对所有的人都一样的，而是多多少少因各个地方的社会活动不同而不同。

其实，良知也如所谓人性一样，是在人的天生本能基础上，由人的生活经历、发展进化所赋予人的，放在人类社会的发展过程中看，有一个逐渐形成和发展的过程，即使在个人这里，也有一个在社会生活和实践过程中形成的过程。这一点，梯利讲得非常正确：一个人并非生来就知道善和恶，义务的感情也并非直接就在他心中产生。但是，人具有很多本能，可以说，道德感情就是从这些本能进化而来的。这些必须看作天赋的本能可以描述为：愤恨的感情；害怕别人愤恨的感情；对别人看法的尊重；模仿的欲望；对别人幸福的同感；服从更高力量的倾向。这些意识中的本能因素构成了较高的道德感情的基础，以此为基础的道德感情将在适当的条件下成长。良知正是在这一过程中逐渐产生和发展的。

总之，良知是人与人的外在环境特别是人与人、人与社会的彼此协调、互相融合（支持与自我克制）的产物，同时也是人与人、人与社会的关系中以人的生存、发展与完善为基准线的各种观念、意识与精神原则长期博弈与整合的产物。因此，良知与人类生活的历史传统、习俗、惯例密切相关，与人类社会特别是与现实的人的日常生活世界密切相关，并成为现实的人的生活世界的一部分。人的良知与人的生活世界是彼此塑造的。

行政良知的生成也有这样一个过程：就行政人员作为生活在一定社会中的人而言，他的良知与一般社会成员一样，受到社会发展和时代精神的影响，由社会实践所决定。同时，行政人员又是行政管理这一特殊职业的从业者，这一特殊职业要求他具有合乎这一职业活动需要的良知。所以，行政人员又需要在关于行政管理的职业教育、职业训练和具体的行政管理实践活动中生成行政良知。反过来，行政良知又影响甚至决定着行政人员的行政管理活动状况。

2. 行政良知的表现

良知包括道德或伦理观念体系结构中知、情、意三方面的成分，是理性认知与价值评价的能力和依据，也包括根据这种认知与评价而采取行动的能力。所以，良知既是道德或伦理观念体系中知、情、意三个方面的统一和交汇，又是道德或伦理观念转化为道德实践的中介。所以，行政人员拥有了行政管理的知识和技能并不是他成为一个合格的行政人员的全部条件，只有当他同时拥有了道德良知，他的行政管理知识和技能才会转化为行政管理实践，才能贯彻全心全意为人民服务的宗旨，才能在维护和增进公共利益的过程中充分运用自己关于行政管理的知识和技能。

良知不是人们的一时喜好，也不是人们的即境情绪，而是比较持久、稳定和恒常的认知与评价、判断与行动的模式与框架。所以，在很大程度上，行政良知也是行政人员对行政管理职业所应承担的义务和责任的体察和认识。当然，行政人员在行政管理活动中仅仅履行了他的那些最为基本的义务和责任还不能证明他拥有了一个行政人员所应有的良知。因为他极有可能是在外在规范的压力下履行了这些最基本的义务和责任。也就是说，在行政管理体系科学化、技术化程度日益提高的条件下，行政人员的外在规范体系日益健全，它能够保证行政人员在外在规范的制约下承担起行政管理过程中那些最为基本的义务和责任。因为，如果行政人员不能够履行他应当承担的那些最为基本的义务和责任的话，他就有可能受到谴责，甚至会触犯法律，落下"渎职"的罪名。如果要求行政人员较好地履行行政义务和责任的话，那就需要行政人员的行政良知发挥作用。因而，行政良知是行政人员对他的职业义务和责任的完全的、充分的认识，是他高质量、高效率、高水平地履行职业义务和责任的道德能力的保障。

在中国古代的伦理思想中，良知和德性是一体两面的关系。比如，王阳明区分了意念和良知，在他看来，意念作为应物而起者带有自发和偶然的特点。所谓应物而起，也就是因对象而生，随物而转，完全为外部对象所左右，缺乏内在的确定性。与意念不同，作为真实德性的良知并非偶然生成于某种外部境遇，也并不随对象的生灭而生灭。它在行著习察的过程中凝化为内在的人格，因而具有专一恒定的品格①。

概括中国古代思想家关于良知问题的探讨，大致可以认为良知来源于人的两种基本情感，即来源于恻隐之心和仁爱之心。恻隐之心是对一切社会成员的基本要求，是一切人所共有的，而仁爱之心则更多的是对社会治理者提出的要求。在传统社会，是对统治者的要求，而在现代社会，则是对行政人员以及全体国家工作人员的要求。当然，对于恻隐之心和仁爱之心又不能分别加以分析，两者是联系在一起的，同属于构成个人内在

---

① 杨国荣．良知与德性．哲学研究，1996（8）．

品质的两种基本要求。特别是恻隐之心和仁爱之心在人的行为外显中以"诚信"和"忠恕"的形式出现的时候，它们之间的密切联系就更清楚了。在今天，对于行政人员来说，"诚信"和"忠恕"依然是需要认真践行的道德要求，行政人员的行政良知也需要落实在"诚信"和"忠恕"之上。无论是在道德理念的意义上还是在道德行为的意义上，"诚信"和"忠恕"都是良知的完整体现，因而也是行政良知的全部内容。因为，在"诚信"和"忠恕"的要求中包含了行政人员对国家、对人民、对权力、对事业等一切与行政管理相关的人和事的忠诚可信、公正无私与客观理性。

在行政良知的"诚信"和"忠恕"要求中，我们看到，行政人员的"诚"就是指一种真诚的内心态度和内在品质；"信"则涉及对自己的言行的承诺，涉及与他人的关系。单纯的"诚"，重心在"我"，是关心自己的道德水准，关心自己成为一个什么样的人，即是否以诚待人，是否在行政管理活动中忠诚于公共事业；单纯的"信"，则重心在他人，所关心的是自己言行对他人的影响，关心他人对自己言行所持的态度。所以，作为基本的行政良知的诚信，是每一个行政人员都应当做出的，而且也是绝大多数行政人员不难做到的。行政人员如果违背了诚信，就会给他人和社会带来损害。事实上，行政人员是否做到了诚信，也是能够客观地加以鉴别和判定的。所以，我们说的诚信所关注的就不是心诺，而是言诺，不是对自己做的许诺，而是对他人所做的许诺，诚信的重心主要不是主观的"诚"，而是客观的"信"，不是初心与后心的一致，而是前面的言行与后面的言行一致。

作为良知的基本内容和对行政人员的基本要求，做到了诚信，"忠恕"之道也就已在其中了。但是，行政人员还不能满足于"诚信"的这一基本要求，他还需要用更高的道德标准要求自己，强化诚信的内在功能，即更加注重诚信作为内在品质的一面，把对他人的诚信、对公共事业的诚信也看作对自己的诚信，在对他人诚实无欺的时候也做到对自己诚实无欺，从而使行政行为中的诚信发自内心。这样一来，"诚"就上升到"忠"的境界，即忠于国家、忠于人民，进而在行政管理活动中无论面对什么样的矛盾，无论遇到什么样的困难，都能做到不愠不火、不急不躁，公正无私、不偏不倚，这就是"恕"。所以，"诚信"与"忠恕"虽然是行政良知的两个方面和两种境界，却构成了行政良知的完整内容。对于行政人员，按照这两个方面来加以检验，就可以获得他是否拥有行政良知的准确判断。

专栏

忠恕

子曰："参乎！吾道一以贯之。"

曾子曰："唯。"

子出，门人问曰："何谓也？"曾子曰："夫子之道，忠恕而已矣。"

【译文】孔子说："参啊，我的学说贯穿着一个基本原则。"曾子说："是的。"孔子出去后，其他学生问道："这是什么意思呢？"曾子说："老师的学说，就是忠恕二字呀。"

资料来源：论语．陈晓芬，译注．北京：中华书局，2017：43.

3. 行政良知的构成

政府虽然在表面上凌驾于个人和社会之上，是一种"独立"的社会存在，但其存在的真实根据与正当理由却只能是来自社会成员个人的生存与发展的需求，即来自人的现实生活，它实际上是人的一种生活选择。在这个意义上，政府没有也不应当有除了整个社会成员个人生存和发展之外的独立的需求，包括道德与情感的需求。然而，政府毕竟是超越于单独个人的存在，它不可能把来自每一个单独个人的生活需求都作为自己的实际诉求，它需要在全体社会成员个人生活需求的基础上，立足于人的个体生活与社会生活相统一的方面，提出关乎全社会共同的具有整体性、根本性和长远性生活需求的诉求。因此，从实质上看，行政良知是以个人良知与社会良知为内容的，是由个人良知与社会良知所构成的。在行政良知的结构中，就包含着个人良知和社会良知两个部分。或者说，行政良知是个人良知与社会良知中共同的和具有根本性方面的有机结合，是个人良知与社会良知的派生物。

个人的行为需要以良知作为依据，否则，个人的行为就是消极的甚至可能是有害于他人、有害于社会的。同样，社会也需要依据良知来运行。事实上，我们在人类社会的各个发展阶段都可以看到良知之于一个社会的重要性。特别是在现代社会，对于作为个人生活环境和基本内容的社会来说，在社会规范、制度与组织的选择、设定和运行等各个方面，都需要直接地从社会良知出发，即使一个社会宣布它是从经济发展状况出发的，也无法回避社会良知，甚至会在对社会良知的一时一地的忽视中发现无穷无尽的社会问题正在萌发。

社会良知以个人良知为基础，它反映了个人的集体性或者社会性生活所提出的道德需求。就人的社会生活而言，个人良知虽然是社会生活的坚定基础与前提，但社会良知对个人的整体生活意义尤其重要。因为个人生活就是个人的社会生活，个人是社会的产物，个人没有可以离开社会的所谓纯粹的个人生活。所以，个人良知就是社会良知在个人这里的体现，个人良知以社会良知为内容，社会良知以个人良知为表现形式。但是，个人良知与社会良知的统一性是基本的方面。在很多情况下，个人良知与社会良知还表现出不同甚至矛盾的方面。许多存在于个人行为选择中的伦理冲突也都是由于个人在行为选择过程中遇到了个人良知与社会良知的矛盾而面临着行为选择的困难。一般说来，从个人良知与社会良知发挥作用的范围看，我们可以判断出个人良知与社会良知的不同。个人良知总是个体的人的道德行为选择的出发点，而社会良知则是社会规范的确立、制度的设计、组织机构的安排等方面的社会活动的标准。

虽然行政良知是建立在个人良知和社会良知的基础上的，但它本身又独立地表达了对个人良知和社会良知的认知、理解与价值评价。因此，行政良知与个人良知、社会良知在现实中既可能是一致的，也可能是不一致的。而且，行政良知也有着两种存在形式，一方面，它是行政人员个人的良知；另一方面，它又是行政管理这一特殊职业从业者全体的良知。实际上，我们所讲的行政良知总是指行政人员个人的良知与行政人员总体上的良知的统一，是行政管理这一职业总体上的良知。所以，在宏观的社会系统中，行政良知是个人良知与社会良知的统一，而在行政系统之中，则是作为个体的行政人员的良知与作为总体的行政人员的良知的统一。

6.3.3　行政良知与行动者

1. 行政人员的行动者角色

行政人员是行政组织中的工作人员，而在现实中，行政组织往往采取了官僚制的组织形式，其基本特征就是内部存在一个层级节制的等级体系。在西方一些国家客观存在政务官与事务官的制度分界的条件下，一段时间内，人们认为行政人员就是事务官，他只能中立地执行政务官做出的决策，而不能将自己的判断掺杂进执行过程之中，否则就可能推翻政务官的决策，进而否决整个政治系统所做出的决策。然而，在不存在这种制度分界的地方，人们也认为行政组织中存在一种不可逆的决策—执行关系，即在任何上下级关系中，上级都是决策者，下级都是执行者。鉴于上级承担的是组织的领导职能，又带来了一种新的区分，即领导就是决策，行政就是执行。无论如何，行政人员都被视为一种消极的执行者。

作为这种执行者定位的一个结果，在美国文官制度的建立之初，行政人员需要具备的基本素质是"中立胜任"。在这里，中立主要指在政治上中立于两党制下的任何党派，以避免行政人员因为和政治家政见不同而拒不履行其执行职责。正如韦伯所说："文官的荣誉所在，是他对于上司的命令，就像完全符合他本人的信念那样，能够忠实地加以执行。即使这个命令在他看来有误，而在他履行了文官的申辩权后上司依然坚持命令时，他仍应忠实执行。没有这种最高意义上的道德纪律和自我否定，整个机构就会分崩离析。"① 胜任则是指行政人员需要具备相应的业务能力，而保障这一点的手段就是通过专业考试录用行政人员，并对其在职行为进行绩效考核。无论如何，行政人员的良知都是被排斥在外的。因为，如果他的良知和上级的命令有冲突，而他又坚持良知，就会出现韦伯所担忧的机构分崩离析的结果。

在 20 世纪的历史上，将行政人员视为只是一种执行者的观念产生了重要的社会后果，其中最严重的就是大屠杀。在《揭开行政之恶》一书中，两位美国学者分析了纳粹针对犹太人的大屠杀与行政人员执行者角色间的关系，认为执行者角色为纳粹政权下的普通行政人员提供了一种面具，使他们得以隐藏在罪恶行为的背后，并由此实际参与到罪恶行为之中。在日常的组织运行中，程度较轻的类似现象也普遍存在，比如近几年引发热议的"蹲式窗口"现象。在这类现象中，政务大厅的内部设计不是由一线行政人员决定的，但他们每天都在与前来办事的民众打交道，不可能不知道这种窗口的问题，但在执行者的角色定位下，他们并未积极向上级反映，不仅给民众造成了不便，也在引发舆情后损害了所在单位的声誉。

有鉴于此，在近年来兴起的行动主义理论中，学者们提出了将行政人员重塑为行动者的观点。在这里，相比于执行者，行动者是被承认了能动性的组织角色，而这就为他的良知发挥作用敞开了空间。作为一个有良知的能动者，行动者的所有行政行动都不只

---

① 韦伯. 学术与政治：韦伯的两篇演说. 冯克利，译. 北京：三联书店，2005：76.

是在执行命令或规则，而是在由制度规范与现实条件共同构成的行政情境下基于行政相对人的需要来自主判断如何做出最有利于后者的行动。当他做到了这一点时，就不仅实践了自己的良知，也使整个机构呈现出了有良知的状态。

2. 做有良知的行动者

行政人员的执行者角色是建立在对组织中决策与执行严格二分的基础上的，而这种区分又有一个前提，即由于组织中信息是自下而上流动的，每一指挥链上的最高领导者都掌握了最充分的信息，因而也只有他才能够做出正确的决策。相应地，要让组织能够做出正确的行动，其他人就只需执行他的决策。然而，在实践中，由于信息衰减现象的普遍存在，领导者掌握的信息其实是有限的。由于决策总会涉及行动的目的与手段两个方面，这也会产生两个方面的问题。首先，所有行政意义上的行动都旨在促进公共利益，行政决策的出发点就是公共利益，而信息不全必然干扰行政领导对什么是公共利益的判断；其次，在明确了公共利益的条件下，行政意义上的行动必须有效率，而信息不全也会干扰行政领导关于什么才是促进公共利益的有效手段的判断。

在行政组织中，信息衰减不是一种自然现象，可以视为不承认行政人员良知的结果。比如，在"蹲式窗口"的例子中，如果承认普通行政人员的良知，鼓励他们表达自己的意见，政府机构很快就能发现并自行纠正问题的。也正缘于此，我们才要求将行政人员都应被重塑为行动者。对行政人员来说，这有以下两方面的具体要求：

第一，行政人员需要深入人民群众，了解人民群众的所思所想。良知也是一种知识，行政良知在内容上是关于人民群众所思所想的知识，行政人员如果空有良心而不深入群众，也将无法产生良知。尤其在中国，我们党"坚持一切为了人民、一切依靠人民，从群众中来、到群众中去"①，党领导下的所有行政人员就都需要深入人民群众来锤炼自己的良知。

第二，行政人员需要在行政行动的全过程中运用自己的判断。作为行动者，行政人员的行为不存在决策与执行的明确分界。所以，在需要确定行动方向即与某项行动相关的公共利益的场合，他应积极贡献自己在一线获得的各种信息，与其他行动者共同形成什么是公共利益的判断；在需要确定行动途径的场合，他也要积极贡献自己的实践经验，与其他行动者一道找出促进公共利益的有效手段。

总之，要让行政良知能在行政行动中得到贯彻，关键就在于将行政人员从执行者转变为行动者。

◀ **本章小结** ▶

行政人员的德性是行政良心的外在形式，是指行政人员在管理公共事务过程中所形成的对自己所应承担的行政责任的道德感和自我评价能力。行政人员都应当成为有德性的人，通过德性的培养来不断做出德行。

---

① 习近平. 高举中国特色社会主义伟大旗帜 为全面建设社会主义现代化国家而团结奋斗——在中国共产党第二十次全国代表大会上的报告. 北京：人民出版社，2022：70.

　　行政良心是指行政人员在履行行政管理这一特殊职业活动中的责任和义务的过程中所形成的深刻的道德责任意识以及对自我的行政行为进行自我道德评价的能力。行政良心在行政人员的行政行为中发挥着重要的作用。

　　行政良知是行政人员在行政管理实践中形成的职业道德情感、道德意识、道德意志和道德判断能力的总和，是行政人员形成、认识和把握行政良心的主观意识活动及其过程。行政良知是个人良知与社会良知中共同的和具有根本性的方面的有机结合，是个人良知与社会良知的派生物。

◀ **关键术语** ▶

德性	德性伦理	德行	良心	行政良心
良知	行政良知	个人良知	社会良知	行动者

◀ **复习思考题** ▶

1. 怎样理解德性与良心的关系？
2. 简述行政人员需要具备的德性。
3. 怎样理解良心和行政良心的含义？
4. 良心、良知、良能三者之间是何种关系？
5. 简述行政良心的特点。
6. 简述行政良心的内容。
7. 结合实际谈谈行政良心的作用。
8. 怎样理解良知与行政良知的含义？
9. 谈谈行政良知与行政良心的关系。
10. 简述行政良知的基本内容。

第7章

行政人格

"为政之要，唯在得人。"历史和现实证明，行政人员能力的高下、素质的良莠、品德的优劣往往是影响法律及政策能否完全、充分实现的最为关键的支撑因素。行政人员作为社会治理实践活动中的主体，尤其是作为从事公共事务管理这一特殊的社会活动的主体，其本身的意识形态、价值偏好以及情感意志等相关的政治心理，对活动的结果会产生重要的影响。而且，在这种活动过程中，行政人员对自身与社会、与他人关系的认识，对自身社会角色的自觉等，都会通过外显的行为表现出来，从而证明他是一个具有现实性的整体存在。行政人员虽然是行政管理活动中的职业角色扮演者，但这一角色是与他作为人的存在分不开的，或者说，他首先是人，才可能有着角色扮演，才能够成为行政人员。所以，行政人员同时也是社会成员，职业角色和社会角色是统一于他作为人而存在的这个现实基础上的。对于一般社会成员而言，在开展社会活动过程中，在与他人交往过程中，需要拥有人格，而对于行政人员来说，不仅需要拥有作为社会成员的人格，而且需要拥有作为行政人员的行政人格。

7.1 行政人格概述

7.1.1 行政人格的含义

1. 人格的内涵

所谓人格，就是指人与其他动物相区别的人的内在规定性以及在此基础上人与人之间相区别的独特性，是个人在社会生活中通过自身的创造性活动所完成的人的类本质的实现，是个人内在的主观情状与外在客观行为相统一的现实性的总体存在，是一种体现个人尊严、价值、品格的伦理存在。一般说来，人格具有以下特征：

（1）人格是一种社会规定。首先，人格是"人"之格，不是物之格。其次，人有自然属性，但人的自然属性仅仅意味着人与自然界中的其他物种具有生物、物理和化学上的同一性。人除了有自然属性，还有社会属性。人是生活在社会中的，人只有在与他人发生关系的过程中才真正成为人，人的本质"在其现实性上，它是一切社会关系的总和"[①]。所以，人的本质规定来源于社会生活，人格便是人的社会本质的实现，是人的社会本质性的规定。

（2）人格是个体的"类本质"与个体独特性的统一。就人格与社会的关系而言，人的自然属性与社会属性这两重性决定了现实的人格只能是个体的，即人格是人与人之间相互区别的独特性。同时，随着人的历史生成与发展，个体人格既不断地丰富着人格的社会内涵，也继承并发展了人的"类本质"，是人的"类本质"在个体中的现实呈现。

（3）人格是一种社会存在方式。人的社会本质的实现是通过社会实践活动完成的。在实践过程中，个体不仅实现着其价值创造，而且将其内在的心理、意识等外显于行为中，体现了主、客体互化的统一及自我价值实现与自我价值评价的统一。人格便是在实践活动中个体价值实现与价值评价相统一的、现实的总体性存在方式。

（4）人格是一种伦理存在。在人类生活中，伦理关系是一种普遍存在的关系，是一切社会关系中最本质、最核心的关系。在一定程度上，可以说伦理关系是对人的物质上和精神上的社会联系的超越，因而，人的存在是一种伦理存在。人格就是伦理关系或道德关系的自我塑造过程。

2. 行政人格的定义

在个体层面上，行政人格是行政人员在行政管理活动中通过连续和持久的道德行为选择所表现出来的自我道德完整性，是行政人员道德意义上的整体性存在形态。也就是说，当行政人员开展行政管理活动的时候，能够通过对自身与社会、与他人之间关系的认识而形成自我的角色意识，并根据自我的角色意识在行政管理活动中做出道德行为选择，由于这种道德行为选择不断地重复出现而形成了其独有的道德特征。这种道德特征是行政人员的一种自然而然的行为表现，是可以被认识到的其道德行为的一贯性。就行政人员自身而言，他并没有刻意地追求这种道德行为，但他的行为却总会具有与以往他所做出的道德行为所共有的特性。这样一来，也就证明他所做出的道德行为选择不是一时一地受到一定的外在影响的结果，而是他自身作为一个完整的道德存在物的必然显现。

行政人员作为行政管理这一特殊职业的从业者，不仅来自普通公民，而且他的行政管理活动本身就是最直接、最紧密地与社会生活联系在一起的，行政管理的过程与结果直接对社会产生影响，并对一般社会成员的行为选择有着导向和调节作用。在行政管理过程中，行政人员自身的心理素质、知识水平、价值偏好以及情感意志取向等对活动的结果会产生重要影响。所以，基于行政管理活动的范围、方式、内容等方面的特殊性和复杂性，行政伦理学要求行政人员把"做人与从业统一起来，把个人生活与职业活动统一起来"[②]。

[①] 马克思恩格斯文集：第一卷．北京：人民出版社，2009：501.

[②] 张康之．公共管理伦理学．北京：中国人民大学出版社，2003：17.

行政伦理学作为一门全新的职业伦理学，不允许这一职业活动与个体意义上的私人生活相分离，而是把行政人员视为具有社会生活之实质内容的整体意义上的人，认为他的行政管理职业活动与他的全部社会生活和个人生活构成了一个统一的整体。由于有这些不同，行政人员是整个社会结构中的一个特殊人群，他们在人格表现上应当与其他社会成员有所不同，他们需要拥有一种特殊的"行政人格"。在此意义上，行政人格也是群体之格，即行政人员这一群体区别于其他职业群体的"格"。这是行政人员社会属性的显现，是公共行政这一职业内在规定性的人格化实现。行政人格的个体性，为行政人格的定量化测评及人格矫正提供了基础。行政人格的群体性，使建构和形塑行政人格的制度安排和设计成为可能。

当然，从现实角度看，行政人格是行政人员个体性的体现。这是因为，人格作为人的社会存在方式，所体现的是人的现实存在和活动，人格必须通过个体"生命"才能实现自身。马克思强调，人类历史的第一个前提无疑是有生命的个人的存在。个人不仅是人类历史的"前提"，也是历史发展的目的，"人们的社会历史始终只是他们的个体发展的历史"[①]。因此，人格只能落实到个体人的存在上，换言之，只有个体的人才会拥有独立而完整的人格。所以，行政人格也只能是作为个体的行政人员的"人格"。需要指出的是，强调行政人格的个体性，并不否定个体人格所具有的社会性质；相反，正如前面所述，一切人的人格都是一种特殊的社会人格，行政人格也是包含着社会内涵的，是行政人员自觉地将社会内涵纳入自身的人格塑造中而形成的行政人格。

所谓行政人格，就是指行政人员与社会其他成员相区别的内在规定性，是行政人员在行政行为中自我价值与行政价值相统一的形态，是行政人员心理、观念、意识、理想等与行为相统一的总体性存在，是一种体现了其自我价值、尊严、品格的伦理存在。因而，行政人格包含着这样几方面的内涵：（1）行政人格是行政伦理观和行政价值观在公共行政主体中的体现，即行政人格具有伦理的内涵；（2）行政人格中的"人"是指专门从事行政管理这一特殊职业活动的行政人员，它是"群体人"，也是"个体人"；（3）行政人格是行政人员所理解和要实现的行政价值的总和，是行政人员的价值实现与自我价值评价的统一；（4）行政人格形成于行政管理的实践过程中，因此，它为行政人员所特有，并由此区别于其他社会成员之人格；（5）行政人格也是行政人员自我评价和社会评价的标准之一。

从一般意义上讲，行政人格具有人格的各项特征，但是，由于其主体身份的特殊性，行政人格又具有自己的独特性。也正是这种独特性，使得行政人员与社会其他成员具有"格"的区别。行政人格最根本的特征就是行政价值与自我价值的统一。价值在本质上是以主体的内在尺度为特征的一种社会关系，是人与物之间特有的一种社会评价关系。由于价值主体的多样性，价值以人为尺度就有不同的含义，行政价值也是如此。行政价值生成于行政管理过程中，体现为行政管理主体即行政人员与行政行为客体之间的一种关系，这种关系既为绝大多数行政人员所认同并实践，同时也是社会对行政人员整体上的一种评价关系。行政价值被行政人员个体所认同并践行，就体现为一种自我价值。行政

---

① 马克思恩格斯全集：第四卷.2版.北京：人民出版社，2004：440.

人格就是行政人员的行政价值与自我价值的统一。

历史发展和现实存在都证明，行政人员能力的高下、素质的良莠、品德的优劣等往往是决定法律、政策能否完全、充分实现的最为关键的主体性因素，"全面建设社会主义现代化国家，必须有一支政治过硬、适应新时代要求、具备领导现代化建设能力的干部队伍"①。实践中，行政人员作为社会治理活动中的主体，尤其是从事行政管理这一特殊职业活动的主体，其思想意识、价值偏好以及情感意志等，对活动的结果会产生重要影响。在人类行政管理发展的历史长河中，行政人格表现为不同的形式：在统治行政中表现为依附人格；在管理行政中表现为工具人格。历史发展到今天，随着服务行政成为一场现实的公共行政变革运动，也必然会呼唤出一种超越了依附人格和工具人格的独立人格。

专 栏

人民的好总理——周恩来

周恩来（1898 年 3 月 5 日—1976 年 1 月 8 日），这是一个光荣的名字、不朽的名字。一提起周恩来的名字，人们都会肃然起敬。作为中华人民共和国的第一任总理，周恩来为中国革命奋斗了一辈子，他的一生，是光荣的一生，是伟大的一生，也是人格魅力四射的一生。

1976 年 1 月 8 日，周恩来逝世时，与中国建交的国家只有103 个，但却有130 个国家的党、政领导人发来唁电、信函；几乎所有重要国家的报纸、电台都在第一时间播报了这一消息……显然，对周恩来的道德风范的认可，超越了政见、超越了时空、超越了意识形态……早已不仅仅是"外交家"三个字所能够承载的，更反映了我们敬爱的周总理的高尚品格和举世无双的人格魅力。

2018 年 3 月 1 日，习近平总书记在纪念周恩来诞辰120 周年的讲话中，代表党中央对周恩来做出了最新的评价："周恩来同志是近代以来中华民族的一颗璀璨巨星，是中国共产党人的一面不朽旗帜。"周恩来的一生是中国共产党不忘初心、牢记使命、艰辛探索、不断开拓、凯歌行进历史的一个生动缩影，他在许多方面都是我们所有人学习的楷模，是"不忘初心、坚守信仰""对党忠诚、维护大局""热爱人民、勤政为民""自我革命、永远奋斗""勇于担当、鞠躬尽瘁""严于律己、清正廉洁"的杰出楷模。

资料来源：习近平. 在纪念周恩来同志诞辰120 周年座谈会上的讲话. 北京：人民出版社，2018.

7.1.2　行政人格的本质

按照马克思关于人的本质的逻辑思路，人格作为人的本质的现实表现是人的社会关系，也是包含了伦理关系的一种自我塑造过程。具体而言，人格的本质是人在社会生活中所进行的创造活动的结晶，反映在人-社会关系之中，规范着人的人际关系及其社会活

---

① 习近平. 高举中国特色社会主义伟大旗帜 为全面建设社会主义现代化国家而团结奋斗——在中国共产党第二十次全国代表大会上的报告. 北京：人民出版社，2022：66.

动。同时，人格也是在人的自我认识、自我完善和自我确立的价值评价过程中产生的，是人的创造活动与人的自我价值评价的统一。行政人格作为人格的特殊形态，反映了行政人员作为人的"类本质"。

在行政管理活动中，行政人员的角色是社会所赋予的，而不是由他自己的主观因素所决定的。对于行政人员来说，只有选择从事或不从事行政管理活动这一职业的自由，而没有选择行政管理角色的既定社会内容的自由。行政人员的角色是随着社会分工的发展而形成的，并成为一种特殊的职业。也就是说，由于行政管理活动的公共性、社会性，行政人员职业角色的使命就是要承担社会所赋予的对公共事务的计划、组织、指挥、协调、监督的管理责任。因此，行政人员的第一要务就是完成行政管理职业角色所应承担的行政管理责任，甚至可以说，行政管理活动就是行政人员社会生活的主要内容。

当然，作为个体的行政人员在扮演行政管理职业角色的同时也有着一般社会成员的其他角色。现实中，行政人员的职业角色与他同时扮演的一般社会成员的角色可能存在冲突，因此，如何协调与解决多重角色之间的冲突，从而实现不同角色间的统一，就是行政人员所面临的抉择。事实上，行政管理的功能实现本身就是体现在行政人员个体的具体行政行为之中的，没有行政人员的具体活动，行政管理也就无从开展。在行政管理活动中，需要行政人员充分调动自己的积极性，利用一切可资利用的行政资源，努力追求行政管理功能的实现。在此过程中，一方面，行政人员作为行为的主体有着自身对行政管理这一职业的理解和认识，并在法律规范与行政程序允许的前提下将已形成的行政价值观、行政理想等运用到行政管理活动中；同时，作为其行为之主观构成的心理、个性、情感等非理性因素也在此过程中表现得淋漓尽致。另一方面，行政人员在行政行为中既要遵循管理客体中物质形态体系的客观规律，还要与作为管理对象的行政相对人以及自己所属的组织、机构和部门打交道，在交往中创造并遵守一定的人际关系规范。这两方面的活动有机统一于行政行为中，前者是行政人员的创造活动，后者是行政人员的自我塑造过程，其结果就是行政人员自我价值的实现，是对个体生命的社会性超越。

行政人格在行政行为中生成，其本质就是行政人员持续的自我塑造和自我完善过程，既表现为行政价值观与行政伦理观在行政人员个体及职业群体上长期稳定的具体体现与境界升华，也表现为行政人员个体生命与社会生命的整合，是行政人员社会本质生成的历史与现实的统一。

专　栏

共产党员杨善洲

杨善洲（1927—2010），男，汉族，中共党员，云南施甸人。1951年5月参加工作，1952年11月入党，原任保山地委书记，1988年退休，2010年10月10日因病逝世。杨善洲同志从事革命工作近40年，始终保持艰苦朴素的本色，两袖清风，清廉履职，忘我工作，一心为民，为了兑现自己当初"为当地群众做一点实事不要任何报酬"的承诺，退休后，主动放弃进省城安享晚年的机会，扎根施甸县大亮山，义务植树造林，一干就是22年，建成面积5.6万亩、价值3亿元的林场，使林场林木覆盖率达

97%以上，昔日的荒山秃岭变成了今朝生机勃勃的绿色天地，当地恶劣的自然环境得到明显改善。2009 年 4 月，他将林场无偿交给国家经营管理。2010 年 5 月 5 日，他又将保山市奖给他的 20 万元奖金一半捐给保山一中，6 万元捐给大亮山林场，另外 4 万元留给了与自己相伴一生而又无怨无悔的老伴，这是他留给家人的唯一财产。

2011 年 9 月 20 日，他在第三届全国道德模范评选中荣获全国敬业奉献模范称号，并获得 2011 年度"感动中国"人物奖，颁奖词是："绿了荒山，白了头发，他志在造福百姓；老骥伏枥，意气风发，他心向未来。清廉，自上任时起；奉献，直到最后一天。六十年里的一切作为，就是为了不辜负人民的期望。"

"杨善洲，杨善洲，老牛拉车不回头，当官一场手空空，退休又钻山沟沟；二十多年绿荒山，拼了老命建林场，创造资产几个亿，分文不取乐悠悠……"这首流传于滇西保山市施甸县的民谣，不仅唱出了当地群众对杨善洲的敬重，还生动地向世人诠释了一名共产党人 60 年如一日对理想信念的坚守。

杨善洲走了，不仅给家乡人民留下 5.6 万亩郁郁葱葱的山林，更留下一笔宝贵的精神财富。这笔财富，启迪广大领导干部和党员在工作和生活中，如何以脚踏实地的行动和坦荡无私的精神，在人生路上书写正确的群众观、权力观、名利观。

资料来源：一个共产党人的一辈子：追记云南保山原地委书记杨善洲. 新华社，2011-01-29.

7.1.3 行政人格的作用

行政人格作为行政人员自我价值实现的总体性存在方式，既是一种现实的存在，同时又是自我本质不断实现与不断超越的过程。在马克思主义看来，人的生成发展是一个不断展开人格化运动的过程，而人格化的指向就是个体化与社会化在人的价值实践中的辩证统一。因此，行政人格首先是行政人员作为人的本质不断生成与发展的历史过程。其次，行政人员人格化运动的现实结果又表现为某一行政人格的形成，这时的行政人格既是前一阶段人格化运动的终点，又是下一阶段人格化运动的出发点。当然，行政人格的现实和超越这两方面并不是割裂开来的，而是统一于行政人员的现实行动中的，对行政人员自身、他人和社会都有十分重要的作用。

在现实生活中，行政人格的作用表现为一种人格力量。这种人格力量首先表现为行政人员自身的人品、气质、能力等；其次，体现在以奉公守法、实事求是、公正无私、以身作则、言行一致的模范行动上；最后，反映在带头实践正确的世界观、人生观、价值观，给人们以思想引导和行为示范。人格的力量不同于权力的力量，它是一种无声的命令，通过榜样的垂范作用而产生感召力和号召力，使人心悦诚服，产生敬佩、信赖和亲切感。比较之下，权力则是一种带有强制性的外力，它使人产生的是被动服从的敬畏心理。人格的力量也不同于金钱的力量，金钱是商品的价值尺度，而人格的力量所具有的内在感染力，是金钱所没有的。

具体来说，行政人格对于社会有一种示范和教育作用。对于行政人员之外的社会其他成员来说，行政人员在行政管理活动中所表现出来的行政人格是一种看得见的和可体验到的客观存在，行政人员的一举一动、一言一行都会对社会其他成员产生重要影响。因而，行政人格会表现为一种榜样的力量。

（1）高尚的行政人格会给行政相对人以良好印象，有助于双方实现良好的情感沟通。情感对人们认识外部世界以及开展相应的实践活动有着重要的推动作用。在人们的内心深处，都有一种对崇高精神的向往和追求。行政人员不计个人私利、时时处处为人民利益着想等外在形象，会使行政相对人产生敬佩、信服、信赖以及亲切的心理感受。这种崇高的、积极的情感和情绪能够提升行政相对人的精神和热情，强化他们对行政管理的目标及功能的情感认同。

（2）在情感认同的基础上，高尚的行政人格会对行政相对人起到行为示范的作用。当行政相对人对行政人员有了情感认同时，就会对他的理性思考产生促进作用，从而使他自觉接受行政人员的行为方式，并以此作为自身行为的参照系，加以模仿或纠正自己的不良行为。

（3）行政人格具有对真理与正义的形象化作用。具有高尚行政人格的行政人员在行政活动中会自觉地去认识和运用真理，会以公平和正义的维护者和促进者的形象出现。这些真理是经过实践检验和证明的正确的思想认识结论，它符合历史发展的客观规律，代表了广大人民群众的根本利益。因而，也是合乎公平、正义的基本精神的。行政人员利用实际的行为及其效果使得真理具体化、形象化，从而说服行政相对人，赢得他们对科学理论的信服。行政人员求真的行动会表现在依法行政和以德行政的过程中，因而，也就是演绎公平和正义的行动。

（4）行政人格作为一种现实的伦理存在，会对社会的道德环境产生净化作用。西安碑林石刻有这样一则名言：吏不畏吾严，而畏吾廉；民不服吾能，而服吾公。公则民不敢慢，廉则吏不敢欺。公生明，廉生威。行政人员以身作则，清正廉洁，办事公道，自觉搞好党风、政风建设，既能有效地遏制腐败、抵制歪风邪气，营造出一方道德净土，又能为其他人树立道德典范，成为社会的消毒剂或防腐剂。

行政人格是一个自我不断实现和超越的生成过程。行政人员自身人格化运动的结果不仅对社会、对他人会有示范和教化作用，从而实现政府对社会的整合功能，而且，对行政人员自身，也有一种导向和激励作用，不断促成行政人员理想人格的自我建构。构成行政人格的各种要素相互联系、相互作用而成为行政人格的内在机制。这种内在机制的作用会指向两个方面：一是内化作用，即调整和改善行政人格的综合素质，使行政人格不断完善。人格化运动每一阶段上所生成的结果都是对这一阶段的总结。因为行政人员一方面会通过他人而实现对自我现实人格认知的理解；另一方面，又通过对已形成的现实人格的自我再认识，自觉反省而实现不断调适，以期形成自我心目中理想的行政人格。二是外化作用，即提高行政人员认识和改造外部世界的能力，通过实践促进社会的发展和进步，并在此过程中实现对自我的超越。静态上的已有行政人格是下一阶段行政人格得以生成的基础和出发点。在行政人格的提升过程中，行政人员会在对前期成果的自我意识、自我认知、自我体验的基础上再度做出主观努力，从而提高自我道德能力。行政人格内化和外化的作用是同一过程的两个方面，二者有机结合，共同作用，促成行政人格的不断完善。

　　概言之，由于行政人格既是行政价值在行政人员个体和群体中的人格化，又是行政人员自我价值的充分实现，因此，行政人格的作用体现在两方面：一是在社会整合方面，行政人格作为政府的人格化"代表和形象"，承担着政府对社会的整合功能，体现为一种示范和教育作用；二是在行政人员人格的自我建构方面，具体表现为一种人生的导向和激励作用。

7.2　行政人格的类型

　　关于行政人格的类型，有些研究从心理学或伦理学角度出发进行不同的划分，这些划分是一种静态层面的类型划分。行政人格受特定历史时期社会治理体系的性质决定，在不同历史阶段有着不同的历史表现，有不同的人格类型。当我们依据社会治理发展的历史特征将社会治理区分为统治型、管理型和服务型三种类型时，相对应的行政人格类型是依附人格、工具人格、独立人格。这三种历史类型作为"类"的意义具有本质区别，作为主导性人格模式存在于前后相继的人类历史发展过程中。只要社会治理领域存在符合不同人格类型的生存条件，都可能形成相应的行政人格类型，并且有相互转化的可能性，但各自在不同历史时期所处地位不同。在服务型政府已走向现实的过程中，独立人格是行政人格的理想形态。

7.2.1　依附人格

1. 依附人格的本质

　　在统治行政模式中，存在于行政体系中的一切行政关系都是在权力关系的轴心上生成和展开的，行政权力关系是行政体系的轴心，而这种权力关系产生于农业社会的等级序列。在农业社会中，家庭和社会息息相关，家庭及家族的结构、关系及人伦理念扩及国家，国家与家庭、家族具有形式和内容的同一性，形成传统的"家国同构"或"家国一体"。因此，家庭中的长幼上下之序被扩展到社会和国家，以孝为核心的家庭伦理观念演化为社会上的忠义之德，最终形成以权力关系为基础的严格的等级秩序。在这一等级森严的秩序中，皇帝居于万人之上，其下均为其臣民，每个人都依一定的上下等级排列和行事。官吏作为君下民上的中间政治阶层，所要处理的人我关系比君、民都要复杂。事实上，为人臣者更多的是专注于处理与君或上级的关系。因为他们的权力、身份、地位等均来自所处的等级和职位，其职位往往也是由于君王、上级的需要，甚至因君王、上级个人的喜怒、偏好等不确定因素而获得。同时，由于家庭血缘亲情型人我关系对社会政治制度和结构的深刻影响，官吏职位的获得更多地被蒙上了人情关系的温情面纱，官位的获得要么是家族的世袭继承，要么是复杂的婚姻裙带，即使没有直接的血缘关系，也要设法置于师生、门客、幕僚的缘分之中。

　　因此，在家国一体的农业社会中，整个国家的行政体系是一个自上而下的有着严格等级规定的大家庭，君王是这个大家庭的主人，上级官吏是下级官吏的主人，同时他们又构成了凌驾于社会之上的统治阶级。为了实现统治的目标，君王必须依靠其众臣，他一方面尊贤使能，分亲疏，使臣以义，赋予他们不同的权力，实现对社会的管理；另一方面，根据官吏职位、权力的不同，赋予他们不同的身份、地位、等级，提供不同的俸禄及各种相关物质利益，并由此强化权力与等级之间的利益关联性。各级官吏虽有其"官"之名，却实为君主之家仆，他们对君主有着密切的人身依附性，是君主豢养的执行自己命令的工具。这种关系同样存在于上下级官吏的关系中。进而，在农业社会中，权力的行使被严格限定于家族似的行政体系之中，由此而形成的权力关系是封闭的。以层级或等级为基本特征的权力关系在本质上就是一种封闭性的关系，权力主体由于利益的息息相关而要求权力体系保持稳定。要保持稳定，就必须将权力体系予以封闭，断绝权力的外泄，即使是科举取士，也不能打破这种权力结构的封闭性。

事实上，权力体系的稳定是通过权力行使的直接控制来实现的，权力本身是一种命令-服从的关系，当权力行使的对象违背权力行使者的意志时，往往表现出一种强制性特征，并以国家暴力作为后盾。因此，当行政权力对社会实施管理时，强调管理主体对客体的控制，要求客体对主体绝对服从。这种自上而下建立起来的金字塔式的等级结构排斥着人与人之间的平等要求，视平等为社会秩序的危害因素，只是在有限的范围内，依照控制结构的层级自上而下地赋予一定范围的自由，越是处于等级结构控制体系底层的人，越是缺乏自由。

由于这种行政体系主要是以权力关系为轴心而建立起来的，并不能涵盖所有的社会关系。与此同时，在权力关系的边缘地带，要求道德的广泛介入。在中国传统农业社会中，这种道德的介入在儒家伦理精神的框架下，很大程度上对社会起着内在的"软"性动员作用，弥补了权力强制性特征的先天不足，对维护社会稳定起了很大作用。尽管如此，这仍不能称作现代意义上的伦理政治。因为，这种伦理的补充作用，只是在个体层面上起着合理示范的动员作用，整个社会制度仍是以权力为中心架构的，并没有赋予官员个人充分的自由和平等，也就不可能造就出真正的独立人格。

总之，行政依附人格就是在以权力关系为轴心的等级森严的行政体系中所产生的一种行政人格，它虽具有历史的合理性，却没有摆脱人与人之间的依赖关系，是一种未完成的人格模式。

2. 依附人格的特征

依附人格产生于农业社会的历史阶段，然而，由于不同国家所经历的农业社会有着很大的差别，其行政依附人格也表现出国别的差异性。最典型的代表就是欧洲中世纪宗教神权专制下的奴性人格和传统中国农业社会皇权专制下的双重人格[①]。

中世纪西方社会的经济基础是封建土地所有制，国王分封给封建主土地，封建主占有基本的生产资料和不完全占有生产者——农奴。农奴虽然较奴隶有了很大的人身自由和相对的经济权利，但对封建主的人身依附关系依然是牢固的、世袭的。在城市中，虽然已经有了由商人、手工业者、帮工等构成的市民、平民阶层，但他们还未构成社会的主体。同时，由于宗教神权的统治，在他们相对自由独立的躯体里仍未产生独立的人格意识。

---

① 杨艳. 行政人格的历史类型研究. 北京：中国社会科学出版社，2016.

　　欧洲中世纪最明显的文化特征便是宗教神学占统治地位。在国家政权体系中，国王与封建主为了维护其统治秩序，自觉接受基督神学教义，教会与政权融为一体，国家的制度结构及权力体系被烙上了深深的神权印迹。神权的世俗化将国家政治体系及官员和僧侣融为一体，共同维护着封建统治阶级的利益。在神权体系中，行政人员不仅在其私人生活中严格遵循神学教义，而且在其对社会的管理中也以之为其行为准则。这样，上帝、神的人格的完整性与无限性实现了对行政人员个体人格之有限性和非独立性的限定，进而彻底否定了行政人员的自然本性和个体人格的自主性，行政人员完全依附于上帝、神的人格，其现实表现就是对国王的人格依附。因此，欧洲中世纪的行政依附人格的本质特征是其神权性，而这种神权性由于经院哲学对基督教义的理性主义化，在现实中呈现出一种单一的十足的奴性，主要表现为缺乏独立思想、缺乏平等精神、对权力顶礼膜拜。

　　在中国的农业社会中，思想文化领域里占统治地位的是以"仁"为中心范畴的儒家文化，相对于道家和佛学的"出世"和"忘世"的消极态度，儒家文化以积极的"入世"态度得到人们的广泛认同和接受。在"入世哲学"的濡染淳化下，中国古代的知识分子纷纷进入社会政治生活中，成为官僚体系中的主要群体，形成了一个独具特色的"士"阶层。以"士"为代表的官吏作为君王的"家臣"，一方面忠于君主，恪守君臣之礼，尽己以事君，不折不扣地执行君命，"君要臣死，臣不得不死"，官吏以形成坚定的忠君观念为其道德理想追求，此即为"愚忠"；另一方面，官吏作为代表君王对社会进行管理的治理者，为更好地实现统治阶级的利益，又不得不在其管理行为中做出一些"亲民"的形象工程，先贤们所倡导的"民本位"思想又在很大程度上推动了官吏们在"忠君"前提下的"爱民"行为。

　　由于以君王为代表的统治阶级与黎民百姓之间利益的差别和对立，"忠君"与"爱民"往往是相互冲突、彼此矛盾的。此时，官吏所做的选择要么是盲目地忠君，要么是贵民贱君。在宗法、伦理一体化的社会结构中，儒家思想、宗法纲常、科举取士的制度化使得官吏们的职业高度单一化，经济上、政治上、意识上的人身依附关系非常明显。同时，由于自身利益的现实诉求，大多数官吏坚定地站在了供其俸禄、施其衣食的君王一边。尽管出现了诸如屈原、魏征、范仲淹、海瑞等为民请命式的人格典范，表现出了一定的自我独立意识，但这种"独立"的人格并未成为官吏们的普遍人格形象。相反，这种人格形态与他们所处的社会极不相容，为制度所排斥。对于绝大多数官吏来说，无法跳出"君臣、父子"的宗法伦理规范，无法摆脱封建的愚忠、愚孝思想。他们失去了认识到自己独立存在的人格意识，也没有独立地代表自己的权利和自由的要求。因此，也就不可能培养出独立的价值判断能力，更不能自由选择自己的行为。概言之，传统中国农业社会普遍存在的是一种为皇权、仕途经济所异化的依附人格。

　　进一步而言，由于皇权权威的至高无上，经由家国同构或家国一体的建构，以孝为核心的家庭伦理观念演化为社会上的忠义之德，最终形成以权力关系为基础的严格的等级秩序，在官僚体系甚至整个社会中形成了对权威和权力的绝对崇拜。官僚对权力和等级权威的崇拜，不仅塑造了其顺从性的一面，同时还强化了其侵略性和反抗性等性格特征，被塑造出强烈的主奴根性的人格意识。"所谓主性，是指那些无视他人人格的尊严，横行无忌、虐杀无辜的劣根性；所谓奴性，是指那些自甘为奴隶，泯灭自我人格和良知，甘心情愿处于非人格地位的劣根性。"① 在主奴根性的依附意识支配下，官僚在等级结构中被建构为一种亦主亦奴的双重人格。

专栏

易牙与齐桓公

易牙，春秋时齐国人，善于调味。据《管子·小称》记载："夫易牙以调和事公（指齐桓公），公曰：'惟烝婴儿之未尝。'于是烝其首子而献之公。"

蒸了自己的儿子给人吃，可见溜须拍马到了登峰造极的地步。

管仲去世前，齐桓公想任用易牙代替将死的管仲。管仲认为："人情非不爱其子也，与子之不爱，将何有于公？"所以反对易牙接任。最终齐桓公没有听管仲的遗言，亲信易牙、竖刁。齐桓公得重病，易牙与竖刁作乱，填塞宫门，筑起高墙，内外不通。最后齐桓公被活活饿死。

7.2.2　工具人格

1. 工具人格的理性前提

随着历史的发展，人类告别农业社会进入了工业社会，生产力的快速增长、市场经济的不断完善，使个体独立性得到极大张扬。此时，人对人的依附关系转变成人对物的依赖关系。然而，对理性的盲目崇拜和对效率的狂热追求却使人对物的依赖变成了物对人的控制，个体并没有因独立性的获得而形成真正的独立人格，表现在社会治理体系中，就是官僚制对行政人员的控制，行政人员被形式化为工具。

劳动工具的发展必定带来生产方式的变革，其发展水平成为衡量生产力发展水平的标志。在农业社会中，土地是主要的生产资料，整个生产所需动力依靠人力和畜力。自英国人瓦特发明蒸汽机后，以蒸汽机的发明为标志的机械工业革命和以电力的广泛应用为标志的电气工业革命，使得科学知识转化为技术应用，通过将科学技术物化为新形式、高性能的生产资料，极大地提高了人类文明的发展速度。此前，也有科学研究，但很少用于工业生产。由于工业革命，科学研究成果不断地被应用于工业生产中，大大促进了生产力的发展。科学创造财富的神奇力量及其巨大的现实效应不断地满足了人类饥渴已久的物质欲望，从而掀起了对科学和理性的狂热崇拜。

科学的发展，使人们认识自然、改造自然的能力大大提高。当人们在自己认识自然、改造自然的成就面前感到无比骄傲的时候，也就更加崇拜理性的力量，以为只要人类运用理性，世上就没有不可认识的东西，没有不可解决的问题。同时，科学与理性的运用使得人们的生活更加简单、容易，成为一种程序、一种固定模式，个体完全成了接受理性安排的被动的"棋子"。

工业社会中对理性的崇拜经历了从科学理性向工具理性（技术理性）转变的过程。

① 朱义禄. 从圣贤人格到全面发展：中国理想人格探讨. 西安：陕西人民出版社，1992：90.

工具理性被归结为数学上的可计算性、逻辑上的形式化和机械上的可操作性，其基本特征是：（1）它在数学、逻辑、精确科学的基础上发展起来，并反过来同越来越复杂的管理技术、生产的发展相互作用；（2）它以自然科学的模式来衡量知识，尤其是以定量化、形式化作为知识标准；（3）它把世界理解为工具，将生产的各方面孤立起来，导致了各种形式的所谓规律的出现，一切都被归结为建立在同等关系基础上的可计算性和可操作性；（4）它关心的是实用的目的，将事实与价值严格区分；（5）它追求绝对真理，是一种单面性或肯定性的主客分离的思维方式。结果，在理性面前，人成了工具，接受工具理性的安排，用行动去体现工具理性。所以，形成了工具人格。可见，工具人格无非指被作为工具来对待的人承载了工具理性并按照工具理性的原则去开展行动的品质。

2. 工具人格的制度基础

理性是建立在自我意识的基础上的，而对人的自我的意识又首先是对人的利益及其实现途径的认识。在人的利益实现问题上，一切都是可以进行谋划和设计的，从属于这种谋划和设计的要求。这样一来，理性也就具有了工具性的特征，成为工具理性。在现实生活中，随着工具理性征服了社会生活的一切领域，现代官僚制也就在运用工具理性的前提下建立了起来，并把工具理性运用于社会治理之中。官僚制是按照工具理性建立起来的和运用工具理性开展活动的组织形式，在官僚制之中，组织成员被作为工具来看待。现代政府是典型的官僚制组织，行政人员也就是政府组织中的工具，在行政人员的行政管理活动中，所需要的也是行政人员的工具属性。所以，行政人员在行政管理过程中也就形成了工具人格。

韦伯通过对人类社会历史的考察，认为人类社会的统治形式可以分为三种：传统型统治、个人魅力型统治、法理型统治。在这三种统治形式中，最符合工业社会要求的是与理性和法律相适应的法理型统治。法理型统治的理想制度或体制模型就是官僚制。官僚制是理性地设计出来的一种层级化组织制度形式，它是通过协调个体的工作去完成大规模任务的理性组织。也就是说，作为一种理性的社会组织，官僚制组织是为了实现某种特定目标而有意识地建立起来的，理性的目标是组织存在的依据，也是组织活动的灵魂。为了实现这一目标，官僚组织内部实行严格的分工，明确职务权限，制定了合理、合法的规则体系。

韦伯认为官僚制合理性的重要表现之一就是它的"形式主义"，即形式化的、非人格化的、普遍主义的精神是组织文化的精髓。合法权威只要在原则上遵守形式程序，就具有自由行使权力的余地。这保证了官僚组织的公正性和客观性，保证了组织行为的可计划性，因而也提高了组织运行的效率。官僚制具有明显的非人格化特征，它要求组织成员在执行公务中排除个人好恶，不允许个人的非理性、情感性因素的介入。也就是说，理想的官僚体制中的行政人员是用一种形式主义的、不以感情为转移的、不带个人爱憎的情绪来履行其职责的。但是，在官僚体制优越性被不断夸大的同时，它的有限性也就愈发突出。因为官僚制的理性行为、专业分工、权力作用和严密控制这四种非人格化的要求与人追求主动、自主、创造、负责任等人格成长的趋向是背道而驰的。

专 栏

"柔性执法"让城市更温柔

4月7日一早，笔者买早餐时，收到一条短信："您的小型汽车鲁P××××× 于2022年4月7日7时7分在聊城高新区淮河路东路段未按规定停放，已被记录，请立即驶离，未及时驶离的，将依法予以处罚，谢谢配合！"笔者很快将车开走，事后也未再收到罚单。

近日又一位私家车主因为送病人到市人民医院，实在找不到停车位，便把车停在路边并留下纸条："对面医院送位病人，马上就走，4月9日9时45分停。"一位交警巡逻到此处，看到留言内容后没有开具罚单，而是在纸条上回复道："好的，收到，请尽快驶离。"

两件小事让人如沐春风，忍不住为聊城交警部门的柔性执法点赞。

"停在了不能停车的地方"，这是大多数有车一族日常遇到最多的"违规"，有时是因为不了解相关规定，有时是因为不熟悉路况，有时是因为道路资源有限迫于无奈……对不少人来说，轻微交通违法行为并非故意为之，大多数情况都属于情有可原。当然，什么情况属于"情有可原"，并不好判断和把握，也可能会被恶意滥用，这更加考验执法者的智慧。但是有一点需要明确的是，任何情况都"一刀切"地强行罚款罚分，虽然合规，但未免不近人情，执法效果未必良好。古人常讲，教在法先。说的就是人心的教化要优于法制的惩戒。毕竟，惩戒只是手段，而非目的。面对违法行为，一味地处罚未必是百试不爽的良药。

柔性执法带来的弹性缓冲，会容下一些"紧急"、舒缓一些焦虑、减少一些摩擦。刚性执法与柔性管理相融合，揉入更多的智慧执法，温情和体恤就会消融执法部门和群众之间的隔阂。这不仅有助于城市的和谐，也能凸显城市管理以人为本的理念。

资料来源：张洁."柔性执法"让城市更温柔.聊城日报，2022-04-20（A3）.

3. 工具性行政人格

由于官僚制组织把工具理性作为它的基本原则，结果造成了行政人员的工具性人格。官僚制是世界理性化的必然结果，反过来，它通过对社会生活的控制也促进了世界理性化的进一步发展。通过理性化，人们追求可控制的外部环境，增进自己的自由，但同时也助长了束缚自己的力量。人在理性之光的指引下，从自然界和宗教的蒙昧中解放了出来，同时又陷入理性的"黑洞"之中，即被理性自身的创造物——机器、商品和官僚制等所奴役。所以，官僚制是以牺牲人的需要和价值为代价的。

（1）官僚制把行政人员定格于严密的层级体系中，层级之间强调对权力的绝对服从，绝不允许有下级挑战上级权威的现象。这种上下级的控制以组织的权威、规章的权威为借口，因此，并不是人对人的人身依附，而是表现为上下级之间的一种外在的形式化的依赖关系。

（2）官僚制要求行政人员必须严格遵循组织规章，一切按规章办事，规章的合理、合法性不容置疑，即使规章本身存在瑕疵，行政人员也必须"卖力地看守这些规则"①。

---

① 米尔斯，帕森斯.社会学与社会组织.何维凌，黄晓京.杭州：浙江人民出版社，1986：171.

官僚制不鼓励行政人员的主动性和创造性，反而视其为对组织的威胁。

（3）官僚制以效率为组织的主要目标，效率至上在行政人员中造成一种实质上的功利主义倾向。完成了既定的目标，行政人员的行为就合格，而这种既定目标的实现只需行政人员按照规章、程序去做就足够了。因此，行政人员失去了为追求组织目标及更好地实现其功能的动力。

（4）官僚制是一个责任中心主义体系。在官僚制的组织结构中，行政人员是与具体的岗位联系在一起的，岗位的任务就是他的任务，岗位的功能就是他的功能，个人不需要信念，也不需要进行独立的价值判断，这种责任是一种外在的、制度上的责任，与行政人员个人没有关系。由于失去行政人员的自我信念及意识，这种责任就是形式上的责任，没有被行政人员真正承担起来，有时甚至为了实现这些形式上的责任选择欺骗、浮夸、做表面文章等功利手段。

（5）官僚体制排斥一切非理性因素，行政人员的个人感情、心理、情绪等都不被允许纳入行政行为中，行政人员被视为纯理性的人，这实际上是把人简化为组织体系中的工具，是实现组织功能和目标的工具或手段。

总之，在官僚制中，行政人员个人的独立性被组织的统一性所取代，个体对自己行为的后果无法把握，对自己失去信心。同时，组织体系的整合性只重视规范的行为，而忽视了个人间的不同差异，压抑了行政人员的个性发展。失去了独立意识以及发展自由的行政人员，其社会角色或职业角色否定了其个体存在的合理性。与此同时，伴随着市场经济的发展、完善以及法律对个体的自由、权利的保障，私人领域中个体的独立人格得到很大程度上的发展，这就不可避免地造成了现实中行政人员的角色混乱和人格分裂。因此，官僚制中行政人员的人格是一种分裂的人格，是一种失去个体特征的被形式化了的工具人格。

7.2.3 独立人格

1. 独立人格形成的历史前提

随着社会生产力的发展，知识与技术逐渐成为生产力中最为重要的要素。如果说工业社会是以机器技术为基础，围绕生产和机器这个轴心并为了生产商品而组织起来的，那么知识经济、数字经济形态的出现则预示着后工业社会的来临。后工业社会的关键变量是信息和知识，主要经济部门是以加工和服务为主导的第三产业甚至第四、第五产业。这种社会的突出标志是：从事制造业的人数急剧下降，从事服务业的人数急剧上升；从事脑力劳动、管理工作的人数超过从事体力劳动的工人总数。

具体地说，后工业社会的基本特征有：（1）经济结构：由服务经济取代商品经济。（2）职业分布：专业技术人员在社会上起主导作用。（3）中轴原理：知识日益成为创新的源泉和制定社会政策的依据。（4）发展方向：有效地规划和控制技术的发展，即有计划、有节制且技术评价占有重要地位。（5）制定决策：创造新的"智能技术"[①]。工业社

---

① 贝尔.后工业社会的来临.高铦，等译.北京：新华出版社，1997：14.

会是生产商品、协调人和机器关系的社会，后工业社会则是围绕知识进行创造和变革的社会。丹尼尔·贝尔认为，后工业社会的特质首先表现在社会结构方面的变化上，即经济改造和职业体制改组的方式，也涉及理论与经验特别是科学与技术之间的新型关系。进而，社会结构的变化要求必须从政治上对新型社会关系和新型结构加以管理，以保证社会结构与政治秩序之间的协调和统一。

当人类走进 21 世纪，工业化、信息化、网络化走向深度融合，基于互联网技术的大数据时代悄然来临，这不仅对生产过程和交换过程乃至整个生产模式带来颠覆性影响，也向组织变革、社会治理、国家治理提出了新的挑战。网络社会的发展，改变了传统线性的、机械化的、自上而下的政府治理方式，数字政府、智慧政府成为政府治理的新形态。2022 年 4 月 19 日，中央全面深化改革委员会审议通过了《关于加强数字政府建设的指导意见》，明确指出加强数字政府建设是创新政府治理理念和方式的重要举措。数字政府、智慧政府的出现，意味着从政府为主体的公共行政过程转变为政府、市场、社会等多元主体合作的公共价值塑造过程。后工业社会的公共行政，面对多元变化的新世界，需要积极拥抱、促成并保证社会创新的要求与冲动，需要公共服务的灵活性来实现公共行政的回应性和责任性，这种灵活性的服务不是标准化的程序性行为，需要的是一种合作行动，需要得到行政人员自主性的保证。

这一客观趋势要求，政府必须实现对传统官僚制的超越，从对工具理性的推崇转向对价值理性的重视，政府权力结构体系必须由封闭走向开放，在优化权力结构的运动中高扬服务精神的伦理内涵，达致法律、权力与道德的统一，从而纠正官僚制片面追求工具理性的弊端。政府的服务价值取向促成了行政管理过程中伦理关系的生成，并进一步要求行政人员接受道德的规范，具有较高的道德修养。由于在行政管理过程中伦理关系开始生成，由于政府更加重视行政人员的道德因素，因此，官僚制组织结构中的领导与被领导、命令与服从的关系以及国家法律和政府内部规章、规定、条例等，都被赋予了新的内容和形式，并能够与行政人员的行为、心理、意识等实现有机的统一，从而促进行政人员独立人格的生成。

2. 独立人格的要素

独立人格是一个包含了完整人格意识、独立行为能力并体现了自由社会关系的个体之"格"。具体而言，独立人格应当具备三个要素：

（1）完整的人格意识。人格意识是人在自己生命存在的绝对性价值层次上进行自我反思的结果，体现了个体对自身生命意义的理解。完整的人格意识是独立人格构成的基础。所谓"完整"，是指独立人格意识的真正确立。人格意识不仅达到自在、他律状态，而且达到自为、自律状态，真正实现人之为人的价值，既理解自己为人，也尊重他人为人。行政管理活动中的服务价值取向要求行政人员必须树立服务意识、合作意识，而这种服务价值取向是历史生成的，是适应后工业社会中人们交往的扩大化、社会化和多样化的结果。因此，它是一种"客观精神"。行政人员按照这种精神来塑造自我，并通过行政行为把它内化为一种信念、信仰。行政人员一旦接受服务精神的引导，就会在行政管理活动中大胆而又审慎①，独立思考、自主创造，对自己的独立判断和自主行为有着充分

的自觉，把执行命令、遵纪依法与自己思想上和行为上的独立自主有机地统一起来。同时，他也会尊重他人的独立自主，把他人当作行政行为的目的而非手段，努力寻求主体间的合作，共同实现行政管理的目标和功能。这样，行政人员的人格意识就达到了他自身与服务对象之间的"共通""共感""共约"的自觉境界。

（2）独立的行为能力。行政人员有了人格意识，只是具备形成独立人格的前提，独立人格的真正实现是在行政人员独立的行政行为选择中完成的，这是人格意识的外显。当然，独立人格意识的形成本身也是在行政人员的行为过程中逐渐获得的。在服务行政模式中，行政人员的行为能力是独立的、自由的。首先，服务行政把伦理关系纳入行政管理活动中来，重视行政人员的价值实现，尊重行政人员的自由、自主和独立性，主张以行政人员的价值创造活动来矫正工具理性的不足。其次，服务行政的服务理念要求行政人员必须具有道德选择的自主性和责任义务选择的创造性。行政人员的行为选择虽然也受到规章、程序等因素的影响，但当他把公共利益作为自己行为的出发点时，就会自觉地去寻找和创造性地发掘他在行政管理活动中的职责义务。最后，服务行政制度的伦理性规定保证了行政人员行为选择的自主性。服务行政是德治、法治与权治相统一的行政模式，而且是以德治为主的行政管理活动。德治的直接现实目标就是建立道德化的制度，道德化的制度设计和制度安排就是德治的现实运动①。服务行政根据服务精神所进行的德制建设为行政人员做出符合公共利益的行政行为选择提供了制度前提，而行政人员在做出这种行政行为选择时，他是独立的、自由的，是自觉自愿的，不会感到有外在的强迫。

（3）自由的社会关系。人格的形成是与社会关系的状况紧密联系在一起的，独立人格的形成是在自由的社会关系环境中不断成长的过程。市场经济造就了社会成员机会的平等化，社会生产和生活的绝大多数领域都向愿意并适宜于投身其中的人开放，公共领域更是如此。也就是说，社会成员有选择行政管理作为自己职业的自由，而且职业选择的机会是平等的。社会生活的多样化及社会对多元价值观念的宽容，使社会成员也可以自由选择退出行政管理这一职业领域，而不是像传统社会中将"官"视为理想职业的唯一选择。但是，社会成员一旦选择了行政管理这一职业，也就置身于行政管理的关系网络之中了。服务行政作为一种新型的行政模式，实现了对权力关系、法律关系的超越，并凸显伦理关系的重要性。伦理关系在实质上是自由、平等的社会关系，伦理关系的制度化使行政人员的自由、平等不再是空洞的口号，而是成为社会现实。因此，行政人员不再像在传统行政模式中那样，或者成为权力关系中的人身依附者，或者成为法律关系中的工具，而是具有高度独立性的行政行为主体；不再被动地执行与服从命令，而是表现为能够独立判断、自由选择和自主实现行政目标的行动者。因而，他的人格表现形式也就是独立人格。

专　栏

按领导批示办案　两交警获刑

据中国裁判文书网（2018）黑 0103 刑初 359 号刑事判决书以及（2019）黑 01 刑终

---

① 张康之. 公共管理伦理学. 北京：中国人民大学出版社，2003：100.

58 号刑事裁定书的内容显示，哈尔滨市交警支队巡逻大队违章处理科的两名民警，在接到副大队长和科长改变交通违法事实的命令后，制作相关处罚材料，2012—2017 年间，减轻对违法行为人的处罚共计 955 件，致使国家遭受损失 72 万余元。法院以滥用职权罪对两人做出了判处有期徒刑 8 个月和 9 个月的处罚。

一审判决后，两位民警提出上诉辩称，其作为处理民警和窗口工作人员，对于领导的签批是否正确无从判断，只能按照领导签批办理，其对上级的命令和决定必须服从。法院审理认为，作为处理科民警，其职责为依法办理交通违法案件，但二人在办案过程中，故意不履行职责，对领导违法签批改变交通违法事实的滥用职权行为未提出纠正意见，仍遵照执行，属滥用职权，原审判决定罪准确，量刑适当。2019 年 3 月，哈尔滨中院终审裁定：驳回上诉，维持原判。

此判决生效后，有人为两名民警鸣冤叫屈，认为错在他们的领导，作为下属不得不执行领导指示，即使明知有错也没办法。那么，作为公务员，对于领导错误的决定或者命令，下属应该怎么办？《中华人民共和国公务员法》第 60 条明确规定：公务员执行公务时，认为上级的决定或者命令有错误的，可以向上级提出改正或者撤销该决定或者命令的意见；上级不改变该决定或者命令，或者要求立即执行的，公务员应当执行该决定或者命令，执行的后果由上级负责，公务员不承担责任；但是，公务员执行明显违法的决定或者命令的，应当依法承担相应的责任。

资料来源：李华. 按领导批示办，两交警获刑. 华商报，2019 - 05 - 21（A6）.

7.3　独立人格的生成

从行政人格所反映的群体属性来看，行政人格既是一种个体之格，也是一种群体之格，个体之格意味着行政人格的生成主要是个人的事，群体之格意味着行政人格的生成离不开社会的塑造和建构。因此，行政人格的生成包括行政人格的自我建构与社会建构。行政人格的自我建构主要是个人的道德修养、价值选择和践行，在具体活动中自觉地认识、恢复和重建自己的道德存在，激发伦理自主性，形成行政良心。在影响行政人格生成的社会因素中，主要是制度、组织和文化因素，行政人格的社会建构就是通过社会治理体系的制度安排、组织变革和文化建设，进一步彰显行政人员的道德存在，保障行政人员在职业活动中道德选择行为的普遍化和制度化，从而促成行政人员理想人格的形成。

7.3.1　人生修养

1. 人生修养是行政人格生成的关键

行政人格的生成过程也就是行政人员的自我修养过程。行政人员的人生修养是指行政人员个体基于行政实践活动在职业道德和品质等方面的自我教育、锻炼和改造过程以及由此达到的境界。

行政人格是行政人员自我不断实现和超越的过程，在这一过程中，社会的经济状况、文化传统、制度规范等因素都对行政人员产生重要影响。不过，这些影响对行政人员而言都是外在的因素，它们都需要内化为行政人员的思想意识、价值观念、情感意志等才能起作用。因此，真正对理想行政人格的生成起决定作用的是行政人员自己。

在理想行政人格形成的过程中，行政人员作为人的特性得到充分发挥。人不同于其他动物，有着自觉能动性，而且随着实践经验的逐渐丰富，其自觉能动性愈发增强。人的实践是一种以目的为起点和归宿的，在目的的推动下，决定、支配并且最终实现目的、设定新目的的生生不息的活动。人的本性就在于对现实的不断超越，对理想的不懈追求。对行政人员而言，在塑造理想人格的过程中，其价值导向在动态发展着，他根据社会环境的变化和要求，结合自身已完成了的人格化现实，将时代精神内化为自己的思想意识、价值观念等，不断调整自己的价值取向，并自觉地运用于行政管理的实践活动。这里，时代精神的内化、价值取向的动态发展以及现实的实践活动，便是行政人员的人生修养过程。

2. 人生修养的途径和方法

行政人员人生修养有以下几种途径和方法：

（1）学习。这是人生修养最基本的途径之一。"生命不息，学习不已"。学习是我们与生俱来的本能，它在个人理想人格的形成中扮演着十分重要的角色。学习本身是一个历程，其中包含了持续的刺激与反应，经由行动的转化、重组与整合，使我们可以反复地验证生活经验，并从经验中不断修正自己的行为，使行为符合社会的期待，而且能适应环境的变迁。

（2）内省。内省就是"省察克治"，是中国历史上非常重视的人生修养方法。儒家强调"吾日三省吾身"的人生修养方法，意即让人每天都要多次自我反省是否符合道德。学习和内省是紧密结合在一起的，学而不省，犹如水过地皮湿；省而不学，犹如井底之蛙。行政人员应该自觉运用此种方法。首先，要善于自我认识。人贵有自知之明，即客观全面地认识自己，随时掌握自身思想变化情况，及时警觉自己的缺点错误，这是行政人员进行人生修养的前提和基础。其次，要敢于自我批评。自我认识是为了改造自我，以达到人生修养的理想境界。认真地改造自我，必须敢于自我批评。最后，要敢于开展思想斗争，"在自我净化上下功夫"，主动"过滤杂质、清除毒素、割除毒瘤"①。

（3）践行。践行是学习和内省的最终体现，学习所积累的知识只有运用于实践过程中并经实践检验才是稳定的、可靠的，而实践又会反过来促进学习的不断深化。内省只有在实际活动中才是现实的、有意义的，而内省的结果也只有在实践中才能得到不断强化和巩固。理想行政人格的形成不是一日之功，而是一个长期积累的过程。人生修养本身就是人格化的现实活动。行政人员只有在改造客观世界的过程中才能改造自己的主观世界，也只有在与他人相处的现实社会关系中，才能将社会关系的本质凝聚为自己的人格模式。行政人员应该注重实践和理论的有机结合，在实践中提高自身理论水平，又将理论知识自觉运用于实践，同时不断加强自我修养，培养自己高尚的道德情操。

---

① 习近平. 牢记初心使命，推进自我革命. 求是，2019（15）.

（4）慎独。这既是一种人生修养途径，也是修养所达到的一种境界。《礼记·中庸》中把"慎独"作为"君子"的标准："道也者，不可须臾离也，可离非道也。是故君子戒慎乎其所不睹，恐惧乎其所不闻。莫见乎隐，莫显乎微。故君子慎其独也。"所谓"慎独"，就是说，当一个人独处时，应小心谨慎，于"隐""微"处下功夫，以至于其所行仍同于受他人监督之为，而由此所达之境界，就表现为个体的自我节制、自我约束。在现实生活中，人独处时是最容易放纵的时候，也是最能显示一个人真实道德水平的时候。此时，如果行政人员能不断加强自律，做到谨言慎行，"做到台上台下一个样，人前人后一个样，尤其是在私底下、无人时、细微处……"[①]，便意味着其涵养已达一定功夫，表明其内心已经树立了牢不可破的坚定信念，已具有高度的道德觉悟和自觉精神，并在细微处体现了其存在的道德性。

3. 人生修养的内容

一般而言，对于行政人员来讲，人生修养应着重从以下三个方面进行：

（1）政治修养。这是指行政人员在政治关系中从政治方向、观念、立场到行为的自我教育、锻炼和改造的过程以及所达到的境界。行政人员是否应该加强政治修养，这在行政管理学史上是存在争议的。早期威尔逊从"政治-行政二分"的角度否认了行政人员的政治属性，并由此开创了行政管理学科的历史。后来，韦伯通过具有严格层级的官僚制进一步排除了行政人员的政治属性，要求行政人员必须在政治上保持中立。自20世纪60年代逐渐兴起的新公共行政学派则对"政治-行政二分"提出了质疑，认为二者不能绝对分离，而是互为一体的。事实上，正如柏拉图所言，"人天生是政治动物"。行政人员作为社会中的一员，不可能要求他在政治上一片空白，更何况他本身是在执行着"政治"的事务。与其对行政人员之政治属性做出乌托邦式的理论规划，不如正视行政人员具有政治属性的现实。所以，不应当否认行政人员身份的政治内涵，关键是要正确引导行政人员进行符合社会发展要求、符合人民利益要求的政治修养。

（2）道德修养。这是指行政人员在道德品质、道德情感、道德意志、道德习惯等方面的修养。道德是调节人们思想和行为的非强制性社会规范，它代表了一定历史条件下社会发展的客观要求。道德观念一经产生，就会形成强大的舆论力量和感召力量，规范人们的思想和行为，且这种影响稳定持久，不易改变。因此，政治体系中的德制建设、个体的道德修养历来都得到重视。2018年3月10日，习近平同志在参加全国两会时强调，"领导干部要讲政德。政德是整个社会道德建设的风向标。立政德，就要明大德、守公德、严私德"。明大德，就是要铸牢理想信念、锤炼坚强党性，在大是大非面前旗帜鲜明，在风浪考验面前无所畏惧，在各种诱惑面前立场坚定。守公德，就是要强化宗旨意识，全心全意为人民服务，恪守立党为公、执政为民理念，自觉践行人民对美好生活的向往就是我们的奋斗目标的承诺，做到心底无私天地宽。严私德，就是要严格约束自己的操守和行为，戒贪止欲、克己奉公，切实把人民赋予的权力用来造福于人民。廉洁修身，廉洁齐家，防止"枕边风"成为贪腐的导火索，防止子女打着自己的旗号非法牟利，防止身边人把自己"拉下水"。

---

① 习近平. 之江新语. 杭州：浙江人民出版社，2007：272.

（3）作风修养。行政人员的作风修养，实际上有两层含义：它一方面表现为行政人员之人格的外显模式，另一方面又反映了行政人员人格形成的行为机制。行政人员的作风问题不仅是其个人的修养问题，而且是关系到整个行政体系甚至国家所有机构在人民心目中的形象问题。在此意义上，行政人员的作风就是党风、政风，实际上是党群、干群关系问题，它决定着民心的向背，关系着国家的命运。因此，行政人员必须把作风修养作为人生修养的一个重要方面。行政人员的作风修养包括：首先，要树立正确的名利观，淡泊名利，不为名所累，不为利所缚；其次，要树立正确的权力观，权来自民，应为民所用，不能以权谋私；再次，树立正确的金钱观，不为金钱所迷惑，不为财物所击倒，应取之有道，取之以礼；最后，树立正确的幸福观，不贪图纯粹的物质享乐，不追求低级趣味。

7.3.2 行政文化的塑造

1. 行政文化与行政人格的关系

从根本上讲，行政人格的生成是自律与他律的高度统一和理性升华[①]，自律意味着行政人格的自我建构，主要通过人的道德修养、价值选择和践行得以完成，他律意味着行政人格的社会建构，表现为行政体制、行政制度、行政组织、行政文化等各种因素的塑造。行政人员个体之外的社会因素会以各种形式、各种途径对人格的生成产生各种影响，其中，行政文化对行政人格的塑造会产生潜移默化的作用。

行政文化稳定和持久发挥作用的最好途径就是塑造出符合其内涵和要求的行政人格。一切文化最终都将沉淀为人格。行政文化是行政体系与行政行为的深层结构，是在行政实践过程中产生的、融入行政体系中不可分割的内容，内涵十分丰富。行政人格的塑造既是构建和谐行政文化的内在要求和核心内容，也是构建和谐行政文化的外在动力和助推器。

行政人格是行政文化的集中体现。行政人员是行政文化建设的主导力量，也是行政文化的载体，行政文化要对行政人员产生影响或发挥作用，关键在于行政人员对行政文化的内化，对行政文化内涵的各种观念、价值的理解、接受、认同和回应，并付诸实际行动。因此，对行政人员而言，如果要生成理想的行政人格，必须自觉接受行政文化对人格的设计，并按照其内含的价值观选择个人人格成长和发展的目标，按照文化规定的理想人格标准选择自己人格目标的认同模式。在这一过程中所生成的行政人格，在人格结构的各个层面，都会深深地渗透和积淀着行政文化的内容，使人格成为行政文化的一种表现形式，体现了行政文化的一般性质。

2. 独立人格的文化塑造

行政文化具有历史性，每一个时代，甚至每一种政府类型，都有着丰富的行政文化内容和不同的表现形式，因而也塑造出不同历史形态的行政人格。当后工业社会将服务和合作以无可逆转的趋势摆在人们面前时，合作文化的建构就成为一种必然选择。

---

① 张康之．行政文化在行政人格塑造中的作用．青海社会科学，1999（6）．

产生于后工业社会的合作文化将弥漫整个社会并深入行政组织运行机制中，促进行政组织和制度的转型，同时转型完成的制度和组织又将这种文化内化到行政人员的行动之中，塑造行政人格生成的内在机制，进而完成其理想人格即独立人格的建构。具体来说，以合作文化为本质特征的行政文化主要从精神、价值、心理等方面来塑造行政人员，促其形成完整的人格意识和独立的行为能力，继而在自由的社会关系中生成独立人格。

（1）强化服务价值导向。

从社会治理和公共行政的发展趋势来看，服务价值将从社会治理价值体系的边缘走向中心。公共行政的公共性根源于社会的需求，它的责任和义务就在于服务社会。在后工业社会的行政文化中，服务价值是最基本的价值理念，它统摄着其他不同层次的价值理念。如果说管理型行政文化突出的是"管理"，而服务型行政文化则强调的是"服务"，管理的本质正是服务。服务价值理念要求行政人员必须具有道德选择的自主性和责任义务选择的创造性。行政人员的行为选择虽然也受到规章、程序等外在因素的影响，但他秉持服务精神、将公共利益作为自己行为的出发点时，就会自觉去寻找和创造性地发掘他在公共管理活动中的责任义务。结果是，行政人员在确立服务精神、践行服务价值的同时，也就形成了自我的行政人格。

从我国社会主义建设的现阶段来看，全心全意为人民服务是社会主义行政文化的根本宗旨。行政人员是人民的公仆，其职责就是全心全意为人民服务。服务宗旨要求行政人员在行政管理活动中必须具备完全的服务态度和服务意识，加强自我道德修养，确立职业道德意识，遵行"廉洁奉公、勤政为民"的理念，以服务精神去迎接国家治理体系和治理能力的现代化。社会主义行政文化对行政人格的塑造聚焦于对行政人员灵魂的冶铸，将服务意识和价值理念渗入行政人员的心灵，改变他们的思维模式，推动他们观念的更新，构筑起新的行政道德行为体系，使他们具有一颗真正为人民服务的"公心"。可以说，经过服务宗旨和服务价值塑造的行政人格，是社会主义行政根本性质的保证，也只有经由这一行政人格的中介，社会主义行政体制的公平、效率优势才能得以发挥。

（2）筑牢公共性信仰。

作为人类社会存在的根本属性，公共性一直是人类社会治理追求的目标。在不同的社会治理模式中，公共性追求的途径和实现方式也不一样。概括地讲，在传统农业社会，政府是以维护等级秩序为根本目的出现的，政府与公民处于"统治-被统治"的关系，强调的是权力的运用和"命令-服从"的统治方式，社会治理的公共性处于自发状态，即使是有限的"服务"也被纳入统治的框架中。在工业社会，社会治理的公共性进入自为建构过程中，政府为维护社会秩序充分运用法律制度，"服务"打上"公共"的烙印并被纳入法治化序列，而主导公共行政的是效率的价值追求，效率追求在制度化的形式中得以保障，政府成为公共服务的唯一提供者，并处于绝对的主体地位。在后工业社会，社会治理的公共性建构进入一个自觉时代，政府不再是社会治理中的唯一主体，它与社会其他组织甚至个人共同构成公共服务的提供者，政府与社会不再是"管理-被管理"的主客体对立关系，而是一种"主体-主体"之间的合作关系，效率不再是政府追求的最高和唯一目标，服务则上升为最高的核心价值，在政府的价值序列中从边缘走向了中心。

社会治理领域中公共性的生成是一个客观的历史进程。如果说工业社会中社会治理之公共性的提升"需要通过政府的制度、体制和运行机制的变革和完善来加以建构"，那么对于后工业社会中的社会治理而言，其公共性的提升与实现"需要通过行动来诠释公共性，需要让每一项来自政府的行动、发生在政府中的行动以及由政府承担的行动都包含着公共性。其中，政府的行动又是由行政人员承载的，因而，政府的公共性也需要更多地得到行政人员的诠释。或者说，政府的公共性是包含在行动中的，是行动者的行动赋予了政府每一事项以公共性，并使公共性得以实现"①。当行政人员的全部行动建立在对公共性及公共利益的追求上时，其自我价值和社会价值就得到了最大化的统一和实现。

（3）提升合作行动能力。

就行政人员而言，当合作文化取代竞争文化成为社会交往的主导思维、观念及行为模式时，处于行动中的行政人员的内心深处将激发出他在性意识，继而在与主体性的各类"他者"的合作中实现公共管理和公共服务的目的，通过合作行动提升并完成自我的公共性信仰。反之，一旦行政人员真正确立起公共性信仰，则会进一步强化其在公共利益的原点上与其他人员的合作，进而在社会中普遍地建构起并强化一种合作文化。事实上，如何树立公共性信仰一直是理论界和实务界追求的目标，但在传统的社会治理模式中，一方面，官僚组织的本位主义经由法治过程将公共性追求降低为合法性的满足；另一方面，在官僚制对个人道德情感和伦理判断粗暴拒绝的过程中公共性追求逐渐被形式化和边缘化，公共性信仰仅仅是行政人员行为的口号而非行动的指南，是一种虚假的与实际行动相分离的价值观宣传。产生这一问题的根源就是在竞争文化的主导下，公共性难以在相互竞争的个体之间达成共识。合作文化将会在行政人员心中真正树立起公共性信仰，这也意味着合作将是公共性信仰的本质内容，或者说，公共性信仰意味着合作。

公共性信仰需要确立合作与服务意识，这是公共性生成并实现的途径。在当今复杂的社会治理系统中，行政人员"可能扮演的角色有促进者、改革者、利益代理人、公共关系专家、危机管理者、经纪人、分析员、倡导者，以及最重要的是，公共利益的道德领袖和服务员"②，服务于公共利益进而服务于社会公众是最重要的角色。促进相互作用，倾听与对话是与关注公共利益、尊重基于实践的行动、寻求替代性解决问题方法等同等重要的行政人员的美德，只有当行政人员具备了这些美德，他们才能与社区公民建立起真正有效的相互信任关系，而"行使美德也被认为是与公民一起进行集体行动的一部分。……如果他们想成为公民社会中有效率的行政管理者，他们就需要拥有某些美德或者表现出有与公民一起工作的能力"③。简言之，后工业社会中以合作文化为本质特征的行政文化将提升行政人员的合作意识，并在与其他主体合作行动的过程中提升自己的行动能力，从而为独立人格的形成提供必要的条件。

作为与后工业社会中服务行政模式相适应的理想行政人格，独立人格的塑造同样需要经历一个由他律走向自律、由自律走向自觉的过程，"坚持严管和厚爱相结合"，既要

① 张康之.公共行政的行动主义.南京：江苏人民出版社，2014：113.
② 登哈特.新公共服务：服务，而不是掌舵.丁煌，译.北京：中国人民大学出版社，2004：131.
③ 全钟燮.公共行政的社会建构：解释与批判.北京：北京大学出版社，2008：158.

"加强对干部全方位管理和经常性监督"，也要"激励干部敢于担当、积极作为"。[①] 在这一过程中，除了上面提到服务、合作、公共性信仰等要素外，行政文化所蕴含的其他要素也起着重要作用。行政文化的内化和塑造是独立人格不断走向成熟的必由之路。

7.3.3　生活秩序与心灵秩序的同构

1. 生活秩序与心灵秩序的和谐

行政文化是通过对行政人员的心灵冶铸来塑造其人格的，而只有行政人员将行政文化内化吸收才能形成理想的行政人格。行政文化的冶铸和内化的本质是要为行政人员建构一种优良的内在精神生活秩序，即心灵秩序。当然，从行政人格生成过程来看，仅有心灵秩序的建构是不够的，还需要进一步完成心灵秩序与生活秩序的同构。事实上，优良心灵秩序的建构与生活秩序是不可能分开的，而行政文化建设的成效就在于能否塑造良好的行政风气，能否在心灵秩序和生活秩序之间形成良好的平衡。

理想人格是生活秩序与心灵秩序的和谐统一。人类社会追求的不仅是社会整体生活的有序化，也包括个人心灵的有序和谐。生活秩序是人类社会的生产生活实践及相应的社会治理活动的结构状态，体现为政治秩序、经济秩序、文化秩序等。心灵秩序则是个体内部心性结构及各类要素之间的相对稳定，一般通过个体的价值体验和精神气质表现出来。生活秩序是心灵秩序的客观基础和保障，生活秩序的有序化是社会和谐稳定、健康发展的基本要求，是个体自由发展的必要条件。心灵秩序是生活秩序的反映、投射和观照，个体在生产实践和社会交往中遵循各种共同的价值规范，与他人结成命运共同体，继而将政治、经济、文化等各种秩序内化于心，求得身心和谐。因此，秩序不是独立于人而存在的，而是相对于人并通过服务于人而获得其合法性。和谐社会不仅指社会生活稳定有序，也包括人们内在精神世界的和谐宁静，人与人之间心灵相通，人们有足够的获得感、安全感、归属感，有愉快的生活体验，每个人生活秩序和心灵秩序实现了有机统一，个人因此而获得了自由全面的发展。

从现实来看，生活秩序、心灵秩序以及它们之间并不总是和谐的。自近代工业革命以来，人类社会进入了领域分化的进程，人类生活逐渐分化成了公共生活、私人生活和日常生活三个领域。总体而言，"公共生活是公共利益的实现过程，私人生活则表现为在个人利益的原点上开展活动，而日常生活则是传统和习俗发挥基础性规范作用的过程"[②]。由此，个人角色也发生了多重分化，分别在国家、市民社会、家庭呈现出公民、市民和传统自然人的角色。在这一分化基础上，社会被分解为政治、经济、文化等领域，个人则被赋予更多角色，个体在不同领域来回穿梭，过着多重化的生活。

社会生活的分化是一种客观趋势，赋予个体以更广泛的行动空间，个体获得了空前的自主性，为个人独立健全人格的生成提供了充足条件。但是，在工业化进程中，分化

---

① 习近平. 高举中国特色社会主义伟大旗帜 为全面建设社会主义现代化国家而团结奋斗——在中国共产党第二十次全国代表大会上的报告. 北京：人民出版社，2022：67.

② 张康之，张乾友. 公共生活的发生. 北京：高等教育出版社，2010：207.

带来了分离，人被限定在不同领域，进而个体出现了片面化发展。就整个社会而言，由于个人主义、功利主义的过度发展和实证主义的泛化，人成为物化的存在，物化意识将人的总体性消解掉，从而造成了人的单向度发展。就公共生活而言，随着管理型社会治理模式的生成，公共生活逐渐走向衰落，作为公民个体，不再关心公共善，作为行政人员，不再关心公共利益。就行政人员而言，一方面，在秩序建构的制度安排和公共行政的理性化过程中，规则至上成为行政行为的最高标准，行政人员成为一种手段；另一方面，在私人领域或日常生活中却处处以独立自主的个体存在，职业生活与个人生活发生了分离，最终被塑造成一种工具人格。这种工具人格是生活失序、心灵无序的体现。

领域分化导致人们生活秩序与心灵秩序相互分离、错位的根本原因在于将道德和伦理排除在了公共领域和私人领域，道德发挥作用的领域越来越被限制在日常生活领域。即使在公共领域和私人领域存在职业伦理或行业伦理，往往也是与一般伦理相冲突的，因此从业者在执业中不能遵循所谓的职业道德规范，甚至出现有违一般伦理规范的行为。随着后工业社会的到来，公共领域、私人领域和日常生活领域逐渐走向融合，这一客观趋势标志着个人"伦理完整性"的回归，人的价值再次被重视，此时独立人格作为服务行政模式的理想人格被彰显出来，这也意味着行政人员职业生活和个人生活走向统一，意味着其心灵秩序和生活秩序的同构。

2. 个体与组织的同一

尽管心灵秩序指向人内在的精神世界，但优良心灵秩序的建构不仅依赖于个体自觉和人生修养，同样离不开外在环境对个体行为的实践规约、价值引导和精神信念支撑，需要实现心灵秩序与生活秩序的有机统一。从行政人格的生成角度看，心灵秩序和生活秩序的同构体现为行政人格的自我建构与社会建构。在独立人格生成的过程中，行政人员个人是主因，起着关键作用，但制度、组织和文化等外部因素的作用同样不可忽视。

优良秩序在组织中的追求体现为组织的同一性建构，而组织的同一性不仅仅是组织中独立于个体成员的现实存在，还必须在个体成员的自我同一性中才能真正达成，这是心灵秩序与组织生活秩序的同构。在西方心灵哲学中，"主我"与"客我"是自我的两个方面。两个方面的充分实现是自我同一性的共同保证，主我与客我为了归属于一个共同体，为了进行思考，就必须融入社会共同体之中并将其纳入自身之内。这就是说，自我同一性必须在社会环境中才能得以实现，人格（主我与客我在现实中的统一）的完整性存在于主体的交互性活动中。就组织而言，组织同一性存在于其成员的交互性活动中，存在于人格的现实建构过程中，只有当人格的自我同一性完成时，组织同一性才能真正实现。

后工业社会的合作型组织中，行政人员在服务精神与合作理念的孕育中，通过交互性的"意义"交往，自我同一性得到有机统一，独立人格也就获得现实的建构基础。

首先，在合作型组织中，基于信任的服务与合作彻底改变了传统行政模式中行政行为的主体、过程和效果的性质，赋予行政人员一种新的形象。行政行为由过去的主客体单向运动转变成双向交流的沟通过程，行政人员与行政相对人相互永久地开放，建立对公共政策的概念化理解和双方信息的资源共享，进行主体与主体之间的交流、对话和讨论，在共识的达成中确立相互之间的信任，在主体间的互动中实现公共利益和私人利益，最终共同创建一个和谐的社会秩序。在这一过程中，行政人员的独立性、自主性和创造性得到了充分发展。

其次，行政人员交互主体性的实现还存在于行政人员之间基于信任的合作行为中。传统组织中，组织的同一性体现为组织成员对组织领导的绝对服从，整个组织表现为刻板、机械式的团结。官僚制组织中，组织的同一性在符号化的规则调节中实现，而生存之意义、生活方式之选择以及爱恨情感等都一一被排除，这种组织同一只是行为表象和形式上的统一，组织成员的行为不是与其内在本性的统一，自我同一性发生了分裂，进而与组织也不可能达致同一。合作型组织正视并充分尊重行政人员的道德、价值情感和差异性，从人的道德存在本性出发，通过"权威-价值-信任"的组织整合机制，将官僚组织中基于规则安排控制的分工协作，转化为一种基于信任的合作行动，进而行政人员的组织行为超越了理性的自觉而拥有道德上的自由和自愿，并在与组织其他成员的合作中实现了个人行为与组织行为的真正统一。

在合作型组织中，行政人员在其与行政相对人、领导、同事之间基于信任而非功利谋划的合作行动中，实现了组织与人的同一。就行为而言，行政人员的个体行为与其职业行为、组织行为都是同一的，职业活动不再是异于自己、与自己分离的被迫行为，而是作为人的本质的愉悦实现，自我同一性得以实现。就文化而言，组织文化是在行政人员与他人之间的交互性活动中共同建构的，行政人员不再是失去生气的工具，而是充满活力的行动者，不再是组织中的边缘性存在，而是将组织转化为自身的社会存在方式，组织同一性得以实现。正是在自我同一性与组织同一性的"共通""共感""共约"中，行政人员实现了独立人格的塑造。

3. 道德制度的建构

工业革命以来，科学技术的巨大进步在为社会带来丰裕的物质文明的同时，却又将"从身份到契约"中被解放的个体推向了精神贫困的境地，生活秩序面临着重重危机。在后工业社会，重建对于人类有意义的生活秩序，构建生活秩序的道德基础，彰显人的伦理存在本性，唤醒人的道德能力，寻求生活秩序与心灵秩序的平衡，成为一种必然选择。对于行政人员而言，这种必然选择就是道德制度的建构，相对于文化和组织因素，道德制度是行政人员独立人格生成的最根本保障，道德制度的建构就是行政人员心灵秩序与生活秩序的同构，这也是中国共产党始终"坚持思想建党和制度建党同向发力"的本质所在[1]。

制度与人格是相互建构的。制度是对社会交往中反复出现的问题所采取的"共同的心智模式或解决之道"[2]，即制度是行动者的心灵反映，因此才能影响人的行动。也就是说，行动者对制度的接受和遵守程度是制度成功的关键。制度之于人格的建构性，积极的一面在于作为社会生活的形式系统，制度为人格发展创造必要的空间，其对良善丑恶

① 习近平. 高举中国特色社会主义伟大旗帜 为全面建设社会主义现代化国家而团结奋斗——在中国共产党第二十次全国代表大会上的报告. 北京：人民出版社，2022：13.
② MANTZAVINOS C，NORTH D C，SHARIQ S. Learning, institutions, and Economic Performance. Perspective on Politics，2004，2（1）：77.

的褒扬贬抑引导着人格向其倡导的方向发展；消极的一面则在于僵化、教条的制度压抑人格的发展，其对某些伦理价值的固执可能与人格的内在发展不协调，例如传统农业社会中的制度对等级伦理的强调背离了人格独立发展的倾向。人格之于制度的建构性，积极的一面在于制度的实际运行离不开人格的支持，制度的正当性与合理性往往存在于人格发展的价值践行中，消极一面则在于分裂的、扭曲的人格将会消解制度的合法性基础，甚至使得制度形同虚设。制度之于人格的建构性，要求制度建设必须以人格的健康发展为其价值导向，而人格之于制度的建构性，则要求人格的合理性诉求必须得到制度的保障。

在不同历史时期、不同领域的制度与人格是相互适应的，不存在超越制度建设水平的人格形态，也不存在超前于人格发展形态的制度。在人类的不同历史时期，制度建设的自觉性和合理性也不相同。因此，相应的人格形态也就出现了历史类型的差异。在农业社会，制度的生成是一种不断试错的自然演进过程，以习俗、习惯存在于人们的共同生活中，缺少理性的自觉建构和利用，因而个体人格的自觉性和理性也就不可能吸纳到制度中。相反，共同生活中因人与人相互依赖所产生的权力等级、身份伦理"自然"演化为制度的主要内容，由此在社会中塑造了一种普遍性的依附人格。

当历史迈入工业社会后，交换关系取代分配关系逐渐成为社会的主导性关系，促使人对人的人身依赖向对"物"的依赖的转变，人格独立成为现代文明的标志。这种人对物的依赖关系和对人格的独立性追求，在理性的主导下被纳入制度的自觉构建中。这种自觉建构的制度常常是在法律的名义下进行的，或者直接称为法律制度。随着历史进程的深入，脱胎于启蒙运动的理性愈来愈蜕变为目的-工具理性，目的被手段俘获，手段成为目的，导致从生活世界合理结构中生发并成长的制度逐渐脱离生活世界而独立，并反过来制约、破坏甚至控制着这种理性结构，致使生活世界严重殖民化，原本有机统一的充满活力的生活世界裂变为单向度的社会。政治和法律制度原本根植于生活世界的理性结构，应遵循生活世界之基本规范并为其贯彻实施提供体制性保障，然而当今之制度包括行政和立法体制从生活世界中分离出来而独立于生活世界的工具化行为领域，官僚化的权力体制和技术化的法律制度对生活世界的干预和破坏，成为一切社会问题的根源。

产生这一问题的根本原因在于法律制度的内在本质及形成基础，即从人性恶的角度出发，基于对人的不信任所提出的"禁止"或"应当"，这样法律实际上就以规则的形式将"不能为非"的最基本的道德予以规定下来，将人性的"恶"予以制度化，虽然确保了社会生活的基本有序，但法律所实现的公平只是针对"恶行"的公平，却无法最大限度地张扬人性善的光辉一面。既然制度是人们社会交往和实践活动的产物，那么制度本身隐含着对人的认识。就制度之于人格的建构而言，如果人们只是持久而强烈地去关注邪恶往往会导致灾难性的结果，"那些只是向别人身上的妖魔而不是为自己心中的神圣而开战的人，绝对不会让这个世界变得更美好，相反，世界要么一成不变，要么可能变得远远比事前更糟糕。如果只是盯着邪恶不放，那么无论我们的动机多么高尚，都很可能只是为邪恶现身再次创造机会而已"[①]。事实上，法律制度的构建、政府责任的限制、组

---

① 艾赅博，百里枫. 揭开行政之恶. 白锐，译. 北京：中央编译出版社，2009：20.

织运行机制的设计无不是建立在"抑恶"基础上的。因此，适应人之为人的历史积淀和提升事实，必须超越原初的"人性本自私"的假定，站在"新人"的角度来建构制度，这就是要"从共同体的角度去认识社会，以人的共生共在为出发点去形成相应的制度和社会问题解决方案"①。这种制度就是道德制度。

道德制度是对工业社会中生活秩序和心灵秩序出现衰落和混乱倾向的一种必然反应，是形式化之法律制度走完其历史进程的必然归宿。之所以称为道德制度，乃是因为这种制度视人为完整的道德个体，从人的共生共在出发，充分激发人性善的一面，恢复人的价值理性，凸显人的道德能力，道德持续转化为现实生活秩序，生活秩序和心灵秩序实现同构，最终"使人的世界和人的关系回归于人自身"②。道德制度一旦生成，一方面，行政人员对制度的遵守与执行就不再是一种强制性的感受，而是出于内心道德意识的自觉自愿的服从，并将自己的行为置于道德的监督和审视之下，这样一种行为就不再是实现目的的手段，而是对行政人员具有了完整的意义；另一方面，行政人员把道德认知转化为内在的道德力量，这种力量促使其把他人融入自己的生命活动之中，把他人的事业、他人的要求看作促使其行动的命令，同时又把自我生存的意义放置在为他人的服务之中。此时，道德制度既起到了保证行政人员个体真正的自由活动，同时又保证了其社会本质的实现，最后在自由自觉的活动中形成独立人格。

◀ 本章小结 ▶

所谓行政人格，是指行政人员与社会其他成员相区别的内在规定性，是行政人员在行政行为中自我价值与行政价值的共同实现，是行政人员心理、观念、意识、理想等与行为相统一的总体性存在，是一种体现了其自我价值、尊严、品格的伦理存在。行政人格具有一般人格的各项特征，但由于其主体之身份的特殊性，行政人格又具有自己的独特性，也正是这种独特性使得行政人员与社会其他成员具有"格"的区别。行政人格最根本的特征就是行政价值与自我价值的统一。

行政人格在行政行为中生成，其本质就是行政人员持续的自我塑造和自我完善过程，既表现为行政价值观与行政伦理观在行政人员个体及职业群体上长期稳定的具体体现与境界升华，也表现为行政人员个体生命与社会生命的整合，是行政人员社会本质生成的历史与现实的统一。

在人类行政管理发展的历史长河中，不同历史阶段出现了不同的行政人格模式。在统治行政中，行政人格表现为依附人格；在管理行政中，行政人格表现为工具人格。依附人格对维护封建统治阶级的利益以及维持社会的稳定起到了很大的作用，而工具人格则促进了对理性的张扬，并通过严密的组织体系实现了对社会的严格控制和有效管理，提高了生产效率，促进了社会发展。随着后工业社会的来临，随着服务型政府的建立，一种新型的行政人格模式正在诞生，即独立人格，它把个人的全面发展和他们的社会关

① 张康之. 合作的社会及其治理. 上海：上海人民出版社，2014：120.
② 马克思恩格斯全集：第三卷. 2版. 北京：人民出版社，2002：189.

系本质联系了起来，并置于行政人员的自觉支配之下。要生成独立人格，既需要行政人员刻苦不懈的自我修养，也需要行政文化的塑造和道德制度的建构，实现生活秩序与心灵秩序的同构。只有人生修养、行政文化和道德制度完美结合、共同作用，才能形成独立人格。

◀ **关键术语** ▶

人格	行政人格	行政价值	依附人格	工具人格
独立人格	人生修养	文化塑造	道德制度	

◀ **复习思考题** ▶

1. 什么是人格？如何理解行政人格？
2. 行政人格的特征是什么？
3. 试举例说明行政人格的作用表现在哪些方面。
4. 试分析行政人格模式的发展阶段是怎样的。
5. 行政人格三种模式之间有什么区别？
6. 如何理解人生修养是理想行政人格生成的关键？
7. 如何理解行政文化对行政人格的塑造？
8. 为什么说道德制度是独立人格生成的根本保证？

第 8 章

行政组织伦理

谈及行政组织伦理，人们通常默认为基层行政人员的职业操守与个体道德，但实际上，作为整体的行政组织通常具有更大的行动能力。在行政组织研究中，韦伯率先提出了"官僚制"的概念，同时韦伯也注意到官僚制存在严重的缺陷。官僚制"价值中立""非人格化"等特征对人的价值忽视，不利于道德的人和道德的社会的塑造。进入 21 世纪，社会的高度复杂性和高度不确定性构成了官僚制组织终结和合作制组织兴起的前提。沿着目前所呈现出来的组织变革趋势走下去，官僚制最终势必会被突破。在认识到组织变革的这一趋势时，自觉的组织模式变革追求也就把我们导向了用合作制组织替代官僚制组织的构想之中。

8.1 行政组织的伦理向度

8.1.1 实体与伦理实体

1. 实体

（1）个体（individuals）。个体意识的觉醒、自我意识的生成，在人类历史上是一个具有重大意义的革命。人类摆脱了原始社会的蒙昧状态，以个体和作为第一人称的"我"参与到社会生活之中。私有制和资本主义的出现，一方面促成了个体意识的觉醒，另一方面也使人性被压制在资本主义政治经济制度之下，其中的"人"被分解为市场体系中的一个环节，而不是自由完整的"个体"。法国人类学家路易·迪蒙认为，"当我们谈到'个体'时，我们同时指两个东西：我们身外的客体和一种价值"。个体的这种双重性表现在，人"一方面是经验的主体，它说话、思考，具有意志……另一方面是伦理生物……它负载着我们的最高价值，首先存在于有关人类社会的现代意识形态中"①。可见，对个体概念的讨论集中在两个方面：一是经验主体；二是价值主体或伦理主体。在社会生活中，个体、个人的概念又常与"主义"相联系，发展成个人主义或个体主义。英国伦理学家史蒂文·卢克斯在《个人主义》一书中将个人主义概括为五个基本观念：人的尊严、自主、隐私、自我发展和抽象的人，并将个人主义区分为政治个人主义、经济个人主义、伦理个人主义等诸多形态②。无论采用何种形态，个人主义都具有深刻的和显而易见的不合理性。摒弃个体和个人主义的不合理性，就必须正确引导个体向集体转换。

（2）集体（collective）。黑格尔在《精神现象学》中曾将"整体"与"个体"的概念置换，认为整体是"整个的个体"，或者说是以集体形式出现的个体③。可见，"整体"是与"个体"相对的概念，他们都强调"人"的地位或价值——无论是单个的人还是组织化的个人。在现代社会，集体通常表现为各类组织。伦理不仅是集体的形成条件，也是集体的灵魂。马克思主义认为，人在生产物质资料的过程中，必然会结成一定的社会关系即生产关系。也就是说，个体只是人的潜在的抽象存在，集体才是人自在的具体的存在方式。但是，集体只是个体的否定形态，而非终极形态。集体与个体之间始终存在一种相互矛盾的力量：一方面，集体必须作为"整体"行动；另一方面，个体的差异性又导致了集体难以成为真正的"整体"。为了规避"集体行动的困境"以及可能的"搭便车"现象，就必须继续推进"集体"的辩证运动，达到否定之否定，将其进一步发展为伦理性的"实体"，实现个体形态的辩证复归。

（3）实体（entity）。在生活中，实体的概念经常与实物相混淆。实物是指实际应用或真实存在的东西，如桌椅板凳、器具物品等，可以说生活中一切看得见、摸得着的东西都属于实物的范畴。实体的概念最早出现在黑格尔哲学中，他认为实体的重要内涵主要包括三个方面：实体即共体，是公共本质或普遍本质；实体与自我对立，实体的本质规定是"单一物与普遍物的统一"；"精神"是达到这种统一的最重要的品质和条件，实体是精神性的，只有透过精神才能完成和存持。可以看出，实体侧重于强调事物的共同本质和精神内核，是个体的自我意识与集体的共同本质联结起来的统一体。伦理在"本性上是普遍的东西，这种出之于自然的关联本质上也同样是一种精神，而且它只有作为精神本质才是伦理的"④。马克思主义以前的哲学认为，实体是万物不变的基础和本原，比如，唯心主义者所说的"精神"、形而上唯物主义者的道德"物质"都是这样的实体。马克思主义认为，所谓实体，就是永远运动着和发展着的物质。行政组织中的实体，是指那些实际存在和起作用的机构，如经济实体、政治实体等。行政组织不仅是一个经济实体，而且更重要的是一个道德实体，或者说是伦理实体。

2. 伦理实体

（1）道德想象。想象，是人对道德和真理问题所进行的思考和探险，也是道德教化得以实现的基础，超越了生活经验，是人类对信仰、对未来在精神方面的思索，对道德

---

①　迪蒙. 论个体主义. 谷方，译. 上海：上海人民出版社，2003：22.

②　卢克斯. 个人主义. 阎克文，译. 南京：江苏人民出版社，2001：41-73.

③　黑格尔. 精神现象学：下卷. 贺麟，王玖兴，译. 北京：商务印书馆，1997：5.

④　同③22.

的巡视。道德想象就是在道德领域内的想象力，是个体对于抽象的道德原则和道德规则所蕴含的人文关怀和道德情感的感受，在心灵中捕捉某个感受来表现道德规则，使其具象化、灵活化。具备道德想象能力的人能够更好地将心比心、推己及人，具备良好的同理心，设身处地考虑他人的感受，是人类表达美好情感的重要渠道之一，也是人际关系的润滑剂。具备了道德想象力，人的一切美好情感就处于塑造过程中，就可以触发更加动人的道德行为，并萌生自己也想成为那样的人的道德信念。更重要的是，良好的道德想象力也能激发道德行为的产生。道德行为需要稳定的内在推动力量，而这种力量在很大程度上源于个人稳定的性格特征和道德品质。具备道德想象力的人会对环境有着敏锐的判断和知觉，产生热切地想要做出改变的愿望和冲动。这种将道德规则具象化、对他人危难的同情共感和切身体会他人情感的能力，符合我们的价值观和道德感，是我们最本真的使命。

（2）伦理实体。黑格尔对"道德"和"伦理"做出了区分，即"道德"是纯粹主观的、从抽象角度构建的一套普遍的道德准则，对人们的行为来说，是一种强制性的"绝对命令"；"伦理"是主观意愿和客观实际相结合的共同体，对现实的人提出的是一种"善的要求"。故而，我们常有"不道德的行为"却从未听说过"不伦理的行为"，我们在此采用的便是"伦理实体"的概念。伦理是一种本性上普遍的东西。伦理实体就是伦理的实体，即伦理性的共同体或社会。黑格尔认为，伦理实体经历了三个发展阶段：家庭、市民社会和国家。家庭是伦理实体的第一阶段，这一阶段以感情融洽的关系为前提。市民社会是第二个阶段，这一阶段服从的是追求利益的利己原则。随着市民社会的发展，伦理实体逐渐发展到最高阶段——国家。伦理实体是个体的安身立命之所，具有内在的生命和结构，同时也保有个体的独立性。伦理实体是特殊性和普遍性的统一，也是必然性与实体性的统一，这种伦理实体最后形成社会伦理秩序的复合体，其存在就是为了寻求人类价值的合理性。

8.1.2　作为伦理实体的行政组织

1. 行政组织及其特点

（1）行政组织。"组织"的概念由来已久。小到家庭，大到国家，组织广泛分布于社会生活的各个领域。作为若干要素组成的系统，组织具有特定的汇聚、转换和释放功能，它能将个体的能量汇聚成一个能量整体，实现个体所不能达成的组织目标。行政组织的概念有广狭之分，广义上指一切具备计划、组织、协调等行政管理职能的组织，包括国家党政机关、社会团体和一切企事业组织等。狭义上，行政组织指依据宪法和法律建立的、为实现一定功能和服务组建起来的国家行政机关，即各类政府机构。

（2）行政组织的特点。第一，行政组织具备伦理实体的基本特点，是现代性的伦理实体。伦理实体要想成为自在的存在，必须既是个体又是一个整体，只有在"整个组织"中，也就是在行政组织中，才能消除家庭和市民社会的矛盾。在这一层面上，行政组织是一种普遍的共同体，是国家伦理实体中的"整个个体"。第二，行政组织是个体与共同体的统一。行政组织中伦理精神并不单纯是组织个体与组织的存在，而是作为一个整体在行动。它表现出社会共同体成员的现实生命力，也是用特定形式固定下来的普遍本质和共同真理，所以，行政组织是个体的特殊性与共同体的普遍性相统一的伦理实体。第三，行政组织是个体的个性与实体的共性的统一。行政组织首先具备社会整体的共同本质，是民族的普遍性和公共的自在性的体现，同时它也是个体的集合，体现着每一个个体的现实生命和个性，所以在一定程度上，行政组织伦理也是组织成员个性化的体现，体现了组织成员的伦理诉求和价值取向。

2. 行政组织是创生的伦理实体

（1）行政组织是国家的"产品"。行政组织是国家这个伦理实体道德价值观念的"外化"，行政组织的出现就是用来协调内部关系，有序组织人们的生产生活活动的。因而，行政组织是"被选择"的产物，而不是自主生成的结果。

（2）行政组织代表社会整体利益。既然行政组织是国家的"产物"，那么它所代表的就不能是某个人或某个群体的利益，不能追求自身的特殊利益，而要为他人、为社会、为国家整体的利益服务，在代理、陈述和行使各项国家权力的活动中必须遵纪守法，谋求社会公平正义。党的二十大报告中谈到 2035 年发展的总体目标时指出："要坚持以人民为中心的发展思想。维护人民根本利益，增进民生福祉，不断实现发展为了人民、发展依靠人民、发展成果由人民共享，让现代化建设成果更多更公平惠及全体人民。"①

（3）行政组织促成整体目标的实现。既然行政组织是为国家、为社会服务的，那么组织就必须采取积极手段促进组织目标实现。人民将权力委托给国家，国家作为受委托者（代理人），需要替人民行使权力。行政组织作为国家执行权力的机关，就需要代表国家和人民利益，积极维护人民的各项权益，促成社会整体目标的实现。

（4）需要对行政组织进行监督。作为创生的伦理实体，行政组织在发展过程中有异化的风险。因为其创生基础完全来自社会公众的价值期望和外部驱动，这种需求和期望的满足完全不能只局限于个人私利的满足。而且，在实际运作过程中，期望和需求与实际产出难免有偏差，这就需要对行政组织建立有效的制约和监督机制。党的二十大报告中谈到扎实推进依法行政时指出："转变政府职能，优化政府职责体系和组织结构，推进机构、职能、权限、程序、责任法定化，提高行政效率和公信力。"②

8.1.3 行政组织的伦理诉求

1. 结构驯化与道德教化

（1）行政组织的结构驯化功能。在结构-功能主义的视野下，行政组织对内部的人或外部的治理对象，有着强烈的结构驯化诉求。结构-功能主义是现代社会学的一个理论流派。它认为社会是一定组织化手段或具备一定结构的系统，社会各部分相互关联，对社会整体功能的发挥起到重要作用。整体是以平衡的状态存在着，任何变化都会打破组织

---

① 习近平著作选读：第一卷. 北京：人民出版社，2023：27.
② 同①41.

原有结构，并重新回到最初的平衡状态。在这种视角下，行政组织的基本诉求是对人进行结构驯化，为实现行政组织的目标而服务。如果把行政组织比作一个大系统，那么这个系统的有效运作有赖于全体组织成员协调配合，共同发挥作用。在这个组织中，组织成员在既定的工作岗位上完成工作，为实现组织目标而努力，就需要行政组织充分有效发挥结构驯化功能。要实现对组织成员的有效驯化，组织可从以下三个方面展开工作：第一，制定一套严密完整的规章制度，使组织中的成员各司其职、分工明确；第二，建立完善奖优罚劣的奖惩制度。对完成或超额完成任务者给予特定的物质或精神奖励，而对于完不成任务者，则要做出一定的惩罚以示警告；最后，通过培育良好的组织文化，强化组织成员对组织的认同感，培育成员对组织的忠诚，为实现组织目标服务。

（2）行政组织的道德教化功能。如前所述，韦伯的官僚制是具备结构驯化的功能的，它建立在工具理性的基础上，认为凡是符合结构化要求的工具理性的组织，都是道德的。但是，韦伯在提倡"祛魅"（disenchantment）的同时忽视了一点，那就是对道德教化功能的忽视。韦伯认为，组织管理应明确划分公事与私事的界限，公务活动不得掺杂个人感情等非理性因素，组织成员之间只是工作与职位的关系，而非人对人的关系，仅表现为一种指挥和服从的"非人格化"的关系。他认为这样有利于提高组织的工作效率，并能有效地避免和防止人与人之间不必要的矛盾和摩擦，维持组织的和谐运行。这有其合理的方面，可以将组织快速地整合起来。但是，组织首先是人的集合，而不是事或物的集合，有人的地方就需要人格的发展和完善。道德教化是人心的内在生长的必要条件。个人需要得到道德教化，需要伦理实体作为道德教化的途径。行政组织作为一个典型的伦理实体，可以对人的教化产生积极的引导和教育作用。道德的根本意义就是成就德行，使人心情舒畅、行为得体，为良好的人际关系和美好幸福生活创造良好条件。伦理实体是情理的载体，行政组织作为典型的伦理实体的表现形式，以其合情合理对个人产生强大的归化作用，是人们行动的理由。道德教化的力量不是抽象的道德原则，而是饱含生命力和人伦的感性情怀，比如人类最常见的仁义、友爱、忠诚、同情等都可以在道德教化中得到滋养和培育。

2. 行政组织的治理功能

党的二十大报告中谈到完善社会治理体系时要求："健全共建共治共享的社会治理制度，提升社会治理效能。"[①]

（1）将行政有效组织起来。这是行政组织的对内功能。行政组织是社会的基本组成单位，只有将组织内的人员和各种资源有效利用起来，组织的一系列工作才能有序开展，组织任务才能顺利完成。一个组织运转得当，需要具备以下三个方面的条件：第一，有相应的组织人员和各种资源条件，这是组织成立的前提。只有具备相应的人力、物力和各种资源，组织活动才能有效展开，组织中的各种资源才能得到充分有效的运用。第二，有完善的规章制度和奖优罚劣机制，这是组织运转的一项重要条件。只有在组织设计中详细规定每个人的工作任务和职责权利，才能让组织中的每个人了解自己工作的特点和要求，使人尽其责、物尽其用，按照组织规定去做。第三，有友善、包容的组织文化。

---

① 习近平著作选读：第一卷. 北京：人民出版社，2023：54.

组织文化是一个组织的灵魂，在组织中起到凝聚的作用。鼓励诚信、包容失败的组织文化可以让组织成员有充分发挥才能的空间和机会，努力为组织发展贡献更多的力量。只有这三个条件同时具备，组织活动才能有效运行，行政组织才能长时间地运转和发展。

（2）承担社会治理的任务。这是行政组织的对外功能。作为社会的组成单元，行政组织也应该而且有义务承担一定的社会治理任务。行政组织也要积极履行社会责任，承担社会义务。首先，做好本组织工作，把组织做大、做好、做强，不断向社会提供更多、更好、更新的产品或服务，提升人民的物质和文化生活水平。其次，努力向社会宣传积极向上的价值观，弘扬正能量的组织文化。再次，积极参与社会慈善事业并进行社区福利投资。比如医疗公共卫生、社会教育事业和社会福利设施等的建设，行政组织要根据自己的实际情况提供支持。遇到地震、洪水等社会事件时审时度势，及时伸出援助之手。最后，注重生态环境保护和节约资源。尽可能地减少不可再生资源的消耗，并积极参与节能产品的研发工作，为地球荒漠化和全球变暖的研究做出应有的贡献。

3. 行政组织的伦理诉求

（1）超越结构驯化和道德教化。符合道德要求的行为不可能孤立形成并得到有效维持，只有在有利的环境氛围下才会产生负责任的行为。首先，通过提升行政人员的个人道德品质来强化组织的道德行为。比如，在对行政人员培训时有意识地加入道德伦理困境的案例讨论，将公共行政人员的工作实践与伦理现实联系起来，加强组织人员对伦理道德的理解和内化，使其形成诚信、天职、正义等的使命感。其次，建立有效的组织制度。直接、清楚地对职位责任进行具体说明，将责任落实到组织的每一个层次，通过"上级领导下级"的权力层次，增加领导与下级间的直线沟通，既可以避免思想和认知偏差，也能及时得到反馈和进行调整。再次，培育良好的组织文化。组织文化是组织成员共享的，是作为组织基础的一系列价值观、信念和思维方式等的总和，对组织内外都具有强大的影响力。优秀的组织文化可以针对性地选择和锻炼道德个体，从而加强合作、广开言路、维护权威。不好的组织文化却会打击道德行为甚至怂恿不道德的行为。最后，正确处理社会期待。社会期待指社会公众对行政组织行为所抱有的期望。因此，向公众阐明和解释法律规定和公共政策是十分必要的，保证公共政策代表最一般和普遍的社会愿望，才能保证社会的稳定和秩序。

（2）维持组织内外的治理功能。维持行政组织的内外功能，有内部控制和外部控制两种基本形式。外部控制有两种形式：伦理法规和伦理立法，即用法律来处理行政事务中的道德行为。不过，因为约束力和运行机制不同，伦理立法和法规各有利弊，缺乏正规的强制途径，而且伦理立法和伦理法规这样的外部力量发展还非常不完善，在实际生活中不太好实行。相对于外部控制，内部控制是指通过行政人员内心价值观和伦理准则的控制，鼓励他们在缺乏伦理立法和法规的情况下采取符合道德的行为。内部控制的优势更为明显：一是行政人员内化的价值观可以在决策中产生很大作用，使政府决策符合伦理准则和规范；二是内部控制有助于负责任、创新型官僚体制的产生，在面对道德问题时抛开官僚主义作风，真心实意地为人民群众谋福利、办实事。当然，要使内外部治理功能达到最优，就需要内外部控制工作保持适当的平衡并达成和解，以防止个人沉溺于私利，有更多的时间进行社会性建构。

（3）塑造道德的人和道德的社会。马尔库塞提出了"单向度人"（one-dimensional man）的概念，并认为发达工业社会已蜕变成一种"单面的社会"，活动在其中的只是具有"单面思维"的"单向度人"，只知道物质享受而丧失了精神追求，只有物欲而没有灵魂，只屈从现实而不能批判现实，即纯然地接受现实，盲目地接受现实。《单向度的人》这本书阐述了单向度是如何运作的以及人与社会的相处模式，表达作者对解决这类窘境的独特观点。因此，现代行政组织需要打破官僚制对人的个性压制，促进人的个性解放，将人的注意力转回到人本身和道德伦理上来，塑造道德的人和道德的社会。人与社会是一种共生关系，社会是一个个具体的人组成的集合体，单向度的人必然会导致"单向度的社会"。在单向度的社会里，人看不到自己的价值和尊严，价值沦丧、精神颓废现象频发，生活没有意义和目的，何谈社会进步？要塑造道德的人，首先就是将官僚制组织中"单向度的人"向全面的人转换。一个社会人不仅有外在的向度，还要有内在的向度。外在的向度是个体对外在社会的认同态度，是人生存和发展的基础；内在的向度是向内的，是有意或无意识的对社会的否定和批判。这种内在向度是人之所以为人的本质所在，是社会进步的原始动力。充分发扬人的自由意志，肯定人本身的目的和价值，解放人的爱与理想，只有这样，人的形象才足够饱满丰富，具备了内在外在的双向度，人才能真正实现全面发展。

8.2 官僚制组织的道德困境

8.2.1 工具理性与价值理性的紧张

20世纪初，德国社会学家、哲学家马克斯·韦伯提出了"合理性"（rationality）概念，将合理性分为两种，即工具（合）理性和价值（合）理性。工具理性以结果为导向，强调效果的最大化；价值理性则以目的为导向，强调动机的纯正和选择正确的手段达到自己的目的。

1. 工具理性

（1）何为工具理性？工具理性（instrumental rationality）是通过实践途径确认工具（手段）的有用性，从而追求事物的最大功效，为人的某种功利的实现服务。工具理性是通过精确计算功利的方法最有效达至目的的理性，是一种以工具崇拜和技术主义为生存目标的价值观，所以"工具理性"又叫"功效理性"或者说"效率理性"。工具理性是做什么的？它的作用是找到做事的手段，就是一件事怎么做才是最有效的。举个例子，你心心念念很久想去A地旅游，为此你制订了周密的出行计划。该选择哪种出行方式呢？火车的价格自然较便宜，但是飞机更快而且价格也在你的接受范围内，你这么一计算，于是就订了机票。这里运用的就是工具理性。这里的关键词是"计算"。工具理性的关键就在于"计算"：针对确定的目标，计算成本和收益，找到最优化的手段。工具理性不关心目的，只关心达成目的的手段是不是最优的。

（2）官僚制（bureaucracy）。工具理性的核心就是对效率的追求，所以资本主义社会在现代化的道路上，追求有用性就具有了真理性。这是一种时代的需求，韦伯的理论反映了这种需求，同时也适应了这一历史性诉求。因为工具理性问题有客观标准，我们容易达成一致。在社会层面，这一点就更加突出了：在价值观念问题上，我们可能会有许多分歧；但在具体方法上，我们都认同工具理性计算出来的方案。结果就是，工具理性的逻辑越来越强大，成为一种通用逻辑，整个社会都越来越重视计算和效率。这带来了什么变化呢？韦伯认为，这导致了社会制度的官僚化：不仅在政府，而且在社会的各个领域，包括学校、军队、公司……官僚制这种组织形式占据了重要地位。官僚制与我们常常批判的官僚主义并不相同。官僚主义的特征是效率低下，而官僚制恰恰是要追求高效率。这种高效强调的是系统的整体效益，而不是个人的感受。官僚制的特点是上下级结构清晰严密，有明确分工，每个位置都要按规定行事。对个人来说，这可能僵硬、机械，但个人体验和全局效益不同，有时个人体验不佳恰恰是系统追求高效的结果。一个理想的官僚系统规则合理，纪律严明，人尽其责，照章办事；系统运转精确、稳定，具有很高的可预测性，效率高，执行力极强。虽然韦伯并未明确限定官僚制属于一种组织制度，也没有直接使用"官僚制组织"这个概念，但到了 20 世纪 50 年代，当组织理论研究运动兴起的时候，人们开始把"官僚制"这个概念与组织联系在一起，并习惯于使用"官僚制组织"这个概念。

2. 价值理性

（1）何为价值理性？价值理性（value rationality）又称实质理性（substantive rationality），即通过有意识地对一个特定行为——伦理的、美学的、宗教的或做任何其他阐释的——给予无条件的、固有价值的纯粹信仰。也就是说，行动者向自己提出某种"戒律"或"要求"，赋予选定的行为以"绝对价值"。韦伯认为，在这个过程中，秉持、恪守价值合理性的人的选择是：不管采取什么形式，不管是否取得成就，甚至无视可以预见的后果，行为者必须这么做，即坚守终极立场，绝对地、无条件地、不计后果地服从于某一价值体系，遵从某些价值准则行事。我们回到上文的例子。现在你已乘坐飞机到达 A 地，游玩过半，在途中遇到一位"驴友"向你推荐另一旅游胜地 B 地。此时，你考虑的是选择何种交通工具前往 B 地，还是要不要立即动身前往 B 地。我想大部分人应该会选择后者。如果说前者选择哪种交通工具属于工具理性的范畴，那么此时考虑要不要去 B 地则属于价值理性的范畴了。工具理性强调用什么方法做事、怎么做事。而价值理性强调的是要不要做事，做这件事我能得到什么，或者我的能力是否允许我做这件事。简单地说，工具理性看重手段，而价值理性则看重目的。

（2）价值理性有多重要？在人类历史上，一切实践活动可以说都在追求两种宗旨：求真与求善。工具理性以求真为目的，价值理性以求善为宗旨，二者一经一纬，共同交织成人类的总体理性认识，工具理性和价值理性也必须统一于人类的实践活动。价值理性是工具理性的精神动力。工具理性的高效运行，都要以对事物及其规律有明确的认识为基础。但这种认识不是一蹴而就的，需要价值理性在长期的认识、掌握、驾驭事物的过程中不断摸索总结出来。要克服认识道路上的种种困难，就需要人们具备顽强的意志和坚定的信念，需要价值理性为工具理性提供精神指引。价值理性也是人真正实现自由的象征。与工具理性回答人与世界的关系"是如何"不同，价值理性更加侧重于人与世界的关系"应如何"和"应当是"问题的思考。价值理性为工具理性提供价值标准和行动目标，又可以进入工具理性所不能进入的世界，是人区别于其他一切存在的标志所在，也是人自由自在的表征。

3. 二者之间的紧张

工具理性的应用及拓展，一方面发展出官僚制，使社会这台大机器得以稳定高效运转；另一方面，也不得不看到，在这种流水线式的官僚制下，人逐渐被物化为这台机器中的一个零件，必须在既定岗位上按照既定规则进行工作，而与工作无关的个人因素则完全被无视。这种"非人格化"原则将人简化为冷冰冰的指标，而不考虑个人的兴趣、喜怒、观点、品质等人格化因素。在某种意义上，这对组织的稳定与效率至关重要，也促进资本主义经济社会的迅速发展。问题在于，工具理性发展得太快太急，就会压倒、淹没价值理性，使得本来应该促进工具理性与价值理性共同发挥作用异化为工具理性的单方面扩张，成为"片面的理性"。为此，韦伯提出了一个著名论断——现代的铁笼。

所谓"铁笼"，指现代人不可避免地受到资本主义经济秩序的影响，既不能选择，也无法控制。这个"铁笼"有两个明显的弊端。第一是官僚制的普遍化。在大型的管理工作和管理任务面前，官僚制表现出高度的"专业"和"高效"，将整个系统的工具理性发挥到最大程度。随着社会分工越来越精细化，各个领域都要求相当数量的专家和技术人员的参与，对这类高素质群体用官僚制的管理手段显然是不合时宜的，也不符合社会民主化的发展趋势。

第二个明显的弊端是造就了片面的社会文化和社会关系。一方面，因为工具理性"可计算"和"高效率"的优势，使得人们习惯于用工具理性解决一切问题。工具理性的过分扩张，就会压制、阻碍价值理性的发展。追求可量化、追求效率本身没错，问题在于如果用工具理性来解决价值理性的问题就会给现代社会带来灾难。例如，假冒伪劣商品的盛行，本质就是商家用工具理性代替了价值理性。另一方面，如果人与人之间的关系也用工具理性衡量，人变成纯粹的"商品"，成为社会机器中的一个"零件"，这显然违背了人的发展规律，也不利于人的自由的实现。

8.2.2　官僚制组织引发的道德冷漠

冷漠的概念与热情相反，指缺乏感情、无动于衷，是一种对人和事的冷淡或不关心的态度。道德冷漠是缺乏"善"的表现，在现实生活中表现为对道德要求漠不关心，对道德问题毫不在意，表现为麻木消极的心理状态。官僚制组织要求员工在规定的时间、规定的工作岗位上进行工作，这一方面在很大程度上使得组织运转高效、目标完成迅速；另一方面，这种"机器化"的工作方式无疑压抑了员工的个性发展，员工的爱好、兴趣、特长和个人价值观念等因素被忽视，也无法得到发展。在这种组织模式下，员工逐渐对道德现象和道德行为漠不关心。

1. 道德冷漠的两种类型

（1）旁观者的冷漠。旁观者的冷漠指当他人或社会遇到困难或身处险境时，行为人在明知他人需要帮助的情况下，有能力给他人以帮助却没有采取积极的行动予以帮助，表现出消极的态度，只是冷漠地旁观和等待。官僚制的组织形式决定了人与人之间的关系不是靠感情观维系的"熟人社会"，而是靠合同和契约维系的"陌生人社会"。人们只专注于自身工作任务的完成，对他人的事情既不关心，也没有兴趣。一般来说，突发事件中的受害人和为恶者对旁观者而言都属于"陌生人"，事态的发展既不会给他带来好处，也不会给他带来损失，因而，在一种"事不关己，高高挂起"的心态的驱使下，旁观者表现出一种"局外人"的中立态度。从法律的角度看，因为旁观者本人与突发事件本身并无联系，对受害人也没有法定的救助义务，对事件造成的后果当然也不需要承担直接的法律责任，正所谓"法律不强人所难"。站在伦理道德的角度，旁观者却要承担不可推卸的道德责任。实际上，这种旁观者的冷漠正是一种人性善的缺乏，是一种"平庸的恶"，虽然旁观者没有主动去作恶或危害他人，但因其冷漠围观给作恶者提供了一种心理上的帮助，甚至对不良后果的发生起到了一定的帮助作用，理应受到伦理上的谴责。

（2）受助者的冷漠。受助者冷漠是相对于旁观者冷漠而言的，后者在他人遇难或身处险境时选择冷漠旁观，采取消极的行为。另一种情况是，有人挺身而出、见义勇为，事后受助者却不一定会肯定、感激，甚至可能怀疑行为人的动机，这就是受助者的冷漠。我国自古就有"滴水之恩，当涌泉相报"的传统，但是官僚制的兴起和发展使得人们对物质和效率的追求占据支配地位，反而忽略了道德和传统文化的延续。比如近些年的"碰瓷"现象，自己好心帮助别人却被反咬一口，这种风气会使那些乐于助人、见义勇为的人在提供救助之前要犹豫再三，挫伤其践行助人优良美德的积极性。此外，受助者冷漠还表现在人们对受助期望的冷漠。因为在官僚制组织中弥漫着崇尚金钱和利益的文化氛围，要让受这种文化影响的人去坦然接受一个陌生人的善意是不太可能的。很多人不相信在以效率和利益为中心的官僚制文化中谁还会出于纯粹的道义和关爱去救助其他人。在接受帮助时首先想到的不是感谢对方的帮助，而是考虑其是否有所图而拒绝接受帮助。

2. 官僚制对道德冷漠的分析

（1）功利主义色彩浓烈。首先，道德从产生之时就具有一定的功利主义目的，只不过这种功利性是从压制人性自私自利、维护社会整体的有序和谐的长期目的出发的。人有自利的本性，道德具有一定抑制人之"恶"弘扬人之"善"的重要作用。然而，个体的功利主义思想并没有真正消失，对经济理性过度追求的现代社会更使功利主义思想走在前面，以一种不可遏制的态势挤占、遏制道德的生存空间。这在经济相对落后的发展中国家表现尤为明显，在追求功利和效益的社会大环境下，官僚制组织倾向于"不论过程，只看结果""成败论英雄"等功利主义色彩浓厚的发展口号，将道德、价值置于社会的边缘化位置。在遇到社会突发性事件时，个体会陷入自利与他利的道德选择困境，往往出于自私本性而表现出袖手旁观的冷漠行为。功利主义的社会人受这种"功利至上"观念的侵蚀，不仅引发频繁的社会不道德事件，更使道德冷漠现象成为一种社会常态。

（2）社会环境日益"陌生人化"。在近代以来的社会运行和社会变化加速化进程中，人口流动加速促使大量农村人口涌入城市谋求发展。人际交往越来越偏向于"陌生人"之间的交往。这就打破了传统"熟人社会"的人际交往模式，人们之间基于情感的信任关系减弱，陌生人之间通过"契约""合同"等形式建立起信任关系，使得原本不信任的人们相互信任。我们必须承认，契约既是信任的"中介"，也是不信任的产物。实际上，契约更多的是关于经济财产和人身劳动等方面的约束，即便社会契约，也主要是国家与公民在权利与义务方面的约定。因此，其约束的内容和范围是有限的。这就意味着，在一个通过官僚制组织起来的社会中，人们只愿意对与自己有着明确契约关系的"利益相关者"承担责任，而对于社会中绝大多数的"陌生人"，人们倾向于持"多一事不如少一事"的消极心态。此外，面对社会治理不善所导致的道德欺诈现象泛滥，那些处于日益匿名化的陌生人环境中的人们，对施以援手的后果也持悲观态度，大多数人认为，不必为"非必要履行"的救助义务而承担风险。

（3）道德欺诈和调和主义思想盛行。调和主义思想是通过"折中"手段来取得"息事宁人"效果的一类思想观念和行为准则。在中国古代的熟人社会中，它曾对社会和谐稳定起到过一定作用，但在近代官僚制组织中则表现出种种弊端。随着官僚制的发展，社会的流动性和匿名性不断增强，没有了传统熟人社会的道德约束，个体更容易通过成本计算而做出违背道德和社会规则的不道德行为以获取个人利益，导致"粗制滥造""以次充好"现象充斥在市场和社会中。无论是"故意售假"，还是"专业碰瓷"，都是利用思想和规则漏洞的机会主义行为。在其看来，即使这种不道德行为被揭露，也不会在人们惯常的"调解"中受到损失，甚至有可能得利。这种"折中"思想，本质上是对道德欺诈的纵容，严重伤害救助者的尊严和大众的热情，对道德冷漠起到了推波助澜的作用，引发了道德冷漠现象在整个社会的蔓延。

（4）"超道德"主义与官僚制的矛盾。在熟人社会里，人情及其偿还是熟人关系形成和维系的重要基础，但在现代社会已经发生严重"异化"，并对良性社会关系和治理体系造成困扰。一般情况下，我们对"举手之劳"并不会追求其所谓利益上的回报。虽然我们提倡道德层面的"无私援助"，但必须承认施助者有因其善举而得到回报的权利。如果施以援手的成本过高，行动者就会在"理性地"计算后选择"冷漠"，从而中止或放弃其援助行为。显然，这是官僚制工具理性引导人们形成的某种思维定式。成本过高、风险过大的救助本身就是一种"超道德"的要求，任何人都没有资格要求其他人对于"没有回报"甚至付出极大成本的事情做"无偿"付出。实际上，在一个对潜在救助者的善行不能给予合法性保护的社会机制下，对大多数的普通人而言，从一个潜在的道德救助者变为"冷漠者"是其理性选择的必然结果。因为，如果道德领域不对等，那么道德者也未必会受到道德的对待。

8.2.3　官僚制组织对人的价值忽视

1. 结构镶嵌

官僚制组织的结构形式和运行机制，表现为高度理性化的法律规章和制度体系。作为一种有效率的和理性的管理体制，它迎合并极大地推动了近代社会的工业化进程。一方面，官僚制满足了工业大生产的生产模式和复杂管理简约化的需要。在精确性、快捷性、可预期性等方面都比其同时代的其他组织形式更具优越性；另一方面，官僚制的理性是一种抛弃了价值理性的工具理性，基于这一逻辑进行的组织设计，使得整个组织就像一台精心设计、结构精密的机器，组织功能的发挥依靠各个零件的紧密咬合和协调配合来共同完成。可以说，马克斯·韦伯的理想官僚制是近现代资本主义精神的充分体现，它所追求的是通过稳定有序、分工协作、协调运转的组织体制来谋求效率。所以，效率是官僚制组织追求的核心，并且是通过其"结构镶嵌"来实现的。从单纯技术的角度讲，官僚制是能够通过其工具理性和结构镶嵌来实现稳定有序和最大效率的，但这种目标的实现需要将全体组织成员都视作这部机器的"零件"，各个成员照章办事，完成自己分内的事，才能共同协作完成整个组织的协调运转。官僚制的这种特点使得每个员工只懂得也只愿意成为机器的"零件"，照章办事，因而使人越来越失去独立思考的能力和价值。此外，除了分工和专业化，官僚制组织中根据横向分科、纵向分层的科层结构所构成的权力关系，形塑了官僚制复杂机器的严密等级序列。这种等级制（hierarchy）摆脱了农业社会的身份等级依附关系，却通过专业分工和技术知识的差异重塑了一种权威等级关系。在官僚制组织森严的等级秩序中，职位有高低大小之分，成员要按照等级制度行使权力，这是其积极的一面。但是，也不得不承认这种"镶嵌"结构模式对组织成员长期发展的限制和阻碍。

2. 非人格化

人格化，是童话语言等文艺作品中常用的一种创作手段，对动物植物以及非生物赋予人的特征，使它们具有人的思想感情和行为。非人格化是韦伯官僚制的一个明显特征，它指组织按照客观的、超然的和不变的特点去实现对其雇员以及外部人的管理，是通过去除人为因素对管理行为的影响，让管理技术化、制度化、理性化的现代化管理机制。在韦伯总结提出的理想的行政组织的几个主要特点中，其中一条就是组织管理的非人格化。他认为，组织管理应明确划分公事与私事的界限，公务活动不得掺杂个人感情等非理性因素的影响，组织成员之间只是工作与职位的关系，而不是人对人的关系，仅表现为一种指挥和服从的"非人格化"关系，他认为这样有利于提高组织的工作效率，并能有效地避免和防止人与人之间不必要的矛盾和摩擦，从而有利于维持组织的和谐运行。在韦伯眼里，官僚组织是规章的体制，而不是个人的体制。所以，官僚制排斥个人魅力。组织的运转不以个人意志为转移，也不受个人情感的支配。可以说，非人格化是工具理性另一种方面的表现。由于官僚制不受传统人身依附关系的影响，而是按照组织中严格的层级分工来维持秩序，成员接受的是上级的领导和指挥，服从法律层面的要求和组织规章制度的约束，不受领导者个人魅力的影响和感召，或依附于传统社会的等级身份。当然，韦伯也意识到，这会使社会成为冷冰冰的机器，铸就"现代的铁笼"，导致人的异化。

3. 祛除价值巫魅

现代西方社会在走出一神统治论后曾陷入一个价值多元理论发展的局面。韦伯形象地将这一时期称为"诸神之争"。在那个多元价值碰撞的局面中，持有不同政治立场的理论者相互攻讦，陷入了意识形态对峙的局面。要想打破僵局，就必须在理性的基础上达成某种政治共识。韦伯提出"理性祛除巫魅"的概念，为走出中世纪的行程画上了句号，作别上帝主导的世界，宣告用理性代替巫魅。韦伯认为，"祛魅"是一个社会理性化的重要标志，这意味着曾经崇高的价值逐步隐退。比如，在原始的"图腾时代"，自然往往被赋予了神话的象征，现代人却可以运用高度发达的理性以及先进的技术手段揭开自然神秘的面纱，将其转化为可以利用的资源。但是，"祛魅"的过程同样是一个工具理性压倒价值理性的过程。工具理性的过度发展使得人们异化了原本追求的目的，而逐渐将工具或手段视作目的本身。这是韦伯的官僚制在当时的重大进步，也是其在当今社会的一种局限性。祛魅后，人类世界被分化为公共理性和个人信仰两个部分，宗教在社会生活中的绝对重要性下降，进而呈现出世俗化倾向。人们将个人生活与公共活动严格区分。在公共生活领域，人们借助理性思维构建起法律条文、制度规范处理各类公共事务，将私人感情完全排除在外。祛魅之后的世界完全被理性所主导，执迷于工具理性，将人的精神抛于脑外，从长远来看，无疑将制约人类的进步与发展。

8.3　合作制组织的伦理优势

8.3.1　作为伦理实体的合作制组织

1. 合作制组织的产生及内涵

进入 21 世纪，随着全球化、后工业化运动的持续深入，社会呈现出来高度复杂性和高度不确定性，官僚制组织变得越来越不能满足集体行动的要求。从伦理学的角度看，官僚制的"价值中立""非人格化"等特征忽视人的价值，也不利于道德的人和道德的社会的塑造。社会的高度复杂性和高度不确定性构成了官僚制组织终结和合作制组织兴起的前提，我们已经进入一个组织形式多样化的时代，虽然组织本位主义的观念仍然为所有组织持有，但在如何实现组织的社会定位的问题上，每一个组织都在谋求属于自己的出路。一旦人们抛弃自我（个人）中心主义的观念，作为组织成员的个人权利就会表现出与技能、知识、经验、智慧以及体力的高度关联性，那其实就是合作制组织将要呈现的状况。沿着目前所呈现出来的组织变革趋势走下去，最终势必突破官僚制。在认识到组织变革的这一趋势时，自觉的组织模式变革追求也就把我们导向了用合作制组织替代官僚制组织的构想之中。

2. 合作制组织的伦理实体阐释

虽然我们将后工业社会中的组织形式称作合作制组织，但我们的这一表述重心并不是放在制度上的。在某种意义上，我们是参照官僚制组织的表述而选择了"合作制组织"这一表述方式。实际上，在合作制组织的概念中，应该更多地看到合作行动的价值，其他方面都是从属于这一价值和服务于这一价值实现的。基于这个前提，合作制组织作为一个伦理实体，有以下几个方面的内涵：

第一，依然重视工具理性。在合作制组织建构中，工具理性不会受到削弱，反而有可能得到加强。但是，如果说合作行动也需要得到工具理性的支持的话，那么它是需要与实质理性结合起来的，是从属于价值考量的。第二，以任务为导向。官僚制组织以自我的存在为中心，它并不因任务的不同而发生变化，任务无非是它存在的手段。如果失去了可承担的任务，那么官僚制组织就会解散、消失。合作制组织将对任务的承担作为自我存在的前提，在合作制组织这里，任务就是命令，一旦任务出现了，就必须立即行动起来。第三，充分的开放性。这种开放性使组织成员在组织内外的流动变得更加方便了，但这不意味着每个具体组织的存在都是短命的，相反，正是因为这种开放性而使组织在总体上具有更强的稳定性。第四，组织成员具有高度的自觉性和自主性。这种自觉性、自主性赋予合作制组织某种凝聚力，但这种凝聚力不会对组织的相变形成任何阻碍，反而会使组织的相变变得更加平稳和顺畅。第五，合作制组织是创新的组织。在合作制组织中，承担任务和解决问题的方法都具有不可复制的特点，它必须鼓励创新。因而，合作制组织无疑是谋求创新的组织。

8.3.2　合作制组织的经验理性

1. 经验理性及其优势

关于经验的运用由来已久，最早可以追溯到家长制结构下农业社会的习俗惯例和经验总结。不过，这种经验还没有上升到理性层面，因而通常是不理性的、不可靠的。在近代社会的早期，或者说自斯宾诺莎起，理性与非理性被看作对立的，人们崇尚理性而贬抑非理性，甚至认为一切非理性的行为都是不可容忍的，而且，非理性的概念也被用来贬斥一切被认为没有能够体现理性的行为。在这种语境中，一切不合乎理性标准的行为都会被冠之以非理性，事实上，人们总是用"非理性"一词去对人的行为做出否定性的评价。官僚制组织对经验持否定态度，主张用工具理性和技术理性替代过去的经验。到了现代社会即后工业社会，工具理性和官僚制出现了诸多问题昭示理性重建，呼唤"经验"在日常生活领域的回归。

经验理性更加强调自身的道德属性，强调在日常生活中发挥作用。对比来看，经验理性具有几个方面的优势：第一，主张用道德经验置换工具理性创制的规范秩序，通过道德和感情因素来规制人的行为，这种软性约束其实比源自外界的刚性约束要更有效果。第二，相比于工具理性和技术理性为目的服务，经验理性更强调人主观直觉的运用，工具理性更多的是提供手段和技术支持，二者相辅相成，共同服务于组织任务的完成。第三，工具理性采用的是演绎式的政策生成逻辑，而经验理性的政策生成是归纳式的，极其重视差异性和独特性，因而在高度不确定和高度复杂性的现代社会中，经验理性更具灵活性。

2. 合作制组织的经验理性

合作制组织摒弃了官僚制过分重视工具理性和技术理性的弊端，强调经验的回归，主张用经验理性代替旧的工具理性。因为在高度不确定和高度复杂性的社会环境中，人们的行为选择更多地呈现出直觉反应和策略互动的特征，这就使得经验理性的功能凸显出来。虽然在宏观层面的原则性方案制定中，工具理性仍然在发挥作用，但在实际开展活动的过程中，实践理性尤其是其中的经验理性，将为实践提供更加直接且具体的指导。

近代以来，社会逐步实现组织化，组织成为人们开展活动和进行行动的基本形式。克罗齐耶和费尔德伯格在对组织的考察中，提出了组织中存在"纲要性模式"和"经验式模式"的概念。在组织实际运行中，先验性质的纲要性模式和经过调整的经验式模式往往是混合出现，共同发挥作用的。这里"纲要性质的理性"就是官僚制组织所拥有的理性，它在非典型的官僚制组织那里是以具体的存在形式出现的，并作为组织运行的基本逻辑线索。但是，组织在承担某些专业性问题或执行特殊任务时又会出现新的需要，这种特殊需要是产生"经验理性"的土壤，对过去的"纲要性模式"进行补充和修改。

从组织全生命周期的角度考虑，在组织构建初期或重大变革时，纲要性质的理性发挥的是主导作用，而到组织运行平稳阶段，经验理性的作用则越来越重要。而且，越是组织的底层，纲要性质的理性作用越大，越是组织的高层，经验理性的功能越强，甚至需要"经验非理性"来进行装饰。在合作制组织中，纲要性质的理性和经验理性不会产生矛盾或冲突，也不会在组织层级或运行的不同阶段上有不同表现，可以理解为合作制组织的理性具有同一性，以合作理性贯穿于组织的每个方面和发展的不同阶段。其实，在合作制组织中，经验理性发挥的作用远低于一种追求创新的理性，或者说，创新理性是合作理性的一种表现形式，是合作理性的价值赖以表现的形式。在合作制组织里，合作理性是通过纲要性质的理性与经验理性的统一而发挥作用的，经验理性维系组织的运行及功能实现，创新理性则不断开拓组织运行的空间，成为指向未来的理性。

8.3.3　合作制组织的道德关切与人本关怀

1. 全方位的开放性

当组织是一个相对封闭的系统时，它解决问题的方案和经验都来自自身所承担任务的要求，每个组织都仅仅享用自己的知识和经验，而组织间共享知识和经验的可能性微乎其微。即使在组织内部，不同层级、不同部门间的情况也是如此，以至于重复工作的事情极其普遍。这在全社会的意义上造成了人力、物力、财力等资源的极大浪费，许多资源消耗都是重复性的、无意义的。合作制组织必须解决这类问题。在某种意义上，合作制组织的开放性正是避免出现这类问题的有效途径。

合作制组织是一个开放的行动体系。因为人类进入了高度复杂性和高度不确定性的时代，每日每时所面对的是大量个人或单个组织无法应对的问题，个人或单个组织都只有把自己的生存希望寄托在对他人或其他组织的携手合作之上。所以，他（它）们必须开放自我，共享知识和经验。合作制组织会开放性地对待合作行动请求，会对合作请求做出即时反应。合作制组织内部的管理职能是非常微弱的，或者说，在承担任务的合作行动中，需要管理的事项是极少的，而且管理权也处在变动之中，会随机性地与具体的人发生联系。因而，合作制组织也就不会因管理的需要而去确立和维护边界。

2. 促进人的专业化发展

专业化是知识的专业化。合作制组织是通过组织的专业化去改变官僚制组织的内部分工的。对于官僚制组织而言，组织内部的工作细分、职位和岗位的细分、合理的定向授权等，可以使复杂任务得到分解和逐项承担，并在协作中产生整体效应，从而使组织高效运转。但是，高度复杂性和高度不确定性条件下的任务所具有的整体性却要求承担任务的行动者也以整体的形式出现。也就是说，任务的整体性决定了它无法细分为各项工作，无法通过工作岗位职位的分工-协作方式去承担任务，而是需要行动者以整体的形式直接承担任务。这样一来，在承担任务的过程中，各项必要的支持就需要从组织外部获得。这表现为组织之间而不是组织内部的分工-协作，但组织之间的这种分工-协作仅仅表现在一次性的任务承担过程中，而不是结构化的。所以，它又不是我们在工业社会中所看到的分工-协作，而是合作。

总的说来，合作制组织是以自身的专业化而立于社会之中的，面向所有行动者去提供专业性支持，而不是在结构化的分工-协作体系中扮演定向的专业角色。作为行动者，其间的关系并不是一种稳定的关系，而是随时根据承担任务的需要而随机变动的。事实上，在高度复杂性和高度不确定性条件下，以个体的人的形式去标识和诠释的专业化已经无法在行动中发挥作用，而是需要由组织来对专业化做出诠释。也就是说，在以合作制组织为行动者的时代，专业化将不再是人的专业化，而是组织的专业化，而对组织专业化的合理理解又应当是知识的专业化。事实上，也只有在组织专业化的条件下，才不会出现组织对专家加以占有的情况，才会使知识专业化成为可能。

3. 组织成员间的平等与自由

在组织的开放中，引进的是差异以及异质性因素，打破的是组织整体上的同一性和稳定性。在组织管理实践中，人们总会感受到，一个较为封闭的组织所具有的最大特征就是来自组织高层的"政令"畅通，一旦它的封闭状态被打破，就会出现"政令"不灵的局面。这时，组织的管理者就需要更多地与组织成员进行沟通，即通过协商去解决问题。为了实现组织的任务和目标，组织需要不断从成员那里获取信息，而信息来自知识。事实上，组织中的知识与社会中的知识是处在交流互动之中的，组织因为承担任务和管理的需要，也会积极地从社会中以及其他组织中汲取知识，甚至会表现得像海绵吸水一样在社会的海洋中汲取组织运行所需要的知识。

合作制组织的开放性决定了它不能忽视和排斥组织成员的个人需求，相反，会表现出对组织成员个人需求的充分尊重。这是因为，合作制组织如果忽视了组织成员的个人需求，就会因为其开放性而失去其成员，从而使组织面临解体的风险。实际上，合作制组织并没有特殊的组织利益，组织成员的需求所反映的就是组织利益，至少是与组织利益一致的。即便组织成员个人需求存在着非正当性的问题，组织管理者也会将其理解成组织所遇到的问题。就合作制组织是具有充分开放性的组织而言，组织成员也不可能提出或产生非正当性需求的问题。因为他的非正当性需求如果在这一组织中无法满足的话，也就意味着在任何一个组织中都不可能予以满足，正是合作制组织的开放性以及组织成员可以无碍地在不同组织间流动，决定了组织成员的个人需求都是正当的和合理的。在合作制组织没有边界的开放性中，如果组织成员的个人需求在此组织中无法实现，那只能是因为专业背景方面的原因而无法扮演组织所需要的角色。对此，组织的管理者应当给予甄别和做出正确的判断。如果不能在组织内使组织成员的个人需求得到满足，就应当主动地帮助组织成员寻找和发现能够满足其需求的另一组织，而且这应当被视作管理者的一项非常重要的职责。

8.3.4 合作制组织中的信任及其治理功能

1. 合作制组织的信任关系

随着合作制组织的出现，等级关系作为组织关系也会越来越淡化。随着合作制组织网络结构的日臻成熟和完善，等级关系就会日趋消解。人际动力是合作制组织力量的源泉。合作制组织整体上的力量既不单单来源于组织成员个体的力量，也不仅仅是制度或体制的整合形式，而是一种结构性的力量，是存在于人际中的，或者说是直接根源于人与人之间的。合作制组织在一切层面上的网络结构，是组织力量的源泉。信任赋予了组织以网络结构和合作秩序，从而使组织的整体能力得到提升。虽然组织成员个人也可以从信任中获得力量，但这种信任的力量还是很微弱的，而在组织的层面上，信任的力量则可以得到无限放大。

对于一切组织，组织力量的状况都取决于它的协调程度，组织协调是自古以来一切组织运行中都努力去实现的组织自身建设目标。比如，工业社会中的官僚制组织的命令-服从机制无非就是要获得组织行为的高度协调。社会资本概念的引入只不过是为组织协调开辟了一条不同于传统组织的途径，它把官僚制的权力作用机制的强制性协调转化为组织成员自觉的、主动的协调，让信任、规范和网络发挥作用，这也意味着让组织行为的主体自觉地扮演合作行为主体的角色。因为组织中的信任、规范和网络实际上就是组织以及组织成员间合作的主客观基础。在此基础上，组织体系就自然而然地成为一个信息交流畅通、知识共享充分、相互合作默契、集体行动高效、创造力完全展现的社会存在物。反过来讲，正是由于合作制组织在结构形态上是以网络的形式出现的，所以它对组织成员间的信任有着很高的要求。

2. 合作制组织信任关系的治理功能

合作制组织中的人际信任关系是这个组织所特有的整合机制，合作制组织的网络结构使组织的纵向联系和横向联系融合了起来，或者说，组织纵向联系中的单线权力支配方式也被合作行为所取代。这样一来，组织纵向联系与横向联系的界线趋向模糊，组织纵向中的下行沟通和上行沟通转化成交往互动，围绕着共同目标而展开合作。在组织资源的占有和利用上，合作也是组织资源整合的有效途径，虽然合作并不能增加组织资源的总量，却使组织资源的结构有机化，使分散的资源结合到一起，使资源配置的不合理状况得到纠正，组织以及组织成员间的合作，使部门化的组织资源结成一个互补的整体。特别是组织的合作网络，可以使网络中任一"节点"的资源都能选择最佳路径去满足对它的需要。就此而言，合作和信任本身也成了合作制组织的资源要素。

合作制组织将把整个公共领域改造为合作治理的网络体系，在这个网络体系的结构中，政府虽然处于中心位置，但其他公共组织并不是政府赖以开展社会治理的工具，它们之间的关系并不是主宰与附庸的关系，政府不是通过发号施令而把意志强加于其他公共组织。在合作社会中，政府只是社会网络关系中的一个节点，在这里，传统社会的支配关系和行为逐渐消失。整个公共领域实际上是一个合作制组织的联合体，这个联合体的网络结构赋予公共领域更强的有机性，包括政府在内的所有公共组织在协调互动的过程中通过理性的相互尊重和出于公共事务治理需要的平等商谈去获得共同行动的最佳方案，以求根据多元信息通道提供的准确信息和公共利益最有效实现途径的建议而采取共同行动。

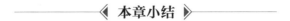

本章小结

　　行政组织指国家机关即各类政府机构，其具备伦理实体的基本特点，具备超越结构驯化和道德教化的性质和功能，能够实行有效的社会治理，能够塑造道德的人和道德的社会。

　　官僚组织理论是马克斯·韦伯所倡导的一种理想的、完全建构在他对"合法权威"观念基础之上的行政组织理论。该理论反映了时代的需求，但存在工具理性压倒价值理性、引发道德冷漠和忽视人的价值等不可避免的局限性，这些问题都呼唤新的组织制度产生。

　　在合作制组织中，一切行动的价值和服务都是为合作行动服务的，因而相比于官僚制组织"结构镶嵌"和"非人格化"等对人的价值忽视，我们应该更多地看到合作制组织中合作行动的价值，其他一切活动都是从属于和服务于这一价值实现的。

　　合作制组织提倡经验理性的回归，主张用经验理性代替旧的工具理性，在道德和伦理层面对组织中的人实现软性约束。此外，合作制组织全方位的开放性、专业化和对成员平等自由价值的尊重决定了合作制组织是靠人际信任关系驱动的，这种整合方式更加适应多元社会中的公共事务治理需要，行政组织层级关系被打破，整个公共领域成为一个共治的联合体。

关键术语

伦理实体　　　行政组织　　　官僚制组织　　　合作制组织　　　工具理性
价值理性　　　经验理性

复习思考题

1. 什么是实体？什么是伦理实体？
2. 行政组织的伦理诉求包含哪些方面？
3. 请具体阐述官僚制组织的特征和优点、缺点。
4. 官僚制组织在实践中出现了何种困境？我们为什么提出向合作制组织转变的要求？
5. 结合工具理性和价值理性的内涵，理解经验理性在行政组织构建中的重要作用。
6. 合作制组织是靠人与人之间的信任关系维持的。思考合作制组织之前的信任关系都有什么特征。

第9章

政府信任

信任是对某人或组织的期望与信心。在社会构成的意义上，信任是社会秩序的基础之一，它有助于增强社会成员的向心力、降低社会运行成本，是稳定社会关系的基本因素。作为一个研究议题，信任是管理学、社会学和政治学经常讨论的内容，可有多种分类。如从信任对象而言，可分为个体信任、社会信任及政府信任等。其中，政府信任在本质上是个行政伦理问题。

9.1 政府信任概述

9.1.1 政府信任的含义

1. 信任及相关概念

"信任"的"信"本意是指诚实，即真实和真诚无欺；"任"则是指使用或任用。《辞海》将"信任"明确界定为"信得过而托付重任"[①]，它涉及的是现实世界的认同问题，是社会生活的基本事实[②]，是一种复杂的社会心理现象，也是对他者表现出"适当"行为的预期。或者说，信任是人们在一定的环境条件下对符合自己利益的个人、团体、组织等相信并托付的心理趋向。信任存在与否，会影响个体或组织的行动方向和策略选择。

信任本质上是一种社会关系，根植于社会政治、经济、文化中，从属于特定的规则系统，带着深刻的社会制度烙印，包含于社会心理影响及系统制度性因素影响的互动中，

---

① 辞海编辑委员会.辞海：增补本.上海：上海辞书出版社，1982：67.
② 卢曼.信任.瞿铁鹏，李强，译.上海：世纪出版集团，2005：1-3.

既有社会成员之间的相互信任，又有社会成员对生活于其中的社会制度的信任。由此，社会制度拥有信任保障机制和信任本身一部分的双重内涵，而信任也就有了两个层面的含义：其一，它是人们相互交往过程中的一种行动机制，是嵌入社会结构和制度之中的一种功能化的社会机制；其二，它描述了社会交往中人们之间的相互预期与认同的关系状况。总之，信任是一种存在于人与人之间、社会关系中的复杂现象，所表现的是一种社会关系，是相信他者的行动或周围的秩序符合自己的愿望。与信任相关的概念有"诚信"和"信用"。

"诚""信"二字最早是分开使用的。"诚"被认为是一种待人处世认真谨慎的道德本质；孟子强调"诚"具有道德与本体范畴的意义："是故诚者，天之道也；思诚者，人之道也"（《孟子·离娄上》）。孔子认为"信"是一种具体的道德品格，且"信"高于"诚"，为人立身之本——"人而无信，不知其可也"（《论语·为政》）。"诚信"联用始于战国，"诚信生神"（《荀子·不苟》）作为一种道德规范和社会认知约束着人们的行为。可见在传统文化里，诚信不仅是道德教条，更是超越文化心理特征的深层价值观念，是社会所尊重与推崇的基础性伦理要求。在历史的积淀中，诚信从文化传统内化为中华民族精神特质的一部分，渗透到经济、社会生活的各个方面，成为现代文明的基本内涵和要求。在这个意义上，诚信作为个体道德素养，是信任付出的内在依据，是"值得"或"敢于"托付的基础。

信用指履行诺言而取得的信任，因主体长期积累的诚信度而获得，具有难得易失特征。由于信用可能因一时一事的言行而失去，它既可以是主体过去履行承诺的正面记录，也是自我日常管理的行为模式。作为一种体系性的制度安排，信用把复杂的经济活动主体和社会关系联系起来，使市场经济流通的各个环节更顺畅地运转，是市场经济发展的灵魂。信用可量化为信用度，标志相关者的诚信状态，守信和失信是信用的两极。与信用一词相比，信任有更深层的文化内涵和价值背景，有更广泛的适用范围。作为两个相互独立的概念，前者属于行为层次，后者则是一种关系以及在这种关系中的预期。

专栏

一诺千金

秦朝末年，在楚地有一个叫季布的人，性情耿直，为人侠义好助，只要是他答应过的事情，无论有多大困难，他都会设法办到，广受大家赞扬："得黄金百斤，不如得季布一诺。"

楚汉相争时，季布是项羽的部下，曾几次献策使刘邦的军队吃了败仗。项羽兵败后，季布孤身一人杀出重围，开始了他亡命天涯的生活。而当了皇帝的刘邦一想起这事，就气恨不已，于是下令通缉季布。但那些仰慕季布的人，都在暗中帮助他。不久，季布化装后，到鲁地一户姓朱的人家当佣工。朱家明知他是季布，仍收留了他。后来，朱家去找汝阴侯夏侯婴说情。在夏侯婴的劝说下，刘邦不仅撤销了对季布的通缉，还封他做了郎中，不久又改做河东太守。

资料来源：典故出自《史记·季布栾布列传》。

2. 政府信任的界定

政府信任既指行政管理中行政相对人对政府及其行政人员之间的合理期待，又指政府及其行政人员在对社会和公众要求做出回应基础上的合作互动期待，是一种双向期待。一方面，社会和公众对政府及其行政人员行政管理活动持有合理的期待，相信政府及其行政人员能够满足他们的需求；另一方面，政府及行政人员通过行政管理活动对社会和公众要求做出回应的时候，也相信能够得到社会、公众的合作。除此之外，政府信任还可以包含政府横向之间及不同部门、不同层级之间的相互信任。

政府信任主观上反映信任主体认知、情感、态度等心理反应及其综合性倾向；客观上是政府与社会之间、行政人员与行政相对人之间、政府机构有关联的部门之间、行政组织上下级之间及行政人员之间的趋近性关系，是可以拉近社会关系的联系。如果分别考察的话，在每一个单项信任关系中，政府信任的主体与客体是确定的。如果从总体上观察，信任关系表现为一种多元化的网络性的互信互动关系。这时政府信任的主体与客体都是不确定的；某一单项信任中的主体，在另一单项信任中则可能是客体。

一般情况下讨论政府信任，大多是考察社会和公众对政府的信任状况。因此，学术界有时也把政府信任称作政府信用。当然，使用政府信用的概念主要包含着对政府信任中政府一方的关注。因为政府对社会和公众是否信任在学理上有一定的意义，在实践中却不是人们关心的主题。反之，社会和公众对政府是否信任则影响到政府存在的合法性，决定着行政管理能否得到社会和公众的认同与合作。

政府信任包含了对政治信任感的考察，暨广义的社会成员对政府官员、政府政策、政治系统与政治结构的信任态度，其对象分政治系统与政治结构、公共政策以及政府官员三个层次。对现存政治系统与政治结构的不信任，或者说政治信任感低，就可能引发政治对立，影响政治稳定。公众对公共政策信任与否，往往受个人的政治信念、政治需求、对制定与执行政策的政府官员的评估以及党派立场等因素的影响。对政府官员的政治信任感，则分别指向不同层次、不同机构、不同类型的行政人员以及他们的能力、操守和决策模式。

在西方国家，政治信任感在各种政治活动中扮演着重要角色。诸如选举结果、各政党得票率、议会席位比例等，都反映了公众对政府的信任程度。此外，民意测验所显示的政府首脑的个人威望、各种公共政策的支持与反对程度，也能反映出政治信任度的高低。政治信任度高，表明政府信任关系良好；政治信任度低，则意味着政府信任关系薄弱。

政府信任有两个特性：

第一，内隐性。政府信任表现为社会成员内在的心理过程和态度，是其政治行为的潜在动因。它可以有外在的表现，如某个具体的行为。虽然态度并不总是以外显的行为表现出来，是不能直接观察的，但在很多情况下，只能通过公众外显的政治言行来衡量。

第二，稳定性。政府信任一经形成，便会成为政治文化的一部分，而且作为被统合过的心理过程，它更多地表现在认知层面，具有相对的稳定性。

政府信任概念与政府公共关系有一定的交叉和重叠。所谓政府公共关系是指"政府为了更好地管理社会公共事务而运用传播手段与社会公众建立相互了解、互相适应的持久联系，以在公众中塑造良好形象、争取公众对政府工作的理解支持的职能"①。两者共同的目标是指向良好的政府形象。政府形象作为公众对政府组织的印象或评价的总和，是公众以好或不好、善或不善为标准而对政府组织行为和结果等的价值评价，体现了政府回应民众需求、为民众服务并获得相互信赖与支持的伦理本质。良好的政府形象，符合公众以及社会公认的道德标准，为广大公众所肯定，以高美誉度为核心，赢得公众信任和支持。塑造良好的政府形象，则是政府及其行政人员顺应社会道德标准、公众的道德要求和最大限度地满足公众利益的过程，包含理解、服务的伦理理念，寻求政府与公众关系的高度和谐。

政府的道德性是政府信任的基点。政府是作为社会公共利益的代表者的身份而存在的，若权力成为行政人员实现个人利益的工具，行政人员滥用权力就会严重影响政府承担的社会责任和义务。由于腐败，政府完全可能成为破坏社会公正和社会秩序的因素，进而丧失信任。既然腐败主要是由于道德因素的缺失所造成的，那么消除腐败的根本出路也就在于政府的道德化。政府在国家治理体系中扮演着重要角色，必须首先是善的代表。只有真正进入道德的境界，政府才可能避免信任危机。

专栏

100天兑现承诺，老旧小区居民春节前圆电梯梦

2022年春节前夕，浦东新区川沙新镇明光苑小区的凌老伯收到了一份特别的"新春礼物"——能够开启自家电梯的专属门禁卡。小区内5台加装电梯提前一个月完工，这让居民们在虎年春节前实现了期盼已久的电梯梦。

明光苑小区建成于2003年，共有14栋楼，其中5栋为无电梯的多层住宅，其他9栋是高层电梯房。对于这5栋多层住宅的居民来说，加装电梯是他们多年来的期盼，其中就有家住4号楼的凌老伯："年纪越来越大了，每天为买菜、锻炼等多次上下楼，确实有点吃不消，特别想装一台电梯。"

转机出现在2021年10月底，川沙新镇政府牵头，在社区、施工单位和居委会共同努力下，5栋多层住宅的加装电梯项目集中签约，原本预计工期需要4个月。为了让居民能够赶在春节前享受"上上下下"的便利，川沙新镇政府多方协调，与水、电、燃气、通信等相关公司取得联系，一家一家地沟通协调，最终敲定施工时间表，还及时解决了过程中遇到的各种难题。川沙新镇城建中心（房管办）副主任王建东告诉记者："5台加装电梯从签约到完工，前后不到100天，兑现了我们对老百姓的承诺。"

资料来源：唐玮婕.老房居民春节前圆了电梯梦.文汇报，2022-01-29.

9.1.2 政府信任的价值

1. 政府信任是政治合法性的重要来源

合法性是指政治统治的正当性，是社会公众基于某种价值和规范而对政治系统产生

---

① 黎祖交.政府公共关系.北京：求实出版社，1989：8.

的认同和忠诚。政府信任隐含了一切合法统治的共同基础，诚信是政府合法性的内在诉求。合法性的获得取决于执政者能否得到民众的理解和信任，亦即民众是否在心理上和执政者保持基本一致，如果这两者能够实现耦合，那么执政者一方面既获得了民众的合法性，也使政治秩序的稳定和国家的长治久安有了广泛的社会基础。

政府是国家治理的关键主体，但国家治理并非仅依靠政府实现，而是一个多主体共治的过程，必须以稳定的政府与公众关系为基础。公众对政府的信任可以促进国家治理能力的提升，反过来，国家治理能力的提升也会促进和加强公众对政府的信任。由此，政府信任与国家治理通过合法性建立稳固联系。合法性是国家治理的前提，合法性意味着治理主体的权威得以确立。"政治权威的建立离不开信任。权力的合法性基础实际上就是某种信任"①。

政府信任最具有接受度的本质是政府与公众之间的关系，是政府与公众互动结果的社会心理反映。公众对政府的信任是政府执政合法性的重要来源和治理有效性的重要基础性条件，信任危机某种程度上就是合法性危机。政府合法性问题从本质上说是公众对政府的认同和服从问题，暗含着公众对政府是否信任以及信任的程度。国家治理能力就是国家在其统治范围内有效贯彻其政治决策的能力，主要体现在两个基本方面，即政府能力和公众的支持程度，而政府能力与公众支持程度又通过公众心理反映到合法性层面。也就是说，政府信任通过合法性嵌入国家治理能力之中，二者在国家治理实践中呈现同步性。改革开放后，我国发展进入战略机遇和风险挑战并存、不确定难预料因素增多的时期，各种"黑天鹅""灰犀牛"事件随时可能发生②，基本符合这一逻辑。

具体而言，政府信任的因变量应该包含三个层次：对特定政府工作人员的信任；对特定政府机构实体的信任；对一般意义上的制度环境的信任。公众对政府的信任基于两个主要因素：结果和过程。结果导向的信任是公众基于从政府的公共政策和服务中得到的利益来决定其对政府的满意和信任；过程导向的信任主要是指公众由于对政府决策制定过程、公共服务提供过程的满意而产生的对政府的信任。比如，公共服务提供过程的效率、决策制定过程中的公众影响力等过程因素，都决定了政府信任的状况。

现实生活中，政府信任具体体现为公众对政府行为结果（政府实际绩效）和行为目标（政府预期绩效）的主观感知、评价和稳定预期。因此，政府信任包含两个基本维度：其一，是公众对政府既有行为和绩效的主观感知和评价；其二，是公众对政府未来行为和绩效的稳定预期。在此意义上，政府信任是公众对政府在当下和未来承担责任可靠性以及满足公众需求可能性的积极心理状态或正面期望状态。作为公众在期望与认知之间对政府运作的一种归属心理和评价态度，政府信任是公众预期并相信政府官员与政府机构会殚精竭虑地实践其义务与责任，以实现好、维护好、发展好最广大人民根本利益，紧紧抓住人民最关心最直接最现实的利益问题③，以及相信政府是由具有德行的政治领导

---

① 布兰登. 在 21 世纪建立政府信任：就相关文献及目前出现的问题进行讨论. 经济社会体制比较. 2008（2）.
② 习近平. 高举中国特色社会主义伟大旗帜 为全面建设社会主义现代化国家而团结奋斗——在中国共产党第二十次全国代表大会上的报告. 北京：人民出版社，2022：26.
③ 同②46.

者所领导并在健全的政治制度下高效率运行的。

专栏

塔西佗陷阱

　　"塔西佗陷阱"得名于古罗马时代历史学家塔西佗，主要指当政府部门失去公信力时，无论说真话还是假话、做好事还是坏事，都会被认为是说假话、做坏事。这个卓越的见解后来成为西方政治学定律之一。在一些突发事件或舆情危机处理中有充分的表现。

　　习近平总书记在河南兰考县委常委扩大会议上的讲话中明确指出："古罗马历史学家塔西佗提出了一个理论，说当公权力失去公信力时，无论发表什么言论、无论做什么事，社会都会给以负面评价。这就是'塔西佗陷阱'。"同时，习近平总书记认为："我们当然没有走到这一步，但存在的问题也不谓不严重，必须下大气力加以解决。如果真的到了那一天，就会危及党的执政基础和执政地位。"

　　资料来源：郭强．保障国家安全要强化底线思维．人民论坛，2017 - 04 - 12.

---

2. 政府信任关系是社会治理的基础

　　全过程人民民主是社会主义民主政治的本质属性，是最广泛、最真实、最管用的民主。[①] 当政府的所作所为让民众感到失望，人民不再相信政府或执政党，此时，政府或执政党就可能因为缺少民众的支持而表现出社会治理的基础日渐衰微。对政府的不信任会逐渐扭曲民众的政治价值，甚至促发非正当形式表达出现并产生社会暴力等，最终出现分化民族国家的凝聚力、削弱国家竞争力的后果。

　　在政府与民众信任关系良性循环的情形下，人们的参与、合作意识和行为倾向会明显增强，公民之间可以相互平等、畅所欲言地交流对政治现象和公共事务的看法，这也有助于提高他们加入各种社团组织的积极性，促使他们顺利地融入社会集体生活并成为其中的一个有机组成部分，从而促进社会的组织形态从"原子化结构"向"晶体化结构"渐进转变，扩大人民有序政治参与，保证人民依法实行民主选举、民主协商、民主决策、民主管理、民主监督，发挥人民群众积极性、主动性、创造性[②]，在良好的氛围中完成社会治理，逐步实现社会生活的公共化。民众对政府的广泛不信任则会导致个体为了自我保护倾向于减少政治交往、参与和合作，从而使社会回到自我封闭的世界。这种与社会的相对隔绝，在更深的层面上，是对政治整合中心的疏远、排斥和背离，即"体制疏远"（system alienation），出现政治冷漠或"失语"或"非法抗争"，不愿遵守法规，侵蚀社会治理的根基。人与人之间只有建立起信任关系，才能增进相互间的合作和实现利益一致；只有基于信任关系而形成的合作、利益一致，才是内在的而不是被迫的。对抗只能造成社会动荡，摩擦只会增加社会成本。由此，整个国家治理体系现代化的目标之一，即建立人与人之间、政府与公众之间及国家机关之间良好的信任-合作关系。

　　伴随着法治政府、法治社会和法治国家的建设，传统的以行政权力为中心的权力理

---

　　①②　习近平．高举中国特色社会主义伟大旗帜 为全面建设社会主义现代化国家而团结奋斗——在中国共产党第二十次全国代表大会上的报告．北京：人民出版社，2022：37.

念正在向非权力性的契约理念转变。由于契约关系蕴涵的自由平等、互惠互利等规则和精神符合人们的利益追求和精神追求，可以弥补权力理念的不足，因而，越来越多的政府行政行为通过行政契约的方式来进行，而契约所表现出的伦理特征是直接与信任相关的。

契约的订立初衷是不信任，但其结果却是信任。社会运行中的契约意味着一种强制性信任即契约型信任。政府信任的完善需要把近代以来的契约型信任关系作为新的信任体系建构的平台，确立新型的政府信任，使公众与政府之间的信任关系建构在更完善的社会制度和个人道德存在基础上，使其成为更普遍、稳定和持久的社会关系。在我国服务型政府建设过程中，"人民至上"的服务理念得到张扬，信任更成为社会治理展开的行动前提。合作型信任关系是实现高度复杂性和高度不确定性条件下人的共生共在的前提，是推进中华民族伟大复兴、推进人类命运共同体建设的前提。

3. 政府信任对社会信任的示范作用

无论是政府信任还是社会信任，其一般特征及其生成与维系的基本逻辑是一致的，最为核心的要素包括五个方面[1]：一是"交往与互动"，即任何信任都是在交往与互动中产生的；二是"承诺与兑现"，即信任取决于相互交往中他方承诺与兑现的程度；三是"信心与期待"，信任是未来指向的，正是由于人类社会的未来充满不确定性，人们需要信任以降低决策与交往成本，是应对未来的多样性、复杂性以及不确定性风险的一种机制；四是"惩罚与规训"，即信任程度与信任的维系受制于对失信行为的惩罚与规制的强度，制裁的可能性迫使信任对象遵守承诺；五是"学习与迁移"，即信任并非一定基于直接经历与经验，本身也具有习得性，可以通过学习而获得，并因基于他人的信任而产生信任。借由这些共同要素，良好的政府信任对社会信任具有示范和引导作用。

政府信任对社会信任的引导和示范作用，政府信任与社会信任共同反映社会体系具有的社会属性，两者同进同退根源于政治与社会世界的集体经验。西方学者如以肯尼斯·纽顿为代表的研究团队曾在不同年份针对 17～66 个国家的社会信任与政府信任数据的相关性进行跨国比较分析，发现在国家层面社会信任与政府信任间存在显著正相关。其原因在于公正健全的政治制度自上而下地为社会信任与政府信任提供了共同的刚性保证[2]。从系统性关系结构视角看，信任是社会交往的实践机制，在社会体系的纵向运转和更迭中，社会信任有着不同的类型，且与政府信任具有共时态和历时态上的适配性关系[3]。信任有助于政府与公民之间的信息共享，相关方能够预期从互惠的互动过程中获益。公众对政府的信任可以激励公民披露重要的个人信息，而这些信息有助于社会信任的提升和政府绩效的提高。由此，政府信任对个人、组织机构、民族国家和整个人类命运共同体，都是一种重要的社会资源，不仅有助于减少社会摩擦、提高社会运行效率、降低运行成本、化解矛盾和冲突，而且对社会信任也具有正向引导功能。

---

[1] 项继权，苏岸. 我国政府与社会信任反向差序及其逻辑. 学习与探索，2020（8）.

[2] 张会芸. 当社会信任遇见政府信任. 华中科技大学学报（社会科学版），2017（4）.

[3] 程倩. 论社会信任与政府信任的适配性. 江海学刊，2007（4）.

中国共产党和政府高度重视政府信任及社会信任建设问题，先后颁布了《国务院关于印发社会信用体系建设规划纲要（2014—2020 年）的通知》（国发〔2014〕21 号）、《国务院关于加强政务诚信建设的指导意见》（国发〔2016〕76 号）等文件，各省、市、自治区也分别制定了相关实施意见。同时，在党的二十大报告中强调"转变政府职能，优化政府职责体系和组织结构，推进机构、职能、权限、程序、责任法定化，提高行政效率和公信力"[①]。这些规划、政策、报告从法律、制度、组织、技术、教育和文化等方面为我国社会信任和政府信任建设提供一系列方针和措施，对进一步完善我国信用体系、提升政府及社会的信任水平具有重要的推动和支撑作用。

总之，政府信任所包含的政务诚信是商务诚信和社会诚信建设的标杆，只有风清气正的党风、政风才能导向明理诚信的民风、社风。同时，包含于政府信任中的政府信用对整个社会信用价值观的塑造也具有引导与示范作用。正所谓"政府是一个感染力极强的以身示教的教师，不论教好教坏，它总在以自己的楷模行为教育整个民族"[②]。由此，政府应率先树立诚实、守信的形象，因为它对整个社会信任网络起引导作用。

9.1.3　政府信任的基本维度

1. 政府信任的构成因素及结构[③]

政府信任包含两个向度，即政府信任双方的主客体关系能够相互转化。主体为民众时，政府信任是社会公众对政府行为能否满足其自身需求的预期。主体为政府时，政府信任是社会公众能否对行政管理行动做出合理的回应。一般意义上讨论的政府信任，往往强调的是社会公众对于政府组织以及行政执行人员的信任状况。因此，对政府信任构成性因素及结构的考察需要从公众对政府的信任角度展开。

其一，政府信任附带着风险。信任作为公众（主体）对政府（客体）的预期，是不确定性情境下的肯定判断，受既有信息资源与客观环境制约承载了不确定性。其二，政府信任主体的偏好，即信任受到公众主观偏好的影响。其三，政府主客体关系的强弱，信任主客体之间的互动频率和熟知度，显著影响信任行为的产生。其四，政府信任主体的善意使得信任主体即使在未知情境无法做出理性判断时仍愿意付出信任。政府信任主体的能力是保证自己的利益不会受到实质性侵犯的能力。其五，政府信任客体的善意在对方预期无法达成时会想方设法使其权益不受到侵害。政府信任客体的能力表明的是信任客体完成信任主体的预期可能性。

政府信任的结构极其复杂，从广义上说，既包含社会制度、社会经济基础、社会政治结构与组织模式、社会信任文化、信息沟通渠道的舆论引导和社会个体差异等对政府信任产生的影响，也包含政府信任本身对政府信任行为产生的积极作用。从狭义上说，

---

① 习近平. 高举中国特色社会主义伟大旗帜 为全面建设社会主义现代化国家而团结奋斗——在中国共产党第二十次全国代表大会上的报告. 北京：人民出版社，2022：47.

② 道格拉斯，瓦克斯勒. 越轨社会学概论. 张宁，朱欣民，译. 石家庄：河北人民出版社，1987：387-388.

③ 曾俊森. 政府信任论. 武汉大学，2013.

政府信任本身也有着复杂的结构，其中包含人员信任（公众对行政人员的信任）、领袖信任（公众对政治领袖的信任）、制度信任（公众对社会制度的信任）、理念信任（公众对政府执政理念的信任和认同）和主体性信任（公众自身作为社会治理行动者的自我评估与评价）等。

其一，人员信任。政府是国家的物化，它是一个既有抽象存在又有具体存在的实体。政府组织的行政人员是政府与公众之间进行互动的窗口和路径。因此，政府行政人员在执政过程中的行为成了公众形成政府信任过程中的直接评估对象。

其二，领袖信任。政府首脑或组织负责人也是行政人员，能够凭借自身的人格魅力和个人能力或者基于社会文化传统获得了社会公众的认同，且显著区别于一般行政人员。

其三，制度信任。制度泛指以规则或运作模式，规范个体行动的一种社会结构。制度信任表示的是公众对政治系统的构成模式以及行政权力的制约模式等方面的信任。

其四，理念信任。政府执政理念是政府行政行为本质的高度概括，是政府行政的指导方针。民众对于政府执政理念的信任往往与政府在处理社会问题以及重大灾难时所表现出来的能力有关。较高水平的对执政理念的信任往往能使公众较好地配合和回应政府行政。

其五，主体性信任。指公共生活参与度非常高的公众对政府的信任，其实质反映了公众的政治参与度。公共生活参与度高意味着对政府行为的理解更透彻，其政府信任度水平要高于其他公众。

2. 政府信任的历史类型

政府信任的历史类型涉及独特的政府信任类别，是基于政治秩序、社会秩序关系逐步进化历史的划分。从纵向历史角度看，存在三种类型的政府信任，它们分别对应着人类社会治理模式历史演进中的三种模式[①]：农业社会的统治型社会治理模式中的习俗型信任关系、工业社会的管理型社会治理模式中的契约型信任关系、后工业社会的服务型社会治理模式中的合作型信任关系。

中国传统农业社会中因熟悉而产生的社会信任主要在日常生活领域铺开，是直觉的、感性的，它从属于习俗的规范并满足于"熟人社会"交往的需要，可以称为习俗型信任关系。在农业社会统治型社会治理模式中，横向层面的社会信任经由传统浸润的个体人格系统和行为惯例、宗教式的文化引导、威慑性的权力钳制等制度因素自发地扩展于家国一体的体制之中，从而生成习俗型政府信任。近代以来，因法律制度普遍确立，工业社会通过对理想法治秩序与合法性的追求而营造了契约型政府信任。此时，因法律观念所表达的契约精神贯穿社会生活的方方面面，使这种政府信任关系扩展为一种普遍化的社会信任关系。在中国实现国家治理体系和能力现代化的过程中，需要展望合作型政府信任。

习俗型政府信任在表现形态上，是农业社会秩序内部的人际信任关系在社会治理过程中的扩展，具有"礼俗"特征和强烈的经验性色彩。"熟人社会"瓦解及"陌生人社

---

① 张康之. 在历史的坐标中看信任：论信任的三种历史类型. 社会科学研究，2005（1）.

会"兴起的过程也是市场经济迅速成长、国家主义观念迅速生成的历史进程。契约逐渐成为公众与政府之间关系的"中和"机制，政府及整个社会治理体系则有意识地强化契约精神和契约秩序，契约型政府信任就此产生。与习俗型信任相比，契约型信任的确立是人类历史进步的一个方面，为"交换的正义"的实现提供保障。但是，契约型信任本质是客观化和形式化的，它本质上以工具理性为特征、以互惠交换为前提。在高度复杂性和高度不确定性的历史条件下，合作型政府信任关系可以在对资本主义工业社会管理型治理模式的全面超越中建构，在以互联网＋技术依托的公共服务体系及平台的建设、在打破"中心-边缘"图式的人类命运共同体倡导及社会组织的迅速成长融入国家治理体系现代化的过程中实现[①]。

3. 政府信任的功效[②]

良好政府信任的功能集中表现在对整个社会的良性运行所施加的积极影响上。

其一，适应。国家通过政府的社会治理维持社会秩序，其合法性基础是社会公众对国家与政府行为的认同，这种认同的本质表现为社会成员愿意主动让渡社会资源给国家，其外在表现为承认国家的权力、主动缴纳税收和积极购买国债等。因此，不论社会形态如何，国家出现后就以其强大的政治权力和细致入微的经济制度调控社会成员的行动，体现了政府信任的社会价值。

其二，目的。政府信任增强政府的合法性认同，提高整个社会的凝聚力，为政府奠定良好的执政环境，使国家决策得到民众的拥护，使国家的行动得到民众的呼应。由此，政府信任一方面旨在消除社会公众对政府行为的不确定感和政治疏离感，另一方面，旨在建立良好的公众与政府之间的互动关系。

其三，整合。政府信任凸现于整合社会各个系统之间的关系，加强社会成员和社会组织对政府资源分配模式和使用方式的认同。政府信任能够促进社会成员理解和接受现有的资源分配方式，消除由于资源获得的差异带来的不满和失落。此外，政府信任能够有效增强社会公众对政府处理整体性资源方式的认可。

其四，维续。在社会成员代际更替过程中，政府信任通过促使公众形成对现行社会秩序和政府行为的认同，将其内化为社会成员行动的机制，使已有的公众与政府之间的互动模式以及政府信任得以延续。

政府信任除政治价值外还具有特别的经济和文化效应。

其一，经济效应。政府信任度高，意味着政府权力具有较好的民众基础，政府制定的政策和制度也易于达到预期目标，反之则不易。就推动市场经济发展而言，政府信任为经济发展和契约执行提供了道德环境，既可以直接降低市场主体交易成本，又可以激励和保障契约的签订和履行。

其二，文化效应。政府信任作为社会文化的重要组成部分不仅仅承载着社会整合的重任，还直接关系到人们的社会生活能否顺利开展，社会个体能否得到充分的发展空间。而这些又反过来制约着政府本身的发展和稳定。因此，强调政府信任的积极作用的同时，更应该强调如何构建积极向上和稳定的信任-合作文化。

---

① 程倩. 论政府信任关系的历史类型. 中国人民大学，2006.
② 尹保红. 政府信任危机研究. 北京：国家行政学院出版社，2014.

河北大城公安全力解决特殊群体落户难

大城县公安局厚植为民情怀，强化公仆意识，从群众最关心、关切的问题抓起，各派出所户籍民警深入特殊群体、行动不便的人员家中，上门为他们办理户口，实现群众少跑腿，真正打通服务群众的"最后一公里"。

家住平舒镇大童子村的胡增轩，因为特殊原因，一直没有户口。得知这个情况后，平舒派出所户籍民警立即核实他的户籍信息，当核实清楚后，主动前往他的家中采集证件照片，帮助他办理户籍恢复手续。对于类似胡增轩的特殊人群，平舒派出所户籍民警携带设备登门办理，并开展将证件送到家服务。同时，制作警民联系卡，为节假日期间急需用证和办理户籍业务的人员开通"绿色通道"，随时预约，随时办理，此举受到了辖区群众的高度赞许。

自2021年3月份以来，大城公安民警通过深入基层、广泛排查，共为行动不便的老人上门办理身份证22个，上门送身份证33个，为无户籍人员落户5个，加急办理身份证4个，用实际行动践行"人民公安为人民"的铮铮誓言。

资料来源：大城公安全力解决特殊群体落户难.廊坊日报，2021-06-16.

9.2　政府信任关系的内容

9.2.1　政府与公众之间的信任

非法采煤屡遭举报，镇政府居然"查无此事"？

湖南省郴州市公开电话办公室多次接到群众来电，反映嘉禾县袁家镇张家村存在非法开采问题，举报线索先后三次被移交到袁家镇政府，结果均收到镇政府"不存在这一问题"的回复。其态度之斩钉截铁，仿佛举报者诬告一般。然而，郴州市政府督查室现场调查发现，非法开采情况属实，袁家镇政府此前的回复与实际情况不符，系虚假回复。最终，嘉禾县9名党员领导干部因虚假回复群众举报的问题、疏于履职，分别被给予党内严重警告和问责处理。

一座村庄里是否有人非法开采煤矿，并不是一件藏得住的事。如果不法分子真的狡诈到能在镇政府眼皮底下"瞒天过海"，市政府督查室也不会"一查一个准"，最终让真相暴露出来。不难想象，在袁家镇政府接获线索、做出虚假回复的过程中，有人失职失责、弃真相于不顾，客观上维护了不法开采者的利益。事发之后，非法采煤点被勒令关停，3名涉案人员被警方控制并立案调查。随着调查的深入，案件中的内情，尤其是嫌疑人是否与公职人员有不法勾结的问题，必将水落石出，任何违法者都别想逃过法律的制裁。

面对危害群众利益的不法行为，通过政府热线向上举报，是普通百姓手中最有力的武器。这种"举报-移交-处理"的反馈机制之所以有效，既是因为民众普遍信任上级政府，也是因为政府具备足够的权能，可以对违法现象展开调查，进而做出让群众满意的处理。在这种情况下，整个链条中的任何一级政府部门失职失责，都会让这套反馈机制失效失信，给人带来"政府不作为"的印象，相当于堵死了普通群众依法维权的通道。万一此类情况未能像湖南郴州这起事件一样，得到上级主管部门的及时纠正，其后果恐怕不堪设想。

资料来源：杨鑫宇．非法采煤屡遭举报，镇政府居然"查无此事"？．中国青年报客户端，2022-02-22.

1. 满足公众预期的政府信任关系

从信任发生的角度看，在政府与公众的交往关系中，必须特别重视政府对公众心理期望的满足状况。根据现代政治理念，政府权力的运用与公众对政府权力的认可，本质上是一种特殊的社会契约关系。在这一契约关系中，公众对政府的期望主要包含两个方面：一是政府官员的行为符合"公认"的法律与道德准则；二是在与政府的交往过程中能够满足自己的利益需求。公众心理期望能否实现，在根本上取决于政府自身的价值取向。政府本不应该有自己的特殊利益，如果说它有自己的意志，这种意志也应同公众意志相一致。在价值取向方面，应将公众的价值目标作为政府的唯一价值选择。如果政府的某些价值判断与公众的期望不一致，从而导致价值选择上的偏差，并在一定程度上侵害公众利益，就会破坏政府与公众的信任关系。

需要注意的是，数字信息技术革命背景下全媒体的日益融合，拓宽了公众与政府之间沟通和表达的传统渠道，使公众与政府间的互动在平台、方式及领域等方面与过往不可同日而语，使得传统公共关系意义上的政府形象研究变得更复杂，也更具有挑战性。这是因为新媒体时代网络信息的虚假性、公众舆论的影响力和舆情应对的复杂性，给政府形象建构带来了前所未有的挑战。

习近平总书记强调要"加强全媒体传播体系建设，塑造主流舆论新格局。健全网络综合治理体系，推动形成良好网络生态"[1]。随着近年来"互联网+"政务的推广与普及，协同高效的数字政府服务体系建设与提升数字政府建设水平成为全国各级政府的工作要务。各种政务新媒体平台作为党政机构及时发布各类信息的重要窗口，有助于加强政府与民众之间正面互动及沟通，成为展示政府行动和提升政府形象的重要平台。作为政府在网络空间的代表，政务新媒体的重要作用应受到重视，政府应将其作为提高公共服务效能、加强社会管理与提升政府形象的重要载体。2014年中央全面深化改革领导小组第四次会议审议通过的《关于推动传统媒体和新兴媒体融合发展的指导意见》指出，推动传统媒体和新兴媒体融合发展，是落实中央全面深化改革部署、推进宣传文化领域改革创新的一项重要任务，是适应媒体格局深刻变化、提升主流媒体传播力公信力影响力的重要举措。由此，"传统媒体与新兴媒体在信息内容、发布渠道、受众群体等方面交互融合，使得原有政府信任关系中宣传性的传统媒体信息中介平台转型升级为政府与公众的互动平台"[2]。

① 习近平．高举中国特色社会主义伟大旗帜 为全面建设社会主义现代化国家而团结奋斗——在中国共产党第二十次全国代表大会上的报告．北京：人民出版社，2022：44.

② 杨旎．融媒体时代的政府公共关系：分析政府信任的第三条路径．中国行政管理，2019（12）.

2. 政府信任关系中的政府回应

政府回应是政府基于对公众的信任状况而做出的反应或反馈。早在 2005 年，习近平就指出，"党员、干部要自觉地把党的群众工作体现在为群众多办事、办好事、办实事的具体行动中，经常深入基层，深入群众，到群众需要的地方去问寒问暖，到群众困难的地方去排忧解难，到群众意见多的地方去理顺情绪，到出现新情况新变化的地方去总结经验，到工作推不开的地方去打开局面，让群众感受到实实在在、看得见的利益。各级党组织要坚持从具体事情抓起，每年办几件作用大、影响大、群众欢迎的实事，增强人民群众对党和政府的信任。"[①] 可从以下几个方面来加以认识：

（1）回应是一种共识。如果把政府当作一个伦理共同体，它与其他伦理共同体或伦理个体至少应该有底线意义上的共识，这种共识可以传递和感染，可以通过改善人与人、人与组织乃至组织与社会之间的相互关系而形成一种价值上的社会共识，特别是由政府选择认同的社会共识，代表着社会道德生活系统的基本价值。

（2）政府回应包括政府对公众应采取信任的态度。如果政府对公众不信任，就会采取那种不辞劳苦、事无巨细、大包大揽的保姆型、管控式管理方式。实际上，并不是什么事情都是政府要管或者能够管好的。如果既管不好，又不愿退出来，或不愿让位于其他有能力的机构，只会损害政府自身的声誉或形象，甚至导致一种"逆反性"社会心理的出现，更不利于社会治理。

（3）政府回应还包括政府自身的自信。只有基于政府的自信，才能带来对公众的信任。只有政府信任公众，才能换来公众被尊重的感觉。行政管理需要得到公众的支持，作为一种社会实践活动，行政管理需要政府与其他行政组织一起制定社会政策、处理公共事务、提供公共物品和公共服务。政府将公众视为"合作伙伴"关系，最能让人感受到政府是自信的、理性的和成熟的。一个不愿、不敢相信公众的政府，又何以能取得公众的信任？彼此信任，才能最终营造一种和谐、民主的政治与社会氛围。

专栏

别让基层"拖星"把小纠纷拖成大矛盾

记者走访各地，总能听到一些"一拖几年甚至十几年"的事情。这些"悬案"背后，一般都有"拖星"的身影。所谓"拖星"，是群众对那些办事拖拉、推诿扯皮、不担当不作为干部的戏称。言语之间，无奈之情溢于言表。

尽管近年来的"放管服"改革不断压缩"拖星"的藏身之处，但从记者的采访和观察来看，无论大城市，还是小城镇，"拖星"总是会在涉企、涉民生领域冒出来。

"拖星"背后事关利益。在"拖星"身上总能看到"吃拿卡要"的影子，一些干部想着谋取私利，一个"拖字诀"便能让未上马的项目遥遥无期、正在建的工程一地鸡毛。这些人最常见的手法便是"忙""不见"。为应对这种情况，一些企业家甚至练成了"守株待兔"的本事，专堵"拖星"，用各种方式央求他们签字。

---

① 习近平. 做好新形势下的群众工作. 求是，2005（17）.

　　当然，也有一些"拖星"是本领恐慌。在改革加速、社会转型的关键时期，基层工作对干部综合能力的要求越来越高。一些干部私下抱怨，"越来越不会干，不知道怎么干"。面对这种情况，他们不是迎难而上，而是退避三舍，想着熬到换岗、熬到退休就省心了。

　　"拖星"让不少基层工作难以开展。有的项目工程一拖十多年，事情被拖黄、企业被拖垮、群众被拖怕，小纠纷拖成大矛盾，久而久之，进入了一个死循环。"陈年往事"又成为后任干部继续拖下去的借口。这样的事情一多，当地发展便慢了下来。

　　更重要的是，这种行为严重影响党和政府在基层的形象。这些"拖星"容易造成公众对政府的不信任，透支政府信用，即便有再好听的借口，也无异于饮鸩止渴。

　　资料来源：别让基层"拖星"把小纠纷拖成大矛盾．（2021-05-03）．新华网．

9.2.2　行政组织间的信任关系

1. 公共关系意义上的组织间信任关系

　　如果说公众与政府间的信任关系属于政府外部的公共关系，行政组织间的信任关系则属于政府内部的公共关系。对行政组织间的信任关系可以做出横向和纵向两个方面的考察。横向的信任关系是指发生在不相隶属的不同政府或政府组织部门之间的信任关系，主要包括地方各级政府组织之间的关系和同级政府部门与部门之间的关系两种。纵向的信任关系是指有隶属关系的政府或部门之间的关系，主要包括上下级政府之间、有隶属关系的组织部门之间的信任关系。

　　（1）横向行政组织信任关系。这种组织信任关系包括：第一，地方政府组织之间的信任关系。主要是指某一地方政府作为一个组织，与不相隶属的其他地方政府之间建立的相互了解、信赖合作的关系。地方政府间的关系不同于一般的人际交往关系，也不同于一般的上下级政府之间的关系，它既不靠行政的权力强制维系，也不是以血缘、地域为基础而产生的。它们之间的利益关系表现得尤为明显，在平等的基础上开展竞争，取长补短，共同发展，在寻找利益共同点和注意相互间利益平衡、协调的基础上，建立起平等互利的真诚合作关系。第二，政府中不同部门之间的信任关系。任何一级政府均由承担不同职能的既相互独立又相互联系和制约的各个部门组成，这些部门之间的关系状况如何，反映的是横向组织间信任关系的另一个层面。在现实的行政管理过程中，由于各部门工作的对象和特点不同、信息沟通不及时以及存在着各自的利益差别等原因，在日常工作中往往会产生这样或那样的矛盾，而政府部门信任关系的建立就是要尽量化解可能存在的矛盾和冲突，实现政府所有部门活动的一体化与和谐化，使各部门之间相互协作、相互配合，形成一个有机的整体。

　　（2）纵向行政组织信任关系。政府是由各个层级的政府机构组成的集合体，各级政府在依法行使职权的过程中，势必依照隶属关系，与上下级政府组织及人员交往，因而有着上下级政府组织之间的信任关系存在的可能。尤其在市场经济发展过程中，地方政府有追寻自身利益的可能性，政府信任关系可能面临多元化、分级化的利益格局的考验。

在这种条件下，政府间的关系中既有上下隶属，即领导、被领导的因素，又有中央、地方政府出于不同目的的自身利益保护和实现因素。从建立信任关系的角度看，其基本的要求有：下级政府组织应当更多地考虑自己是被领导者，不能过度强调自己的局部利益；上级政府则应当设身处地为下级政府着想，尽可能地照顾其利益，调动其积极性。双方应在法律和制度范围内尊重对方的权力和利益，及时互通信息，以期在相互理解、相互尊重的基础上维持双方的合理期待与认同关系。

2. 组织理论视角下的信任关系

如果把政府信任看作一种心理预期和行为选择，政府组织间的信任关系则是群体间的心理预期和认同，从一定意义上说是组织理性化的产物。

组织理性与组织成员对规则和惯例的认同相关，而且这种认同与组织生存和发展，即组织与外部的关系直接相关，是在作为形式的组织向实质的组织过渡之间出现的一种"状态"。正是在这个意义上，在组织理性化过程中，它与外部社会环境间的信任关系已经包含其中。因为，具有伦理实质的信任，根源于价值评价并付诸行动，而组织理性的相对性含义与信任关系的主观预期是相契合的，所以在组织理性中包含着信任的内涵。

组织理论中的人际关系理论认为，实现效率的工具理性与实现情感满足的价值理性在组织中具有平等地位，对组织的生存和发展具有同等作用。从组织内部来说，以情感满足为标准的价值理性是获得成员对组织整体信任的基础，从组织的社会环境看，则是获得外部认同的基本条件。巴纳德的系统与均衡理论以"均衡"概念蕴涵组织共识的达成，即组织的生存和发展与组织的效率相关，而组织的效率与组织所能提供的均衡相关。这里的"均衡"，就是指组织成员的贡献和组织成员通过组织获得的满足之间的均衡。可以想见，需要组织成员的共识来达成的"均衡"是一种过程，意味着获得了一种共识性的行动规则，而这种规则是信任关系产生的制度化条件。由此，一个组织可以向其他社会组织展示自身行动的可预测性。

西蒙认为组织是一个能够做出决策的有机体，他提出了"群体理性"的概念。西蒙说："从群体角度看，一项决策如果同支配群体的价值相一致，同群体所拥有的与该决策有关的信息和知识相一致，那项决策对群体来说便是理性的（客观理性的）。"[①] 实际上，西蒙是从决策的角度阐述了组织具有的共识性价值准则的作用。这种作用使得信任关系不仅保持在静态的层面上，还贯穿组织运转的动态过程。

通过对组织理论的大致考察可以发现，组织间信任关系是在组织理性发展过程中随着个体价值理性的彰显、群体价值的运用和共识性规则的建立而产生的，它与组织的生存和发展息息相关。

9.2.3　行政组织内部的信任关系

1. 组织内部的人际信任

组织内部的信任关系主要是指组织成员之间以及组织成员对组织的信任关系。

---

①　西蒙. 管理行为. 杨砾，韩春立，徐立，译. 北京：北京经济学院出版社，1988：233－234.

（1）组织内部的信任关系是组织成员的一种主观知觉和经验，它与组织中的人性观及管理方法有较强关联，管理理论中的 X 理论和 Y 理论就是很好的说明。在 X 理论中，组织成员被认为是好逸恶劳、没有自制精神的人，所以倾向于用监督和控制的治理机制管理组织成员。久而久之，对组织成员形成一种负面的整体知觉，觉得自己不被信任，于是产生一种组织中的不信任循环，整个组织最后笼罩在低度信任的气氛之中。而 Y 理论则认为组织成员具有自我控制能力，也有高层次的心理需求，因此强调人性化的管理。影响所及，组织成员对组织就会呈现正面的整体知觉，相互信任也就会成为组织中的常态。

（2）人际信任是建立在熟悉度及人与人之间感情联系的基础上。组织成员间的人际信任表现为两个层面：第一个层面是管理者与被管理者之间的信任；第二个层面是组织中的管理者之间以及被管理者之间的信任。在一些管理理论中，把管理者对被管理者的信任称为顺向信任，把被管理者对管理者的信任称为逆向信任。一般说来，顺向信任是较为主动的，有了顺向信任，逆向信任就会自动生成，如果管理者的管理方式方法中不包含顺向信任的因素，那么逆向信任就会消失。当然，在顺向信任降低时，信任主体可以利用组织赋予他的权力采取相应的管理措施提高他的支配能力。逆向信任降低时，组织的普通员工往往不能够及时地对管理者采取直接的行动。在第二个层面的信任关系中，组织成员之间的信任危机将导致组织内部的协调能力下降。当组织内部的岗位减少时，组织成员之间为"上岗"而产生的竞争趋于激烈，组织成员彼此之间的信任将会下降。组织内部成员之间相互信任的降低，将会增加组织内部的协调成本并使各项工作都变得非常被动，从而使组织的工作效率和绩效降低。

此外，一个良好的组织有多方面的特征，其中很重要的一点就是成员对组织和其目标的强烈认同，这便是组织成员对组织的整体信任。西蒙指出，对组织的认同并不仅仅是达成组织目标的一种手段，它也是满足人们内在需要的一种途径。正是组织成员的认同才使得组织得以拥有巨大的力量，能大量和有效地协调人们之间的各种关系，完成组织目标。

从更宏观的层面看，组织信任是与组织文化直接相关的。因为组织文化源于组织成员间的互动，是一个组织所持有的共同的、视为理所当然的内隐假定，并且影响了组织成员对环境的了解和反应。组织文化的内涵塑造了组织成员的行为模式，同时也创建了一个能使其行为获得鼓励和支持的环境。组织文化一定的情况下，组织中的每一个成员经由社会学习的过程，接受了组织的共同价值体系和信念，全体组织成员之间就可能在共同价值和信念的基础上达成共识，这种共识就是他们相互信任的前提。根据强化理论的观点，行为被强化的个体，出现类似行为的概率会提高。于是，组织文化强化了管理者的可信行为，管理者的可信行为又强化了成员的信任感，在这种呈现螺旋递进的强化作用的影响下，组织将会拥有高度的信任氛围。

专　栏

"信用交通省"建设让失信者寸步难行

日前，河南金水电缆集团有限公司招投标负责人在筹备竞标文件时，按照惯例查询公司的信用信息，却意外发现，由于公司所属的一辆货车在高速公路上出现了 3 次违法超限超载运输行为，相关信用信息已在信用河南网站上公布，直接影响了公司的本次招投标。

这家年生产能力 50 亿元的集团公司，因为 3 次超限超载被纳入失信联合惩戒，几亿元的合同眼看着要泡汤，企业由此付出的失信成本实在太高。"再也不敢超载了，公司所有货车都必须要加强管理。"公司相关负责人表示。

为了更好地治理超限超载运输，河南省印发了《交通运输部办公厅关于界定严重违法失信超限超载运输行为和相关责任主体有关事项的通知》和《关于对严重违法失信超限超载运输车辆相关责任主体实施联合惩戒的合作备忘录》。自 2017 年以来，河南省交通运输厅已先后分 9 批向交通运输部报送严重违法失信超限超载运输当事人信息 342 条，对严重失信当事人采取限制参与政府采购、限制取得政府供应土地、限制参与工程招投标、纳入重点安全生产监管对象、限制部分高消费行为等 26 项联合惩戒措施。

"这些内容都是建设'信用交通省'的具体办法，在这些办法的推动下，信用管理部门为货车所属企业及驾驶人建立交通信用档案，公安、教育、人社、交通运输、银行、保险公司等将信用与评优评先、职业准入、个人信贷、车辆保险等挂钩，从而让信用体系真正发挥实效。"河南省交通运输厅相关负责人表示。

据了解，今年 9 月 19 日，河南省和湖南省、江苏省、天津市被交通运输部和国家发改委授予"信用交通省建设典型省份"称号。近年来，交通运输领域一直是社会信用体系建设的重点领域，数据显示，"信用交通省"建设工作启动两年来，全国和各省级交通运输信用信息共享平台已累计归集 31.3 亿条信用信息，建立 723 万户企业、1 988 万个从业人员的"一户式"信用档案。

资料来源："信用交通省"建设让失信者寸步难行. 光明日报，2019-11-26.

2. 作为心理契约的组织内信任关系

在市场经济和法治理念的感染下，人们也把组织中的信任关系比喻为一种心理契约。所谓心理契约是指组织成员及其组织彼此之间所抱持的相互性期望。心理契约"订立"之后，员工就会对组织抱持以下信念：组织必须提供某些诱因并且负有履行的义务；组织在履行义务时员工也必须有适当的回报。

领导者只有创造条件来满足包含在组织成员尊严感和价值感之中的要求、目标、期待、愿望，才有可能对他们的行为动机和心理情绪产生积极影响，也只有详细了解组织成员的具体要求和期望，领导者才能根据组织的特定条件来支持成员切合实际的要求和期望。而组织心理契约正是个人之间、个人与组织之间的愿望序列，这种愿望可能是自觉的，也可能是不自觉的，它们可以通过对于精神慰藉和奖赏报酬等方面的特定和具体要求、期待等反映出来。如果所确定的愿望不合适或者具体的要求和特定利益的表达遭到一方的否定，则另一方可以把它们从心理交感上视为未履行的或者是被任意撤销的许诺。现代组织中的心理契约设定意味着每位角色扮演者对工作时间和条件、福利待遇和发展前景等都有着一定的期望，尽管有许多这类期望在心理契约中并不是明了和确切的，有时甚至仅包含了一种含糊的心理行为的意向。同时，由于心理契约具有双向互感的特点，能够通过它使组织和成员之间的交感耦合。

作为一种灵活多变的形式，心理契约能帮助有形组织适应该系统所要解决的任务，能够促进个人和组织协商一致。此外，组织系统还可以凭借本身所掌握的资源，去积极影响或干预组织成员，使每一个成员在致力于达到个人期望的同时去实现组织目标。如果组织成员能够亲身体验到满意感和信任感，觉得组织给予的精神鼓励与物质报酬与其预期值相符，那么个人的努力就会得到强化，并以更积极的态度参加组织中的共同活动，自觉地促进组织目标与个人需要的共同实现。心理契约融摄了真诚、平等、宽容、勤勉等承诺，它是现代组织中人和事的最佳结合点①。

心理契约具有动态性，组织成员能通过它获得来自内心的奖酬，从而提高自己的业务绩效并发挥更大的创造性。内心的奖酬包括组织成员因完成工作任务而引起的满足感和发挥个人潜能后的成就感。因此，领导者要保持和发展良好的心理契约，通过提高工作满足感去改善个人之间、个人与组织之间的相互关系，使相互理解、相互帮助、真诚信赖、彼此尊重以及自尊自重等成为信任关系的具体表现尺度，并把它真正看作组织成员实现有效行为的根本激励因素。

9.3 从政府信任到行政诚信

政府信任表述的是政府与公众之间及政府组织内部的关系，是政府合法性的基本来源及政府治理的基础性条件。政府想要获得公众及组织内部成员的信任，则需要从自身做起，率先做到行政诚信。因此，需要探讨从政府信任到行政诚信的可能性，暨政府信任的主观维度。在此基础上，进一步了解行政诚信的本质及行为选择。

9.3.1 政府信任的主观维度

政府信任的影响因素有很多，从政府信任的结构性因素、功效角度及政府作为被赋予权力的层面看，政府自身是影响政府信任的核心。由此，政府信任的主观维度可以在政府作为公共组织伦理的层面解析，归纳为守信、诚实、能力、仁爱、公正等德性②。它们共同构成诚信政府的具体标准，影响政府信任。

---

① 公冶祥洪. 心理契约：现代组织中人和事的最佳耦和. 东岳论丛，2001 (6).

② 张康之. 公共管理伦理学. 北京：中国人民大学出版社，2009；吕耀怀，马文君. 论政务诚信的德性根基及其养成. 湖湘论坛，2015 (6).

1. 政府守信

政府自身的诚实守信是影响政府信任最重要的维度。即政府行动者尊重其与民众等其他主体的协议或根据特定标准行动的行为可预见。根本而言，政府为了公共利益和保护公众对美好生活的向往和需求而行使权力。

行政人员的一致行为有助于增强公众对政府的信任。当信托人看到受托人在言和行之间具有一致性时，能够大大改善双方信任关系。其中，制度一致性是实现诚信政府的主要动力。在既定的制度框架中，当政府能够随着时间变化提供同等或更好的服务时，就实现了一致性，从而使公众能够对政府将要做什么有合理的预期和判断。

2. 政府及官员的诚实

公众对政府的抱怨和批评主要是因为对行政官员持有不诚实的印象。因此，政府及其行政人员的诚实是影响公众对政府信任的重要因素。反之，政府及其工作人员容易被认为是腐败、欺诈和不诚实的时候，政府信任就无从谈起。现代行政国家的兴起，导致行政自由裁量权的广泛使用。行政自由裁量权一方面保护政府能够有效处理千变万化的公共问题；另一方面在一定程度上产生裁量权滥用行为。若政府官员为了个人、职业或组织利益而滥用权力，就可能强化公众对政府的不信任感，侵蚀政府的合法性基础。

若行政人员受自利动机驱使，将增加行为失范的可能性。假如公众知晓行政官员隐瞒了不当行为或以公共利益为名行自利之事，公众对政府的信任就会动摇。总之，政府及其行政人员没有表现诚实和遵守伦理标准，政府信任就会衰败。

3. 政府组织及人员的能力

全面建设社会主义现代化国家，必须有一支政治过硬、适应新时代要求、具备领导现代化建设能力的干部队伍。[①] 能力是维持政府组织有效运营、提高组织绩效的必备知识和行动技能。政府绩效研究文献表明能力是有效治理的重要变量。自 20 世纪 70 年代晚期以来，由于公众对政府期望的提高，公共机构的压力与日俱增，西方国家兴起了新公共管理浪潮。政府机构回应公共问题和服务提供能力的下降，引发对政府的不信任。

行政官员的胜任能力是维护政府信任的重要因素。行政官员个人能力欠缺，往往会导致公众信任的流失。在现代社会，行政官员的能力发展尤为重要，加强实践锻炼、专业训练，注重在重大斗争中磨砺干部，增强干部推动高质量发展本领、服务群众本领、防范化解风险本领。

4. 行政人员的仁爱

政府信任是一种理性活动，更是一种道德要求。当公众感觉到政府在本能上表现出关爱、关心时，可能倾向于信任政府。此时，政府信任就是"权威动机的仁爱"。这种仁爱来源于受托人的情感联结，表明政府及其行政官员愿意帮助公众，即使他们没有受到法律的规定或缺失额外的报酬。政府及官员的努力行善，是政府价值追求下的信念声明，而不仅仅是意义宣言。

---

①② 习近平. 高举中国特色社会主义伟大旗帜 为全面建设社会主义现代化国家而团结奋斗——在中国共产党第二十次全国代表大会上的报告. 北京：人民出版社，2022：66.

仁爱行为的准则有助于理解行政官员的角色。行政人员从根本上关心他们所服务的民众。行政官员运用权力帮助民众，尊重公民个体，尽一切努力满足民众的需求，民众才可能信任行政官员及政府组织。总而言之，政府信任资源的丰富度与为民服务的行政官员比例正相关，他们能够为了公众利益而做出一些牺牲。

5. 政府组织及官员的公正

公正意味着政府机构应该恪守原则平等地对待民众，而且这些原则要与民众对政府的一般观念一致。政府公正体现的观念之一是，涉及民众的相关利益被充分考虑，博弈不是被非法操纵的。

当行政官员偏爱特定个体或特殊利益团体时，公众对政府公正的印象就会消失。例如，假如行政官员根据社会或地理因素区别对待公民个体，公众信任就会动摇。公民个体期望政府在行政程序和资源分配中是公正的。假如公民认为政府以公正方式在公众之间分配国家资源，他们就更能够接受为维护社会秩序自己应该承担的义务。正如习近平所指出的，"要群众信任领导决不仅仅靠权力，更主要的是靠你的人格魅力和工作能力，靠你做群众工作的方法和本领。……'胜败是法律的尺度，而信任是无言的丰碑。'"[①]

专栏

莫把公权当谋私工具

近日，中央纪委国家监委发布了7名中管干部处分通报。梳理发现，7人几乎都涉及以权谋私、权钱交易违纪违法。比如，"大搞权钱交易，为亲属经营活动谋取利益"，"将手中掌握的金融监管职权作为谋取私利的工具，大肆攫取非法利益"，"在企业经营、工程承揽等方面为他人谋利"……今年以来，22名受到党纪政务处分的中管干部通报中，几乎都有类似表述。

这些违纪违法行为，表现形式各异，但说到底都是将公权力当作谋取私利的工具。公与私的界限一旦模糊，私欲的"口子"就会越撕越大，以至于权力失控、脱轨。有的领导干部在自身所处岗位上直接贪污；有的掌握人事管理权、物资分配权或项目审批权等极具"含金量"的权力，通过为服务对象提供帮助直接或变相收取贿赂；有的纵容家属在幕后收钱敛财，或利用影响力非法牟利，到头来"一人腐带来全家腐"；还有的通过收受干股、担任"影子股东"、接受"雅贿"等隐蔽方式，与商人老板结成较稳定的利益输送链，种种行为虽隐藏在"貌似"合法的外衣下，却掩盖不了以权谋私、权钱交易的本质。

当官发财两条道，当官就不要发财，发财就不要当官。领导干部手中的公权力一旦沾染"铜臭味"，就容易追逐私利不能自拔，渐渐忘记信念初心，突破纪律底线，最终越陷越深、走上不归路。事实证明，这些领导干部仅仅充当了"仓库保管员"角色，最后都要还财于民、还财于公，不仅于己无利，还会因违反党纪国法受到纪律、法律惩处。更严重的危害是，这些违纪违法领导干部大搞权力寻租、权钱交易，败坏党风政风，污染政治生态，损害党和政府的威信与形象。一旦形成破窗效应，很容易滋生系统性、塌方式腐败。

① 习近平. 干在实处 走在前列——推进浙江新发展的思考与实践. 北京：中共中央党校出版社，2006：525.

党员领导干部手中的权力是党和人民赋予的，是为党和人民做事用的，姓公不姓私，只能用来为党分忧、为国干事、为民谋利。不论职务多高、权力多大，出发点和落脚点都必须是为人民服务。广大党员干部只有时刻以如履薄冰、如临深渊的心态，对权力始终心存敬畏，才能秉公用权、严以用权、为民用权、廉洁用权。只有牢记权力不是个人可以任意使用的"私器"，才能自觉遏制贪念，切实将权力作为为党尽忠、为民办事的"公器"，做人民的公仆。

资料来源：莫把公权当谋私工具．（2021-08-24）．中央纪委国家监委网站．

9.3.2 行政诚信的本质

诚信作为一个统一的道德范畴，其基本含义就是尊重事实、表里如一，信守诺言、言行一致。行政诚信是政府作为行政主体在执政理念、方针、政策、路线及其运行机制方面求真务实、可以信赖和负责的道德化、制度化的行为表征，是政府存在的合理性与价值性的内在源泉，也是政府职能体现的本质要求，它不仅表征着一个国家、政府和社会政治文明及其程度，也是这个国家、政府和社会政治文明建设的核心价值和基本目标。

作为政府的行为选择，行政诚信兼具目的性（终极性）价值和工具性（手段）价值相统一的本质。它是政府及行政人员的德性伦理与规范伦理或者说信念伦理与责任伦理的合一，是道义论与功利论、目的论与手段论的合一。如果说"诚"强调的是行政组织内个体内心信念的真诚，是一种品行和美德，那么"信"则是诚这种内在品德的外在显现，是一种责任和规范。

行政诚信的目的性价值首先体现在政府对"为公"目标的诚信上。忠实于公共利益是政府的最高价值目标。从认识心理根源上看，信任感往往首先产生于志同道合者之间，它源自建立在评判者与被评判者之间共同价值观、共同利益、共同追求基础上的归属感、认同感和满足感。政府只有以诚实信用为基准，做到与民众志同道合，才能赢得人民的信任。这也是"人民至上"执政理念必须确立的为民服务意识，了解民情、尊重民意、顺应民心，真正做到权为民所用、情为民所系、利为民所谋，实现好、维护好、发展好最广大人民的根本利益。工具性价值是实现一定目标的手段。道德内在的工具效能在政治领域中不仅是需要的，而且是合理的，即使在政治活动中执政者为了持续执政的目的而利用诚信，也就是把诚信作为一种政治手段，那么这种手段也应符合现代政治文明要求。政府信任的工具性价值主要体现在政治价值、经济效应和文化效应上。

行政诚信的本质还是契约精神的体现。诚信原则在私法中地位甚高，甚至被称为"帝王条款"，在推行行政法治的过程中，有必要把诚信精神进一步融入法中，使其法律化、制度化，以更好地促进政府守法，实现法治。在这一意义上，政府诚信是社会诚信的基础和导向，一旦政府失守承诺，其负面效果难以估算。因此，行政诚信是伦理与法治的内在要求，是负责任的、公正的、回应的、公开的依法行政。

专 栏

云南昆明：成功实现失信政府机构"清零"

"十三五"以来，云南省昆明市扎实推进社会信用体系建设，建立社会信用体系建设联席会议制度，成立昆明市信用中心，印发社会信用体系建设三年行动计划、信用"红黑名单"发布等制度文件近30个，在环境保护、市场监管、公共资源交易等领域出台了一系列信用监管举措，在自贸试验区信用监管、信用助力优化营商环境等方面积极探索创新，"信用昆明"建设取得积极成效。

2019年建成昆明市公共信用信息平台，已归集信用信息数据1.8亿条，实现对国家公共信用信息目录全覆盖。归集社保、医保、职业信息等5类个人信用信息数据1亿条，覆盖律师、导游、会计、教练等多类职业和家政服务人员、网约车司机等重点群体，归集"双公示"数据12万条，归集工程建设、政府采购、土地矿产等5个领域行政合同和市场合同履约信息2万余份，与政务服务、市场监管、司法、文化旅游、家政等各级公共事务平台实现数据联通共享。

加大各级政府和公务人员诚信管理力度，加强公共资源交易、政府采购、招标投标等重点领域诚信建设，加大失信政府机构清理整治，建立起"政府承诺＋社会监督＋失信问责"机制和政务失信预警监测机制，将失信政府机构监测关口前移，每月定期对涉政府机构案件进展情况进行跟踪，成功实现失信政府机构"清零"。

资料来源：昆明成功实现失信政府机构"清零". 云南日报，2021-01-05.

9.3.3 行政诚信的行为

1. 服务价值的彰显

公众的信任是通过政府及其行政人员自己对社会公众的忠诚、诚实与诚信换来的，政府只有在行政人员对公共利益的忠诚中才能赢得普遍的公众信任。政府在法理上被定义为全体公民委托管理公共事务的机构，政府是社会不同群体或阶层意志的利益集中代表者，政府的目标就是代表人民或反映公众的利益。历史和现实都说明：政府必须告别作为统治者或管理者的角色，只有当它以服务于整个社会的姿态出现，忠诚地服务于社会公众的要求，任何时候都不以任何手段去追求政府自身的利益时，它在公众中才会有一个良好的形象，才可能建立起良好的政府信任关系。

把政府定位于服务者的角色，把为社会、为公众服务作为政府存在、运行和发展的基本宗旨，这就是服务型政府理念。以服务作为一种基本理念和价值追求的政府就是服务型政府，也就是为人民服务的政府。在服务中，政府组织是服务的载体，行政人员是服务的承担者和操作者。服务的对象则是与政府发生直接或间接关系的个人或社会群体、社会组织，即公众。要建设服务型政府，关键的问题是行政人员的服务意识，这种意识是行政人员的主动性、积极性和创造性的前提。

在公共行政的行为体系中，服务是作为原则和基本规范而存在的。然而，作为行政管理活动的结果，服务则是一种境界，是行政人员必须不懈追求的境界。但是，行政人员之所以能在行政管理活动中确立服务的目标和自觉地追求服务的境界，那是由公共行政的性质决定的。所以，服务首先是行政体系的价值，其次是行政管理活动中的价值。也就是说，行政管理活动中的服务原则是由行政体系决定的。但是，只有在行政人员的行政管理活动中，服务原则才能落到实处，才是一种现实的价值。

2. 相对稳定的公共政策

公共政策的稳定与否对于政府信任关系有着很大的影响。只有公共政策具有稳定性，公众才会根据自己的理性预期，相信该政策的贯彻实施会实现他们的利益要求，才会真诚地服从和支持它，并因为政策系统持续的稳定性和相应的可预见性而逐渐形成对公共政策的持久的、坚强的信任和忠诚。因此，公共政策实际上反映了政府信用，它之所以能够调节和规范社会行为，人们之所以信赖政府、依靠政府，一个基本的原因是政府有诺必践、讲求信誉。

在现实行政过程中，公共政策存在的一些问题不仅影响公共政策的效力，更严重地破坏了政府信任。其一就是朝令夕改，政策缺乏稳定性与连续性。政策制定的根本目的就是对某一时期的社会公共利益做权威性分配。如果朝令夕改，随意改变现行政策，人为割断政策之间的联系，势必导致现有的利益分配格局陷入混乱状态，减损既得利益者的合法利益，也会对政策目标群体的心理产生不良影响。其二是执行不力，政策如同"一纸空文"。政策要想取得预期效果，必须优化执行环境、汲取执行资源、改善执行方法、落实执行责任以及强化执行力度。然而，在政策的实际推行过程中，令不行、禁不止，政策执行不当、不力、不严、"疲软"的情况屡屡出现。政策执行中的这种状况严重破坏了政府形象。

所以政府要赢得公众的信任，需要拥有具有科学性、稳定性和连续性的公共政策运行机制。第一，政府政策应当是最优政策，要坚持科学决策、民主决策、依法决策[①]，能够适应经济、社会发展的内在要求，符合社会整体利益。如果政策只体现出部分人或部分群体的利益，对社会整体而言，政府就是没有信用的，因为它违背了代表全体人民利益的承诺和约定。第二，政府的政策一旦出台，需要保持相对稳定的长效性。政府行为的随机性越大，政策越变化多端，社会公众对政府的信心与信任就越弱，政府信用度就越低。第三，政府政策要有连续性，在针对不同问题的政策之间要反映出共同的原则并有着有效的衔接；在新旧政策之间要具有延续性。政府政策的覆盖面越广，延续的时间越长，政策的信用度就越高，公众对政府的信任和信心就会越强。

3. 积极有效的沟通

广义的政府信任其实是一种公众与政府对等主体间的互动耦合关系。除通过政府自身改革和行政效率完善来提升政府信任，也需要注意，沟通是人类社会最常见、最普遍的人际现象和行为，是人们消除误解、增强信任的手段之一。行政管理活动在很大程度上属于进行信息沟通的范畴，甚至人们可以根据行政管理过程中信息沟通的状况来对行

---

① 习近平. 高举中国特色社会主义伟大旗帜 为全面建设社会主义现代化国家而团结奋斗——在中国共产党第二十次全国代表大会上的报告. 北京：人民出版社，2022：41.

政管理的质量做出评价。

沟通在改善政府形象、增加公众对政府的信任度方面发挥着非常积极的作用。政府通过有效的沟通不仅能够及时了解社会公众对决策效果、管理效率、政策反馈、廉政建设以及行政人员的工作作风等方面的意见，而且可以获得公众的理解、合作、信任和支持。

在现代社会，政府要在开放的环境中生存、发展，要改善政府形象，营造政府与公众之间的良性互动关系，使公众理解、支持政府的所作所为，就必须加强政府组织与公众的沟通，努力做到：当公众对某项政令、决策不理解时，进行宣传，使其认同；当政府决策发生某种变动时，予以说明介绍，使公众知晓；当政府工作在公众中出现某些误解时，积极慎重地做好解释工作，并公布改进措施与结果，以消除误会。

此外，对政府各级决策层而言，在决策目标的确立中，不仅要考虑政策实现的可能性，还要考虑公众对政策的承受能力。因而，需要充分加强与公众之间就决策目标的各种信息的双向交流，使决策目标更趋合理化和科学化；在决策方案的选择和实施中，既要吸收公众、专家的意见，又要对决策的实施情况和公众反馈的意见进行收集、测定、核实，并做出综合性判断，提出建设性意见，从而使政府的决策得到及时修正。所有这些都是建立在有效沟通的基础上的。就此，给公众对政府的理性怀疑提供引导、便利和表达、吸取渠道，从而为政府自身的完善形成压力机制是必要的。只有政府与公众真正互动起来，政府信任才能得到根本改善。

专栏

"短命"政策背后往往是"短视"干部

有这么一些政策，说它不好吧，实属冤枉；说它好吧，又真的"十分无用"。近期有媒体在基层调研时，就发现这么几例：某地将"烟花禁放令"扩展到农村乡镇，结果出台3天即被叫停；某地要求"加大对中小企业支持"却无配套细则，"画饼"政策很快无疾而终……

平心而论，类似政策的初衷良好，意在惠民，但为何纷纷折戟，如此短命？一个很重要的原因就在于缺乏可操作性。或是违背规律，无视客观条件，别人搞什么自己就要搞什么；或是超越阶段，不顾发展的基础和群众的接受度，强行"一刀切"派发"硬指标"；或是"教条主义"，宏观政策"戴个帽子就发下来了"。政策如此这般出台，不了了之、草草收场实属必然。

政策要产生效果，关键得能落地。否则，即便理念再先进，都只能是"看上去很美"。表面上"样样皆有""轰轰烈烈"，实际上却是"件件皆空""虚张声势"。更重要的是，如此折腾，不但耗费了人力物力财力，还损害了政府的公信力，负面效应远非"及时叫停"所能抵消。

"短命"政策背后往往是"短视"干部。很多政策施行后才暴露出原来应该想到的问题，多缘于一些领导干部"情况不明决心大，心中无数点子多"。有的眼睛朝上光盯上级领导喜好，而非身子朝下了解群众需求；有的一线调研蜻蜓点水，机械照搬国外经验；有的只图有不图用，把制定政策当政绩盆景，不管不顾具体环境和配套细则。一来二去，再好的政策都成了空中楼阁。

为群众办实事既要有诚心，也要讲方法。对专业领域多一些了解，对社会实际多一些认识，才能避免跌入"雷区"。当然，内生积极性是一方面，外部约束和引导亦不可忽视。有效遏制短期政绩冲动，有必要完善问责追溯机制，谁决策谁负责，谁失误谁兜底，对政策质量"终身负责""终身追究"，拍脑门的短命政策自然会少得多。

资料来源："短命"政策背后往往是"短视"干部. 人民湖北，2021-08-23.

━━━━━━ ◀ **本章小结** ▶ ━━━━━━

信任是人们在一定的环境条件下对符合自己利益的个人、团体、组织等相信并有所托付的心理趋向，是价值观念的一种特殊形式，是知、情、意三种意识要素构成、变化和相互作用的结果。政府信任是指行政相对人对政府及其行政人员的行政管理活动的合理期待，在更广泛的意义上，也包括政府及其行政人员在对社会和公众要求做出回应基础上的合作互动期待和政府机构的不同部门、不同的层级之间的相互信任。

良好的政府信任关系，在组织管理的意义上，能够提高凝聚力、降低复杂性、促进合作并提高行政绩效；在政治的层面上，它又是政治合法性的来源。对于社会治理方式而言，政府信任关系是当代法治的基本目标之一，良好的政府信任关系是确立服务型社会治理模式的必要环节。在现实社会的信任网络中，良好的政府信任关系具有示范和推动作用。

政府信任关系包含了三个层次的内容：一是政府与公众之间的信任关系，二是行政组织间的信任关系，三是行政组织内部的信任关系。政府信任关系是政府合法性的基本来源及政府治理的基础性条件。政府想要获得公众及组织内部成员的信任，需自身率先做到行政诚信，即政府及其行政官员诚实守信、行政官员具备良好的胜任能力、行政官员的仁爱品格以及政府组织和官员恪守公正原则。政府信任关系的建构则需要以服务价值的选择、公共政策的稳定、积极地进行沟通等为保证。

━━━━━━ ◀ **关键术语** ▶ ━━━━━━

信任	政府信任	政府信用	习俗型信任	契约型信任
合作型信任	政府组织	政府公信力	组织间信任关系	组织内信任关系
服务价值	行政诚信	有效沟通		

━━━━━━ ◀ **复习思考题** ▶ ━━━━━━

1. 什么是信任？什么是政府信任？

2. 如何理解政府信任的价值？

3. 如何分解政府信任的维度？

4. 政府信任关系包括哪些方面的内容？

5. 如何理解行政组织间的信任关系？

6. 如何理解组织内部的信任关系？

7. 政府信任的主观维度包括哪些内容？

8. 行政诚信的本质是什么？如何做到行政诚信？

第 10 章

行政伦理监督

与一般的社会组织不同，行政组织所行使的权力是一种特殊的公权力。行政组织的这种公权力运行需要行政伦理监督。同样，对行使国家公权力的公务员提出了行政伦理要求，对其进行行政伦理监督是必要的也是可行的。这是国家治理体系与治理能力现代化的要求，也是国家治理体系与治理能力现代化建设中的重要环节。为了实现对权力的规范，行政伦理监督必须扩大到行政体系的每一个方面。最重要的是，需要对行政人员的素质提出要求，也需要实现对行政机构和行政人员的规范。行政伦理监督是行政伦理规范得以实施的一条切实可行的路径。只有形成一整套行政伦理监督机制才有可能维持和推动行政体系有效运行。作为促进行政体系有效运行的重要机制之一的行政伦理监督机制的基本内容是通过对行政组织和行政人员的行为进行察看、督促和评价，使行政伦理规范发挥更大的功能，从而维护和促进公共利益。如果缺乏健全的行政伦理监督机制，就会导致行政伦理失范，甚至会导致政府信任危机和合法性危机。所以，行政伦理监督既是行政伦理建设的手段，又是行政伦理建设的目的，也是培养行政人员的重要举措。

10.1 行政伦理监督概述

10.1.1 行政伦理监督的概念

监督可以按照不同的标准分为不同的类型。按主体范围可分为来自组织自身的自我监督和来自组织外部的他人监督，也称系统内部监督和系统外部监督；按过程可分为事前监督、事中监督和事后监督；按所依据的规范可分为例行监督和例外监督；按监督方式可分为日常监督和专门监督；按主体与对象的关系可分为直接监督和间接监督，自上而下的监督和自下而上的监督等。在政府权力运行的监督问题上，我们经常听到的是"行政监督"一词。一般说来，行政监督是由一定的专门机构依法依规对行政组织中的各部门及其行政人员的行为进行监督的活动。也就是说，行政监督赖以展开的基本依据是法律法规。在很多国家，通过颁布法律法规对行政人员进行伦理规定和伦理要求，是常见而有效的做法。如美国的《政府官员和雇员伦理行为准则》、日本的《国家公务员伦理规程》等等，都对公务员伦理道德有明确的规定。但是，就行政监督的性质而言，必然包含着监督主体对受监督者的行为判断问题，其中是包含着伦理内涵的。在我国的行政监督中，行政伦理监督是十分重要的部分。我国的《中华人民共和国公务员法》《中华人民共和国法官法》《中华人民共和国检察官法》《中华人民共和国人民警察法》以及其他各种规范，都对行政人员的伦理规范提出了具体要求，从而确保行政人员不谋私利、不傲慢行政、不伦理失范，最终达到道德高尚、公平公正、以人民为中心、全心全意为人民服务、最大限度维护公共利益的效果。

1. 狭义的行政伦理监督

行政监督的概念在外延上更宽泛一些，而行政伦理监督只是行政监督的一种特定形式。基于监督的综合性和系统性，行政伦理监督是多主体、全阶段、综合而系统的监督。在全面依法治国的推动下，一般意义上的行政伦理监督可以理解成制度化、法治化的行政伦理监督。这种监督是将监督主体、内容和标准加以规范化和制度化，并由专门的组织机构根据国家强制力提供的保障进行的。具体而言，狭义的行政伦理监督是指制度化的行政伦理监督主体根据一定的行政伦理规范对行政机构和行政人员的行为所进行的监察、督察和指导。

（1）从监督主体上看，在全面依法治国、建设法治政府的大背景下，制度意义上的行政伦理监督主体是特定的，也就是制度所规定的主体。监督主体可以是政府中设立的专司行政伦理监督的部门，也可以是由国家权力部门设立的独立于政府之外的监督部门，还可以是介于政府内外之间（既是政府中的又相对于政府而独立）的部门。在我国，中国共产党的纪检监察部门则是专门负责对行政组织及其行政人员进行监督的政党机构。对漠视侵害群众利益、形式主义、官僚主义、享乐主义和奢靡之风等方面进行行政伦理监督，是国家治理的重要内容。从目前世界各国的实践看，制度化的行政伦理监督主体强调监督主体的独立性、合法性和重要性。这主要是因为行政伦理监督有其特殊性。例如，"英国正当性和伦理小组"直接对内阁秘书和内政大臣负责，可以直接呈交报告给首相；英国的"公共事务标准委员会"是一个独立的监督机构。日本的"国家公务员伦理审查委员会"是一个专门的行政伦理监督机构，首相是成员之一。

（2）从监督对象上看，行政伦理监督的对象包括行政组织和行政人员。对于行政组织的行政行为进行行政伦理监督，主要是监督行政组织的行政行为是否符合公共行政的价值要求，是否符合法律制度，总体上是合法性监督。目前我国的行政伦理监督在行政组织方面，主要是从各方面监督行政机构的行政行为是否符合党的宗旨、政策、方针和执政原则，是否符合建设人民满意的服务型政府的理念，是否符合人民至上的根本要求。《中共中央关于加强党的执政能力建设的决定》指出："加强对权力运行的制约和监督，保证把人民赋予的权力用来为人民谋利益。"① 在严格意义上，对行政组织的行政行为的合法性监督可不纳入行政伦理监督的范畴，而是纳入行政监督的大概念之中。为了体现行政伦理监督的独特意义，我们还是要将行政伦理监督凸显出来。行政伦理监督的另一个重要对象是行政人员，而且是对这一特定对象的伦理表现的监督。库珀指出："因为公共行政人员不仅仅是一般公民，同时也是特殊的受信托公民。所以除了正确理解的自我利益，在公共行政实践中还要求行政人员具备其他三种品德，即公共精神、谨慎、实质理性。这些品德其他公民也有，但它们对于行政管理角色中的行政人员功能发挥的支持是尤其重要的。"② 由于行政人员是一个特殊的群体，肩负着代表人民行使公共权力、维护公共利益、促进社会发展的巨大作用。行政人员也是维护社会秩序、促进社会发展和实现公共利益的重要主体。因而，自然而然地成了行政监督的主要对象。

（3）从监督内容上看，行政伦理监督是一种规范性监督。也就是说，行政伦理监督有明确的标准和内容，指明了行政人员在伦理层面应该做、如何做的问题，而不仅仅把这一监督当作对行政美德的追求，是对其行为、品格、办事态度、行政效率等各方面的系统性监督。具体而言，行政伦理监督是从制度和规范维度等方面来确定行政人员应该履行的伦理职责，表现为以法律法规等制度来规范公职人员的作为，注重对行政人员道德行为的判断。或者，通过监督促进行政人员的道德行为选择，最终达到行政伦理监督的目的。

（4）从监督层次上看，行政伦理监督是一种高层次监督，也就是说，行政伦理监督是把"较低层次的监督——是否违法"与"工作层次的监督——是否称职"上升到较高层次的"伦理监督——是否公正"③。在这个意义上，对行政行为是否违法的监督和对行政人员是否称职的监督是根据行政法规来进行的。这是对行政组织和行政人员的基本要求，而行政伦理监督更多的是从行政的价值层面进行的。比如，行政行为是否公正、公平，是否维护了正义，是否维护了公共利益，等等。这些监督内容对监督主体而言是比较高层次的要求。在我国，随着国家的发展、以人民为中心治国理念的全面贯彻实施，加上人民对公共服务高质量发展的要求、对人民满意的服务型政府建设的要求，行政价值层面的伦理监督会越来越重要。

2. 广义的行政伦理监督

广义的行政伦理监督是指多元监督主体，通过制度化或者非制度的途径对行政组织及行政人员的行政伦理的监察和督察。

（1）从监督主体上看。多元监督主体包括系统内的主体，如执政党、权力机关、行政机关、检察机关、监察机关和其他公共机构，还包括系统外的监督主体，如执政党外的其他政党组织、社会团体、人民群众、新闻媒体等政治性和社会性力量。广义的行政伦理监督主体既有国家层面的监督主体，也包括社会层面的监督主体，即国家、社会组织（包括媒体和非营利组织）和公民都是监督主体。

---

① 中共中央关于加强党的执政能力建设的决定. 北京：人民出版社，2004：17.
② COOPER T L. An ethic of citizenship for public administration. NJ：Prentice Hall, Inc., 1991：165.
③ 张康之. 行政伦理的观念与视野. 北京：中国人民大学出版社，2008：95.

（2）从监督途径上看。广义的行政伦理监督既包括制度化的途径和程序，也包括非制度化的途径，即多元监督主体可以运用多种有效途径进行行政伦理监督。在网络化时代，尽管网络监督在合法性和规范性方面还需要进一步加强，但网络自媒体监督已经逐渐成为行政监督的重要途径，也是行政伦理监督的重要途径。特别是在数字化过程中，通过大数据、人工智能、各种政府平台来开展行政监管和行政伦理监督，是数字政府建设过程中需要布局、推进和完善的重要一环。

（3）从监督方式上看。广义的行政伦理监督有他律和自律两种方式。任何以他律方式进行的监督都有一定程度的外在性和强制性。制度化、规范化的行政伦理监督是一种外在的、强制性的监督，是一种外在压力。工业社会法治化的治理思路大体都采用外在的他律意义的监督，这种监督是依靠国家或者社会的强制力来保证监督有效性的实现。从长远来看，制度化的监督只是行政监督的一个重要阶段或者现阶段的一种重要策略。在行政伦理监督的发展过程中，不能忽视行政人员和行政组织的自我监督，即行政伦理自律。行政伦理自律代表了行政伦理监督发展的一个重要阶段。在这一阶段，具有公共服务精神的行政人员将实现伦理自觉，即将行政伦理规范和制度内化为内心的价值标准和行为标准。到那个时候，外在的行政监督法律和规范只是一个符号，其实质内容已经内化为内在的行动自觉——实现行政人员的伦理自律。当然，这是一种理想的状态。

总体而言，行政伦理监督是一种综合性、系统性的监督。监督主体、监督标准和监督途径的多样性，体现了行政伦理监督的综合性和系统性。有学者认为，广义的行政伦理监督包括多种形式：立法监督、司法监督、行政监督、政党监督、群众监督、舆论监督都可以看作行政伦理监督的具体表现形式，共同构成了行政伦理监督机制[①]。一般说来，如果政府能够严格要求行政人员在依法行政的原则下开展社会治理活动，那么他们的行政行为基本上都能合乎法律标准。在这种情况下，依据法律标准而实施的行政监督会大大地淡化，而依据伦理道德标准开展的行政监督则会相应地凸显出来，所以，行政伦理监督会越来越普遍。广义的行政伦理监督会更多地以非制度化的形式出现，但这种非制度化的监督并不是无序的，更不与制度化监督相冲突。如果说制度化的行政监督更多地依据法律标准做出的话，那么非制度化的行政监督则更多地以伦理道德标准进行。由于伦理道德标准的一致性，决定了非制度化监督也是有序的，而且与制度化的行政伦理监督并不冲突，反而是相互支持和相互补充的。当然，只有制度化的行政监督与非制度化的行政监督的统一才能更好地发挥行政伦理监督功能。总之，依据伦理道德标准而进行的行政伦理监督，对行政组织及其行政人员提出了更高的要求，这是保证政府成为公共利益的维护者和促进者的必要途径。

专 栏

2019 年 8 月至 2020 年 10 月，国家税务总局机关党委原副书记王立斌回青岛探亲期间，先后 5 次违规接受基层税务干部和私营企业主提供的宴请，费用由私营企业主和他

① 王伟. 行政伦理论纲. 道德与文明，2001（1）.

人承担，其中 2 次发生在国庆期间、1 次安排在私营企业内部食堂；其间，王立斌还先后 2 次违规收受基层税务干部赠送的由公款支付的海鲜等礼品以及私营企业主赠送的茅台酒 1 箱，部分礼品采用快递方式邮寄。王立斌受到党内严重警告、记大过处分和调整岗位处理，违规接受宴请和礼品费用 1.94 万元被收缴或按登记上交处置。

2013 年至 2019 年 11 月，原中国船舶重工集团有限公司党组书记、董事长胡问鸣先后违规打高尔夫球百余次，费用由私营企业主等人支付；多次到私人会所组织、参加宴请，费用由私营企业主支付；多次接受其下属及私营企业主安排的宴请。2014 年至 2020 年，先后收受私营企业主等 3 人礼品、礼金折合共计 52.8 万元。2014 年至 2015 年，多次安排下属单位使用公款为其支付个人宴请费用。胡问鸣还存在其他严重违纪违法问题。2020 年 12 月，胡问鸣被开除党籍，其涉嫌犯罪问题被移送检察机关依法审查起诉。

2021 年 9 月，中央纪委国家监委对包括以上两个案例的 10 起违反中央八项规定精神典型问题进行公开通报严肃查处并将案例一并公开通报，进一步彰显了党中央坚定不移推进全面从严治党的决心意志，释放"无论职务高低，谁违反了中央八项规定精神的铁规矩就要坚决处理谁"的强烈信号，警示广大党员干部时刻警觉由风及腐的现实风险和严重危害。

资料来源：中央纪委国家监委公开通报十起违反中央八项规定精神典型问题．（2022 - 03 - 30）．中央纪委国家监委网站．

10.1.2　行政伦理监督的作用

1. 行政伦理监督的一般作用

作为世界各国普遍实行的重要监督方式，行政伦理监督对规范行政组织及其行政人员的行为有以下几个方面的作用：

（1）行政伦理监督促进了公共行政价值的实现。公共行政除了重视管理的价值，还强调公民精神、公正、公平、伦理、回应性和爱国主义等价值。[①] 所以，行政组织和行政人员不仅仅是行政效率的实现者，也是其他公共价值的实现者。通过行政伦理监督，可以将公共行政所要实现的公平、公正、回应性等价值制度化和主体化，并以外在的力量使之成为行政组织和行政人员的目标和使命，从而有效地推进这些价值在公共管理和服务过程中的实现，既维护公共利益又保障政府合法性。

（2）行政伦理监督促进了行政体系价值的实现。行政体系是行使公权力的组织体系。在现代社会，社会的发展与政府密切相关，政府在社会发展中占据着举足轻重的地位，一个公平、高效的政府必然促进社会的发展，而一个贪污腐败、不维护公共利益、没有公信力的政府将使社会产生混乱，带来社会发展的倒退。汉密尔顿认为："行政部门的活力是决定政府好坏的首要因素。舍此，不能保护国家免遭外国的侵略；不能确保法律的平稳执行；不能保障公民的财产免受那些联合起来、破坏正常司法实力的巧取和豪夺；

[①]　弗雷德里克森．公共行政的精神．张成福，刘霞，张璋，等译．北京：中国人民大学出版社，2003：导言 2.

不能保障自由，以抵御野心家、帮派、无政府状态的暗箭和明枪……决定行政部门活力的主要因素首先是团结一致，其次是意志坚定。"① 行政部门的活力与政府的公信力、合法性密切相关。行政伦理监督从伦理关系层面对行政组织及其行政人员进行高标准和高要求的监督、引导和督查，是行政组织及其行政人员实现公共利益、维护社会公平、促进社会团结、促进政府与社会有效合作、实现公共组织价值的重要保证。

（3）行政伦理监督能够促进行政人员职业意识的强化。登哈特认为："新公共服务承认，做公务员是一项社会需要的、富有挑战性的，并且有时是英勇的事业，它意味着要对他人负责，要坚持法律、坚持道德、坚持正义以及坚持责任。"② 的确，不同于一般职业，行政管理是一个需要得到社会尊崇的职业。行政人员是正义的守护者，因为他们以自己的责任而给予社会以道德和正义。公民对这一职业的尊崇不是自然的，而是行政人员自我努力的结果。阿伦特认为："在公共领域中采取的每一行动都能获得在私人领域中难以获得的卓越成就；对卓越来说，他人的存在永远是需要的。"③ 当然，如果没有良好的品德和能力，任何人是得不到尊崇的，基于权力胁迫的尊崇丝毫不会长久。只有一个健全的，有责任感、道德感和正义感的公共领域，才会成为一个受尊崇的公共生活领域，才会造就被人民尊崇的行政人员。行政伦理监督为保证行政人员的行为、品格和人格的崇高性提供了制度标准和外在动力，促进行政人员职业意识的强化和提升。

（4）行政伦理监督具有奖惩作用。激励和惩罚是规范组织和强化行为的一种手段。惩罚是监督的结果，也是监督的一个重要方面，它一方面要对违反行政伦理法规和制度的行政人员，在查实后进行相应的惩罚。因为对不遵守伦理规范的行政人员不进行严惩，使其失去一些东西，就很难保证行政伦理规范的严肃性；另一方面，对遵守行政伦理规范的行政人员，特别是对以高标准要求自己，体现了崇高风格，在行政管理以及社会管理过程中做出贡献的行政人员，给予一定的物质和精神奖励，使得这些履行道德义务、遵循道德规范的行政人员，得到国家和社会的承认和尊重，从而使之有获得感和成就感。通过这两方面的作用，最终促进良好行政环境的生成，实现行政伦理监督的目标。

2. 行政伦理监督的现实作用

行政伦理监督对我国当前的政治体制改革、行政体制改革和人民满意的服务型政府建设有重要作用。

（1）加强行政伦理监督有利于加强人民民主政治建设。政治与行政无法截然分开。"行政伦理本质上是政治伦理，行政伦理监督本质上是政治监督。"④ 在某种意义上，行政伦理监督的目标指向具有较强的政治特征。从政治意义上看，行政伦理监督有利于人民民主政治建设。"我们走的是一条中国特色社会主义政治发展道路，人民民主是一种全过程的民主。"⑤ 人民民主是社会主义的生命，依法实现全过程民主，实现民主选举、民主

① 弗雷德里克森. 公共行政的精神. 张成福，刘霞，张璋，等译. 北京：中国人民大学出版社，2003：导言1.
② 登哈特，登哈特. 新公共服务：服务，而不是掌舵. 丁煌，译. 北京：中国人民大学出版社，2004：133.
③ 阿伦特. 人的条件. 竺乾威，译. 上海：上海人民出版社，1999：37.
④ 王伟，鄯爱红. 行政伦理学. 北京，人民出版社，2005：241.
⑤ 张璁，巨云鹏. 让人民当家作主，打造全过程人民民主最佳实践地（践行嘱托十年间）. 人民日报，2022-06-25（3）.

决策、民主管理、民主监督对健全民主制度和丰富民主形式有重要意义。行政伦理监督本身是对拥有行政权力的行政组织和行政人员的一种高标准的监督和制约，是人民群众广泛参政议政、监督和参与国家管理的重要措施和手段，有效的行政伦理监督有利于加强人民民主政治建设，有利于全过程人民民主的实现。

（2）加强行政伦理监督是建设人民满意的服务型政府的重要方式。建设职能科学、结构优化、廉洁高效、人民满意的服务型政府是我国深化行政体制改革的要求。服务型政府首先要体现的是服务价值。"服务是一种理念、一种精神、一种目标、一种原则和一种行为模式。在更为根本的意义上，服务是制度体系，在组织结构、运行程序中，都突出服务的价值特征。"人民满意的服务型政府需要"把服务确立在价值体系的核心，从而使其他一切价值都从属于和服务于这种最基本、最核心的价值，在这一基础上去自觉建构起价值体系，并进一步按照以服务价值为核心的整个价值体系所提供的原则去进行制度设计和制度安排"①，从而使人民满意、有获得感和幸福感。从本质上看，服务既是一个法治标准又是一个伦理标准，因此，通过行政伦理监督来实现服务型政府的价值，是建设服务型政府、实现人民满意的服务型政府价值的一种重要方式。

（3）加强行政伦理监督是保证党员干部廉洁从政的重要方式。党的十九大报告指出："弘扬忠诚老实、公道正派、实事求是、清正廉洁等价值观，坚决防止和反对个人主义、分散主义、自由主义、本位主义、好人主义，坚决防止和反对宗派主义、圈子文化、码头文化，坚决反对搞两面派、做两面人。全党同志特别是高级干部要加强党性锻炼，不断提高政治觉悟和政治能力，把对党忠诚、为党分忧、为党尽职、为民造福作为根本政治担当，永葆共产党人政治本色。"党的二十大报告指出，健全党统一领导、全面覆盖、权威高效的监督体系，完善权力监督制约机制，以党内监督为主导，促进各类监督贯通协调，让权力在阳光下运行。推进政治监督具体化、精准化、常态化，增强对"一把手"和领导班子监督实效。②《中国共产党党员领导干部廉洁从政若干准则》中指出："党员领导干部必须具有共产主义远大理想和中国特色社会主义坚定信念，践行社会主义核心价值体系；必须坚持全心全意为人民服务的宗旨，立党为公、执政为民；必须在党员和人民群众中发挥表率作用，自重、自省、自警、自励；必须模范遵守党纪国法，清正廉洁，忠于职守，正确行使权力，始终保持职务行为的廉洁性；必须弘扬党的优良作风，求真务实，艰苦奋斗，密切联系群众。"这是对我国广大党政干部廉洁从政的基本要求。廉洁从政准则是我国行政伦理监督的重要依据。《中华人民共和国公务员法》指出，遵纪守法，廉洁奉公，作风正派，办事公道，模范作用突出的公务员及其集体，要受到奖励；反之，有不担当，不作为，玩忽职守，贻误工作；贪污贿赂，利用职务之便为自己或者他人谋取私利；违反职业道德、社会公德和家庭美德等行为，将受到惩罚。反腐倡廉能力也是党执政能力的重要保证，在社会转型过程中，我国面临的反腐倡廉任务繁重，党的反腐倡廉工作需要通过行政伦理监督而转化为实际行动。通过行政伦理监督，查处一

①　张康之，程倩.作为一种新型社会治理模式的服务行政：现实诉求、理论定位及研究取向.学习论坛，2006（5）.

②　习近平.高举中国特色社会主义伟大旗帜 为全面建设社会主义现代化国家而团结奋斗——在中国共产党第二十次全国代表大会上的报告.北京：人民出版社，2022：66.

些违反行政伦理规范的行政干部，清除干部队伍中的贪污腐败者，才能确保我国广大党员干部廉洁从政。

（4）加强行政伦理监督有利于保护人民群众的合法权益，有利于维护公共利益。作为公权力组织，政府成立的目的就是保护人民群众的合法权利和实现公共利益。由于种种原因，作为公权力的行使者，行政组织及其行政人员在开展职务活动的过程中，可能出现侵犯公民、法人和其他组织的合法权益的情况，这就需要政府通过各种方式来给予救济。从行政伦理监督的功能看，也是为了实现对受公权力侵犯的组织和公民进行救济的目的。因为，在人民群众或者公共利益受到侵害的情况下，行政伦理监督可以根据不同的情况及时补救，从而达到保护人民群众利益和维护公共利益的目的。

专　栏

保持反腐败政治定力

在十九届中央纪委六次全会上，习近平总书记用"四个任重道远"警示全党：防范形形色色的利益集团成伙作势、"围猎"腐蚀还任重道远，有效应对腐败手段隐形变异、翻新升级还任重道远，彻底铲除腐败滋生土壤、实现海晏河清还任重道远，清理系统性腐败、化解风险隐患还任重道远。

一系列事实表明，腐败存量还未清底，增量仍有发生，高压态势和顶风作案并存，不收敛、不收手现象还没有得到完全遏制。更值得警惕的是，一些党员干部亲清不分、政商勾结现象严重，腐败手段花样翻新、贪腐行为更加隐蔽复杂。政治问题和经济问题交织，传统腐败和新型腐败交织等多种问题"交织"是党面临的"四大考验""四种危险"及"四个不纯"在反腐败问题上的具体体现。

资料来源：侯颗．学习领会习近平总书记中央纪委六次全会重要讲话精神 保持反腐败政治定力．（2022-02-11）．中央纪委国家监委网站．

10.1.3　行政伦理监督的特点

党的十八大报告指出："推进权力运行公开化、规范化，完善党务公开、政务公开、司法公开和各领域办事公开制度，健全质询、问责、经济责任审计、引咎辞职、罢免等制度，加强党内监督、民主监督、法律监督、舆论监督，让人民监督权力，让权力在阳光下运行。"党的十九大报告要求，"加强对权力运行的制约和监督，让人民监督权力，让权力在阳光下运行，把权力关进制度的笼子"。加强对权力的监督，让权力在阳光下运行，是建设法治政府、责任政府、人民满意的服务型政府的要求。党的二十大报告再次强调，腐败是危害党的生命力和战斗力的最大毒瘤，反腐败是最彻底的自我革命。只要存在腐败问题产生的土壤和条件，反腐败斗争就一刻不能停，必须永远吹冲锋号。[①] 因

---

① 习近平．高举中国特色社会主义伟大旗帜 为全面建设社会主义现代化国家而团结奋斗——在中国共产党第二十次全国代表大会上的报告．北京：人民出版社，2022：69.

此，我国的行政伦理监督有自身的特点。

（1）监督主体的多样性。从严格意义上，我国有特定的行政监督主体，即国家监察委员会和党的纪律检查机关，对党政干部的行政伦理进行规范和督察。此外，我国的行政伦理监督还包括其他监督主体，不仅包括有垂直领导关系的行政机关及其自身，还包含政党组织、权力机关、社会团体、人民群众和新闻媒体等主体。这些行政伦理监督主体构成了一个广泛的监督主体系统，从不同层面、不同角度、用不同的方式进行监督。

（2）监督对象的特定性和广泛性。行政伦理监督的主要对象是国家各级行政机关和行政人员。此外，还包括各级党的部门、人大、立法、司法机关、社会事业单位和国有企业单位及社会团体中的公职人员。这些监督对象都是公共权力行使者或者是与公共权力运行有关的主体，既具有特定性又具有广泛性。

（3）监督内容的广泛性。有关法律和规则规定了我国行政伦理监督的内容。比如《中华人民共和国公务员法》规定了公务员必须遵守的纪律，其中一些条款就是行政伦理监督的部分。如第五十九条规定公务员应当遵纪守法，不得有不担当，不作为，玩忽职守，贻误工作，弄虚作假，误导、欺骗领导和公众等行为。《中国共产党党员领导干部廉洁从政若干准则》也对党员干部的廉洁标准做了规定，如对以权谋私、讲排场、比阔气、挥霍公款、铺张浪费、脱离实际、弄虚作假、损害群众利益和党群干群关系等问题做了严格禁止。此外，不良风气、会议多、文件长等问题是我国行政伦理监督法规、制度和规则协调的对象。

（4）监督过程的互动性。我国的行政伦理监督既包括自律又包括他律，既包括内部监督又包括外部监督，既包括特定主体的监督又包括社会监督，因此，行政伦理监督是互动的。《中国共产党党员领导干部廉洁从政若干准则》明确规定："坚持党内监督与党外监督相结合，发挥民主党派、人民团体、人民群众和新闻舆论的监督作用。"在行政伦理监督实践层面，目前阶段的一些党政干部的生活作风腐败问题等，都是各主体互动监察和督察的结果。

总体而言，我国的行政伦理监督是一种坚持自律和他律相结合的综合性监督，需要通过加强教育，健全制度，强化监督来预防、惩戒、改进、评价行政组织和行政人员的行政行为。例如，通过事前、事中监督对可能发生的行政伦理失范行为进行预防；在事后监督中，可以及时揭露、追查、惩处和制止行政伦理失范行为。同样，行政伦理监督的过程还可以激励行政机关及其工作人员不断完善行政程序、增强价值、改进工作态度以及工作方式，从而提高行政组织的整体效能，实现公共行政的价值。

10.2　行政伦理监督法治化

10.2.1　行政伦理监督法治化概述

关于行政监督的标准和方式素来有两种主张："一种主张法治（体现在韦伯的观点中），一种主张德治。""一般说来，第一条道路（法律战略）倾向于用已经建立的法律、制度、规定来阻止和惩罚腐败行为，而第二条道路（文化战略）则重在通过各种形式的教育来培养个人的道德品格。"[1] 法治化是工业化过程中世界各国治理的基本思路，是管理行政模式的基本思维，对于建构工业社会的法治化秩序产生了重要意义；顺理成章，伦理监督的法治化也就成为国家治理的基本方式。这种方式希望通过法律和制度来规范行政组织与行政人员的伦理责任和义务，保证行政伦理有一个明确的标准，即有规可循。

法治化的行政伦理监督可以得到国家强制力的保障。在法治思维的引导下，没有法律依据的规范就缺少强制力。同样，"不具有法的强制力的伦理经常受到轻视。这种情况的产生，是由于来自内在的自发的伦理和外在的依靠国家强制实施的法之间存在着根本的不同。法因强制力而被迫遵守，伦理因存在于道德范畴之中而不具有强制力，并被轻视或说是践踏。"[2] 这表明，有强制力保障的行政伦理监督有更好的执行力和更好的监督效果。基于行政伦理法治化的监督是一种外在监督，是通过外在标准来规范行政行为的管理模式。行政伦理监督的法制化，本质上是行政伦理监督的标准和监督的范式问题。目前，行政伦理的法治化是国内外学者较为推崇的方式，根据这一思路，要求通过行政伦理立法来为行政机关和行政人员监督提供依据，这也基本上是世界各国行政伦理监督的普遍趋势。对行政机关和行政人员的权力进行约束的制度机制不健全是造成权力滥用和腐败滋生的主要原因。在此意义上，为防范权力滥用，保护人民的权益、建设一套完善的对行政权力加以约束的法律体系势在必行。

行政伦理监督法治化的优点在于，能够为行政机关和行政官员解决伦理冲突提供一般性、普遍性的指导，同时，为惩治那些违背行政伦理规范要求的行为提供法律依据。对我国来说，在全面依法治国系统工程的背景下，行政伦理监督的法治化有重要意义。

第一，加强行政伦理监督法治化建设是依法行政的体现，是建设中国特色社会主义法律体系的重要部分，也是完善行政伦理机制、推进行政伦理监督建设的必然选择。第二，加强行政伦理监督的法治化建设与我国社会主义市场经济建设相适应。行政伦理的法治化监督可以规范行政机关和行政人员的行为，维护公共秩序，为改革开放和市场经济的有效运行提供良好的社会环境。第三，加强行政伦理监督的法治化建设是规范行政人员的行政行为、反腐倡廉、消除行政伦理失范现象的现实需要。从现实效果来看，强有力的行政伦理监督立法可以加强廉政建设、有效遏制腐败，是建设人民满意的服务型政府，提升人民获得感和幸福感的必然举措。

仅仅从法规的方面来加以规范和约束，对行政机关和行政人员的伦理监督停留在一般性法规原则上，有很大的局限性。正如哈贝马斯所说："规范的普遍性，作为僵死的、非人的和不可破坏的法定的东西，同生气勃勃的主体性相对立。""伤害情感的法律惩罚永远是外在的强制；甚至，赎罪也不能是犯罪者同法律调和。"[3] 行政伦理监督的法治化成效还会受到其他方面的约束。比如，政府的发展目标，即效率和公平之间的冲突，法

---

① 杨开峰.中国行政伦理改革的反思：道德、法律及其他.公共行政评论，2009（3）.

② 真锅俊二，周实.现代日本的改革和伦理：以政治伦理和公务员伦理为中心.东北大学学报（社会科学版），2002，4（1）.

③ 哈贝马斯.理论与实践.郭官义，李黎，译.北京：社会科学文献出版社，2010：100.

律、法规无法就此做出明确规定；而且，在利益冲突日益严重的社会，用法来约束尽管必要，但总是一种外在的约束。一个真正的善的目标和行为心态的形成，除了需要外在的约束，更需要内在的约束。为了让行政监督法治化取得成效，还需要在以下各个方面下功夫：

首先，要培育服务型行政文化。行政伦理监督的法治化需要有良好的行政文化与之相适应。作为一种内在的规范性力量，行政文化可以规范和影响行政人员和行政组织的行为。如果没有良好的行政伦理文化，再好的行政伦理法规也很难得到全面贯彻。我国正在建设人民满意的服务型政府，行政机关、行政人员是建设人民满意的服务型政府不可或缺的主体，建设服务型行政文化，对减少行政机关及其行政人员的伦理失范，有着重要的意义。人民满意的服务型公共行政文化的形成，既可以加强对行政机关和行政人员的约束和激励，又可以提升全体行政人员和行政机关的道德建设水平，从而促使其全心全意为人民服务。正如党的十八大报告所指出的，只有形成"弘扬真善美、贬斥假恶丑，引导人们自觉履行法定义务、社会责任、家庭责任，营造劳动光荣、创造伟大的社会氛围，培育知荣辱、讲正气、作奉献、促和谐的良好风尚"，才能给行政伦理监督提供良好的社会环境。

其次，要加强对行政人员伦理法规的教育和培训。世界上很多国家非常注重对行政伦理法制及道德的教育和培训。加强对行政人员行政伦理法规的培训，是行政伦理监督非常有效的一环。根据《中华人民共和国公务员法》的规定，公务员的培训、学习已经成为公务员考核的内容，也是公务员任职和晋升的重要依据之一。我国公务员的教育、培训已逐渐规范化和制度化。然而，如何坚持理论联系实际、有针对性地对公务员进行行政伦理法规教育和培训，有效地培养行政人员的权力意识、服务意识和法治观念，还是需要认真探索的问题。毕竟，行政伦理监督法规要内化为行政组织和行政人员的行为价值导向，是一个需要不断加以研究和实践的长期过程。

最后，要对行政伦理监督的结果进行激励。行政伦理监督的法治化必然包含着对违反行政伦理法规的行政人员的惩罚。对认真遵守行政伦理监督法规和行政伦理道德的行政机关和行政人员进行道德激励，对表现优秀的行政组织和行政人员，需要给予一定的物质和精神鼓励。从制度的意义上看，让遵循行政伦理规范、履行道德义务的组织和人员得到尊重、激励和回报，有利于促进良好行政伦理环境的营造，有利于行政伦理监督的有效实施。

10.2.2　我国行政伦理法治化监督的进程

行政伦理规范是公务员的道德底线，行政伦理的法治监督是将这一底线规范化和法治化。中华人民共和国成立以来，我国行政伦理监督的法治化持续、进行，取得了长足进步。特别是党的十八以来，我国的行政伦理监督法治化建设取得了重要进展。为了便于理解，可以将我国行政伦理的法治化监督分为五个阶段。

第一阶段：行政伦理监督法治化的萌芽阶段。这一阶段从 1949 年到 1978 年，是中华人民共和国成立到改革开放前的一段时间。一些学者称这一阶段的行政伦理监督为

"政治美德的胜利"[1]，即主要依靠国家领导人的政治美德来对党员和领导干部进行警示和约束。在应对策略上，主要通过政治运动来实现行政伦理监督。这一阶段的主要政治运动有 1951—1952 年的"三反""五反"运动，其目标是反对"浪费、官僚主义和命令主义"。其中，"三反运动"包括反对贪污、反对浪费、反对官僚主义；"五反运动"包括反对行贿、反对偷税漏税、反对盗骗国家财产、反对偷工减料、反对盗窃国家经济情报。十余年后，即 1963—1966 年，我国发动了社会主义教育运动来进行行政伦理监督。总体而言，这些行政伦理监督运动主要从属于当时政治形势的需要，目的是要通过政治运动的方式来约束党员和干部的行为，拒腐防变，保持党和政府与人民群众的联系。这一阶段的行政伦理监督法治化还处于萌芽阶段，或者说，处于行政伦理监督法治化的"前"阶段。

　　第二阶段：行政伦理监督法治化的初始阶段。这一阶段从 1978 年到 1989 年，也是改革开放之后的前十年，目的是调整改革开放和市场化过程中党员领导干部的行为，减少市场化对政府和行政人员的行为造成的影响。这一阶段可以看作我国行政伦理监督法治化的启动阶段，即开始制定行政伦理监督规范来约束政府和行政人员的行为。1984 年，中共中央、国务院颁布的《关于严禁党政机关和党政干部经商、办企业的决定》指出：各级党政领导机关特别是经济部门及其领导干部更要正确发挥领导和组织经济建设的职能，坚持政企职责分开、官商分离的原则，发扬清正廉明、公道正派的作风，切实做到一心一意为发展生产服务、为企业和基层服务、为国家的繁荣强盛和人民的富裕幸福服务，决不允许运用手中的权力违反党和国家的规定经营商业，兴办企业，谋取私利，与民争利。以此为基础，国家还颁布了《关于禁止领导干部的子女、配偶经商的决定》，禁止领导干部的子女、配偶利用其特殊身份和社会关系，参与套购国家紧缺物资，进行非法倒买倒卖活动。1989 年，中共中央办公厅、国务院办公厅颁布了《关于严格控制领导干部出国访问的规定》，从严规定党和国家机关省部级以上领导干部出国和赴港澳地区访问问题。这一阶段的主要目的是规范党政机关行政人员的行为，特别是约束高层领导干部的行为。这也说明，我国的行政伦理监督有自上而下依序开展的性质。

　　第三阶段：行政伦理法治化监督的快速发展阶段。20 世纪 90 年代，我国行政伦理监督的法治化进入了快速发展的阶段。这一时期制定的主要法规包括：1991 年 3 月颁布的《关于严格控制领导干部出国访问的补充规定》、1994 年 4 月颁布的《关于党政机关工作人员在国内公务活动中食宿不准超过当地接待标准的通知》、1995 年 4 月颁布的《关于党政机关县（处）级以上领导干部收入申报的规定》和 1997 年 3 月颁布的《中国共产党党员领导干部廉洁从政若干准则（试行）》等。其中，《关于党政机关县（处）级以上领导干部收入申报的规定》和《中国共产党党员领导干部廉洁从政若干准则（试行）》是最为重要的两个法规。

　　《关于党政机关县（处）级以上领导干部收入申报的规定》要求各级党的机关、人大机关、行政机关、政协机关、审判机关、检察机关的县级以上领导干部，包括社会团体、事业单位的县级以上领导干部，以及国有大中型企业的负责人须依照该规定申报收入。

---

① 杨开峰. 中国行政伦理改革的反思：道德、法律及其他. 公共行政评论，2009（3）.

收入申报的范围包括工资、各类奖金、津贴、补贴及福利费，从事咨询、讲学、写作、审稿、书画等劳务所得，事业单位的领导干部、企业单位的负责人承包经营、承租经营所得。可以看出，我国领导干部的收入申报规定所监督的主体范围是广泛的。确实，完善的领导干部收入申报制度，可以达到保证领导干部廉洁从政的目的。同样，对行政人员收入的约束在国外的行政伦理法治监督中也是非常重要的一环。当然，要切实保证这一制度的有效性，还需要其他法律规范的配套，特别需要金融体系的规范性。

《中国共产党党员领导干部廉洁从政若干准则（试行）》是我国严格约束党员和领导干部行为的重要规范。这一规定是根据《中国共产党党章》，结合党的行政监督法规制定的，目的是希望通过健全制度、强化监督、深化改革、严肃纪律的方式，加强对党员和领导干部的教育；通过坚持自律和他律相结合的手段，促进党员和领导干部坚持全心全意为人民服务的宗旨，自重、自省、自警、自励，发挥表率作用，正确行使权力，模范遵守党纪国法，清正廉洁，忠于职守，始终保持职务行为的廉洁性。这一规定对促进党员领导干部廉洁从政，加强和改进党的建设发挥了重要作用。随着新时期党的建设特别是反腐倡廉建设的不断深入，2010年，中共中央修订印发了《中国共产党党员领导干部廉洁从政若干准则》，对中国共产党党员领导干部的廉洁行政做了更加严格的规定。

第四阶段：行政伦理法治监督的全面发展阶段。进入21世纪以后，我国的改革开放取得了举世瞩目的成就，经济社会不断发展，但是，社会转型过程中对行政机关和行政人员的行政伦理监督的任务也日益繁重。这一阶段制定的行政伦理监督方面的法规主要有：2002年2月颁布的《国家公务员行为规范》，这是对公务员行为进行规范的一个非常重要的法规。

2003年，全国纪检监察法规工作会议召开。会议提出，我国将在2010年前建立起中国特色党风廉政和反腐败法规制度体系。这个体系可以简述为：以宪法和党章为依据，由党中央、全国人大、国务院和中央纪委、监察部制定或认可，包括其他有党内法规制定权或国家立法权的党组织、地方人大、行政机关制定或认可的，由若干党风廉政和反腐败法规门类及其所包括的不同法规、规范所组成的相互联系的统一整体。2003年12月，《中国共产党党内监督条例（试行）》《中国共产党纪律处分条例》颁布；2005年1月，《建立健全教育、制度、监督并重的惩治和预防腐败体系实施纲要》等发布；2005年4月通过的《中华人民共和国公务员法》以法律的形式对公务员的行为作出规定。这些法规为我国建立惩治和防止腐败体系方面打下了很好的基础。

2008年6月，为进一步落实建立健全惩治和预防腐败体系实施纲要，扎实推进惩治和预防腐败体系建设，中共中央公布了《未来五年反腐败工作规划》，从加强领导干部党风廉政教育、加强面向全党全社会的反腐倡廉宣传教育、加强廉政文化建设、健全反腐倡廉法规制度、强化监督制约五个方面做了安排。在法规制度建设方面，这一个工作规划提出了四个方面的任务：

一是完善党内民主和党内监督制度。党内民主和党内监督是我国党和政府行政伦理监督的重要一环，因此规划提出要健全党内民主集中制的具体制度；完善党的地方各级全委会、常委会工作机制；修订《中国共产党地方委员会工作条例（试行）》；制定《中国共产党党组工作条例》；制定《关于在党的地方和基层组织中实行党务公开的意见》；修订《中国共产党基层组织选举工作暂行条例》；修订《中国共产党党员领导干部廉洁从政若干准则（试行）》和《国有企业领导人员廉洁从业若干规定（试行）》。

二是完善违纪行为惩处制度。规划提出要制定《中国共产党纪律处分条例》和《行政机关公务员处分条例》的配套规定；修订《中国共产党纪律检查机关控告申诉工作条例》；制定纪检监察机关依纪依法办案、规范办案工作的若干意见；制定国（境）外中资企业及其工作人员违纪违法案件调查处理办法；进一步规范纪检监察机关与检察机关相互移送案件工作。

三是完善反腐败领导体制和工作机制的具体制度。规划提出要修订《关于实行党风廉政建设责任制的规定》、制定《国有企业纪律检查工作条例》和关于实行农村基层党风廉政建设责任制的规定。

四是加强反腐倡廉国家立法工作。规划提出要建立健全防治腐败法律法规，提高反腐倡廉法治化水平。同时，在国家立法中，充分体现反腐倡廉基本要求，适时将经过实践检验的反腐倡廉具体制度和有效做法上升为国家法律法规，从而有计划、分步骤地制定或修订一批法律、法规和条例。

2010 年，《中国共产党党员领导干部廉洁从政若干准则》颁布。这是一个系统性的规范，用列举和禁止性的方式对党员领导干部的行为进行了规范，包括禁止利用职权和职务上的影响谋取不正当利益；禁止私自从事营利性活动；禁止违反公共财物管理和使用的规定，假公济私、化公为私；禁止违反规定选拔任用干部；禁止利用职权和职务上的影响为亲属及身边工作人员谋取利益；禁止讲排场、比阔气、挥霍公款、铺张浪费；禁止违反规定干预和插手市场经济活动，谋取私利；禁止脱离实际、弄虚作假，损害群众利益和党群干群关系；等等。

第五阶段：行政伦理法治监督进入新时代。党的十八大以后，我国进入了中国特色社会主义新时代，行政伦理监督的法治化也进入新的历史时期。2012 年 12 月 4 日，中共中央政治局召开会议，审议中央政治局关于改进工作作风、密切联系群众的八项规定。从这一天起，改进调查研究、精简会议活动、精简文件简报、规范出访活动、改进警卫工作、改进新闻报道、严格文稿发表、厉行勤俭节约等八项规定，成为不容突破的党内铁规。在执行八项规定的过程中，坚持从中央做起，以上率下，率先垂范，通过思想引导、行为规范、执纪问责、严肃查处和曝光典型案件，形成高压态势，取得了巨大成效，赢得了人民群众的衷心拥护。2013 年，习近平总书记在全国组织工作会议上第一次明确提出"信念坚定、为民服务、勤政务实、敢于担当、清正廉洁"的好干部标准。

2015 年 10 月印发了新修订的《中国共产党纪律处分条例》。新条例坚持依规治党与以德治党相结合，围绕党纪要求，明确违反政治纪律、组织纪律、廉洁纪律、群众纪律、工作纪律和生活纪律等的六类违纪行为，要开列负面清单。党的十八大以来严明政治纪律和政治规矩、组织纪律、落实八项规定、反对"四风"等从严治党的实践成果已经制度化、常态化。党的十九大报告对进一步加强作风建设提出了更高的要求，并强调"加强作风建设，必须紧紧围绕保持党同人民群众的血肉联系，增强群众观念和群众感情，不断厚植党执政的群众基础"。2017 年 10 月 27 日，十九届中央政治局第一次会议审议通过了《中共中央政治局贯彻落实中央八项规定的实施细则》。2018年，《中华人民共和国公务员法》修订颁布。此后，在有关公务员范围、录用、登记、考核、培训等管理规定和办法中，"建设信念坚定、为民服务、勤政务实、敢于担当、清正廉洁的高素质专业化公务员队伍"成为最重要的指导原则，同时"以德为先"成为我国公务员行政伦理建设的总目标和总要求①。

2018年1月11日，习近平总书记在十九届中央纪委二次全会上强调："锲而不舍落实中央八项规定精神，保持党同人民群众的血肉联系。"他还强调："纠正形式主义、官僚主义，一把手要负总责。"2018年3月，第十三届全国人大第一次会议表决通过了《中华人民共和国监察法》。中华人民共和国国家监察委员会在北京揭牌，标志着我国监察体制改革迈出关键一步，国家监察制度稳步推进。2018年8月《中国共产党纪律处分条例》增加了对贯彻党中央决策部署只表态不落实、热衷于搞舆论造势、单纯以会议贯彻会议等形式主义、官僚主义行为的处分规定，对形式主义、官僚主义做出严格纪律约束。新修订的《中国共产党纪律处分条例》对形式主义、官僚主义行为及其适用的处分种类等做出具体规定；对以学习培训、考察调研为名变相公款旅游等违反中央八项规定精神的新表现做出处理规定。让制度发挥作用，用党的纪律来约束惩处形式主义、官僚主义，有十分重要的价值。

2019年3月，中共中央办公厅印发了《关于解决形式主义突出问题为基层减负的通知》，致力于解决五个方面的问题：一是以党的政治建设为统领加强思想教育，着力解决党性不纯、政绩观错位的问题；二是严格控制层层发文、层层开会，着力解决文山会海反弹回潮的问题；三是加强计划管理和监督实施，着力解决督查检查考核过多过频、过度留痕的问题；四是完善问责制度和激励关怀机制，着力解决干部不敢担当作为的问题；五是加强组织领导，为解决困扰基层的形式主义问题提供坚强保障。

2021年10月23日，为了加强国家的审计监督，维护国家财政经济秩序，提高财政资金使用效益，促进廉政建设，保障国民经济和社会健康发展，第十三届全国人民代表大会常务委员会第三十一次会议做出关于修改《中华人民共和国审计法》的决定，制定了《中华人民共和国审计法（2021年修订版）》。2021年11月，《中共中央关于党的百年奋斗重大成就和历史经验的决议》表明了坚持反腐败无禁区全覆盖零容忍的决心；提出要培养德才兼备、忠诚干净、具有家国情怀和崇高理想的干部，对行政人员的伦理监督达到了新的高度。在反腐败方面，坚持无禁区、全覆盖、零容忍，坚持重遏制、强高压、长震慑，坚持受贿行贿一起查，坚持有案必查、有腐必惩，以猛药去疴、重典治乱的决心，以刮骨疗毒、壮士断腕的勇气，坚定不移"打虎""拍蝇""猎狐"。坚决整治群众身边的腐败问题，深入开展国际追逃追赃，清除一切腐败分子。在培养干部方面，要坚持用习近平新时代中国特色社会主义思想教育人，用党的理想信念凝聚人，用社会主义核心价值观培育人，用中华民族伟大复兴历史使命激励人，培养造就大批堪当时代重任的接班人。要源源不断培养选拔德才兼备、忠诚干净担当的高素质专业化干部，特别是优

① 周鸿雁.新时代公务员行政伦理的意涵、构成向度及建设路径.湖北大学学报（哲学社会科学版），2021(2).

秀年轻干部，教育引导广大党员、干部自觉做习近平新时代中国特色社会主义思想的坚定信仰者和忠实实践者，牢记空谈误国、实干兴邦的道理，树立不负人民的家国情怀、追求崇高的思想境界、增强过硬的担当本领。

总体而言，在我国改革开放过程中，行政伦理监督的法治化取得了很好的成果，对加强对权力运行的监督制约，保证各级领导干部用人民赋予的权力来为人民服务起到了很大的作用。当然，我国行政伦理监督法治化的任务还十分繁重，行政伦理监督也是一个需要认真研究的重大课题。

专栏

2012 年 12 月 4 日，十八届中共中央政治局审议通过《十八届中央政治局关于改进工作作风、密切联系群众的八项规定》，开启了中国共产党激浊扬清的作风之变。

多年来，中央纪委国家监委和各级纪检监察机关以钉钉子精神打好作风建设持久战，一个节点一个节点坚守，一个问题一个问题解决，盯紧盯牢、持之以恒，一刻不停歇地推动作风建设向纵深发展，以实际成效将"金色名片"越擦越亮。2021 年 1 月至 11 月，各级纪检监察机关共查处享乐主义、奢靡之风问题 4.7 万起，批评教育帮助和处理 6.4 万人。2021 年 1 月至 11 月，查处省部级 4 人，地厅级 533 人，县处级 8 267 人，乡科级及以下 122 069 人。反映出各级纪检监察机关层层传导压力，严格执纪，推动各级党员领导干部落实中央八项规定精神。

资料来源：王昊魁. 中央八项规定出台这六年. 光明日报，2018-12-04（5）；回眸 2021 锲而不舍纠"四风"：2021 年 1—11 月全国查处违反中央八项规定精神问题月报数据解读. 中国纪检监察，2022（1）.

10.3　我国的行政伦理监督

10.3.1　我国的行政伦理监督体系

我国的行政伦理监督体系由内部监督体系和外部监督体系两个部分构成，每个部分都有自己的监督方式和功能。

1. 内部监督体系

行政伦理的内部监督体系是行政体系内部具有垂直管理关系的各监督部门及其监督过程的集合。主要包括行政机关上下级之间的监督、职能监督和主管监督。行政机关上下级之间的监督是指各行政机关按照垂直隶属关系，自上而下和自下而上所进行的监督。职能监督是指政府各职能部门就其所主管的工作在各自职权范围内对其他部门所实施的监督。主管监督是指国务院各部委、各直属机构对地方各级人民政府相应工作部门所进行的监督，在不同政府层级的垂直领导关系上，是上级政府的各工作部门对下级政府相应的工作部门所进行的监督。监督的具体方式主要包括：工作报告、工作指导与工作督促；审查、检查与调查；召开会议和参加会议；批评、建议、处分和处罚；等等。行政机关之间垂直领导的特性决定了内部监督直接、有效。然而，内部监督也存在一定的局限性。主要是上下级之间的权力影响及人情观念，使得监督过程中有时会遇到阻力和干扰。因此，一般的做法是，通过加强外部监督和建立专门监督机构来健全内部监督体系。

2. 外部监督体系

外部行政伦理监督体系是指由行政机关以外的监督主体的集合体所实施的监督过程的总和，主要进行权力监督、政党监督、监察监督、审计监督、司法监督、社会监督。

（1）权力监督。权力监督是由国家权力机关根据行政伦理法规对行政机关和行政人员所实施的监督。在我国的行政权力体系中，最高国家权力机关是全国人民代表大会及其常务委员会。全国人民代表大会及地方各级人民代表大会代表人民行使当家作主、管理国家事务的权力。国家权力机关对行政机关和行政人员所实施的行政伦理监督是权力监督的一种，其主要形式包括：

一是工作计划审议。人民代表大会有权听取、审议同级人民政府工作报告，审查、批准国民经济和社会发展计划及其执行情况。关系到国家及地区性宏观政治、经济、社会发展、人民安定团结性质的报告，一般都要经过相应的人民代表大会的审议，并以表决或决议的形式认可或否决。因此，人民代表大会根据行政伦理法规对政府的工作计划进行审议是行政伦理监督的重要方面。在行政伦理监督的意义上，这一方式除了有效保护政治、经济、社会稳定发展以外，还可以避免行政机关弄虚作假，脱离实际，做"面子工程"，损害群众利益和党群干群关系等。

二是罢免。全国人民代表大会及地方各级人民代表大会有权罢免本级人民政府的组成人员。对违反各类行政伦理法规和党纪规范的领导干部，全国人民代表大会和各级人民代表大会可以行使罢免权，追究其领导责任和违纪违法责任。通过行使罢免权，人民代表大会可以监督行政人员特别是高级领导干部的行政行为。

三是质询。人大代表对行政机关、审判机关、检察机关等国家机关工作严重不满，或发现它们的失职行为给国家和社会造成了重大损失时，在人民代表大会会议上可以依法对有关部门提出质询。质询是人大代表的一项重要监督权力。例如，各级人民代表大会及其常务委员会在开会期间，有权根据人民群众信访及社会调查结果，依照法定程序提出对本级人民政府及其所属行政机关的质询案，被质询的机关必须答复。如果提出质询案的人大代表半数以上对答复不满意的，可以要求受质询机关再做答复。通过行使质询权可使权力机关及时了解并监督行政行为，及时反映民情、民意，消除行政机关不适当行政行为的重大后果。

四是调查、视察和执法检查。根据法律规定，县级及以上各级人民代表大会的代表有权依法提议组织关于特定问题的调查委员会。人大代表可就政府的全面工作或某一方面的工作进行调查和视察。此外，各级人民代表大会常务委员会还设有专门处理人民来信来访的机构，接受对行政机关和行政人员违法、违纪行为的控告。对各级行政机关和行政人员的行政伦理监督是人民代表大会调查、视察和执法检查过程中的重要一环。

（2）政党监督。我国的基本政党制度是中国共产党领导的多党合作制和政治协商制度。中国共产党同各民主党派的关系是"长期共存、互相监督、肝胆相照、荣辱与共"。因此，我国行政伦理的政党监督主要包括中国共产党的监督和其他各个民主党派的监督。

我国行政机构中的多数行政人员是中国共产党党员，作为执政党的中国共产党对行政人员的行政伦理监督主要是通过党的各级组织及广大党员对行政机关和行政人员实施的，其监督方式主要有以下三种：

一是日常监督。主要途径有通过各级党委或党组织经常性地、全面性地了解、研究党和国家行政机关在日常工作中存在的问题，及时提出正确的解决办法和切实可行的整改措施；督促全体党员自觉遵守党纪国法，通过批评和自我批评为主要方式的党内民主生活制度，加强各级党政干部的自律意识。

二是专门监督。党的纪律检查委员会是负责党内监督的专门机关，包括中央纪律检查委员会、地方各级纪律检查委员会、基层纪律检查委员会，主要任务是：维护党的章程和其他党内法规，检查党的路线方针政策和决议的执行情况，协助党的委员会加强党风建设和组织协调反腐败工作。党的各级纪律检查委员会根据人民群众对违法乱纪的党员提出的控告和申诉进行调查和处理；对违反党的路线方针政策以及党纪国法的党员给予党纪处分，情节严重的建议政纪处理或移送司法机关。

三是信访监督。在我国，各级党组织和各级政府都设有信访部门，这些部门通过接受人民群众来信来访，就有关情况向来信来访者做出解释或答复，对各级行政机关涉及党风、党纪的问题进行调查核实，由党内做出处理决定或转交有关行政部门处理。各级信访部门的设立以及担负监督职能，是具有中国特色的行政伦理监督方式之一。

（3）监察监督。监察监督是指专门监察机关对行政机关的工作所实行的全面监督。各级监察委员会是行使国家监察职能的专门机关，依照《中华人民共和国监察法》对所有行使公权力的公职人员（以下称公职人员）进行监察，调查职务违法和职务犯罪，开展廉政建设和反腐败工作，维护宪法和法律的尊严。根据《中华人民共和国监察法》的规定，中华人民共和国国家监察委员会是最高监察机关。省、自治区、直辖市、自治州、县、自治县、市、市辖区设立监察委员会。国家监察委员会由全国人民代表大会产生，负责全国监察工作。地方各级监察委员会由本级人民代表大会产生，负责本行政区域内的监察工作。国家监察委员会领导地方各级监察委员会的工作，上级监察委员会领导下级监察委员会的工作。各级监察委员会可以向本级中国共产党机关、国家机关、法律法规授权或者委托管理公共事务的组织和单位以及所管辖的行政区域、国有企业等派驻或者派出监察机构、监察专员。监察机构、监察专员对派驻或者派出它的监察委员会负责。

在监察对象上，主要包括：中国共产党机关、人民代表大会及其常务委员会机关、人民政府、监察委员会、人民法院、人民检察院、中国人民政治协商会议各级委员会机关、民主党派机关和工商业联合会机关的公务员，以及参照《中华人民共和国公务员法》管理的人员；法律、法规授权或者受国家机关依法委托管理公共事务的组织中从事公务的人员；国有企业管理人员；公办的教育、科研、文化、医疗卫生、体育等单位中从事管理的人员；基层群众性自治组织中从事管理的人员以及其他依法履行公职的人员。实现对权力监督的全覆盖。

监察委员会履行监督、调查、处置职责，具体包括：对公职人员开展廉政教育，对其依法履职、秉公用权、廉洁从政从业以及道德操守情况进行监督检查；对涉嫌贪污贿赂、滥用职权、玩忽职守、权力寻租、利益输送、徇私舞弊以及浪费国家资财等职务违法和职务犯罪进行调查；对违法的公职人员依法做出政务处分决定；对履行职责不力、失职失责的领导人员进行问责；对涉嫌职务犯罪的人员，将调查结果移送人民检察院依法审查、提起公诉；向监察对象所在单位提出监察建议。

总之，行政伦理监督是我国监察的重要部分，国家监察委员会是我国行政伦理外部监督的重要主体之一。

（4）审计监督。审计监督的目的是维护国家财政经济秩序，提高财政资金使用效益，促进廉政建设，保障国民经济和社会健康发展。因此，审计监督也是行政伦理监督的重要内容之一。2021年修订的《中华人民共和国审计法》规定，为了加强审计监督，维护国家财政经济秩序，提高财政资金使用效益，促进廉政建设，保障国民经济和社会健康发展，国家实行审计监督制度。坚持中国共产党对审计工作的领导，构建集中统一、全面覆盖、权威高效的审计监督体系。国务院设立审计署，在国务院总理领导下，主管全国的审计工作。审计长是审计署的行政首长。省、自治区、直辖市、设区的市、自治州、县、自治县、不设区的市、市辖区的人民政府的审计机关，分别在省长、自治区主席、市长、州长、县长、区长和上一级审计机关的领导下，负责本行政区域内的审计工作。地方各级审计机关对本级人民政府和上一级审计机关负责并报告工作，审计业务以上级审计机关领导为主。审计机关根据工作需要，经本级人民政府批准，可以在其审计管辖范围内设立派出机构。派出机构根据审计机关的授权，依法进行审计工作。国务院各部门和地方各级人民政府及其各部门的财政收支，国有的金融机构和企业事业组织的财务收支，以及其他依照本法规定应当接受审计的财政收支、财务收支，依法接受审计监督。

审计署对中央银行的财务收支，进行审计监督。审计机关对国家的事业组织和使用财政资金的其他事业组织的财务收支，进行审计监督。审计机关对国有企业、国有金融机构和国有资本占控股地位或者主导地位的企业、金融机构的资产、负债、损益以及其他财务收支情况，进行审计监督。遇有涉及国家财政金融重大利益情形，为维护国家经济安全，经国务院批准，审计署可以对前款规定以外的金融机构进行专项审计调查或者审计。审计机关对政府投资和以政府投资为主的建设项目的预算执行情况和决算，对其他关系国家利益和公共利益的重大公共工程项目的资金管理使用和建设运营情况，进行审计监督。审计机关对国有资源、国有资产，进行审计监督。审计机关对政府部门管理的和其他单位受政府委托管理的社会保险基金、全国社会保障基金、社会捐赠资金以及其他公共资金的财务收支，进行审计监督。审计机关对国际组织和外国政府援助、贷款项目的财务收支，进行审计监督。根据经批准的审计项目计划安排，审计机关可以对被审计单位贯彻落实国家重大经济社会政策措施情况进行审计监督。此外，审计机关对其他法律、行政法规规定应当由审计机关进行审计的事项，依照《中华人民共和国审计法》和有关法律、行政法规的规定进行审计监督。

从严格意义上来说，审计活动是一般意义上的经济审查，是行政监督的一般监督行为。但是，由于经济问题是行政伦理监督的重要部分，因此，审计监督对加强行政人员廉洁自律，防止行政机构和行政人员的贪污腐败、经济犯罪有重要意义。

（5）司法监督。由于行政伦理失范行为与违法犯罪行为在很多方面有交集，各级司法机关在打击违法犯罪活动的同时，也对行政伦理监督产生了非常重要的作用。这种监督在主体上与行政机关内部的监督有所区别，因而也是行政伦理外部监督的一种形式。

（6）社会监督。社会监督是社会主义民主在公共权力运行中的具体表现，是广大人民群众当家作主、监督、管理国家事务的重要形式。社会各界、人民团体、群众组织、企事业单位、媒体单位及公民个人等主体依法享有广泛的监督权，是对行政机关和行政人员实施行政伦理监督的重要主体。这些主体所进行的行政伦理监督是行政伦理外部监督的重要组成部分和重要形式。社会监督的方式主要有以下几种：

一是询问、批评和建议。社会各界、人民团体、群众组织、企事业单位、公民个人有权通过一定程序，就行政机关的管理活动中的问题向有关行政机关提出询问，发表自己的看法，提出批评和建议，有关行政机关要认真听取，给予答复，不得借故推诿、回避。这是调动社会各界参政议政积极性的有效途径，是提高政府行政透明度的一项有效措施，也是对行政机关和行政人员进行行政伦理监督的重要方式。

二是申诉、控告和检举。申诉、控告和检举行政机关和行政人员的违法、违纪行为和伦理失范行为，是宪法赋予每个公民的基本权利，是人民群众监督行政机关和行政人员的有效方式，也是对行政机关和行政人员进行行政伦理监督的重要方式。

三是舆论监督。报刊、广播、电视等媒体是社会舆论监督的重要力量。各种媒体信息传播的量大、速度快、范围广，可以公布行政机关和行政人员的行政行为的具体情节，提出问题，推动各种力量解决问题，促进行政公开，提高社会透明度，可以形成广泛的社会影响和巨大的社会冲击力。对行政伦理监督而言，通过舆论监督可以揭露腐败、渎职等行政伦理失范行为，帮助行政机关检查问题；还可以对行政机关和行政人员有可能做出的错误行政行为选择形成强大的威慑力量，从而有效地制约行政权力滥用，监督行政人员。

10.3.2　我国行政伦理监督机构的发展

我国有着悠久的行政文化，其中包含着行政伦理监督的传统。秦统一以后在全国建立了各种监察机关，对各级官吏进行考核，其中央监察机关为御史府，其长官为御史大夫，这一体制为后代各王朝所沿用。西汉的中央监察机关称为御史大夫寺。东汉时期，御史大夫寺扩大为御史台，魏晋南北朝、隋、唐、宋、元等朝一直沿用这一称谓。明代把御史台改为都察院，后为清朝所沿用。中华民国建立后，国民政府实行五院制，监察院与行政、立法、司法、考试四院并列，其职权包括同意、弹劾、纠举、纠正、调查及审计。中华人民共和国成立后，除了建立人民检察院这个法律监督机关外，在行政系统内也设置了专门的行政监察机关，建立起了完整的行政监察制度。大体来说，中华人民共和国成立后，我国的行政监察制度经历了以下几个阶段：

（1）确立阶段。根据《中国人民政治协商会议共同纲领》和《中华人民共和国中央人民政府组织法》的规定，在政务院之下设立人民监察委员会，主要协助总理监察政府机关和公务人员职责履行情况。从 1950 年开始，政务院相继批准在中央、大行政区、省（行署、市）、县和各专业部门设立行政监察机关，建立了全国范围内监察体系；到 1956 年 6 月，已有 5 个大行政区、1 个中央所辖的民族自治区、28 个省、12 个中央或大行政区直辖市、8 个等于省的行政区、345 个县（市、旗）成立了人民监察委员会。此外，在制度建设方面，从 1950 年 10 月至 1951 年 7 月，政务院相继批准《政务院人民监察委员会试行组织条例》《大行政区人民政府（军政委员会）人民监察委员会试行组织通则》《省（行署、市）人民政府人民监察委员会试行组织通则》《各级人民政府人民监察委员会设置监察通讯员试行通则》，初步建立起了我国的行政监察制度①。

（2）调整阶段。1954 年 9 月，政务院人民监察委员会改组为中华人民共和国监察部。1955 年 11 月，国务院常务会议批准了《中华人民共和国监察部组织简则》，规定了监察部的任务、机构设置、领导关系等。经过 1954 年到 1955 年的调整，我国监察制度得到改进。由于 1957 年反右派斗争的扩大化，"左"的指导思想逐渐在党和国家工作中占主导地位，民主法制建设受到干扰和冲击，监察制度也同样遭到冲击。1957 年 4 月 28 日，二届全国人大一次会议决定监察部的业务及人员并入中共中央监察委员会，各省、市、自治区的监察厅（局）的业务及其人员并入省、市、区党的监察委员会；监察部向国务院各部委及其一些部属重点企事业单位派出的行政监察组织也相应改为党的中央监察委员会的派出机构。后来，由于"四人帮"的影响，党的监督基本上流于形式。

（3）恢复和发展阶段。1982 年《中华人民共和国宪法》规定国务院领导监察工作，为行政监察制度的恢复和发展奠定了宪法依据。1986 年 11 月，国务院向全国人大常委会提出《国务院关于提请审议设立中华人民共和国监察部的议案》，同年 12 月，六届全国人大常委会决定设立中华人民共和国监察部。1987 年 6 月，国家监察部正式成立；同年 8 月，国务院发出了《国务院关于在县以上地方各级人民政府设立行政监察机关的通知》；到 1988 年年底，各级地方政府基本完成了县以上各级监察机关的组建工作，国务院所属部、委和直属机构建立了派出监察局或监察专员办公室，省、市、县监察厅（局）陆续在政府职能部门设立了监察机构。

1990 年 11 月，国务院通过了《中华人民共和国行政监察条例》，并于同年 12 月 9 日发布施行。由于行政监察和党的纪检机关存在交叉和重复的地方，因此，根据实际情况，1992 年年底，中共中央、国务院决定纪检、监察机关合署办公，实行一套班子两项职能。自 1993 年 1 月 7 日起，中纪委和监察部合署运作，实行一套工作机构、两个机关名称，履行党的纪律检查和政府行政监察两项职能。随后各省、自治区、直辖市和地、市、县、各级纪委和监察厅（局）也分步进行了合署。地方各级监察机关与党的纪委合署后，实行由所在政府和上级纪检监察机关双重领导体制。这是新形势下加强党的纪检工作和强化行政监察机关职能的重大措施，是我国党政监督体制的一项重大改革。2018 年 3 月，中共中央印发了《深化党和国家机构改革方案》，提出"组建国家监察委员会，同中央纪律检查委员会合署办公，履行纪检、监察两项职责，实行一套工作机构、两个机关名称"。

在组织结构上，根据 2018 年《中华人民共和国监察法》，中华人民共和国国家监察委员会是最高监察机关；国家监察委员会由全国人民代表大会产生，负责全国监察工作。省、自治区、直辖市、自治州、县、自治县、市、市辖区设立监察委员会；地方各级监

---

① 纪亚光. 新中国成立初期"三位一体"监督体系建设初探. 当代中国史研究，2010（5）.

察委员会由本级人民代表大会产生，负责本行政区域内的监察工作。根据 2021 年修订的《中华人民共和国审计法》，省、自治区、直辖市、设区的市、自治州、县、自治县、不设区的市、市辖区的人民政府的审计机关，分别在省长、自治区主席、市长、州长、县长、区长和上一级审计机关的领导下，负责本行政区域内的审计工作。

总体而言，改革开放以来，我国的监察工作在保证各级行政机关充分发挥其应有职能方面发挥了十分重要的作用。一方面，通过监察和督察，督促政府有关部门整章建制，加强管理，提高行政效率；另一方面，以廉政监察为重点，通过惩治腐败，严肃纪律，促进政府部门依法行政，廉洁高效地履行职责。

◈ 本章小结 ◈

狭义的行政监督是指制度化的行政伦理监督主体根据一定的行政伦理规范对行政机构和行政人员的行为所进行的监察、督察和指导。广义的行政伦理监督是指多元监督主体通过制度化或者非制度的途径对行政组织及行政人员的行政伦理的监察和督察。在一般意义上，行政伦理监督可以促进公共行政价值的实现、促进行政体系价值的实现、促进行政人员职业意识的强化，具有奖惩作用。此外，行政伦理监督对我国政治体制改革、行政体制改革和服务型政府建设有重要作用。我国行政伦理监督具有自身的特点：监督主体的多样性；监督对象的特定性和广泛性；监督内容的广泛性；监督过程的互动性。

在行政伦理监督策略方式上素来有两种主张：一种主张法治，一种主张德治。行政伦理监督法治化是目前世界各国行政伦理监督的主要方式。这一治理思维的基本特征就是用成文的或者专门的法律或规则来对行政人员进行伦理规范，并有专门的机构凭借国家强制力来执行行政伦理监督。中华人民共和国成立以来，我国行政伦理监督的法治化经历了五个阶段。在我国改革开放过程中，行政伦理监督的法治化取得了很好的成果，对于加强对权力运行的监督制约、保证各级领导干部用人民赋予的权力来为人民服务起到了很大的作用。特别是党的十八大以来，我国行政伦理监督的法治化取得了巨大成就。我国的行政伦理监督体系由内部监督体系和外部监督体系构成。2018 年《中华人民共和国监察法》颁布，构建了集中统一、权威高效的中国特色国家监察体制。2021 年修订的《中华人民共和国审计法》坚持中国共产党对审计工作的领导，构建了集中统一、全面覆盖、权威高效的审计监督体系。

◈ 关键术语 ◈

行政伦理监督　　内部监督体系　　外部监督体系　　权力监督　　政党监督
监察监督　　　　审计监督　　　　司法监督　　　　社会监督

◈ 复习思考题 ◈

1. 简述行政伦理监督概念的内涵。

2. 论述行政伦理监督的作用。

3. 我国的行政伦理监督有哪些特点？

4. 简述我国行政伦理监督法治化的五个阶段及其成果。

5. 党的十八大以后我国行政伦理监督法治化取得了哪些成果？

6. 论述我国的行政伦理监督体系。

7. 论述我国监察委员会的机构设置和功能。

8. 论述我国审计监督制度的机构设置和功能。

9. 简述我国行政伦理监督机构的发展。

行政执法是行政机关的重要职能。现代政府是建立在法制的框架下，被要求依法行政，行政法治既是政府治理社会的手段，也是公共行政的基本性质。在一定意义上，可以说现代法治国家中如果无行政执法的话，也就没有公共行政。行政执法过程既是法律目的的实现过程，也是实现执法伦理价值的过程。2014 年，习近平总书记在中央政法工作会议上引用《官箴》中的名言"公生明，廉生威"，指出了公正廉洁在执法伦理中的重要性。对于旨在推进国家治理体系和治理能力现代化的中国来说，弘扬公平正义的理念，倡导执法公正的价值追求，构建执法伦理的制度，对法治国家的建设具有重要意义。

11.1 自由裁量与行政执法

11.1.1 自由裁量：行政执行的自主空间

在现代行政执法体系中，运用行政自由裁量权是行使行政执法权力的常见形式。随着现代社会经济和科学技术的迅速发展，政府组织调整社会生活的功能和范围不断扩大，公共事务的复杂性与不确定性不断攀升，行政机关享有的自由裁量权也随之增加。从一定意义上说，现代公共行政已经获得了"自由裁量"行政的特征，行政自由裁量行为已成为现代行政执法的"灵魂"，成为现代行政执法发展的趋势。但是，在赋予行政机关广泛自由裁量权的同时，滥用行政自由裁量权、侵害公民权利的问题也随之而来。"所有的自由裁量权都可能被滥用，这乃是至理名言。"[①] 2009 年 9 月，上海市闵行区发生的"钓

---

① 韦德. 行政法. 徐炳，楚建，译. 北京：中国大百科全书出版社，1997：70.

鱼执法"事件，其本质就是行政自由裁量权的滥用。因此，为了避免这种滥用行政自由裁量权行为的发生，必须以制度规范为依托，使自由裁量朝着合理化和道德化的方向发展。

专栏

上海"钓鱼执法"事件

2009年9月8日，张军（化名）驾车载客，在闵行区北松路被区交通执法大队执法检查时暂扣。之后被区交通执法大队认定其"非法营运"，罚款1万元。而张军强调，自己只是好心让胃痛的路人搭车，执法大队是"钓鱼执法"。9月28日，张军向闵行区人民法院提起行政诉讼并被受理。

同样的事情也发生在10月14日晚，浦东新区原南汇交通行政执法大队在打击非法营运"黑车"行动时，截下一辆金杯面包车，驾车者为孙中界。该大队认为孙中界涉嫌非法营运，遂将车暂扣。孙中界当晚回去后，伤指以示清白。

10月20日，浦东新区相关部门对外发布信息，表示该事件"取证手段并无不当，不存在所谓的'倒钩'执法问题"。信息甫出，引起一片争议。

按照上海市政府要求，浦东新区政府、闵行区政府分别组织联合调查组和专门调查组，对"10·14"交通行政执法行为、"9·8"交通行政执法行为进行了认真调查，体现了实事求是、有错必纠的工作原则。同时，上海市政府要求浦东新区政府和闵行区政府及时向社会公布调查处理结果。

浦东新区政府当众认错，闵行区政府撤销此前不当的行政处罚，上海市政府要求"坚决取消""立即纠错""高度透明"。26日上午，当"断指司机"孙中界为了这个"清白"的终于归还而当众落泪时，一个多月来，一直为"钓鱼式执法"而关注、质疑、义愤的公众，也终于长长地舒口气了。

资料来源：上海公布"钓鱼执法"事件调查结果：执法取证方式存在不当. 人民日报，2009-10-27 (6).

对公共行政的实践与研究来说，行政官员是否应当拥有裁量权限、能否实际行使裁量权力，是一个非常重要的问题。如果这一问题的答案是否定的，那么行政官员将仅仅是一个办事人员，他们既无须为上级的决策失误负责，也不用考虑执行这样的决策会给公众造成什么样的后果。相反，如果这一问题的答案是肯定的，无论行政官员的裁量行为发生在政策过程中的哪个阶段，由于他在事实上对政策的实施造成了不可撤销的影响，因而，无论对于上级还是对于普通公众，他都必须承担相应的责任，而无法再伪装成一位"公事公办"的办事员。也就是说，是否行使裁量权的问题决定了行政官员的角色扮演状况，事实上，也决定了公共行政的职责实现方式。因此，在公共行政研究中，这是一个根本性的问题。

根据古德诺的考察，近代早期，欧洲大陆工商业较为发达，对于政府效率的要求也更为迫切，所以，需要政府拥有更大的裁量空间，使其能够积极地开展行动。比较而言，同一时期的"英格兰在工业发展上远远落后于大陆"①。于是，社会对于政府效率没有太高的期望，而是更加强调政府行为对主权者负责的问题，更加强调对政府的司法控制。结果，在现代司法体制与行政体制的形成时期，"英格兰确立起了对行政行动的司法控制，大陆国家则确立了行政独立。作为这种独立的一个结果，大陆国家发展出了一种远比英格兰司法控制体制下有效得多的行政体制。同样，关于行政和行政方法的研究则在大陆获得了在英格兰从未拥有过的一席之地，尽管接着也带来了许多行政问题"②。反映在学术研究上，"在欧洲大陆，'行政法'的概念已经被收入了法学家们的词汇表中，而且，如果没有对这一主题给予或多或少的注意，那么任何一种法学研究课程都不能被认为是完整的。……然而，在英格兰和美国，除了那些直接受到大陆思想影响的学者之外，行政法作为法学研究的一个分支却受到了普遍的忽视"③。事实上，英国宪法学家戴雪是公开否认行政法的存在的，因为行政法的概念中包含着这样一种逻辑，那就是行政法会冲淡政府对议会负责的内容。

　　由于学者们对行政法持否定态度，因而，在英国就没有产生出行政法学，自然也就不会有关于行政裁量问题的研究。所以，在相当长一段时期内，行政裁量是存在于大陆行政法学中的一个概念，没有得到英美主流学界的承认。在古德诺看来，这种状况已经与 20 世纪初美国现实的发展不相适应了。尽管宪政理论原则上要求行政遵循法律的无条件命令，但"随着文明变得日益复杂，这样一种规制方法在许多情况下变得失去了效率。在复杂的文明中，政府需要承担许多职责，这些职责又无法在一个无条件命令的制度中得到履行。没有任何立法机关拥有那样的洞察力或远见，能够控制行政法的所有细节，或能够赋予那些将在所有情形下完全或充分表达国家意志的规则以无条件命令的形式。它必须抛弃无条件命令的制度，求助于授予行政官员大量裁量性权力的条件式命令"④。当然，行政官员可以被授予裁量权力的范围也是有限的，在许多情况下，他仍然需要受到严格的约束。但是，"对于一个被委托来收集事实和情报的机关来说，政治机关的任何控制都不能使它收集到更多的事实或更准确的情报。对在选民选举官员之前的必要准备活动来说，尽管程度有所不同，大致情况也是如此。在这些情况中，很多事情必须留给官员去裁量处置，不是要求这些官员如何去做具体的事情，而是要求他们运用自己的判断。"⑤

　　古德诺的呼吁在实践中很快就得到了回应。随着"进步主义运动"的兴起，在效率追求的驱动下，行政裁量行为得到了迅速增长。正如鲍威尔所言："随着社会经济条件的

　　①　GOODNOW F J. The growth of executive discretion," Proceedings of the American Political Science Association，1905，2（Second Annual Meeting）：29 - 44.

　　②　同①.

　　③　GOODNOW F J. The principles of the administrative law of the United States. New Jersey：The Lawbook Exchange，Ltd. ，2003，Originally Published in 1905 by G. P. Putnam's Sons，pp. 1 - 2.

　　④　同③324 - 325.

　　⑤　GOODNOW F J. Politics and administration：a study in government. London：Macmillan & Co. ，Ltd. ，1914：80 - 81.

日益复杂化与随之而来的政府活动领域的拓宽，行政权力的范围正得到持续扩大。"① 弗罗因德也看到："近来针对商业、贸易和工业的管制性立法制造了这样一种印象，即我们的法律中存在一股趋势，将做出决定的权力从根据固定原则而行动的法院转向了被授予大量裁量权力的行政委员会或官员。"② 到了这时，行政官员的裁量权已经不限于古德诺所要求的做出判断，而是包含了决定行动和政策的内容，甚至已经渗入立法活动之中。"在授予行政官员立法权力的问题上，之前作为衡量法规有效性之标准的观点认为，在由立法机关授予其制定法律的权力与仅仅确认其在执行法律过程中的权威和裁量权之间，是有着显著区别的。现在，这一区分以及它对授予行政官员制定法律之权力的禁止，似乎已不再成为衡量法规有效性的标准，事实上已经在对政府持续增加的需求面前做出了让步。"③

我们知道，行政法以及行政法学所关注的主要是如何限制行使行政裁量权力的问题，然而，当社会越来越需要通过行政裁量的积极运用而谋求进步时，行政法与行政法学的关注偏好就显得不合时宜了。这是因为，关于行政裁量的问题是需要得到更加积极的理论确认的。在这一背景下，行政裁量问题开始进入公共行政学的视野，并在"人事行政"这一当时最为重要的研究领域中得到了体现。这就是高斯所说的："对于成功的行政来说，它们要求谨慎、正直的公务员；并且，这些公务员必须被赋予广泛的裁量权，以应用其本身就可以被制定为成文法律的一般原则。正是这一事实，向我们这代人提出了一个新的文官制度问题；也正是这一事实，成为对诸如职位分类与工资标准化等技术方案的讨论与采纳背后的问题。"④ 至此，行政裁量也就从行政法学中的一个抽象概念转变为人事行政中的一个具体问题。因此，行政裁量权不仅得到了行政法学的研究，而且得到了公共行政学的关注和理论确认，行政机关与行政人员在行政执行过程中应当拥有必要的自主空间成为学界的共识。

一般认为，行政自由裁量权的行使结果应从合理性、目的性、道德性三个方面来认识，只有这样，才能在创新与守成间通过综合辩证而达到行政效率效能、公平公正的均衡状态。我们认为，一个健全的行政自由裁量行为至少应考虑以下几个伦理原则：

（1）公共取向。公共取向指的是公共利益的实现。虽然在官僚体系中公共利益的考量有时未必会与个人利益、组织利益或辖区民众利益相冲突，但是，最终意义上的公共善应该超越它们，从而成为道德判断的标准。

（2）反省性选择。虽然行政人员的决策行为不可避免地受到环境压力与个人能力等的限制，但仍然有许多空间可以做反省性选择。这主要包括：首先，深入了解政策所要处理问题的性质与底蕴，不因对问题的初始错误认识而贻害了政策行为。其次，明确阐

①　POWELL T R. Separation of powers: administrative exercise of legislative and judicial power. Political Science Quarterly, 1913, 28 (1): 34-48.

②　FREUND E. The substitution of rule for discretion in public law. The American Political Science Review, 1915, 9 (4): 666-676.

③　Constitutional law: delegation of legislative power to administrative officers: discretion to grant or refuse licenses and permits, and power to make rules. California Law Review, 1927, 15 (5): 408-415.

④　GAUS J M. Personnel and the civil service. The North American Review, 1922, 215 (799): 767-774.

述所要提升与保护的价值，而不是盲目地径自拥抱它。再次，确认政策信息的使用是否恰当、可靠以及是否做过谨慎评估。最后，判断价值与事实、政策方案与问题间的联系是否合理、具有说服力，能否经得起持续的分析与探讨。

（3）真诚。真诚指的是公务人员从事公务时应发自内心地诚恳，就其所知的事实真相去做出善意的表达，而不是言不由衷，更不能有意识地操纵、误导和愚弄民众。尤其当民众面对官方语言与法规迷惑不解时，行政人员更应做出耐心细致的解说并使之了解与知悉。在此前提下，行政人员至少要做到以下三点：避免撒谎；向上级主管提供相当可信的信息；尊重他人的观点，宽容他人对自己的怀疑和挑战。

（4）对程序的尊重。行政人员如果太拘泥于程序规则，往往会促成行政人员的工具人格，以遵守法规为目的时往往忘却了法规背后的真正目的，甚至会引发目标错置的问题。但是，行政人员应遵守法规与程序，应依法办事，这是行政人员应尽的本分。否则，每个行政人员违反职权、破坏法律、任性而为，则整个官僚体系将无法维持，行政的稳定性亦不可得。曾有美国学者指出，法规程序有助于提升公务行为的公平、开放与责任，而那些回避程序者及官员的任性将是文明秩序的死敌。

（5）手段的限制。任何手段的运用，在达成预期的目标时总会带来一些反作用或反功能，尤其是手段的不当使用，经常会破坏法律规定、侵犯人权、形成管制不公，甚至会引发身体、精神或社会伤害，从而造成民众对政府的不信任等后果。因此，一些先进的民主国家在使用或引进各种行政技术或政策时，无不小心翼翼。同理，当行政组织在实施某一政策或应用某种行政工具来达成目标时，则应审慎地研究讨论，不要恣意横行，偏颇一方，以免顾此失彼，因小失大。

11.1.2　从行政执行到综合行政执法

在公共行政学的知识传统中，受"政治-行政二分"原则影响，"行政就是执行"的观念深入人心。从某种程度上说，行政执行是政府的基本使命。影响公民行为的政府权力很大程度上来源于政府可以采取强制措施，以确保政府规则的履行。因此，在实质上，政府的每一项职能都包含了行政执行。

在美国，行政执行活动传统上被认为包含监督和调查阶段，以及对违法的指控。因此行政执行包含了要求提交报告和审计，监督、检查和搜查，以及采取措施指控、制裁违法者和对行政执行决定进行司法复审。一般来说，行政执行由制定被执行的规则和决定的行政机构来发动，而不是由专门的执行机构或法院来发动。此外，行政机构发动执行正日益被这样一种趋势所取代，即在没有司法官员干预的情况下，由行政机构和当事人谈判，协商解决条款和条件，以保证行政规则和决定的执行。

在我国，行政决定的执行包含三个阶段：行政监督、行政处罚和行政强制执行。行政执行的第一阶段是行政监督。在这一阶段，行政机关对受规范的相对人的活动进行一般检查。如果行政机关从有关信息中得知某相对人违法，将进行具体的调查。如果调查结果显示违法确实发生，则进入行政处罚阶段。行政处罚的主要目的在于对违法当事人予以制裁。行政处罚既可以制裁违法者，也可以遏制违法。行政执行的最后阶段是行政强制执行，目的在于确保法定义务的完全履行。与行政处罚相比，行政强制执行主要关注法定义务的履行，而不是对违法者予以制裁。需要指出的是，虽然行政强制执行通常是行政执行的最后阶段，但有时行政强制执行与行政处罚也可同时进行[①]。

在将行政执行理解为行政决定、命令和处罚的实现的意义上，它有两种表现形式：行政相对人的自觉履行和行政机关的强制履行。从执行数量来看，行政相对人的自觉履行是行政决定、命令和处罚的主要实现样态，行政机关的强制履行是一种次要方式。一般认为，行政执行权是指行政机关强制行政相对人履行法定义务的权力。不过，虽然行政相对人的自觉履行中没有直接体现行政执行权，但有一点是毋庸置疑的，即行政相对人的自觉履行是以行政执行权的权威作为后盾的。也就是说，没有行政执行权的说服教育和权力威慑作用，行政执行相对人自觉履行行政决定、命令和处罚的可能性就会减小。所以，行政执行权不仅指行政强制执行权，还包括一般行政执行权。

行政执行中的一般行政执行就是指行政执法机关对行政决定、命令和处罚的行政指导、监督检查、说服教育等非强制执行。行政执行中的行政强制执行是指行政机关或者人民法院依照法律规定，对不履行行政决定、命令和处罚的公民、法人或者其他组织强制其履行法定义务的行为。包括两种情况：一是行政机关自身的强制执行；二是行政机关申请由人民法院执行庭强制执行[②]。

不过，在中国社会的日常管理中，行政执行的概念并不常见，无论是对一线政府工作人员还是普通群众，与他们更密切相关的概念是行政执法，行政执法是中国政府部门及其工作人员与人民群众互动的主要机制。行政执法之所以会成为中国学术界和实务界更习惯使用的概念，可能有两方面原因：从学术界的角度看，强调行政执行属于行政执法不等于行政管理，突出了依法行政的内涵；从实务界的角度，使用行政执法的概念可以赋予其执行行为以法律权威。无论如何，行政执法概念的流行反映了我国法治建设的历史，反映了我国的政府行政走向依法行政的现实趋势。如姜明安所说，行政执法"是指法治状态下的行政，此种行政以体现人民意志和利益的法律为依归"[③]。在它最终要体现人民意志和利益的意义上，行政执法也具有明确的伦理含义。

中国的行政执法改革与城市化有关。改革开放后，随着经济和社会的发展，城市数量越来越多，规模越来越大，"城市病"也表现得越来越突出，城市管理严重跟不上城市发展的速度。当时最突出的问题是管理权的分散，城市管理中经常存在"七个大盖帽围住一个小草帽"的情况。同时也存在"乱处罚、乱收费、乱摊派"的"三乱现象"[④]。为解决这些问题，我国于1996年3月颁布了《中华人民共和国行政处罚法》，其中第16条专门规定了"国务院或者经国务院授权的省、自治区、直辖市人民政府可以决定一个行政机关行使有关行政机关的行政处罚权"，即"相对集中行使行政处罚权"的制度，经过一段时间的探索，1997年4月，国务院批准在北京市宣武区率先启动城市管理领域的相

①　白维贤，金立法，薛刚凌.中美行政执行制度比较.行政法学研究，2001（1）.
②　吕廷君.论行政执行权的概念.北京行政学院学报，2009（4）.
③　姜明安.论行政执法.行政法学研究，2003（4）.
④　莫于川.从城市管理走向城市治理：完善城管综合执法体制的路径选择.哈尔滨工业大学学报（社会科学版），2013（6）.

对集中行政处罚权试点工作，组建城市管理监察大队，由城管部门相对集中行使行政处罚权。到 2002 年，全国 23 个省、自治区的 79 个城市和 3 个直辖市经批准开展了相对集中行政处罚权试点工作。2002 年 10 月，国务院办公厅转发中央编办《关于清理整顿行政执法队伍实行综合行政执法试点工作的意见》，决定在广东省、重庆市开展清理整顿行政执法队伍、实行综合行政执法的试点工作①。

此后，行政执法体制改革的侧重点开始从相对集中行政处罚权过渡到综合行政执法，改革领域也突破城市管理，扩展到文化市场监管、农业管理、交通运输管理等领域。2004 年，涉及文化领域的中央 7 部门开始推行综合执法改革试点，2009 年转入全面实施，2011 年年底基本完成，并制定了《文化市场综合行政执法管理办法》。截至 2012 年，全国已有 99％的地市和 92％的县（市、区）组建了文化市场综合执法机构。在农业领域，至 2005 年全国已有 30 个省（区、市）、1 539 个县（市）开展了农业综合执法工作，普遍成立了农业综合执法机构②。2013 年 11 月，《中共中央关于全面深化改革若干重大问题的决定》就深化综合行政执法体制改革做出新的部署，明确要求"整合执法主体，相对集中执法权，推进综合执法"，不再将综合执法局限于行政处罚。在后续推出的一系列规范性文件中，推进综合执法成为中国法治政府建设的重点。

当前学术界与实务界对综合行政执法有着不同理解，广义的理解将其等同为全部行政管理行为，狭义的理解则认为它主要包括行政处罚与行政强制，即"为了解决行政执法主体职能交叉、分散，在相对集中行政处罚权的基础上，通过重新调整行政执法权配置，将原有交叉、分散的行政处罚权集于某一独立的行政执法主体行使，并将与实施行政处罚权紧密关联的行政强制权和行政检查权等权力一并赋予该综合行政执法主体的新的行政执法模式"③。

11.1.3 执法中的自由裁量

在行政机关及其工作人员的行政执法活动中客观存在着自由裁量行为，由法律、法规授予的职权中包含着自由裁量权。根据现行行政法律、法规，可将行政执法中的自由裁量归纳为以下几种④：

第一，在行政处罚幅度内的自由裁量权。如前所述，行政处罚是行政执法的主要形式，行政机关在对行政管理相对人做出行政处罚时，可在法定的处罚幅度内自由选择。它包括在同一处罚种类内的自由选择和不同处罚种类间的自由选择。例如，《中华人民共和国治安管理处罚法》第二十三条规定，"有下列行为之一的，处警告或者二百元以下罚款"，也就是说，既可以在警告、罚款这两种处罚中选择一种，也可以就罚款选择具体数额。

第二，选择行为方式的自由裁量权。即行政机关在选择具体行政行为的方式上，有自由裁量的权力，它包括作为与不作为。例如，《中华人民共和国海关法》第三十条第三

---

① 吕普生．中国行政执法体制改革 40 年：演进、挑战及走向．福建行政学院学报，2018 (6).
② 中国行政管理学会课题组．推进综合执法体制改革：成效、问题与对策．中国行政管理，2012 (5).
③ 张利兆．综合行政执法论纲．法治研究，2016 (1).
④ 游振辉．论行政执法中的自由裁量权．中国法学，1990 (5).

款规定："前两款所列货物不宜长期保存的，海关可以根据实际情况提前处理。"也就是说，海关在处理方式上（如变价、冰冻等）有选择的余地，"可以"的语义包含了允许海关作为或不作为。

第三，做出具体行政行为时限的自由裁量权。有相当数量的行政法律、法规均未规定做出具体行政行为的时限，这说明行政机关在何时做出具体行政行为上有自由选择的余地。

第四，对事实性质认定的自由裁量权。即行政机关对行政管理相对人的行为性质或者被管理事项性质的认定有自由裁量的权力。

第五，对情节轻重认定的自由裁量权。我国的行政法律、法规不少都有"情节较轻的""情节较重的""情节严重的"这样语义模糊的词，又没有规定认定情节轻重的法定条件，这样行政机关对情节轻重的认定就有自由裁量权。

第六，决定是否执行的自由裁量权。即对于具有执行力的行政决定，法律、法规大都规定由行政机关决定是否执行。例如，《中华人民共和国行政诉讼法》第九十七条规定："公民、法人或者其他组织对行政行为在法定期限内不提起诉讼又不履行的，行政机关可以申请人民法院强制执行，或者依法强制执行。"这里的"可以"就表明了行政机关可以自由裁量。

11.2　刚性执法与柔性执法

11.2.1　刚性执法

从西方国家的情况来看，在 20 世纪前半期，政治和行政遵循了不同的发展路径。政治发展的总原则是民主，主要表现为选举权的不断扩大；行政发展的总原则是效率，主要表现为强调组织行动中的命令服从和不断运用新的管理技术。结果，行政执法多是以强制的形式开展的，表现出刚性特征。战后，民主行政理论在西方兴起，并在实践中推展出了公民参与等具体形式，相应地，行政执法也开始转向。在这样的社会背景下，大致出现了两种执法类型：一个是建立在命令与服从关系基础上的公法关系，以决定、处罚与强制为依托；另一个是更多依赖行政机关与相对人平等或对等互动的关系，以指导、协商与协议为载体。我国学者用"刚性执法"与"柔性执法"来描述上述景象，认为传统上以命令服从为特征的规制方法是刚性执法或强制性行政，相对的另一种规制方法是柔性执法或非强制性行政。实践上也开始探索刚柔并济的执法模式，在执法行为中褪去过多的、不必要的强制色彩，以增进相对人的服从、配合与协力，吸纳相对人参与行政过程[①]。

虽然呼吁柔性执法是当代行政执法改革与行政法研究中的共同趋势，但在实践中，刚性执法仍然有着广泛的适用场景，而最常见的刚性执法方式就是行政处罚与行政强制。

（1）行政处罚。关于行政处罚，在普通法国家，传统上行政机关一直扮演着调查、收集取证的角色，只有法院才有权做出处罚决定，至今行政机关也只拥有十分有限的处

---

① 余凌云.行政法讲义.3 版.北京：清华大学出版社，2019：312.

罚权。由行政机关直接做出处罚的情况，多见于大陆法传统的国家和地区。《中华人民共和国行政处罚法》采取了行政机关内部的调查与决定职能的相对分离，并通过执法考评与责任制来监督执法行为。在处罚类型上，我国法律和行政法规规定的行政处罚种类有120 余种，总体上可以归入四个大类，其严厉程度依次上升。

第一，申诫罚，也称精神罚。这是行政机关通过对违法行为人给予精神上或者名誉、信誉方面的惩戒，使其感到羞辱，以后不再犯。主要形式包括警告、通报批评、训诫和责令具结悔过等，适用于情节比较轻微，没有造成严重社会危害的违法行为。第二，财产罚。行政机关以财产权为处罚标的，通过迫使违法行为人缴纳一定数额的金钱或者剥夺其财产，达到制裁目的，同时对于违法行为所造成的危害后果，可以通过剥夺违法行为人的财产予以一定补偿。主要形式包括罚款、没收违法所得或非法财物等。第三，行为罚，也称能力罚。这是对违法行为人所采取的限制或者剥夺其特定行为能力的制裁措施，包括暂扣、吊销营业执照或者许可证、责令停产停业等。第四，人身罚。主要形式是行政拘留，是对违法行为人进行短期限制或剥夺其人身自由的处罚①。

（2）行政强制。所谓行政强制，是指行政主体为了保障行政管理的顺利进行，通过依法采取强制手段，迫使拒不履行义务的相对人履行义务或达到与履行义务相同的状态；或者出于维护社会秩序或保护公民人身健康、安全的需要，对相对人的人身、财产或住宅采取紧急性、即时性强制措施的行政行为的总称。它具体由行政强制措施与行政强制执行两大范畴构成。

所谓行政强制措施，是指行政机关在行政管理过程中，为制止违法行为、防止证据损毁、避免危害发生、控制危险扩大等情形，依法对公民的人身自由实施暂时性限制，或者对公民、法人或其他组织的财物实施暂时性控制的行为。行政强制措施是中国行政强制法和执法实践中的一个特殊概念，学术界一般把这些措施称为即时强制，它适用于具有急迫性、来不及发布命令、科以相对人义务，或即使发布命令也难以达到目的的情形。学术界通常根据强制的对象，把行政强制措施分为三类：第一，对人身的强制，如强制拘留、强制扣留、限期出境、驱逐出境、强制约束、强制遣返、强制隔离、强制治疗、强制戒毒、强制传唤、强制履行等。第二，对财产的强制，如冻结、扣押、查封、划拨、扣缴、强行拆除、强制销毁、强制检定、强制许可、变价出售、强制抵缴、强制退还等。第三，对住宅、工作场所等的强制，如对违法场所的突击性查房查铺等。

所谓行政强制执行，是指行政机关或者行政机关申请人民法院，对不履行行政决定的公民、法人或者其他组织，依法强制履行义务的行为。我国的行政强制执行侧重于司法执行模式，要求行政机关必须依法强制执行，《中华人民共和国行政强制法》第十三条明确规定："行政强制执行由法律设定。法律没有规定行政机关强制执行的，作出行政决定的行政机关应当申请人民法院强制执行。"在具体强制执行方法上，主要有代履行、执行罚和直接强制几种。第一，代履行，是指行政主体雇人代替不履行行政法义务的相对方履行义务而强制义务人交付劳务费用的行政强制方式。如相对方拒绝执行行政机关搬迁房屋、拆除违章建筑、清除妨碍交通物等处理决定，就可以适用代履行的强制方法。

---

① 余凌云. 行政法讲义. 3 版. 北京：清华大学出版社，2019：369 - 371.

第二，执行罚，是指行政主体对拒不履行金钱给付义务的相对方科处一定数额的罚款或滞纳金，以促使其履行义务的行政强制方法。作为辅助性手段，加处罚款或滞纳金的数额不得超出金钱给付义务的数额。第三，直接强制，是由行政机关对义务人的人身或财产直接施加物理上的强制力，实现行政法所预期的义务履行状态。具体包括查封、扣押，冻结、划拨，扣缴、抵缴，强制收购、限价出售等形式[①]。

作为刚性执法手段，行政处罚与行政强制是保障行政义务得到履行，达到预期的行政法状态的必要条件。但这并不意味着刚性执法就不需要遵循任何伦理原则，相反，由于这些措施在现实中都可能侵害相对人的正当权益，它们就需要遵循一系列伦理原则：

第一，处罚、强制以公共利益为依据的原则。执法机关掌握的是公共权力，这种权力的强制性行使须以公共利益的受损为前提，而不能仅仅出自某个第三方利益受损的现实，或出自执法机关自身的利益，如创收。

第二，处罚、强制与教育相结合的原则。比如，《中华人民共和国行政处罚法》关于不满 18 周岁的人违法或主动消除、减轻危害后果或有立功表现的违法行为人从轻、减轻甚至不予处罚的规定，反映了希望执法行为承担教育功能的立法意图。

第三，处罚、强制的适当原则。采取处罚和强制的具体措施要与相对方的违法过错程度相适应，执法过程中自由裁量权的运用要考虑所维护的公共利益和受到损害的个人权利间的比例关系。

第四，救济原则。由于执法环境的复杂性，公共利益与受损个人权利间的比例关系有时难以达成，使得行政相对人的合法权益在执法过程中受到不当损害，在这种情况下，须保障相对人拥有获得救济的权利与途径。

11.2.2　柔性执法

柔性执法是现代行政执法所推崇的一种重要的执法方式，也正是在柔性执法中提出了对执法伦理的要求。同时，柔性执法本身也恰恰是用伦理规范的柔性矫正了法律的刚性。随着现代市场经济和民主政治的深入发展，传统的刚性行政执法已经不能完全适应经济发展和社会进步的需要。行政主体在错综复杂的社会关系面前采取了更为客观、务实的态度，不再固守行政执法的单方意志和强制性，而是尝试运用富含民主、人道精神的柔性行政执法方式。行政指导、行政合同、行政奖励、行政给付、行政调解等新型政府行为方式作为一种灵活有效的行政方式已经被许多国家广泛采用，成为当今世界众多国家政府行政的一种重要行为方式。以下介绍行政指导与行政合同这两种最常见和重要的柔性执法手段。

1. 行政指导

行政指导是指行政主体在其职责范围内，采取劝告、建议、鼓励等非权力性手段，

---

① 罗豪才，湛中乐.行政法学.4 版.北京：北京大学出版社，2016：254-259；余凌云.行政法讲义.3 版.北京：清华大学出版社，2019：391-397.

在相对方同意或协助之下，要求其为一定作为或者不作为，以实现行政目的的行政活动。

作为一种执法方式，行政指导的特征在于：第一，不具有强制性。行政主体在法律上不具有逼迫相对方接受指导的手段，相对方是否接受行政指导，听凭其自主选择。第二，不产生法律后果。行政指导不直接导致行政相对方权利或义务的增减，这也是行政指导与行政合同的一大区别。第三，具有诱导性。行政主体做出行政指导总是预期建立一定的行政秩序，且是通过诱导的方式朝向这种秩序。

行政指导的具体形式多种多样，根据它们的功能，可以大致分为三类：第一，规制性、抑制性行政指导。这是指对于妨碍秩序或公益的行为加以预防或抑制，如抑制物价暴涨和违章建筑等。第二，调整性、调停性行政指导。这是指相对方相互之间发生争执，自行协商不成时出面调停以达成妥协，如城市公共汽车公司之间发生冲突协商不成影响公共交通时采取的调解、劝告等。第三，促进性、助成性行政指导。这是指行政主体为了促成行政相对方的利益而给予的指导，如农业经营指导、职业指导等。①

在我国，振兴乡镇企业、促进农业技术进步、更新基础设施、鼓励扶贫开发，都需要鼓励和规范投资、出口，鼓励兼并、改组、促进国有企业改制等，其中，行政主体大量使用了行政指导，反映出行政指导的重要作用。这些作用主要包括：第一，弥补强制性法律手段之不足，在因为经济社会迅速发展而出现"立法空白"或采用法律强制手段尚不必要的场合，可以采取行政指导措施来替代法律手段进行调整，以促进行政目标的实现；第二，引导和促进经济发展，我国政府拥有一种引导型政府职能模式，行政指导就是政府发挥引导功能的一种具体方式，在各地发展不均衡的条件下，政府通过行政指导将先进地区探索出来的经验扩散至落后地区，有利于促进经济社会的健康发展；第三，协调和疏导利益关系，通过非强制性的行政指导来调节经济社会主体间的利益冲突，有助于避免冲突升级、有效化解矛盾，促进社会和谐有序；第四，预防和抑制损害社会利益的行为，行政机关在进行经济规制时，对于企业可能出现的越轨行为，及时地、事先地以行政指导的方式进行干预，有助于预防和抑制这种行为的发生或进一步蔓延②。

2. 行政合同

行政合同是一种普遍的行政现象，它是行政主体为了行使行政职能、实现特定管理目标而与公民、法人和其他组织通过协商所达成的协议。与其他行政行为相比较，行政合同行为是通过契约的方式将国家所要达到的行政管理目标固定化、法律化，并在合同中规范双方的权利和义务。行政合同在 20 世纪中期便在特定领域被西方国家运用，在被称为"合同式治理"的新公共管理运动中，它的运用更加普遍，成为当代国家普遍采用的一种执法手段。

行政合同也是一种合同，但与民事合同相比，它具有一些独有特征，主要包括：第一，行政合同的当事人一方必定是行政主体，行政合同是行政主体行使行政权的一种方式，所以，它只能在行政主体与相对方之间或行政主体之间签订，而不能在公民之间签订；第二，行政合同签订的目的是行使行政职能，因而，在行政合同的履行、变更或解

---

①　余凌云. 行政法讲义. 3 版. 北京：清华大学出版社，2019：350－351.

②　罗豪才，湛中乐. 行政法学. 4 版. 北京：北京大学出版社，2016：302.

除中，行政主体享有行政优益权，即行政主体可以根据国家行政管理的需要，单方依法变更或解除合同；第三，行政合同以双方意思表示一致为前提，虽然行政主体在合同关系中拥有某些特权，但合同关系的建立则仍是以双方意思一致为前提的；第四，行政合同纠纷通常通过行政法的救济途径解决，因为我国尚未建立关于行政合同的完善法律制度，尚没有类似民事合同纠纷那样的明确解决机制①。

　　行政合同的运用非常普遍，由于合同的签订往往意味着某个项目的建立，国内学术界现在已倾向于使用"项目制"的概念来指称由此形成的行政执行模式。这种模式的广泛存在表明行政合同具有多方面功能，主要表现在：第一，扩大行政参与、促进行政民主化，因为合同的建立需要行政机关和相对人协商，需要获得相对人的同意，当然，这种民主化是比较有限的；第二，弥补立法不足、替代立法规制，行政合同既可以比法律灵活，也可以比法律的要求更加严格，为行政主体提供了法律之外的履职工具；第三，搞活国有企业、推进经济体制改革，国有企业承包合同的广泛运用既提高了国有企业生产经营效率，也为更深层次的经济体制改革积累了经验；第四，弥补公共服务竞争不足、带动内部制度建设，行政合同的使用在公共服务供给中引入了多元主体，相对方的管理模式也为行政主体的体制改革提供了借鉴；第五，使纠纷处理和法律救济简单化、明确化，行政合同关于双方当事人权利义务关系的明确约定，为行政纠纷的处理提供了客观依据②。

3. 柔性执法的伦理价值

　　柔性行政执法的确立既是现代行政法中平等、协商、合作等民主精神发展的结果，也是现代"国家理念、市场功能、政府角色、行政模式的认识和政策不断演进的共同结果"③。作为现代市场经济发展过程中对市场调节失灵和政府家长式干涉双重缺陷的一种补救措施，柔性执法的全面推行对法治国家的建设具有重要的伦理价值。

　　（1）补充刚性行政，为法治增添人文维度。法治是一种规则之治，又不仅仅是规则之治，法治的更高目标是为社会带来一种人文秩序。这要求行政执法的程序公开，吸纳公众广泛参与，在充分发挥市场机制、社会自治机制和政府调控机制优势的基础上推动国家与社会、政府与公众的互动，实现行政主体与行政相对人关系的和谐。同时，现代法治在价值取向上，一是主张维护社会秩序保障公民自由，并在实现社会公平的基础上追求效率的最大化；二是主张在兼顾公益和私益的基础上实现社会整体利益的最大化。

　　法治的上述价值追求需要通过行政执法来加以实现，而行政执法又只有通过刚性行政执法与柔性行政执法的相互补充和共同作用才能达成目标。这是因为，刚性行政执法侧重于维护公共秩序，柔性行政执法则侧重于维护行政相对人的自由；刚性行政执法的公益导向更为明显，柔性行政执法则更多地关注私益诉求的满足；刚性行政执法侧重于制约，柔性行政执法侧重于助成；刚性行政执法主要表现为行政主体将其意愿施加于行政相对人，柔性行政执法主要是行政主体对行政相对人需求的一种回应；刚性行政执法

① 罗豪才，湛中乐．行政法学．4版．北京：北京大学出版社，2016：280-281.
② 余凌云．行政法讲义：第3版．北京：清华大学出版社，2019：330-332.
③ 莫于川．市场经济国家的行政指导简考．外国法学研究，1995（4）.

更多地诉诸强制方式，柔性行政执法更依赖于非强制的方式。只有在刚柔共济的基础上，法治才能带来一种具有人文温度的社会治理。

（2）强化行政行为的正当性，提高法律遵从性。在一个充满不确定性、多元利益关系冲突频繁、信息不完全对称的现代社会，仅仅依靠刚性行政执法显然不足以满足人们对规则的依赖、对秩序的需求、对正义的渴望。柔性行政执法的兴起则显示出法治的新特征，那就是，它可以通过强化行政行为的正当性来提高法律的遵从性。之所以如此，是因为法律一贯被当作民意的反映，其正当性基础就是共识、合意与自愿服从。而行政执法是执行法律的行为，法律的正当性当然需要通过行政执法行为来加以反映。如果说通过强制方式产生的刚性行政执法只具有"拟制的"正当性，那么，通过协商民主而产生的柔性行政执法则具有"真实的"正当性。也就是说，能够回应多种利益诉求的柔性行政执法在实施过程中往往并不依赖国家强制力提供保证，而是主要通过运用一种自愿机制——或者利益诱导下的自愿配合，这也是依据公民美德的自愿服从。通过柔性行政执法的实施，"能使行政相对方感知、领受到法律对其自身的关怀、保障，排除对法律的畏惧、异己感，代之以信任、依赖和自觉遵守，从而，也使法律实施的社会基础得以牢固"①。

可见，作为行政行为的组成部分，柔性行政执法的兴起不仅因其与生俱来的属性而直接提高了行政行为的正当性，而且还因其对刚性行政执法的实施具有示范意义而产生了深刻影响，推动着刚性行政执法正当性的提高。行政的正当性与法律的遵从性之间有着正相关关系，一旦整个行政执法的正当性基础因柔性行政执法的兴起而得以普遍强化，也就同时意味着法治精神的普遍张扬，使法律至上的权威得到普遍推崇，结果，法治的疆域也就会得到有力拓展。

（3）扩大行政参与，实现行政民主。进入 20 世纪以后，特别是依法行政的理念得到普及后，行政管理的标准被行政主体所垄断，以至于行政在国家的几大正式权力机构中成为最具权威性的力量。这就提出了一个重要的问题，那就是原先由政治所承载的合法性必须在行政方面也能够通过审察，即要求行政主体在其自主性不断增强的情况下必须谋求意识形态上的合法性。为了解决这一问题，强化行政管理过程的程序化和手段的柔性化，尊重行政相对人在行政管理目的实现过程中的参与要求，也就成为获得行政合法性的重要途径。所以，行政民主是在行政权的发展中提出的一项新要求。习近平总书记提出，我国实行的是全过程人民民主，"是最广泛、最真实、最管用的民主"，要求"扩大人民有序政治参与"。② 柔性行政执法作为一种鼓励参与的执法手段，也是全过程人民民主的重要实践方式。

柔性行政执法属于正面指导、扶持帮助、激励推动性质的行政权运用。柔性行政执法的设立与采用，在弱化行政权力强制性的同时，又增加了行政相对方权利的强度、力度，它意味着行政相对方更多地享有了拒绝权、主动要求权、分享信息等社会资源权。具体体现为柔性行政执法大多依行政相对方的同意而得以成立，相互之间的具体权利义

---

① 崔卓兰. 试论非强制行政行为. 吉林大学社会科学学报，1998（5）.
② 习近平. 高举中国特色社会主义伟大旗帜 为全面建设社会主义现代化国家而团结奋斗——在中国共产党第二十次全国代表大会上的报告. 北京：人民出版社，2022：37.

务依契约或承诺来加以确定，行政执法的实施需行政相对人的配合方能实现管理之目的。如行政合同、行政指导的兴起，使得行政决策已经在较大程度上不单单依赖于行政机关的独断专行，凭借行政合同，政府以给予优惠或补偿为交换条件，在与行政相对方意见达成一致的情况下，吸收行政相对方参与共同完成公共行政目标；凭借行政指导，政府给出有利于行政相对方的行为导向，以非强制的方式促进行政相对方自愿参与实现一定的行政目的。可见，柔性行政执法在行政管理目标的确立以及行政政策的形成、施行过程中最大限度地融入了相对人的意志，将相对人参与行政管理的程度提升到了一个相当高的水平，进而成为国家愿意采取、人民乐于接受的行政行为方式，从而极大地促进了行政民主化的进程。

（4）减少行政纠纷，保持社会和谐。纵观世界各国，社会的差异化程度都在迅速提高，多元化的社会构成因素和谐共存已经成为时代主题。在此条件下，如果不是在"和而不同"的前提下"求同存异"的话，必然会造成整个社会的不安定，会把每一个人都带入生存危机的状态中去。所以，人与人之间的相互宽容、相互尊重和交流、对话与合作就显得尤其重要。正是由于这一原因，党和政府提出了建设和谐社会的政治主张。和谐社会至少包含三对关系的和谐，即人与自然的和谐、人与社会的和谐以及政府与社会的和谐。其中，政府与社会的和谐是三者中的中轴。所谓政府与社会的和谐，主要是指政府与包括相对方在内的其他各个主体之间的合作与协调，以及政府对各社会主体利益诉求的及时回应①。

近年来，在行政管理领域中，行政主体与行政相对人之间的矛盾与纠纷层出不穷，一些本来可以避免的矛盾依然发生甚至时常激化。有时，正常的行政执法活动，甚至一些地方所实施的人性化执法，也往往是"好心不得好报"。原因之一就是善意的行政目的与生硬的行政手段之间未达到和谐统一。诚然，为顺利实现行政目的，运用命令等强制手段的刚性行政执法固然必不可少，但由于其主观决断性强，方式较简单粗暴，若使之成为独一无二的行政执法方式，势必引起行政摩擦的加剧，造成不必要的矛盾与对抗，且容易助长行政武断。相反，柔性行政执法则不然，它寓管理于帮助、给付、授益之中，立足于宽容、理解、信任和通过引导、沟通、协商等方式，特别是运用激励机制来调动人们主动、自愿地服从行政执法，则可以使行政主体与行政相对方协调一致。可见，柔性行政执法更容易使行政相对方感知和领悟到法律的关怀，从而激发出对行政执法的信赖，并养成主动和自觉遵守法律的习惯。这样的话，就可以削弱乃至抵消刚性行政执法所造成的消极影响，从而获得社会的稳定与和谐。

专栏

"柔性执法"为何广受欢迎

"行人不能进高速，我的行为错了，下不为例。"甘肃白银的李某因闯入高速公路，在被交警拦下后，选择掏出手机发朋友圈集赞接受处罚。白银交警部门表示，在对轻微交通违法开出这种特殊"罚单"，是对当事人的警示，亦是希望通过柔性执法达到教育目的。

① 李洁芳. 和谐社会建设中的政府与社会. 党政论坛, 2006 (3).

　　事实上，不仅仅是甘肃一地如此，山东、山西、上海、深圳多地对于轻微交通违法行为都有类似的做法。可以说，对轻微交通违法实施"柔性执法"已经成为趋势。

　　柔性执法之所以广受欢迎，一个重要原因在于，对不少人来说，轻微交通违法行为并非故意为之，大多数情况都属于情有可原。有的是因为不了解相关规定，有的是因为道路资源有限迫于无奈，还有的可能是外地车不熟悉道路情况等，如果"一刀切"地强行罚款罚分，虽然合规但未免不近人情。毕竟，惩戒只是手段，而非目的。而通过发朋友圈集赞这样的柔性执法方式，既可以达到警示与教育的作用，通过熟人间的社交传播，宣传效果也会更好。

　　有人担心这样网开一面，会不会有放任之嫌，会影响法律的公平公正。从各地柔性执法的情况来看，大多是初次免罚。如果一犯再犯，哪怕是轻微违法，仍需要接受处罚。这样就保证了法律的严肃性与执行的人性化的统一。其实，法律并不抵触人情，是将大多数人的意志统一成为全社会共同遵守的行为规范。因此，执法过程中，在保证不违反公平正义的前提下，兼顾法理与人情，也应当成为共识。

　　资料来源："柔性执法"为何广受欢迎. 衡阳日报，2019 - 05 - 29.

11.2.3　街头执法

　　前文对刚性执法与柔性执法的分析都属于制度层面，即分析了在制度层面存在哪些刚性执法与柔性执法的手段。对行政相对人来说，执法问题既是一个制度问题，也是一个行为问题，而且，他们直接面对的并不是抽象的执法制度，而是具体的执法行为。在公共行政学研究中，执法行为的具体做出者被称为街头官僚，如这一概念的提出者李普斯基所说："最好不要把公共政策理解为立法机关或最顶层高级行政官员制定的政策，因为从很重要的方面看，它实际上是在拥挤的办公室，在街头层次工作者日常遭遇到的情境中形成的……是街头官僚的决定，他们所确立的例行程序，所发明的应对不确定性和工作压力的装置，有效地成了他们所实施的公共政策。"[①] 在实践中，街头官僚或者说基层执法人员操控了行政程序的运作，构成行政机关与行政相对人之间的桥梁，对大多数行政相对人来说，基层执法人员就是"政府"。所以，行政执法中的裁量更多并非政策形成层面的裁量，而是将普遍性政策适用于具体个案时的裁量[②]。相应地，刚性执法与柔性执法也有着在街头执法中的表现，对许多行政相对人来说，执法是刚性的还是柔性的，并不取决于相关制度、政策提供的更多的是刚性还是柔性的手段，而是取决于街头官僚采取的更多的是刚性还是柔性的行为方式。

1. 街头执法的柔性手段

　　在一个国家的执法体制中，街头官僚这个群体掌握的权力不大，但他们的执法行为会对社会和谐产生不容忽视的影响。比如，2010 年，突尼斯一名商贩因不满城管暴力执

---

　　① LIPSKY M. Street level bureaucracy：dilemmas of the individual in public service. New York：Russel Sage Foundation，2010：Preface.

　　② 宋华琳. 基层行政执法裁量权研究. 清华法学，2009（3）.

法而选择自焚，引发大规模社会抗议。在中国的城市治理中，许多执法冲突也与街头官僚的刚性执法行为密切相关。所以，要通过街头执法来促进社会和谐有序，街头官僚就需要更多地采取柔性执法手段。在近些年来的执法实践中，运用较多的柔性执法手段主要包括以下几个方面：

（1）指导、引导。由街头官僚给予行政相对人以具体的指示教导、指点带领，使相对人能够自愿按执法机关指出的路径或符合行政目标的方向去做出行为选择。

（2）劝告、说服。劝告即街头官僚主动和善意地劝说行政相对人不要进行某种活动，以避免不必要的错误和损失，或启发开导行政相对人，从而使其改正缺点错误或接受街头官僚意见，并注意避免将来再犯类似错误。说服即通过耐心细致地讲解道理，使相对人心悦诚服地配合街头官僚去实现行政目标。

（3）指点、提醒。街头官僚善意地告知行政相对人容易疏忽和出错之处，或是行政相对人没有想到或想不到的问题和事项，或以平等身份从旁提醒，促使其加以注意和警惕，避免不必要的错误和损失。

（4）协商、沟通。街头官僚与行政相对人共同商量讨论、交换意见，以就某个事项取得一致意见，或通过商量讨论求得行政相对人对街头官僚某些活动的理解和主动配合，促使某些较大、较复杂的问题得到较好的解决①。

（5）宣传教育。采取多种形式，宣传法律法规知识，不断增强全社会知法守法意识；积极发挥舆论监督作用，通过新闻媒体向社会曝光典型案例，如在酒驾查处中联合媒体执法，通过增加舆论曝光压力来减少违法动机。

2. 街头执法的标准化

在街头官僚与行政相对人的关系中，街头官僚拥有关于特定相对人之权利义务的裁量处置空间，这种处置是对相对人利益的直接改变，虽然这种改变最终是适用相关规则的结果，却直接表现为街头官僚之决策与行动的结果。同时，行政裁量权的存在赋予了街头官僚基于专业立场来判断不同行政相对人在规则适用上的自由，普通行政相对人则通常无法理解街头官僚的判断理由，使得从相对人的角度来看，街头官僚经常做出"看人下菜"式的执法行为。加之由于执法资源的稀缺，基层执法部门普遍存在雇佣专业能力不足的"临时工"的现象，他们在执法上更容易做出不被相对人理解和接受的行为。凡此种种，造成街头官僚与相对人之间存在严重冲突，使得街头执法成为主要的社会矛盾点之一。

为缓解街头执法矛盾，各级政府做出了许多规范街头裁量权的努力，其中有代表性的如出台行政执法中的裁量基准等。在地方试点的基础上，2008年，《国务院关于加强市县政府依法行政的决定》提出"将细化、量化的行政裁量标准予以公布、执行"，掀起了执法单位建立裁量基准的热潮。作为一种控制行政裁量权的技术，裁量基准主要是通过规则细化甚至量化的方式来压缩甚至消灭自由裁量空间。比如，法律规定的收容教育期限为六个月到两年，金华市公安局就以每两个月为一个递进格次，确定为六个月、八个月、十二个月、一年、一年两个月、一年四个月、一年六个月、一年八个月、一年十

---

① 莫于川. 行政指导要论：以行政指导法治化为中心. 北京：人民法院出版社，2002：100-103.

个月、两年，然后规定量罚掌握的标准。① 通过确立量化的基准，街头官僚的行政裁量权受到严格限制，使得特定情况下的行政相对人也能自行判断自己应受的处罚程度。

在某种意义上，如果所有行政裁量权都是可量化、可规则化的，那么，随着裁量基准的不断进步，行政裁量权将趋于消失，行政执法的问题也将完全变成基于事实判断的执行行为，而不再构成一个伦理问题。但显然，行政裁量权是不可能完全量化和规则化的，今天，街头官僚在履行日常职能时都会携带由各种裁量基准组成的执法指南或手册，但这些指南或手册的存在并没有也不可能消除他们的裁量空间，因此，对街头执法的伦理规制仍然是一个重要的理论和实践问题。

专栏

杭州出台自然资源行政处罚裁量基准

近日，《杭州市自然资源行政处罚裁量基准（土地类）》（以下简称《裁量基准》）出台，对"非法占地""破坏土地资源"等 6 大类 37 项土地违法违规行为的处罚类型、处罚依据、违法情形和裁量基准做出明确规定。《裁量基准》将于 2022 年 3 月 15 日起施行。

据悉，《裁量基准》对多部地方性政策法规规定的行政处罚进行了细化，并进一步规范了裁量幅度等，确保行政处罚的严格规范、公平公正。《裁量基准》上调了罚款基准，"非法占地"类的罚款裁量基准从原来的每平方米 10 元～29 元调整为每平方米 150元～999 元，"占用耕地破坏种植条件"类的裁量基准从原来耕地开垦费的 1～2 倍调整为 5～10 倍。同时，《裁量基准》下调了违法情形中的涉案土地面积，下降至 2 亩，并单列了占用永久基本农田一项，突出了保护永久基本农田的重要性。

《裁量基准》还对具体违法情形做了进一步的量化。根据土地类别、土地面积、违法所得金额等进行划分，将 29 项能够细分量化的处罚种类划分为 2～3 档不等的违法情形，并增加了 10 项涉及杭州市地方性法规的独有事项。同时，对部分违法事项依据项目类型做了进一步细分，压缩自由裁量空间。

杭州局相关负责人表示，下一步将积极统筹市县两级做好《裁量基准》的学习贯彻，更好地提升土地领域精准执法水平。积极做好政策解读，组织专题培训，开展普法活动，提高全市自然资源系统人员对《裁量基准》的理解和运用，引导依法合规用地。

资料来源：杭州出台自然资源行政处罚裁量基准. 中国自然资源报，2022-02-18.

11.3　行政执法的伦理规制

11.3.1　行政执法的伦理诉求

行政机关是国家权力的执行机关，是极其重要、名副其实的执法部门。从实践上看，

① 余凌云. 游走在规范与僵化之间：对金华行政裁量基准实践的思考. 清华法学，2008（3）.

我国所颁布的法律法规约有 80％依赖于行政部门执行。依法行政是依法治国的核心和关键，而行政执法又是依法行政的具体实现。因此，在建设社会主义法治国家的过程中，在整个行政管理的过程中，行政执法发挥着重要的作用。要实现行政执法的目的，发挥行政执法的功能和作用，就必须突出地体现出行政执法本身的伦理诉求。

（1）行政执法行为不仅要符合法律规定，而且要符合伦理道德要求。行政执法过程是行政权力的具体运行过程，如果行政权力缺乏规范和约束，就极易被滥用。一旦行政执法主体滥用行政权力，发生权力寻租问题，就会违背行政执法行为的正当目的，从而损害公民、法人和其他组织的合法权益。对行政执法行为的调控，法律规定和伦理道德是最基本的调控手段，二者相辅相成，缺一不可。关于道德和法律的关系，费孝通先生曾有过论述："法律是从外部限制人的，不守法所得到的罚是由特定的权力所加之于个人的。人可以逃避法网，逃得脱还可以自己骄傲、得意。道德是社会舆论所维持的，做了不道德的事，见不得人，那是不好，受人唾弃，是耻。"① 这形象地说明了法律法规与伦理道德的不同特点。法律法规和伦理道德的这一不同特点决定了法律规定和伦理道德的规范和约束都是行政执法过程中不可缺少的，它们在对行政执法行为的规范和约束方面共同发挥作用，缺一不可。伦理道德能弥补法律规范的有限和不足。行政执法行为不仅要受到法律的外在的、强制性的约束，还要受到来自行政执法主体伦理和道德意识的约束。行政执法过程中的不当行为既要受到法律制裁，也要受到行政执法者的良心自责和来自社会舆论的谴责。

（2）行政执法主体的守法精神的培养需要伦理道德的力量作为基础。行政执法必须坚持合法性原则，而守法是行政执法行为合法性的根本，执法犯法是与合法性原则背道而驰的。"行政机关不仅有消极的义务遵守法律，而且有积极的义务采取行动，保证法律规范的实施。"② 如果没有伦理道德的力量作为基础，行政执法者的守法往往会是慑于法律威慑的被迫守法，而真正认识到守法对个人和社会的意义，自觉将守法作为一项道德义务，则能保持行政执法主体每时每刻都遵守法律的规定。柏拉图说："官吏是法律的仆人或法律的执行官……我相信他们具有遵守法律的品德，这是决定国家兴衰的因素。"③ 早在几千年前，孔子便指出："道之以政，齐之以刑，民免而无耻。道之以德，齐之以礼，有耻且格。"（《论语·为政》）行政执法主体对自身行为时时自省，耻于违反法律规范，才是守法最强大、最持久的力量。

（3）行政执法主体的职业伦理对全社会具有示范性。社会各行各业都有自身的职业伦理，行政执法涉及的是社会公共事务，它管理的相对人涉及各行各业的广大公众。因此，行政执法的职业伦理要求及其践行情况，对其他行业具有显著的示范作用。培根认为："一次不公的判决比多次不平举动为祸尤烈，因为这些不平的举动不过弄脏了水流，而不公的判决则把水源弄坏了。"④ 可见公权力机关不遵守法律，社会公众必将效仿，最

① 费孝通．乡土中国．北京：人民出版社，2008：52.
② 王名扬．法国行政法．北京：北京大学出版社，2007：98.
③ 柏拉图．法律篇．张智仁，何勤华，译．上海：上海人民出版社，2001：2.
④ 培根．培根论文集．张造勋，译．北京：中国社会科学出版社，2011：193.

终必将导致整个社会无正义可言。行政执法主体的职业伦理的示范性作用对行政执法主体提出了更高的伦理要求。行政执法行为具有更强的伦理诉求。

（4）行政执法行为的基本原则都蕴含着伦理价值判断和道德要求。行政执法的基本原则是指贯穿行政执法的整个过程并对行政执法起着指导性作用的核心准则，它反映了行政执法的客观规律，体现了行政执法的根本宗旨，适用于行政执法的一切领域。行政执法的基本原则包括合法性原则、合理性原则、公正原则、责任原则。这些原则都蕴含着伦理价值的判断和道德要求。合法性原则的遵守有赖于行政执法者自觉的守法精神。合理性原则内含着行政执法应当符合社会的伦理道德标准的要求，公正原则本身就是伦理价值判断，责任原则更是要求行政执法者对执法结果既要承担法律责任，又要承担道德责任。

11.3.2　行政执法伦理规制的施行

行政执法的伦理规制主要是对行政自由裁量权的规制，目的是保证行政自由裁量权的正当使用，防止其被滥用。如上所述，法律控制、制度控制无疑是重要的，但是，法律控制、制度控制都是对行政自由裁量权的外部控制，如果没有行政执法人员的内部控制或道德自律，难以保证行政自由裁量权的正当使用。美国法学家庞德曾指出："所有的法律制度都苦于需要个别的人来使法律机器进行运转和对它进行操纵。"行政自由裁量权的广泛存在及其自身的灵活性、自主性等特点决定了它的正当使用在很大程度上取决于执法人员的内在素质，尤其是执法人员的道德素质。显而易见，行政自由裁量权的正当使用需要道德支持，加强行政人员的道德建设，以行政伦理规范来引导和规制行政执法人员的自由裁量行为，是保证行政自由裁量权正当使用的根本途径。

（1）通过道德教育，使行政执法人员树立良好的权力道德意识。权力道德意识的主要问题是权力价值观的问题。权力价值观指导着行政主体的权力运作方向，决定了权力道德行为。处在一定历史条件下的人的行为都是受一定思想意识支配的，是在一定思想、欲望以及动机支配下的有目的的活动。要使行政主体在行使自由裁量权时排除偏私、利己等不正确的思想意识，并牢固地树立起执法为公、执法为民、全心全意为人民服务的权力道德意识，就必须加强对行政执法人员的道德教育，培养其良好的权力道德观。20世纪70年代以来，世界各国越来越注重对行政人员价值观的教育，通过各种方式——包括推动政治价值观——对行政伦理行为的渗透而实现行政人员伦理义务感的增强。例如，美国建立了政府道德办公室，它的使命就是通过培训、教育和监督把伦理规范转化为公务员的个体道德能力和责任感，以便强化个体行政人员的行政伦理责任感。在近年来美国兴起的行政人员职业伦理培训中，更加注重发挥公共行政人员的道德能动性，试图提高行政人员的道德自觉性。美国通过设置专门的项目而对公务员进行自我道德判断训练，努力提高公务员的道德选择能力，并使受训者或学习者在接受培训的过程中实现道德的自我改造，鼓励创造性地运用各种行为规范和伦理标准去改造和超越自我，以求增强抵制腐败的能力。

（2）通过伦理准则和伦理规范的确立，培养行政执法人员的正当行为选择方式，为行政自由裁量权的正当行使提供行为标准。在一定的社会中，人们总是通过一定的标准来选择自己的行为，如果行为人在行使该项权力时从个人出发，以个人利益是否得到满足为标准去选择行为方式，必然造成行政自由裁量行为的正当性问题。现实中的行政自由裁量行为在很大程度上取决于行政行为者个人的主观判断和自我裁量。行政自由裁量行为的正当与否往往与权力行使者个人的能力、学识和道德密切相关。而在这些个人因素中，道德又是第一位的。因为能力、学识被用来行善还是行恶总是由道德决定的。道德对于人的行为善、恶、美、丑的判断能够作用于人的心灵，从而影响人们对行为的选择。通过对行政自由裁量权行为特定的职业道德规范的构建，确立诸如正当、公正、公平的行为标准，并使行政执法者自觉遵守，有助于消除不正当的自由裁量行为。

（3）通过道德评价，增强行政执法人员正当行使自由裁量权的道德责任感。有权力必然有责任，责任与权力是相对应的，如果行政行为没有责任，也就等同于可以随意而为。行政主体必须对行政自由裁量的行为负政治责任、法律责任和道德责任。以往我们仅强调行政自由裁量行为的政治责任和法律责任，很少提及道德责任。道德责任是行政执法者应该承担的具有道德良心自省意义的不利性后果与过错追究。道德责任是通过道德评价、道德谴责而追究到行为人的。因而，在对行政人员的工作考评中，应增加道德指标；在社会评价中，应设计道德评价项目。这样的话，就能够形成社会舆论压力、强化道德责任感，进而，还能够收到强化行政执法人员行使自由裁量权的政治责任感和法律责任感的效果。

11.3.3　行政执法中的价值冲突及其化解

行政执法问题之所以重要，是因为它构成了政府与社会的直接互动方式，来自政府与社会两方面的复杂性与不确定性在此交汇、碰撞，使得作为执法者的基层部门尤其是街头官僚的一言一行都可能影响政府与社会间的关系。行政执法总是涉及价值的分配，对街头官僚来说，其任何执法行为都必须回应来自政府与社会两方面的价值要求，因而也经常陷入价值冲突之中。要提高执法质量，就必须找到化解这些冲突的途径。

（1）效率与服务的冲突。效率是现代政府的一个基础性价值，提高效率也一直是政府改革的不变主题。效率有着多方面的含义，对于当代政府来说，它主要意味着要在资源稀缺的条件下提高有限资源的使用效率。对各级政府来说，执法资源都是一种稀缺资源，虽然许多部门采取了诸如雇佣"临时工"等扩充执法队伍的办法，但相对于执法事务的增长来说，执法资源仍然非常稀缺，使得所有执法行为都必须追求效率。在这里，效率往往要求街头官僚迅速做出执法判断和采取执法行动，而这就要求对执法事务尽可能地客观化，使得所有执法决策都可以转化为对执法指南或裁量基准的自动适用，而无须考虑个案间纷繁复杂的差异性。

现代政府行为都必须具有服务的内容，执法行为也不例外。所谓服务，就是要站在相对人的立场来判断什么才是相对人的最佳利益①。虽然行政执法经常涉及对相对人的处罚和强制，必然会损害相对人的利益，但从服务行政的理念出发，即使在相对人应受处罚和强制的情况下，执法者也需要保护相对人在该情境下的最佳利益。在这里，相对人的最佳利益是与他做出违法行为的原因和理由相关的，因此，要保护相对人的最佳利益，执法者就需要去了解这些原因和理由，并将这些原因和理由纳入考虑，而不能只追求最迅速地找到适用的处置标准。在这里，增强执法行为的服务性有可能降低工具意义上的执法效率，却可以在更一般的意义上营造积极的政社关系，因而是可以带来收益的。对执法机构来说，要化解效率与服务间的冲突，需要适度放宽对街头官僚执法效率的考核要求，赋予街头官僚更多服务空间；对街头官僚来说，他们不仅需要提升自己的服务意识，也需要提高自己的沟通能力，通过更有效地倾听相对人的声音来保护相对人的正当利益，来赢得相对人对执法行为的理解。

（2）服从上级与公共利益的冲突。如韦伯所指出的，层级节制是官僚制组织的基本原则，失去了层级节制，官僚制组织就将无法正常运行。在现实中，各种政府部门都采取了官僚制的组织形式，其中的所有下级都有服从上级命令的组织义务。根据政府的公共行政定位，所有政府行动都旨在促进公共利益，而在层级结构的现实下，什么是公共利益是由上级决定的，其依据在于，在所有指挥链条上，最高级别的上级掌握了最充分的信息，因而最适合做出关于什么是与特定行动相关的公共利益的判断。但在实践中，层级结构经常会限制信息的自由流动，使得上级日益远离现实的执法情境，进而，他们关于公共利益的判断和决策就会出现偏差，下级执法者尤其是街头官僚如果严格服从这样的决策，反而可能损害公共利益。在很多时候，这正是执法行为导致执法冲突的重要原因。

从行政伦理学的角度来看，要化解这样的冲突，首先需要承认所有执法者尤其是街头官僚在关于什么才是公共利益上的自主判断权，并将提出合理异议确立为所有执法者的职业伦理与组织权利，鼓励下级执法者与上级开展合理沟通，改进决策质量。反过来，这也要求上级领导者具有包容的品格，能够虚心接纳合理异议。在这种情况下，上级关于公共利益的判断才能更加切合实践，街头官僚的服从行为才能带来符合公共利益的执法结果。

总的来说，对行政执法中价值冲突的化解是在承认执法人员自由裁量权的基础上通过激活其道德意识而得以实现的。所以，行政执法伦理建设的重点就是寻求自由裁量权的道德规范。通过对行政执法人员的道德教育去强化他们作为人的道德意识，通过为行政执法人员提供具体的执法道德标准让其执法活动有着明确的道德依据，这些都是行政执法伦理建设的必要内容。当然，行政执法伦理建设的目的是改善行政执法实践伦理缺失的现状。因而，对行政执法过程进行动态监控，对行政执法人员的行为进行适时评估，可以使行政执法伦理建设的现实意义凸显出来。同时，也可以通过这个过程提高行政执法人员的行为责任意识，并养成道德行为选择的习惯。

———————————

① 张乾友. 人工智能与公共服务的规范前景. 行政论坛，2019（6）.

专 栏

城管副队长甘建新：拆违关键在沟通

甘建新在北京市石景山区城管监察局鲁谷社区执法队队内分管拆违工作。对于法律科班出身他来说，拆违工作更需要用法律来支撑。他说，拆违实际上相当于"挤牙膏"，我们得让当事人一点点地接受违建要被拆除的事实。在这个过程中，需要利用法律条款说服当事人。

甘建新认为，如果执法者真正能够用法律条款来说服当事人，工作就相当于成功了一半。首先要让当事人了解拒不拆除违建的行为是违法行为，这是执法沟通的前提。在此基础上，再进行换位思考，协助当事人解决一些拆除过程的实际困难等，就能达到事半功倍的效果。

今年，石景山区着手清除社区内违建，创建"无违建社区"，甘建新的拆违工作也进入了社区。辖区内五芳园小区私搭乱建的情况比较严重，社区内的居民甚至调侃，小区已经乱到不敢让外人看见的地步。

经过沟通，甘建新发现，小区乱的问题主要出在小区背后的"健身园"。经过多次走访发现，小区后面有一个健身园，一方面健身园环境比较吵闹，另一方面，健身园的人可随意进出小区，这给小区的安全埋下隐患。

在得知了小区居民的诉求后，甘建新随即与属地街道进行协调，在健身园外加装了隔音板和栅栏，并统一绿化。这下困扰小区的"乱问题"被解决了。城管人员的工作也得到居民一致称赞。甘建新说："我们执法不是目的，最终还是为了能够帮大家解决问题。"

资料来源：城管副队长甘建新：拆违关键在沟通. 新京报，2017-10-30.

◀《 **本章小结** 》▶

行政执法伦理是关于政府及其行政人员在行政执法活动中的伦理价值取向、制度伦理规范、行为伦理规范的总概括，也就是行政主体在行政执法过程应遵循的伦理规范。

行政自由裁量权是公共行政学中的一个重要概念。行政自由裁量权的存在本身就意味着在法律所未及之范围内，行政主体享有某种程度的决定空间。行政自由裁量权的行使应该遵循特定的伦理准则，正是一系列的伦理准则构成了行政自由裁量权的伦理机制。所以，为了保证行政自由裁量权的正当应用，必须建立起科学、合理的伦理规则，让行政人员知道什么是应当做的和什么是不应当做的，使行政人员确立正确的道德价值定位和价值取向。

柔性行政执法是指国家行政机关及法律、法规授权的组织运用非强制手段依法实施行政行为的过程，是包括行政指导、行政合同等在内的一系列不具有法律强制力的新型行政行为的总称。

行政执法最终通过街头执法作用于相对人，街头执法过于刚性容易激化社会矛盾，所以倡导柔性执法。为减少街头执法中自由裁量权的滥用，街头执法正在往标准化的方向发展。行政执法的伦理规制主要是对行政自由裁量权的规制，目的是保证行政自由裁量权的正当使用，防止其滥用。法律、制度控制都是对行政自由裁量权的外部控制，如果没有行政执法人员的内部控制或道德自律，难以保证行政自由裁量权的正当使用。加强行政人员的道德建设，以行政伦理规范来引导和规制行政执法人员的自由裁量行为，是保证行政自由裁量权正当使用的根本途径。

关键术语

行政执法　　行政自由裁量权　　行政执法伦理　　柔性执法　　街头执法
伦理规制

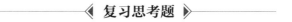

复习思考题

1. 简述自由裁量行为应遵循的伦理原则。
2. 简述综合行政执法的内涵。
3. 论述执法自由裁量的主要表现。
4. 简述刚性执法须遵循的伦理原则。
5. 简述行政指导的作用。
6. 怎样理解柔性执法的伦理价值？
7. 简述街头执法的柔性手段。
8. 怎样理解行政执法的伦理诉求？
9. 论述行政执法的伦理规制机制。
10. 行政执法中的价值冲突主要表现在哪些方面？

第 12 章

公共政策伦理

20 世纪 80 年代以来，政策科学研究出现了一个转向，即强化了对政策价值观或者说政策制定中的伦理价值的考量，这是一种价值的回归。价值或伦理问题在政策科学及政策分析中占有重要地位，如邓恩等学者将政策科学或政策分析称为应用伦理学。实际上，政策制定不可忽视伦理价值的考量，从某种意义上讲，政策制定是一个选择的过程，必须以价值判断或价值观为基础。

12.1 公共政策伦理概述

12.1.1 公共政策的含义与本质特征

公共政策是由一定的社会公共权威以解决特定公共问题为目的，经由政治过程对群体利益所做出的规范性安排，其本质是对公共利益的权威性分配。从外延上看，公共政策表现为法律规范、行政规范（行政命令、指示、决定等）、司法规范（司法解释、裁定等）、策略与计划等；从行为特征上看，公共政策包含政府的"作为"与"不作为"，因为政府拒绝对特定问题采取行动的消极行为同样会对部分群体产生重要影响；从本质上看，公共政策是一种权威性的价值分配方案，因此公共政策与价值取向密不可分，价值旨归无论何时在政策制定中都是首要考量。

从公共政策的价值分配功能出发，公共政策的本质特点体现在权威性、社会性、公共性三个方面。

第一，权威性。公共政策的权威性源于政策主体的权威性和政策内容的权威性。政策主体是由政府机构、执政党派、利益团体、非政府组织、公民等形成的有机体系，其掌握公共权力、以国家强制力为后盾居于社会治理的中心，顺应并代表广大人民的利益，因而政策主体参与制定、实施的公共政策具有很强的权威性。从政策内容来看，现代政策创制于公共领域，以增进公共利益为目标，对普遍性的利益进行分配来规范私人领域中的事务和行动，因而得到公众的广泛认同和接受。

第二，社会性。公共领域是基于私人领域对公共利益的需求而出现的，在维护社会交换关系的过程中获得合法性。公共政策产生于公共领域，是公共领域调节私人事务与活动以实现公共利益的工具。也就是说，维护社会公平与正义、促进社会进步是公共政策题中应有之义。公共政策是在推动社会事务发展中达成政策目标。特别是 20 世纪政府的政治统治职能逐步让位于公共管理职能，这一转变赋予作为社会治理工具的公共政策更多的社会性特征，如西欧部分国家瑞典、丹麦、芬兰等推行的"从摇篮到坟墓"的社会福利计划。

第三，公共性是公共政策的基本属性，也是公共政策的本质特征。从历史发展来看，国家出现之后就有了政策，但公共政策是伴随管理行政的出现而产生的。公共性是一个有实质性内容的概念，工业社会以来公共利益是对千差万别的个人特殊利益的抽象，在很大程度上公共政策因其对个人利益的普遍关注而具有公共性的特征。公共政策发生于公共领域与私人领域相互作用的过程中，是对私人领域中普遍性利益需求的回应。维护和增进公共利益而不偏袒某个人或某个群体的特殊利益，是公共政策合法性与权威性的来源。

专栏

公平就是最好的摇号政策

《北京市小客车数量调控暂行规定》及与其配套的实施细则自 2021 年 1 月 1 日起开始实施。本次政策调整最核心的内容，是增加了以无车家庭为单位摇号和积分排序的指标配置方式，并赋予无车家庭明显高于个人的普通指标摇号中签率和新能源指标配额数量。同时，新政中对个人名下第二辆及以上本市车辆有序退出的规定，也引起了市民的广泛关注。

近年来，随着申请人数的不断增多，本市小客车指标越来越稀缺，车牌号供需矛盾持续加剧。一号难求的现象背后，映射的是市民变身有车一族的热切期盼，是大伙儿出门办事快捷通达的出行刚需。尤其有些家庭，上有老下有小，送老人上医院，接送孩子上下学，开车愿望更为迫切。多年来，以家庭为单位摇号的呼声不断。

值得注意的是，一些家庭或个人因购车时间较早等原因，名下有多辆小客车。指标资源失衡的现状，也令非法租售指标、通过婚姻登记有偿转移指标等黑市买卖屡禁不止。新政明确每人名下最多只能保留一个指标，以此激活闲置的指标资源，释放更大的摇号空间，既能提高无车家庭的中签率，也有助于刹住号牌非法交易的歪风。

摇号政策始终遵循"公开、公平、公正"的原则，新政向无车家庭倾斜，为指标配置方式注入了更多温情；一人一个指标，是在公共资源增量和减量之间所做的周全平衡。两个政策亮点，无非都是为了更加公平合理地配置公共资源。

资料来源：公平就是最好的摇号政策. 北京晚报，2020-12-08.

12.1.2 公共政策与伦理价值的相关性

公共政策与伦理学具有相关性，可以说，伦理学是公共政策分析的学科基础，伦理分析或价值分析是政策分析的一个重要构成因素。

公共政策本身就包含重要的伦理价值。制定公共政策的目的是解决社会问题，归根结底是通过对社会资源或公共利益的分配调整人与人、人与自然、人与社会之间的关系。自然或社会资源的有限性决定了一项公共政策的制定与实施最终在使一部分群体的利益得到实现时损害另一部分群体的利益。一项公共政策的出台往往是政策制定者依据一定的伦理道德标准进行价值选择的结果，政策制定过程也可以说是伦理规范的应用领域。

赫伯特·西蒙指出："每一项决策中都包含着事实要素与价值要素。"[①] 事实要素是关于可以观察到的事物及其运动方式的客观描述；价值要素是决策者基于事实要素做出的"好""应当""最可取"之类的规范性、伦理性陈述。决策不可避免地受到决策者自身已经形成的价值观的影响，决策者个人价值观对于决策本身来说是价值要素。事实上，决策总是与"值不值得"这样的问题联系在一起，也就是说任何决策都是以突出价值因素为特征的。

在政治-行政二分的框架下，公共政策的制定与公共政策的执行被严格区分开来，继而完全割裂事实因素与价值因素之间的联系。西蒙的"管理就是决策"这一论断意味着"公共政策执行的每一步过程中都包含着公共政策制定的内容"，公共政策制定与执行是一个统一的过程，在这个过程中科学与价值也是相统一的。无论怎样强调决策的科学化，都不可否认其价值考量与价值旨归。政策主体与政策客体的价值要求是公共政策的逻辑起点，"一切公共政策都是为了寻求价值、确认价值、实现价值、创造价值、分配价值"[②]，科学与价值的统合贯穿公共政策过程的始终。

其一，公共政策直接体现和反映社会的伦理价值。从公共政策的实践来看，以公共政策制定的层次及作用范围的大小为标准，公共政策可以划分为元政策、基本政策与具体政策。元政策也叫总政策，是指导和规范政府政策行为的一套理念与方法的总和；基本政策是指导某一社会领域或社会生活某一方面的主导性政策；具体政策是针对具体而特定的公共问题做出的政策性规定。元政策、基本政策与具体政策在不同的层面上体现和反映社会的伦理道德。元政策是"政策的政策"，内容包含政策方向、政策程序、政策价值等根本性问题的规定。其中，价值性元政策是对社会基本价值观念的认定与反映，为其他各项政策提供价值评判的标准，宪法中的"民主""法治"原则属于典型的价值性元政策。基本政策是联结政策与具体政策的中间环节，是元政策在某一领域或某一方面的具体化，同时又是具体政策的原则化。基本政策具体表现为具有权威性、广泛性、稳定性、系统性四大特征的政策方案。因此，基本政策往往是基于社会主流的政治信仰与伦理价值而做出。《中华人民共和国教育法》中的政策规范可以视为教育政策的基本政

---

① 西蒙. 管理行为. 杨砾，韩春立，徐立，译. 北京：北京经济学院出版社，1988：44.

② 张国庆. 现代公共政策导论. 北京：北京大学出版社，1997：48.

策，其体现了平等与公平的道德原则。具体政策是落实元政策和基本政策的具体行动方案与步骤，并且明确对应相关执行机构或部门实施，所以具体政策的针对性和可操作性较强。具体政策对社会伦理价值观的体现更为直接，如精准扶贫政策通过供给扶贫资源提升贫困群众的财富创造能力以实现分配正义，使发展成果更多更公平地惠及全体人民，朝着共同富裕的方向稳步前进。

其二，公共政策对伦理价值具有导向作用。公共政策不仅指向一种行为，还作为观念形态的指导思想。公共政策告诉人们什么是应该做的事情，什么是禁止做的事情，引导公众的行为与事物的发展向政策制定者预设的目标前进。此外，公共政策还告诫人们为什么这样做而不那样做，怎样能够做得更好，引导公众价值观念的转变进而引导其行为。因此，公共政策反映出政策制定者的利益取向（维护谁的利益）和价值主张（如是否倡导社会公平与正义等）。从公共政策的"社会性"与"公共性"特征来看，公共政策是社会价值的综合体现；从公共政策的"权威性"特征与导向功能出发，公共政策也是推行社会价值观的最有效途径。各地出台的大学生自主创业优惠政策引导成千上万的大学生走上了自主创业的道路，这就是公共政策导向功能的例证。

其三，价值分析构成了政策分析的一个基本方面。政策分析要解决以下三个问题：（1）描述性问题。描述性问题是关于公共政策原因和结果方面的问题，对描述性问题的研究涉及对政策问题的调查与研究，也就是收集并分析政策过程中的事实状况与政策所产生的结果等方面的信息。（2）评价性问题。任何一项政策都离不开价值认定与价值评价。一项政策的产生源于满足相关主体的某些需要。所以，一项政策的评判标准来自主体对需要满足程度的判断，而对一项政策的价值认定主要依据决策者本人的价值观，更多的是主观的评判。（3）倡导性问题。倡导性问题与公共政策的导向功能有关。针对倡导性问题的研究，目的在于提供行动方案。行动方案的选择也受制于决策者本人的价值偏好。政策对于社会价值的导引主要取决于决策者个人的价值评判与价值选择，因此不同的人对同一行动方案的优劣会有不同的感知。邓恩在《政策分析中的价值、伦理观和标准》这篇文章中指出，政策分析既有描述性的一面，也有规范性的一面。描述性分析指的是对事实及客观存在的因果关系的分析，而规范性分析是以价值判断为前提展开的评价活动。在政策分析中需要采用各种方法去获取公共政策原因和结果方面的信息并转换其形式，这时候所开展的工作和采用的方法是描述性的。而政策分析的另一重要目的是获取政策产生的结果对过去、现在及将来几代人具有何种价值的信息，所以政策分析也具有规范性。

专栏

"公共户"背后的政策理性与温度

北京市公安局发布的《关于在户籍派出所设立"公共户"的工作意见（征求意见稿）》中指出，将在北京全局户籍派出所推动设立"公共户"，以解决暂不具备市内迁移条件的本市户籍人员落户问题，并根据"公共户"临时代管户口的特性，实行"双向强制迁移"的管理措施。

所谓"公共户"，与本地常住户口一样，在教育、子女落户、房产交易等层面享受同等权利，但二者的区别在于"公共户"没有户口簿，市民如有使用需求，可凭身份证开具户籍证明。

这一政策体现了人本原则、服务原则、均衡原则等公共管理原则精神。

人本原则是"公共户"这一公共政策的基础。根据上述征求意见稿，六类人群可以办理"公共户"落户，其中包括无房无集体户口者、房屋产权交易中的户口迁出者、离职迁出集体户者等。这基本涵盖了在户籍管理中容易出现问题的主要人群，该项政策的出台将让关系他们切身利益的诸多现实问题迎刃而解，鲜活地体现了以人民生活为落脚点、以人民需求为出发点。

服务原则是"公共户"这一公共政策实施的依据。现代公共管理的理念逐渐从管制转向服务，服务是公共管理的内核所在。当前，我国公共管理机构正在加速向履行公共服务职能转变，更好地为社会提供便利及价值。拿二手房来讲，当前北京有很多的房屋"空挂户"，原户主虽然已经办理了房产的交接，但户口依旧挂在原处，导致新房主户口无法迁入，或者即使迁入还会面临社会福利被占用的情况，学区房的学位分配就是典型的例子。而因为"空挂户"的存在，新房主再次进行房产交易时房屋将面临较大程度的贬值。因此，"公共户"瞄准居民生活中的难点、痛点精准施策，尽可能地在当前户籍制度环境下做好公共管理服务。特别是，对于一些户口老赖，公安部门将实行强制措施，进行"双向强制迁移"，保证新房主的合法权益，体现了服务原则。

均衡原则是"公共户"这一公共政策的效果标尺。评价一个公共政策的效果，不能只关心是否提高了社会福利，同时应关注社会福利的分配。显然，该征求意见稿对政策施行范围、管理对象做出了较为合理的界定，"公共户"的设立也解决了很大一部分人群的户口转移问题，针对"空挂户"的问题，同时照顾了原房主和新房主的合法权益，基本做到了公平和效率的统一。除此之外，征求意见稿规定了公安户籍派出所以年度为单位对"公共户"进行清理，这样也有效降低了执法部门的工作压力。

资料来源："公共户"背后的政策理性与温度. 光明日报，2021-07-01.

12.1.3 伦理价值对公共政策的影响

政策制定是政策过程的首要环节，也是政策科学的核心主题。政策制定的概念有广义与狭义两种理解。广义上的政策制定是指整个政策过程，其中把政策执行、政策评估等环节划分为后政策制定阶段；狭义上的政策制定是指政策形成（policy formation）或政策规划（policy formulation），涵盖政策问题界定、政策方案抉择及合法化环节。狭义的政策制定过程是规范性安排出台的过程，也是价值分配方案的形成过程。

就制度层面而言，政策是决策者在制度框架内综合平衡的结果，因而政策是特定制度的产物。追溯到制度的产生，制度从一开始就隐含制度设计者的价值倾向与价值目标，一些基本原则也随之确立下来。"制度结构决定了选择的环境——或者我所称的选择集。

选择是从相关的选择集中做出的，即使在相同的偏好下，那些选择也会不同。"① 新制度经济学将非正式制度纳入正式制度的范畴，正式制度（formal institution）是人们有意识制定并由相应机构负责强制执行的规则，非正式制度（informal institution）是人们在长期的社会生活实践中无意识形成的诉诸人的自律的行为规范，如价值观念、道德意识、文化习俗等。非正式制度是"一整套逻辑上相联系的价值观，提供了一幅关于世界的简单化图画，并起到了指导人们行为的作用"②，非正式制度与价值息息相关。价值对公共政策的影响更为明显地体现在非正式制度领域。总的来说，整个政策过程都在价值观的影响下进行，价值观念的正确与否直接关系着一项政策的绩效，这也是人们把价值分析当作政策分析研究方法论的重要原因。

在政策分析中，事实多指客观存在的事物、事件及其过程的描述与判断，而观察是实现描述与判断的基本方法之一。坚持观察的客观性才能确保所收集的事实材料的真实可靠，但在多数情况下人们的观察总是有目的的，总是有意识地搜寻自己认为有价值的事物与信息。此外，人的感官及其生理变化也给观察结果带来一定缺陷。因而，单凭观察得到的经验不能充分证明其必然性。更重要的是，人们对自然界的观察与对社会的观察有着相当大的差别。对社会的观察本质上是对人的观察，具体是对有利益追求的人的观察。决策者依据外部的客观事实认识问题、建构问题，进而制定出有针对性的政策，这是政策过程中的事实因素。决策者在进行任何决策的过程中，不可避免受到他自身已经形成的思维习惯和个人好恶等主观因素的影响，这些因素就是价值因素，其与伦理道德相关。不同的人在不同的追求目标与价值观的指引下，会对同一现象产生不同的看法。因此，一项公共政策的出台必然包含着政策主体的价值选择，体现政策主体的价值观。如党的二十大报告指出"中国式现代化是全体人民共同富裕的现代化……"③ 中国式现代化要求以共同富裕促进社会公平，蕴含着整体公正、人民共享、分配公平等丰富的社会伦理思想，体现出最广大人民的根本利益，彰显以人民为中心的伦理逻辑。

（1）伦理价值观影响政策目标的确定。价值取向是行政决策的效能目标，没有"正确"的目标就没有"正确"的决策。政策目标的确立过程也是利益的价值导向得到确定的过程。人们都是以自己形成的价值体系去认识世界的，每个人对世界的感受不同，对多元价值的体会和认知也就不同，价值观渗透到政策过程的各个环节之中。政策目标的确立实质上是对多元价值进行综合和选择的结果。在政策目标确立的过程中，政策制定者首先要弄清楚政策目标实现的是短期利益还是长远利益；其次，要分析政策目标是否带来综合效益，并最终选择综合效益较好的政策目标；最后，在这一过程中，公民精神水平的高低、公众参与公共问题的讨论的程度以及由此表现出的伦理精神与价值取向，

① 布罗姆利．经济利益与经济制度：公共政策的理论基础．陈郁，郭宇峰，汪春，译．上海：上海人民出版社，1996：105.
② 安德森．公共决策．唐亮，译．北京：华夏出版社，1990：20.
③ 习近平．高举中国特色社会主义伟大旗帜 为全面建设社会主义现代化国家而团结奋斗——在中国共产党第二十次全国代表大会上的报告．北京：人民出版社，2022：22.

都会作用于政策制定系统，成为推动确定目标、制定合理政策的助力。

（2）伦理价值观影响政策问题的建构与政策议程的设定。公共问题能否上升为政策问题，政策问题能否进入、如何进入、能否及时进入政策议程都受到伦理价值的影响。一种问题在某些人看来是个大问题，但另外一些人却认为是不值得关注的小问题。不同的人对问题的界定不同，进而影响到政策问题的建构与其是否能够进入政策议程。针对同样一个客观事实，人们在观察上明显地表现出主体的价值观，因而呈现在人们面前的事实是具有价值的事实。对政府政策而言，问题不仅仅取决于事实的价值性，更在于事实的选择性。政府在政策过程中基于政策目标和政策资源的考量，总是从自身利益出发调整社会的利益矛盾。这表现出政府的价值取向，也意味着有价值的事实并不具有同等地位。由此看来，选择具有特定价值的事实是政策分析的一个基本点。

（3）伦理价值观影响政策方案的设计与选择。政策方案设计是政策方案选择的基础。在政策方案设计中采纳多种角度的建议是政策科学化的要求，实际操作中方案要多元到何种程度、政策主体依据何种原则采纳哪些建议都涉及价值判断。主流行政伦理观在政策方案的提议与设计、行动方案优劣的比较等诸多细微方面发挥着重要作用。在一个设计良好的政策选择制度中，权利的表达应是自由平等的，管理的形式应是民主公开的，伦理的要求应是自主信任的，价值取向应是公平公正的。但决策者在政策方案的选择过程中，对政策方案所反映的价值观的认同程度、对政策方案的诠释是否合理、对政策方案的偏好等问题都受到既有价值观的影响。

尼古拉斯·亨利认识到伦理道德充盈于政府过程并且发挥着重要作用，"公共行政是一种提供丰富而多样的机会来做出道德或不道德的决定、进行伦理或不伦理的选择、对人民做好事或坏事的职业。公共行政人员进入公共管理领域后，在做出决策时一定要考虑的问题是——人们会因此获得帮助还是受到伤害。在国家公共生活中，无论处于何种情境都没有哪个问题比这个问题更重要"①。

专栏

婴幼儿照护费可抵扣个税：精准减负缓解养育焦虑

2022 年政府工作报告中提出，完善三孩生育政策配套措施，将 3 岁以下婴幼儿照护费用纳入个人所得税专项附加扣除，发展普惠托育服务，减轻家庭养育负担。

"将 3 岁以下婴幼儿照护费用纳入个人所得税专项附加扣除"，这不仅将减轻育儿家庭的经济负担，也对提振家庭生育意愿、建设生育友好型社会具有重要意义。同时，它也意味着生育从家庭事务领域进入公共事务领域，是"民有所呼，政有所应"的民生举措。

近年来，我国人口发展进入新阶段。随着低生育率、老龄化社会的来临，构建生育友好型社会成为重要议题。眼下亟待解决的是完善生育保障基本制度，纾解群众"生不起、养不起"的困难和顾虑。

---

① 亨利. 公共行政与公共事务：第 10 版. 孙迎春，译. 北京：中国人民大学出版社，2011：331.

从现实来看，年轻人生育意愿低。2021年，国家卫健委有关负责人表示，我国 90 后平均打算生育子女数仅为 1.66 个，比 80 后低 10%。年轻人不愿生、不敢生，主要原因有三：育儿成本高、没时间带娃、普惠托育服务等公共配套保障欠缺。其中经济原因是首位。通过对育儿家庭降低增加这一项专项附加扣除，拉低其纳税基数，实现"减税"，进而"减负"，让相关人群切实感受到福利，也很可能改变相当一部分家庭的生育选择。

根据两会代表委员的调研发现，个人所得税专项附加扣除的 6 个项目中，"子女教育"和"老人赡养"项目的获益人数最多。有子女教育负担的中青年群体享受专项附加扣除的减税比例最高、减税额最多，这说明子女教育专项附加扣除是一种"精准减负"，效果明显。将 3 岁以下婴幼儿照护费用纳入后，效应可能更为凸显。在很多地区，尤其是一线城市，3 岁以下婴幼儿的照护费用、抚养成本不容小觑，比 3 岁上幼儿园以后更高是普遍现象。在幼儿入托前，如果没有老人帮衬，夫妻一方只能辞职带娃，或请保姆，由此又带来家庭收入减少、全职带娃一方面临更多风险等现实问题。

个税优惠是一种政策工具，它具有层次高、保障性强、覆盖面广、操作性规范的特点，可以最大限度地发挥政策"普惠"的属性，彰显公共政策对家庭生育、养育的关怀。通过税收抵扣"做加法"，实现育儿成本"做减法"，让政策的春风吹进育儿家庭和全社会的心坎里，破解"生不起、养不起"难题。

资料来源：白晶晶. 婴幼儿照护费可抵扣个税：精准减负缓解养育焦虑. 澎湃新闻评论，2022-03-06.

12.2　政策制定中的价值要求

12.2.1　政策科学的产生

在整个近代社会，行政管理科学化是人们的不懈追求，特别是当威尔逊倡导对行政管理进行科学研究和韦伯建构起了现代官僚制组织理论之后，公共行政进入了科学化的鼎盛时期。第二次世界大战之后，各国在重建政府的时候，几乎无一例外地直接或间接地把威尔逊和韦伯的理论作为航标，而且不断地激励知识界对威尔逊和韦伯的理论进行深入分析和大力拓展，并及时地应用到公共行政的实践中。经过大致 30 年的理论发展和实践求索，近代以来行政管理科学化的追求被推向了顶点。科学染上了这样一种风气，那就是原则不再重要，价值的思考被视为荒诞或学究气。技术性的体系具有客观性，是超越于人之上的，行政人员在这个技术体系中只不过是失去了灵魂的棋子，行政人员的价值观念、道德意志在行政管理活动中被看作可以忽略不计的因素。

政策科学发端于战后的美国。20 世纪中期以来，美国的政治、社会环境发生重大变化，公众对一些特殊政策问题的关注度日益提高，社会问题复杂多样，而政府决策愈发困难，力不从心①。由此，为了尽快实现经济的平稳发展，解决繁杂的社会问题与政府的

---

① 陈振明. 政策科学教程. 北京：科学出版社，2015：3.

决策困境，急需一门新的学科展开研究。具体来看，在学术史上，1951 年，拉斯韦尔与勒纳的《政策科学：范围与方法的新近发展》一书问世，书中对政策科学的学科任务、学科性质、研究内容和研究方法进行了系统阐释，标志着政策科学的诞生①。作为一门新兴学科，政策科学的核心要素是跨学科性（multidisciplinary）、历史情景与问题导向性（contextual and problem-oriented）以及明确的规范性（explicitly normative）②。在实践中，公共政策科学直接源于美国政府在 20 世纪 60 年代提出的一项重要行政创制，这项创制是由出自福特公司的美国国防部长麦克纳马拉所力主推广的"规划项目预算"（PPBS）。20 世纪 60 年代初，为了履行开拓"新边疆"的竞选承诺，肯尼迪在就任总统后大量起用政府外部的精英人士，从大学与私人企业中招募高级官员，从而使因现代管理的繁荣而变得高度发达的私人部门中的管理技术被引入公共机构。以兰德公司的"成本-收益分析"为基础的 PPBS 就是美国国防部对私人部门管理技术的一种创造性运用。1965 年，鉴于 PPBS 每年可以为联邦政府节省巨额财政支出的诱人前景，约翰逊总统要求在联邦机构内全面推广 PPBS，从而将 PPBS 变成了 20 世纪 60 年代的"administrative management"，同时也成为公共行政学界乃至整个政治科学界的关注重心。随着 PPBS 的推广被提上了联邦官员们的议事日程，政策研究也被写入了政府研究者和相关研究机构的议事日程中。

随着社会需求和政府需求的扩张，政策科学迅速发展起来。1970 年社会学家奎德主编的《政策科学》（*Policy Sciences*）杂志正式创刊；1980 年社会学家纳格尔主编的《政策研究手册》正式出版；1983 年纳格尔主编的《政策科学百科全书》出版，政策科学日渐成熟③……1985 年，政策学作为一门研究中国共产党和国家生命的科学被提出来，标志着中国政策科学研究正式起步④。1986 年，时任国务院副总理万里在全国软科学研究工作座谈会上做了《决策民主化和科学化是政治体制改革的一个重要课题》的讲话，明确提出要加强政策研究，决策民主化和科学化成为一个重要课题⑤。1992 年作为中国行政管理学会政策科学研究分会的全国政策科学研究会成立；1994 年挂靠国务院发展研究中心的中国政策科学研究会成立⑥……此后，国内外的相关政策研究如火如荼地展开。

在政策科学的发展过程中，呈现出两个明显特征：一是受逻辑实证主义的影响，强调理性。早在政策科学建立之初，拉斯韦尔就强调："政策科学的目标是追求政策的合理性，必须使用分析模型、数学公式和实证数据，建立可检验的理论。"⑦ 此外，政策分析这一学科产生之初的支柱主要来自运筹学、系统分析和应用经济学，而这几个学科特别抵制和反对进行伦理推论或伦理分析。同时，战后政策分析的多学科的广阔视野突破、

① 段忠贤，刘强强，黄月又. 政策信息学：大数据驱动的政策科学发展趋势. 电子政务，2019（8）.

② LERNER D，LASWELL H D. The policy sciences：recent development in scope and method. Stanford University Press，1951：3 - 5.

③ 郑石明. 政策科学的演进逻辑与范式变迁. 政治学研究，2020（1）.

④ 李瑞昌. 基于"政策关系"的政策知识体系论纲. 学术月刊，2021（3）.

⑤ 万里. 决策民主化和科学化是政治体制改革的一个重要课题. 人民日报，1986 - 08 - 15.

⑥ 陈振明. 中国政策科学的学科建构：改革开放 40 年公共政策学科发展的回顾与展望. 东南学术，2018（4）.

⑦ 同②25 - 31.

扩展了传统的社会、行为和管理科学的边界，使其转向了对政府与社会间关系的关注，从而引出了大量新的研究任务，这也使得政策分析学者更迫切地依赖于科学研究或理性分析来寻找政策的原因与结果，加深了对理性的崇拜。大部分政策分析学者（不管来自经济学领域还是来自政治学领域）都坚持实证观点或理性主义观点。在 20 世纪 70 年代中后期出版的有影响的政策分析教科书或专著都采取这种态度。例如，斯托基和扎克豪斯在《政策分析入门》（1975）一书中主张，政策分析"应该把重点放在预测的差异上，而不是放在价值的差异上"。安德森的《公共政策制定》（1975）、托马斯·R. 戴伊的《理解公共政策》（1978）和威尔达夫斯基的《向权力讲真理：政策分析的艺术和技巧》（*Speaking Truth to Power*：*The Art and Craft of Policy Analysis*，1979）都认为，科学的解释和预测是政策分析的合理目标，而其他价值判断、规定或命令则不应成为理性目标。二是基于现实的需要，需要运用跨学科的知识来解决复杂的社会问题。正如奎德在《政策科学》杂志创刊时做出的阐述："在关于政策的性质以及它是如何或应当如何得到制定的基本观念上，过去 30 年可以说发生了一场革命。管理学与决策科学——仅举几个例子，如操作研究、系统分析、仿真学、'战争'游戏、博弈理论、政策分析、项目预算与线性规划——的哲学思想、程序、技术与工具等，在企业、工业与国防领域中得到了接受，并开始渗入国内政治舞台，甚至深入外交事务这一纯粹直觉主义者的最后堡垒之中。但是，在那些为了公众而制定的政策领域中，这场革命却步履蹒跚，也许很快就会遭遇一次中断。这场革命所包含的是两个相向而行的路径：一方面，把体现在'软的'或行为科学中的知识与程序引入系统工程和空间技术；另一方面，把系统分析与操作研究的定量方法引入社会和政治科学家所采用的规范途径之中。与其尝试处理交织在边缘地带的一种松散联合，支持公共事务分析的人已经开始意识到，如果这场革命要继续下去，不如把各个学科整合到一场运动之中去，并融合定量与定性途径。于是就有了政策科学——一种试图融合决策与行为科学的跨学科活动。"①

总体而言，政策科学具有一系列区别于其他学科的范式特征：一是跨学科、交叉学科、综合性研究的取向；二是倡导以问题为中心的知识产生方式；三是着力于实践应用；四是注重价值分析与价值评价②。这也决定了政策科学研究的基本旨趣始终是坚持以问题为导向，以跨学科的知识体系为基础，通过深化对复杂政策过程的理解，解决困扰决策者和社会公众的一系列现实问题。

当前，科学化与民主化融合成为政策科学发展的趋势。党的二十大报告中强调："高质量发展是全面建设社会主义现代化国家的首要任务。"③ 政策科学的高质量发展与智库的发展密切相关。智库作为党和政府科学决策的重要支柱，不仅代表着国家的软实力，也凸显国家治理的现代化水平。在中国式现代化背景下，需要加强智库建设，推进智库高质量发展，强化政府决策的科学化水平。一是从前瞻性视角出发，建立高端智库，开展前沿性和预测性研究。二是推动政府部门与智库进行知识与信息共享，推动研究方向、

① QUAED E S. Why policy sciences?. Policy Sciences，1970，1（1）：1-2.
② 陈振明. 政策科学与智库建设. 中国行政管理，2014（5）.
③ 习近平. 党的二十大报告（单行本）. 北京：人民出版社，2022：28.

研究内容、研究质量的多维创新。三是加强人才培养，强化知识储备，开发和应用新的政策分析技术，提出高质量的建议。

12.2.2　理性主义的缺陷

专　栏

"广州砍树事件"：搞建设还是搞破坏？

2020 年年底以来，广州市在实施"道路绿化品质提升""城市公园改造提升"等工程中迁移、砍伐 3 000 余株榕树，其中很多是大树老树。此事经持续发酵酿成风波，直至 2021 年 12 月 12 日，中央纪委国家监委网站发布通报，对广州市 10 名相关领导干部严肃问责。

那么广州为何要砍伐榕树？一是管护成本高。随着时间的推移，榕树的根系越来越粗壮，对路面破坏的程度越来越严重，管护成本不断增加。二是存在安全隐患。随意凸出路面的树根成为行人的绊脚石，甚至对行人的安全造成一定的隐患。综合多方面的考虑，广州才决定挖掉承载着广州人记忆的榕树，重新选择更适合的城市景观树。

然而，榕树对于广州来说，就像梧桐树之于南京、银杏树之于成都，它寄托着广州人的情感。因此，面对大规模的砍树事件，许多市民纷纷不解。著名时事评论员韩志鹏说："城市更新切忌用力过猛！"而在 2021 年 3 月时，韩志鹏掷地有声问道："搞建设还是搞破坏？"广州地区有着众多古老的大榕树是自然的选择，许多广州人纷纷支持韩志鹏的呼吁并提出可行性的建议："不要再砍珠江两岸的榕树！榕树夏天为市民遮阳挡雨，要换树种的应该是芒果树，此树才存在安全隐患！"

为回应市民反对砍伐、迁移榕树的呼声，市林业和园林局于 2021 年 6 月 15 日召开了座谈会，就榕树迁移问题邀请专家市民"上门"献策。尽管相关负责人称："榕树是广州市园林绿化的主打树种，以前是，未来也是。"但仍有整条路、整个小区砍伐、迁移榕树数十株甚至 200 多株获行政许可，榕树集体"下岗"何时了？

"砍树事件"不断发酵，最终在 2021 年 12 月 12 日画上了句号，中央纪委国家监委网站通报并问责 10 名领导干部。通报后，广东省召开了领导干部会议，认真反思，吸取教训，紧接着，广州市林业和园林绿化管理局拟推出新规定：以后建设工程需要砍伐 2 株或移植 10 株以上老树时，需通过论证公证会才可以施工。广州砍树事件，教训是深刻的，政府应该慎重听取民意民声，谨慎处理城市发展与价值冲突问题。

资料来源："广州砍树事件"何以至此.经济观察报，2021-12-15；榕树承载着广州人的记忆，为何广州要开始把榕树挖掉？.小院之观，2021-09-16.

理性主义是把理性方法推向极端的一种世界观和方法论，其最突出的特征是把理性逻辑绝对化。理性主义充实了政策过程的每一个环节，在政策制定中，突出地张扬了理性精确、科学性的一面，强调从确定性的客观事实中用理性建构政策。正如斯通所说："在政治学、公共管理、法律以及政策分析的领域有一项共同的使命，这就是将公共政策从非理性以及没有尊严的政治中拯救出来，以便用理性的、分析的和科学的方法来制定政策。"① 斯通把这种努力称为"理性的计划"，认为它从一开始就成为美国政治文化的核心。理性主义对政策制定的影响是全方位的和深刻的，不仅体现在公共政策的认识论和方法论中，而且体现在政策制定的技术与观念中，甚至被贯穿到了与政策制定有关的主体论之中。

就政策制定模式而言，理性主义政策分析就是："特定政策主体为着一定的目的，利用一切可能收集的资讯，经过客观和准确的计算或度量，以寻得最佳的政策手段和最大值政策结果。"② 极端的理性主义（也称完全理性）认为，政策分析应该按照一系列经良好界定的步骤来决策：(1) 政策议程和政策目标单一或先后顺序明确，决策者面临的政策理论、观念和价值取向分明并能达成共识；(2) 具有政策问题的完全信息；(3) 能穷尽所有可能的备选方案；(4) 各方案的后果可完全预测；(5) 各方案的结果可以进行量化比较；(6) 可以确定在最大限度上实现目标的行动选择③。其典型的分析模型就是所谓的阶段论模型，它把政策分析的步骤依次分为：议题的设定、问题的分析、备选方案的拟制和评估选优等。由于其被广泛地用作公共政策学教材的逻辑框架，所以又叫教科书方法（text book approach）。

在理性主义主导的政策制定过程中，科学性击败了变革创新和价值倾向。但是，这个胜利却给道德与伦理领域的事业带来了难以预料的后果，以科学为后盾的技术理性冲击了规范判断，将伦理考量交给了"事后诸葛亮"④。在理性主义肆意侵占了政策制定的方方面面时，就出现了费希尔所描述的现象："实证主义的政策分析具有在概念上歪曲政治过程的性质和公共政策的功能的倾向。"其原因在于实证主义从"技术专家治国论"的角度把对技术合理性的强调扩展到了整个社会，这样，"政策科学家并不承认他们的方法的社会和环境的局限性，而常常会因为他们自己分析上的失败而责怪政治体制本身。倘若一个系统无法与技术要求取得一致，就会不可避免地被认为是结构不合理、有待改革"⑤。

实际上，政策话语的核心应当是政治，政策制定不是纯粹理性地发现客观真理，可以说，纯粹的"客观的"事实分析或行为研究是不存在的。事实分析或行为研究在许多方面都涉及价值观或价值判断。第一，分析人员的兴趣偏好与价值观念会影响其行为选择。尤其是当问题出现时，个体固有的价值观念影响着其行为方式。第二，在事实的选择和对事实的观察过程中，行为研究或事实分析就表明了它的价值观，因为每一种这样的选择，都意味着对许多其他选择的直接或间接的拒绝。第三，在对自身的目标进行行为研究时，价值观与这种研究的整个前提关系极大；在人类组织系统中和进行分析的人当中，倾向于用他们的整套价值观来确认事实的性质。

在当前的社会治理中，理性主义强化的思维导致行政实践出现"一刀切式执行""选

① 斯通. 政策悖论：政治决策中的艺术. 顾建光，译. 北京：中国人民大学出版社，2006：7.
② 伍启元. 公共决策. 香港：商务印书馆，1989：7.
③ 邓恩. 公共政策分析导论：第 2 版. 谢明，杜子芳，伏燕，译. 北京：中国人民大学出版社，2002：300.
④ 艾赅博，百里枫. 揭开行政之恶. 白锐，译. 北京：中央编译出版社，2009：49.
⑤ 费希尔. 公共政策评估. 吴爱明，李平，等译. 北京：中国人民大学出版社，2003：11.

择性执行""集体共谋"等现象。为了弥补政策制定中理性主义的局限性，需要从三个方面着手。一是坚持系统观念，树立大局意识。党的二十大报告提出："必须坚持系统观念。只有用普遍联系的、全面系统的、发展变化的观点观察事物，才能把握事物发展规律。"① 这意味着政策制定要尊重事物的发展规律，要以整体性思维去分析不断变化的社会现实，始终坚持人民主体地位，从全局出发作出循序渐进的调整。二是坚持问题导向，灵活应对挑战。党的二十大报告中强调："要增强问题意识，聚焦实践遇到的新问题、改革发展稳定存在的深层次问题、人民群众急难愁盼问题、国际变局中的重大问题、党的建设面临的突出问题，不断提出真正解决问题的新理念新思路新办法。"② 时刻以问题为导向，才能在不同阶段围绕情境的变化对政策进行调整，以更好地适应当下的社会发展。三是发挥个体能动性，吸纳多主体参与。首先，个体要有敏感性和创造性，不能被条条框框的规则所束缚，尤其在危机时刻要做出即时性决策，避免一味追求最佳决策而错过最佳反应时间，产生重大的经济损失，给公众带来伤害。此外，政策制定也并非依靠单一类型的知识和单一主体的力量，只有多元主体力量的整合才能创造更多的公共价值。国家治理也从多个角度对多元主体参与提出了要求，如"鼓励和支持社会各方面参与，实现政府治理和社会自我调节、居民自治良性互动……强化道德约束，规范社会行为，调节利益关系……以网格化管理、社会化服务为方向，健全基层综合服务管理平台，及时反映和协调人民群众各方面各层次利益诉求"③。

12.2.3 政策制定中的价值分析

1. 价值分析的内涵

拉斯韦尔曾强调，政策科学的研究方法不仅强调基本问题和复杂模型，而且在相当大程度上需要澄清政策中的价值目标。只有经过价值检验的政策才能获得更高的公众接受度。当然，凡是涉及价值选择或价值取向的问题也是社会科学中的热点和难点问题。公共政策本身就是价值有涉的，正如西蒙所强调的："由于决策包含着价值因素，所以我们不能在客观上说决策正确与否，而只能就其所包含的事实因素来说其是否正确。"④ 相对于事实分析针对"是什么"的问题，价值分析涉及的是"应该"的价值问题。公共政策的价值取向贯穿政策过程的整个环节，"我们不仅要明确陈述决策是否实现了所宣称的目标，而且还要说明这些决策目标是否值得我们去实现。对于后面的这个问题，似乎需要拥有比'它符合（或者不符合）我的利益'更高尚的品质的价值标准"⑤，也对不同阶段的价值分析提出了不同的要求。

公共政策的价值分析主要是决定某项政策的价值，包括三个方面：（1）价值判断构成确定政策目标的基本前提。（2）价值分析中主要涉及政策及其目标的价值含义、价值

①② 习近平. 党的二十大报告（单行本）. 北京：人民出版社，2022：20.

③ 中共中央关于全面深化改革若干重大问题的决定. 人民日报，2013-11-16.

④ 西蒙. 管理行为. 杨砾，韩春立，徐立，译. 北京：北京经济学院出版社，1988：59.

⑤ ANDERSON J E. Public policy-making: an introduction. Fifth Edition. Boston: Houghton Mifflin Company, 2003：135.

的一致性，绝对价值和相对价值；对明确价值观的可行性限制；价值组合、价值冲突以及价值观的加强和改变。（3）着重考虑决策者及其他政策参与者的价值判断①。整体而言，公共政策价值分析的重点是明确何种价值观在政策制定中起作用，谁的利益得到了反映。政策制定中的价值分析在于确认何种政策目标值得为之争取，采取的手段是否能被接受以及改进系统的结果是否"良好"；它要回答的问题包括：因为什么、出于什么目的、为谁、许诺什么、多大风险、应优先考虑什么等等②，这一系列问题构成了价值分析的基本内容。

政策过程是一系列的政策活动，可以划分为问题确认、议程设定、政策形成、政策合法化、政策执行、政策评估③。相应的政策制定包括确定政策目标、设计备选方案、论证与评估方案和政策合法化等环节，政策制定的每一个环节都面临着价值选择。首先，在政策目标设立之前，要结合特定的环境，选择符合当下价值规范的政策目标。如在改革开放初期，发展是第一生产力，此时的政策制定紧紧围绕"效率""经济""效益"等价值取向展开。随着我国经济的不断发展，行政干预强化，市场失灵严重，弱势群体的利益无法得到保障，社会不公平的现象愈发突出，此时，"效率优先，兼顾公平"成为公共政策的核心价值准则。近年来，社会生产力稳步提高，人民的生活不断改善，"满足人民日益增长的美好生活需要"成为政策制定的目标取向。其次，在设计备选方案的时候，要考虑政策工具，即实现特定目标的手段是否合理。一般而言，简单的政策问题其政策手段和方案也比较单一。然而，复杂的政策问题应该选取多样化的政策工具，并针对特定群体选择合适的政策方案。最后，对政策展开价值分析的主体是具有个体身份的决策者，因而，决策者自身的伦理价值取向会影响一项政策的科学化和民主化的水平。

2. 价值分析的缘起

从历史进程来看，随着二战的结束以及两大意识形态在国际上的并存，公共行政的价值问题凸显出来。尽管实证主义研究方法在美国仍然如日中天，对政策科学产生了极大影响，但在对公共政策的研究中，价值关怀已经在悄然生长。1951 年，在一篇回顾 40 年代公共行政研究倾向的文章中，塞尔指出："在这十年中，对公共行政中的价值重要性的认知得到了显著增强，而且呈现出越来越重视的趋势。如果说许多精力被用在了寻求一门价值中立的行政科学上的说法是正确的话，那么，同样正确的是在这种寻求之初激起的争端最终导向了对公共行政的价值角色的重新重视。"④ 也就是说，由于公共行政无法回避价值问题，从而使所有关于公共行政科学的设想都显得不切实际，即使是西蒙所精心构造出来的决策理论，也只不过是一种科学的谵妄。

在实践上，1972 年的美国"水门事件"以及各国现实政治中出现的诸多伦理问题，如渎职、受贿、以权谋私等价值相关问题使各国政府陷入了合法性危机，而这正

① 庞明礼. 公共政策学. 武汉：武汉大学出版社，2020：254.
② 江秀平. 政策研究中的价值分析. 厦门大学学报（哲学社会科学版），1999（4）.
③ 戴伊. 理解公共政策：第 12 版. 谢明，译. 北京：中国人民大学出版社，2011：13.
④ SAYRE W S. Trends of a decade in administrative values. Public administration review, 1951, 11 (1)：1-9.

是在技术理性占据主导地位、伦理缺失的情况下出现的。技术理性的提升无法拯救合法性危机，只能寻求新的道路，这带来了伦理精神的回归。20世纪70年代末80年代初以来，公共政策的伦理学方面或价值分析受到人们的重视，公共政策伦理学、行政伦理学以及公共管理伦理学逐步成为政策分析和公共行政学的一个相对独立的研究领域。

根据一些学者的说法，20世纪80年代以来美国政策科学中对政策价值观的研究主要采取三种途径：（1）从政治哲学的立场探讨政策伦理的最一般方法，如罗尔斯的《正义论》主张用分配的正义取代传统的功利主义伦理学；（2）从特定的伦理案例分析政策伦理或价值，如从国家安全、社会福利、堕胎、死刑等一类案例引申出伦理问题，这方面的代表作有布坎南的《伦理与公共政策》等；（3）从政府机构或职业组织的伦理问题入手分析公共责任与义务，即探讨政策分析的职业伦理规范问题，这方面的代表作有高斯罗普的《公共部门的管理、系统与伦理学》等[1]。20世纪80年代以来，涌现出大量的关于政策伦理的著作，但这些著作杂乱，关于公共政策的伦理学分析也没有得到一个公认的界定。但学者们都认同政策制定中伦理价值的重要意义，认识到政策目标的确立、政策问题的建构以及判断解决方案的每一个分析标准都是具有政治意义的构造。正如克朗所言："政府伦理是制定良好公共政策的前提。就此意义而言，政府伦理比任何单个的政策都更加重要，原因在于所有的政策都依于伦理。"[2] 由于政策制定贯穿政府行政的全过程，在某种程度上，政策伦理就等同于政府伦理，是政府伦理和政体价值的具体而直接的承载者和传播者。

3. 价值分析的基本原则

价值是个体或组织所信奉和坚守的行动理念，不同国家的主导价值观存在差异。党的二十大报告中呼吁："世界各国要弘扬和平、发展、公平、正义、民主、自由的全人类共同价值。"[3] 这一全人类共同价值具有重大的理论价值和突出的现实意义，为我们的行动指明了方向。在政策制定中，我们应该牢牢坚守公平、正义、民主等价值准则，增强公共意识，创造公共价值。

在政策制定过程中应该遵循相应的价值分析原则。第一，公平原则。从伦理学的角度看，公平是一种行为指令和评价标准，对个人、团体、政府起引导和规范作用，表现为人们对某种社会秩序的渴望。不过，行政伦理学倾向于把公平看作行政管理活动中所应遵循的伦理原则，它要求政府制定的公共政策和行政人员的行政行为平等地对待一切社会团体和社会成员。在政策制定过程中，基于公共决策的伦理要求，无论政策制定的现实运行过程如何，都应该考虑受决策影响的人们在得到好处和承担代价方面的公平。从这个意义上说，决策固然是不同利益集团公共选择的结果，然而，公平的规范却要求好的决策不应该成为强势利益集团的代言人，使强势利益集团受益更多和承担更少。公平是实现高质量发展的重要路径，党的二十大报告中多次强调"公

① 陈振明．美国政策科学的形成、演变及最新趋势．国外社会科学，1995（11）．
② 克朗．系统分析和政策科学．陈东威，译．北京：商务印书馆，1985：4．
③ 习近平．党的二十大报告（单行本）．北京：人民出版社，2022：63．

平"，如"坚持多劳多得，鼓励勤劳致富，促进机会公平""坚持以人民为中心发展教育，加快建设高质量教育体系，发展素质教育，促进教育公平""完善产权保护、市场准入、公平竞争、社会信用等市场经济基础制度，优化营商环境"。

第二，正义原则。正义是对政治、法律、道德等领域中的是非、善恶所做出的肯定性判断。正义是公共政策本身所追求的最重要的价值目标，它不仅关系到社会凝聚力、民众对政府的信任程度以及对相应社会制度的态度，还关系到社会稳定程度与执政党的命运。公共政策伦理所涉及的是正义价值的选择问题，也就是如何做到社会利益和社会负担的合理分配，是资源分配指导原则的核心。在政策制定过程中，正义意味着分配的公平和权利的平等。就个人而言，正义是每个人出于自身良知而产生的"应该做什么"和"应该得到什么"的道德命令；对于社会而言，正义就是每一个人都能够公平地获得其应该获得的事物[①]。公平正义是我国法治政府建设的价值追求，也是实现中国式现代化的关键步骤。正如二十大报告中所指出的："坚持把实现人民对美好生活的向往作为现代化建设的出发点和落脚点，着力维护和促进社会公平正义，着力促进全体人民共同富裕，坚决防止两极分化。"[②]

第三，民主原则。行政伦理的民主原则要求行政行为以国家和社会的公共利益为出发点。因而，它要求行政人员充分认识到：一切涉入行政管理活动中的人在人格上都是平等的；作为被管理者的公众有权参与和监督行政管理；行政管理活动程序化和公开化是公众参与和监督的必要条件；作为社会公仆，对来自各个方面的意见兼容并蓄是科学的态度和作风。在政策制定过程中，民众在讨论政策问题和议题时相互协商、对话、表达话语和展开辩论，是保证政策包含着公平正义内容的前提条件。当前，我国的民主形态已经由"中国特色社会主义民主"转向"全过程人民民主"。二十大报告中明确指出："全过程人民民主是社会主义民主政治的本质属性，是最广泛、最真实、最管用的民主。"[③]"全过程人民民主，实现了过程民主和成果民主、程序民主和实质民主、直接民主和间接民主、人民民主和国家意志相统一。"[④] 这一民主形态也对行政管理者提出了新的要求，在政策制定过程中需要倾听公众声音，促进主体间的协商对话，实现公共政策的合作建构。

专　栏

城市治理的"金点子"：上海采纳轮椅女孩建议完善无障碍设施

"90 后"女孩赵红程，因小儿麻痹症的后遗症不得不与轮椅作伴。她用视频关注城市无障碍设施，并将发现的问题反映到上海人民建议征集平台。在赵红程看来，无障碍设施监督测评视频是一种有效的监督，它能用最真实的过程和感受告诉人们哪里的无障碍设施名不副实。

[①]　俞可平. 重新思考平等、公平和正义. 学术月刊，2017（4）.
[②]　习近平. 党的二十大报告（单行本）. 北京：人民出版社，2022：22.
[③]　同②37.
[④]　中华人民共和国国务院新闻办公室. 中国的民主. 北京：人民出版社，2021.

赵红程在采访中表示："通过无障碍公交测评，整个感觉下来，存在三个问题，第一个是不知道去哪里查询无障碍公交车的信息，第二个是停靠的环境与停靠的规范，第三个是司机的服务流程。"在网友的分享下，她将视频里面发现的问题和建议提交到上海市人民建议征集办公室。建议提交两三天，赵红程就收到了人民建议征集办公室的电话；几天后，这个建议被评上了"金点子"，赵红程也被邀请参加年度总结大会。在大会上，交通委就她的建议给了一个非常具体的回复。

上海市人民建议征集办公室主任王剑华表示："我们每天有工作人员在网上进行筛选、浏览。我们的工作人员看到这条建议之后，认为很有价值、很有意义。虽然反映的是一个残疾人出行的问题，但是对这一部分特殊群体，我们不能置之不问，而且应该给予特别的关心，所以我们把它提炼出来。我们跟相关责任部门，主要是交通委，进行了沟通。"

上海市道路运输管理局王义祥据此表示："人民建议征集办通过网信的方式将相关问题转到我们这边，大约两天左右的时间，我们就把相关的处理情况反馈到网信办。实际上赵女士反映的情况比较客观，应该是看到了我们工作当中的不足，我们马上做了弥补。"此外，在具体改进措施上，王义祥谈道："一共有四个主要措施：第一是制度建设，我们对服务轮椅乘客做了明确的要求。第二，我们加大无障碍公交车辆的投放，到目前为止，我们已经投放了 4 500 辆，约占我们上海市公交车辆总规模的四分之一，无障碍交通线路现在是 200 多条。第三，通过手机 App 可以让市民方便地查到下一辆无障碍公交车还有几分钟可以到达这个站点。第四，在车的头牌、右后门处，包括车厢内部区域，做了一个无障碍的标志标识。企业方面主要针对无障碍车辆设施的操作流程与停靠两个方面做了规范。"

在上海，像赵红程一样，参与意见征集的市民越来越多。从 2011 年起，上海共接收办理的人民建议事项上升到 30 余万件。靠着一条来自人民的好建议，完善一项政策，改进一项工作，已经成为常态。人民建议已经成为城市治理的金点子。

资料来源：全过程人民民主在这里提出．（2022-03-06）．央视网．

12.3　公共政策制定的道德原则

政策制定中价值分析的兴起，引起了人们对于公共政策伦理学的关注和重视。作为现代社会治理的主要工具，公共政策制定不仅能够化解社会冲突、控制利益分配，还在这个过程中完成了对社会价值的筛选、排序和决断。公共政策制定的道德原则大多是在两难境况或矛盾关系中产生的。一项公共政策很难同时满足各个方面的道德标准，甚至不得不在各种同样美好且有益的价值之间做出取舍。重要的是，面对来自理性与情感、事实与价值、理想与现实等多对矛盾关系的内在张力，公共政策根据何种标准进行调适以达到"善的"政策效果，提升政策的公共性。党的二十大报告强调必须坚持人民至上，必须坚持自信自立，必须坚持守正创新，必须坚持问题导向，必须坚持系统观念，必须坚持胸怀天下。这"六个必须坚持"从世界观和方法论的高度深刻阐述了推进理论创新的科学方法、正确路径，深刻体现了习近平新时代中国特色社会主义思想的立场观点方法[①]，是我国公共政策制定的理论基础和内在要求。

12.3.1　理性与情感

要辨别公共政策的善和恶，最终需要回归到人类本性中的内在矛盾——理性和情感之间的关系中去探寻。对人类本性的探讨是解释人类行为动机和行为选择的出发点，也是公共政策分析中不可回避的元问题。思想家们对于人类本性的探索从未停止，对人性的基本结构做出了各种各样的划分和解释，然而，无论对人性做出何种解释，我们依然能够从中发现一个共通之处：理性与情感始终是人类本性的两个基本构成要素。18 世纪发生在欧洲的启蒙运动，祛除了笼罩在人们思想上的愚昧阴霾，重新将人的主体性置于显要地位。这一时期不仅仅是理性觉醒的时代，同时也是欧洲感伤文化爆发的时代，随之而来的是情感的重要性得到前所未有的提升，理性与情感的关系成为重要的时代议题[②]。

理性思维是当代政策分析的主流[③]，在大多数情况下，政策制定需要有准确、客观的数据信息作为依据。一般来说，理性作为一种目的性认知活动，是指行动者有意识地去实现一个给定的目标，借助精确计算和逻辑推理等手段达到预期效果的最大化。理性的一大特征是可计算性，通过在数学意义上能够被证明的可靠方式对"不确定性"或"可能性"进行估算，从而得到精确计算出来的"确定性"，最典型的就是定量分析及其技术。政策分析中的理性思维，能够极大克服经验决策的不足，提高决策的科学性，是政策分析中不可缺少的方面。但这并不意味着理性分析是政策研究的唯一方法，政策分析可以采用理性思维却不能滑向理性主义。理性决策模型正是因为片面夸大理性方法的地位和作用，忽视了政策过程的复杂性，从而受到来自各个方面的批评。基于对"完全理性"的批判和反思，学者们也提出了不同的理性假设，并得到了不同的政策分析模式。邓恩指出政策选择具备多种理性基础，并将其划分为五类：（1）技术理性，政策选择以解决公共问题的有效性为依据对备选方案进行比较。（2）经济理性，政策选择以解决公共问题的效率高低为依据对方案进行比较。（3）法律理性，政策选择以方案是否与现存的法规或先例一致为标准对方案进行比较。（4）社会理性，政策选择是根据各种方案维护或促进社会制度化的能力来对方案进行比较。（5）实质理性，基于推理的选择是对上述多种理性形式的比较，目的是在特定的情况下做出最合适的选择[④]。可见，政策过程不仅是理性的，而且在大多数情况下是多元理性的。

情感通常是指人在感知外部世界的过程中所产生的态度体验，既受到生理因素的影

---

① 刘国龙. 深入践行"六个必须坚持". 中工网，（2023 - 7 - 23），https://baijiahao.baidu.com/s?id=1772281880737970932&wfr=spider&for=pc.
② 金雯. 启蒙与情感：18 世纪思想与文学中的"人类科学". 华东师范大学学报（哲学社会科学版），2022（1）.
③ 陈振明. 公共政策分析. 北京：中国人民大学出版社，2002：180.
④ 邓恩. 公共政策分析导论：第 4 版. 谢明，杜子芳，伏燕，译. 北京：中国人民大学出版社，2011：152.

响，也离不开特定文化环境的建构，具体表现为热爱、感激、钦佩、忠诚等积极形式，以及羞耻、厌恶、妒忌、仇恨等消极形式。情感是人与生俱来的精神需求，是人采取行动的基本驱动力之一，"我们不可能设想一个既没有任何恐惧也没有任何喜好的人会费力地思考"①。情感是由人心和生活现象共同决定的，而每个人的情感都与自身的价值观、生活态度和性格脾气等因素密切相关，具有明显的个体差异。在情感尺度下，人的行为选择并不存在唯一清晰的正确答案和评判标准。

对政策分析来说，情感意味着某种不确定性，因此现代公共政策分析普遍推崇理性，排斥社会治理中的情感，但不可否认的是，情感贯穿公共政策制定的整个过程，而且在部分环节中发挥着不可替代的作用。政策制定必须通过人来完成，决策者的情感会反映在政策制定的各个环节，决策群体的情感氛围也会影响公共政策制定②。情感直接影响政策目标的选择，面对多元冲突的政策目标，政策制定者的选择很大程度上取决于自身的道德情感。在社会学中，情感是一种能够对实践产生影响的重要能量，强烈稳定的情感不仅可以增强政策主体的积极性和创造性，而且可以提高其对于政策目标的信心和掌控力，从而有助于提高政策质量、催生政策创新；而不稳定的情感，如政策主体过于激进或过于沮丧，则会使政策产生偏差，削减政策质量。

忽视情感作用的理性决策，最终可能导致非理性的公共政策后果。根据理性主义政策观，"一项理性的公共政策是获得'社会效益最大化'的政策，即政府应该选择那些使得社会效益最大限度地超过社会成本的政策，同时避免采纳那些成本高于收益的政策"③。这一观点其实是将复杂的公共政策制定化约为可以用单一标准衡量的社会治理技术工具，从而可能损害社会的公平、正义和民主等重要价值，并为此而付出更大的成本，最终导致违背理性主义的结果。特别是在宏观的公共政策价值分析中，愈是凸出决策者的道德情感，政策本身才愈具有可行性。

当前，我国发展进入战略机遇和风险挑战并存、不确定难预料因素增多的时期，各种"黑天鹅""灰犀牛"事件随时可能发生④，公共政策制定者将要面对的是比以往更加严峻复杂的政策问题。在这种复杂且不确定的政策环境下，理性决策者常常陷入信息采集不充分、信息处理能力不足等技术性问题陷阱。如果决策者将有限的注意力投入到对算法最优解的极致追求中，最终就有可能产生"完全合理"的不合理后果⑤——看似符合程序理性，实则为更广泛的危机爆发埋下隐患，甚至直接给社会公共利益带来损害。近年来，突如其来的新冠疫情、汛期突发的洪涝灾害，都在考验着各级公共政策制定者化解重大风险的能力。对于类似的时间弹性较小的重大风险或政策问题，决策者会有意识地优先调动自身已有的经验和知识，依赖情感机制迅速做出反应并制定对策。⑥此时，理

① 卢梭. 论人类不平等的起源. 高修娟，译. 上海：上海三联书店，2014：50.
② 陈绍芳. 试论情感因素对政策过程的影响. 理论探讨，2001 (1).
③ 戴伊. 理解公共政策：第12版. 谢明，译. 北京：中国人民大学出版社，2011：13.
④ 习近平. 高举中国特色社会主义伟大旗帜 为全面建设社会主义现代化国家而团结奋斗——在中国共产党第二十次全国代表大会上的报告. 北京：人民出版社，2022：26.
⑤ 陈刚华. 公共政策与行政学理论研究. 北京：中国社会科学出版社，2018：72
⑥ FINUCANE M L, ALHAKAMI A, SLOVIC P, et al. The affect heuristic in judgments of risks and benefits, Journal of Behavioral Decision Making, 2000 (13)：1-17.

性决策所需要的信息充分、目标清晰、备选方案完整等条件不仅难以实现，而且还要花费大量的时间和预算成本，显得缓慢呆板，无法对问题作出及时有效应对。

理性和情感是人性中的两大基本要素，任何人都是理性与情感的矛盾体，政策制定应当在理性与情感之间寻找平衡点。根据韦伯的观点，理性可以划分为工具理性和价值理性，其中价值理性或者说实质理性依赖于情感评价，关注终极价值，是接近于人的情感的理性形式，即理性的情感一面；与之相对应，情感也可以划分为理性的情感和非理性的情感，包含着情感的理性一面。卢梭认为理性与情感存在相互促进的关系，"人类智力（理性）的发展都应该主要归功于欲望（情感），而欲望（情感）能否被普遍满足要依靠智力（理性）的发展"①。理性能够理解、辨别和阐释处于模糊状态中的情感，引导其发扬符合道德的部分，更好地指导决策实践；而人的情感的觉醒，也会为理性增添一抹人性的光辉，使决策更能关注人本身的价值实现。

公共政策制定应当坚持合理性与情感性的有机统一。首先，理性是现代公共政策制定的基本前提。面对复杂的政策问题，公共决策离不开基于事实和数据的理性分析，通过严密推理和精确计算，能够更好地明晰政策问题、确定政策目标，并选择合适的政策工具与政策方案。此外，现代官僚组织作为公共政策制定的载体，正是基于理性建构起来的，有益的政策情感需要通过理性运作过程，才可能转化为具有现实意义的公共价值。没有理性支撑的公共政策不具有可行性，其道德原则也就无从谈起。其次，情感贯穿公共政策过程的始终。公共政策制定要警惕"工具理性"和"唯理智论"，正确认识并充分发挥情感因素在政策制定中的辅助和补充作用。情感是检验和审视理性的有效途径，特别是在"理性至上"的呼声日渐高涨的背景下，更应该找回并守护人类本性中共通的美好情感。

专栏

"江歌案"宣判，用司法裁判托举起社会道义

2022 年 1 月，曾轰动一时的江歌妈妈江秋莲诉刘暖曦（曾用名刘鑫）一案正式宣判，刘暖曦被判赔偿江秋莲各项经济损失 49.6 万元及精神损失抚慰金 20 万元，并承担全部案件受理费。这一案件裁决被广大网友视为"正义的裁决"，是"好人"与"恶人"之间的一场"正义之战"。

2016 年 11 月 3 日凌晨，留学生江歌为了救助好友刘鑫遭凶手陈世峰袭击身亡。在陈世峰行凶过程中，刘鑫作为"被救助者"和"侵害危险引入者"不仅先一步躲入公寓还将门反锁，且未及时拨打急救电话，而为她挡刀的江歌无处可躲，死于血泊之中。事后，刘鑫不仅对救助自己的江歌毫无感念和愧疚之意，反而利用舆论捏造谣言，恶意中伤江歌妈妈江秋莲。这违背了中国人的道德直觉，但在法律框架内难以定罪。

的确，在长达五年多的时间里，对刘鑫的罪责认定仅限于网友在互联网上的隔空道德评判。这也是此次案件宣判引发广泛关注的原因，人们希望看到法律对社会道义的支持。令人欣慰的是，司法的天平最终倾向了道义的一边，人们心中的正义得到伸张。

---

① 卢梭.论人类不平等的起源.高修娟，译.上海：上海三联书店，2014：50.

　　值得注意的是，青岛市城阳区人民法院在判决书中用了很大的篇幅，对江歌的善举进行褒奖，部分摘录如下："本院认为，扶危济困是中华民族的传统美德，诚信友善是社会主义核心价值观的重要内容。司法裁判应当守护社会道德底线，弘扬美德义行，引导全社会崇德向善。基于民法诚实信用基本原则和权利义务相一致原则……刘暖曦，对施救者江歌未充分尽到注意义务和安全保障义务，具有明显过错，理应承担法律责任。需要指出的是，江歌作为一名在异国求学的女学生，对于身陷困境的同胞施以援手，给予了真诚的关心和帮助，并因此受到不法侵害而失去生命，其无私帮助他人的行为，体现了中华民族传统美德，与社会主义核心价值观和公序良俗相契合，应予褒扬，其受到不法侵害，理应得到法律救济。刘暖曦作为江歌的好友和被救助者，在事发之后，非但没有心怀感恩并对逝者亲属给予体恤和安慰，反而以不当言语相激，进一步加重了他人的伤痛，其行为有违常理人情，应予谴责，应当承担民事赔偿责任并负担全部案件受理费。"

　　这次公共判决并没有刻意煽情，而是清晰地说明了"我国民法捍卫的中华民族传统美德"以及与"社会主义核心价值观"的关系，真切地体现了上合天理，下依人性，合乎法律，弘扬美德，鞭挞丑恶，是理性和情感的有机结合，对纠正社会风气、弘扬社会美德产生了积极影响。

　　资料来源：陈碧. 法治的细节：一封判决书的正义. 澎湃新闻，2022-01-10.

12.3.2　事实与价值

　　每一项决策都包含两种要素，分别称为事实要素与价值要素，这是决策与管理活动中的最基本区分[①]。事实命题是对可观察的世界及其运作方式的描述，常常以"是"或"不是"作为系词，这类命题可以凭经验进行观察、判断，或通过实验加以验证进而辨别真伪，其本身无所谓善恶也无所谓好坏，或者说是价值无涉的。而价值命题与事实命题具有完全不同的属性，它经常与"应该""值得""最重要"之类的陈述联系在一起，不揭示任何事实关系，也无法通过经验逻辑进行检验。对于价值命题来说，判定的关键不在于决策的真假和可验证性，而在于决策的对错及其倾向性，因此其内容往往以"对事物的评价或对人的行动的规范"[②]等方式呈现，例如某项决策是否有价值、决策者应该做什么。由此可见，价值命题无法辨别真假，但这并不意味着价值命题是可以被任意提出的，它虽无真假之分，却有对错之别。价值命题的判定取决于人的本性及其自然倾向，也就是说，我们可以根据人的自然本性中的"真、善、美"来判断其所追求的状态或目的是好的、正确的，而与人的自然本性相违背的状态是不好的、错误的[③]。西蒙将价值要素和事实要素的区分看作目标和手段的区分。在政策制定中，每一项决策都包含着目标的选择和有关目标的各种行动，我们将前者称为"价值判断"，此时决策以最终目标的选

① 西蒙. 管理行为：第4版. 詹正茂，译. 北京：机械工业出版社，2013：53.
② 兰久富. 价值命题的评价形式和规范形式. 当代中国价值观研究，2017（1）.
③ 兰久富. 价值命题的对错及其论证方法. 江海学刊，2017（2）.

取为导向，政策制定需要不断地对价值要素做出评价和选择，例如效率标准、公正标准、个人价值观等；后者指向最终目标的实现手段，属于政策分析中的"事实判断"，决策者使用的技术、知识以及环境所反映的信息，都是决策过程中的事实因素。

政策分析中的事实与价值关系问题，直接关系到政策科学的边界和范围划定，对政策分析的整体走向具有基础性作用。早期的政策科学多以经济学理论为基础，主张事实要素与价值要素的分离，假定价值规范是由高层决策者预先设定好的，政策分析的主要任务是基于对事实要素的分析为决策者提供实证的知识，建立高度科学化的政策体系和理论方法，为解决大量公共政策问题提供合理途径。而价值分析因其具有情感差异性和意识倾向性，常被视为实现政策价值目标的干扰因素而不是合理的论证方法，因此很难被政策研究所接纳。彼时的政策分析者往往受到逻辑实证主义的影响，认为应该严格区分事实与价值，政策分析完全是处理"是"的问题，而不是处理"应该"的问题；其实，此后的科学哲学已经证明了"价值中立性"观点是错误的，在政策分析领域，纯粹"客观的"事实分析或研究是不存在的[①]。20 世纪 80 年代初以来，政策学家基本认可了政策需要价值判断，应当扩大公共政策的伦理学或价值分析等方面的内容。邓恩在《公共政策分析导论》中提到描述性分析和规范性分析都是政策分析的基础性方法："政策最合理是因为那些最需要的人的条件得到了改善，或者最有效地回应了市民的偏好。规范性政策分析的一个最重要的特征是，其主张依赖对于效率、平等、回应性、自由和安全这些人们所热衷的价值观的不同意见。"[②] 价值分析对于决策是不可或缺的，甚至可以说是决策中更为重要的组成部分；如果忽视价值分析，没有对公众偏好做出回应，公共政策就容易走向致命的"第三类错误"。

实际上，正如人的理性与情感无法割裂开来，政策分析中的事实要素与价值要素也总是相互关联、交织在一起的，即政策分析是事实要素和价值要素的统一，两者不可截然分开。

具体而言，事实与价值的矛盾关系给公共政策制定提出了这样的要求：第一，政策应是公共利益的体现。公共利益是政策制定的出发点和最终目标，政策制定者应当把追求公共精神和公共价值作为自己的行为准则，时刻保持作为公共利益代言人的责任感，执行公众意志和表达公众意愿。第二，政策价值判断要以事实为根据。事实要素是对客观环境及其作用方式的描述，而决策必有其产生的环境基础，因此决策总会涉及事实要素。事实要素在政策分析中发挥着重要作用，一方面能够为政策制定提供必要的信息、技术和知识，另一方面事实要素包含着事物客观存在的因果关系，对增强政策合理性程度具有重要意义。第三，历史地看待政策评价标准。政策评价标准具有历史性，不同时代的人对于同一事物的认识和评价标准可能是不一样的，事物彰显出来的价值内涵不是一成不变的，可能会随着新因素的出现而被增强或者削弱。以生态环境保护政策为例，近代以来，我们面临着挨饿和挨打的双重压力，工作重心集中于粮食生产和工业化建设，过去很长一段时间"忽略"了生态环境保护。随着挨饿和挨打的问题初步解决，以牺牲

① 陈振明.公共政策分析.北京：中国人民大学出版社，2002：174.
② 邓恩.公共政策分析导论：第 4 版.谢明，杜子芳，伏燕，译.北京：中国人民大学出版社，2011：10.

环境为代价的行为就不再被容许了。党的二十大报告指出，"中国式现代化是人与自然和谐共生的现代化"[1]，这是立足我国进入全面建设社会主义现代化国家、实现第二个百年奋斗目标的新发展阶段的战略选择。在新的历史时期，公共政策制定应当致力于推动经济社会发展的绿色化、低碳化，持续改善生态环境质量，不断增强人民群众获得感、幸福感、安全感。

12.3.3　理想与现实

　　理想是人类所特有的一种精神现象，指人们在社会实践中形成的、面向未来的，在一定条件下可以转化为现实的美好想象和追求。公共政策理想是社会理想的集中表达，反映公众对政策过程的期望和对未来发展的设计理念，以及对公平、民主、自由的社会生活的追求和向往。政策理想广泛地存在于不同人群之中，因为人们需要在公共领域工作和生活，难免会遇到各种各样的公共问题，进而产生对公共政策的思考和设想。作为社会的定向因素和精神支柱，政策理想代表了更高层次的价值，有了政策理想，才能规定政策动机、政策目标、政策方向和指导原则。在政治社会化的作用下，政策理想往往转化为一些坚定不移的政治信念，从而在相当程度上决定人们的政策行为[2]。

　　社会实践是公共政策理想产生的现实基础，面对需要解决的公共问题，公共政策一方面必须要基于现实，另一方面要实现期望达到的理想状态。公共政策的理想并不是一种乌托邦状态，而是要指出一条通往理想世界的可能路径。通过树立正确的政策理想，行动者充分发挥主观能动性，借助政策工具不断克服实现理想道路上的困难和挑战，推动政策理想顺利转变成政策实践。但实际上，由于公共政策的理想和社会现实之间还存在较大差距，对现实的改造充满了不确定性，因此政策理想有时无法转化为政策实践，或者政策实践最终可能偏离政策理想指明的方向。

　　第一，公共政策在制定过程中会面临目标冲突。一是个人目标与整体利益之间的冲突。公共政策制定者具有双重身份，他们既是代表公共利益和公共意志的"行政人"，同时也是追求个人利益或目标最大化的"经济人"。在公共政策制定的实践中，"政治家们通常至少有两个目标。一个是政策目标，即他们乐于见到如他们所愿地成就或挫败某个项目或建议，他们乐于看到某个问题得到适当的解决。但也许更为重要的是他们的政治目标。政治家们总是想要维持他们的权力，或者得到更多的权力，以便能够实现他们的政策目标"[3]，公共政策总会或多或少地受到决策者价值观的影响，从而产生偏离政策理想的风险。二是公共政策的多元价值目标之间的冲突。很多时候，公共政策制定者需要在同样重要且美好的价值之间做出选择，例如自由、平等、安全和效率等，这些价值都指向公共性，属于公共政策制定的理想范畴，但无法还原为一些绝对的标准进行比较和排序。

　　第二，当前的客观条件可能无法满足实现公共政策理想的需要。理想不是脱离现实

① 习近平. 高举中国特色社会主义伟大旗帜 为全面建设社会主义现代化国家而团结奋斗——在中国共产党第二十次全国代表大会上的报告. 北京：人民出版社，2022：23.
② 陈振明. 公共政策分析. 北京：中国人民大学出版社，2002：173.
③ 斯通. 政策悖论：政治决策中的艺术. 顾建光，译. 北京：中国人民大学出版社，2006：6.

的幻想，也不是贪婪放纵的野心，而是一种追求真善美的意识。如果公共政策的制定超越了当下的经济社会基础，无论该项政策是否符合公共价值，能否反映社会大多数人的愿望，都不是合理的公共政策理想。不仅如此，这类过于理想化的政策由于不具备推行和落实的物质基础，多数演变为一张"空头支票"，容易引发政府信任流失，进而产生与公共政策理想相违背的结果。正如人不可能达到完全理性一样，公共政策不能过于理想化，"从某种意义上来说，一切决策都是折中的问题。最终选择的方案只不过是当时情况下可以选择的最佳行动方案而已，不可能尽善尽美地实现各种目标。具体的决策环境必然会限制备选方案内容，从而设定了实现目的的最大可能程度"①。

政策理想充分发挥作用的前提是政策理想合理化②。公共政策理想合理化首先要求以公共利益最大化作为根本出发点，公共政策主体要对全体国民负责。进入工业社会以来，随着公共领域和私人领域、公共部门与私人部门、公共利益与私人利益的分化和分立，公共性成为公共政策的根本属性，是判断政府部门是否健全、政策是否具有合法性的根本标准。"对行为与政策最根本的检验应当是，它在多大程度上有利于公民整体利益的实现。实现组织或公共行政实践者的利益应当成为第二位的考虑。除非一项行动首先产生了显著的公共利益，否则，即使它强化了组织或促进了实践者的利益，也不能被认为是可以接受的。"③ 无论是公共行政的法律制度还是行政人员的行政行为，都应建立在公共意志的基础上，公共意志就是一个绝对命令。所谓公共意志，就是根源于公共利益的由无数个社会成员提出的共同要求。在我国，公共政策理想是与人民联系在一起的，党的二十大报告提出，"人民性是马克思主义的本质属性。……一切脱离人民的理论都是苍白无力的，一切不为人民造福的理论都是没有生命力的"④，公共政策制定要牢牢站稳人民立场、把握人民愿望、尊重人民创造、集中人民智慧，从最广大人民群众的需求和期盼中生成公共政策理想。此外，公共政策理想必须以现实为基础。公共政策理想一方面来源于社会公共问题，另一方面其实现也需要依赖客观现实条件。理想是对现实的超越，理想能够指引并改进现实；理想的作用是向现实挑战，但绝不意味着它是脱离现实的，也不能将其理解为现实的对立面。公共政策必须考虑现实，现实是解决当前问题、实现未来理想的基础，要使现实成为政策分析和治理的起点。

专 栏

"镜中花、水中月"："2.5 天弹性休息制度"为何难以全面落实？

2.5 天休假模式，即周五下午加周末的小短假调休方式。从个人角度看，一周休息两天半、工作四天半是一件听上去很美好的事情，不少"上班族"对此"翘首以盼"。从社会价值出发，实行"2.5 天弹性休息制度"，可以提升民众的生活质量，让他们在

---

① 西蒙. 管理行为：第 4 版. 詹正茂，译. 北京：机械工业出版社，2013：6.
② 汪前元，朱光喜. 构建社会主义和谐社会的公共政策视角. 江西行政学院学报，2006（2）.
③ COOPER T L. Hierarchy, virtue, and the practice of public administration: a perspective for normative ethics. Public administration review, 1987, 47 (4): 320 - 328.
④ 习近平. 高举中国特色社会主义伟大旗帜 为全面建设社会主义现代化国家而团结奋斗——在中国共产党第二十次全国代表大会上的报告. 北京：人民出版社，2022：19.

周末有更多时间休闲娱乐，激发外出旅游、逛街购物、"下馆子"等消费热情，势必带动文化和旅游、餐饮等第三产业发展，于国于民都是利好。

早在2015年，国务院办公厅就下发《关于进一步促进旅游投资和消费的若干意见》，提出"有条件的地方和单位可根据实际情况，依法优化调整夏季作息安排，为职工周五下午与周末结合外出休闲度假创造有利条件"，为提倡"2.5天弹性休息制度"提供了依据。近年来，这项政策在全国多地被反复提及或提倡，但最终都是"光打雷不下雨"，基本上没有了下文。

2019年9月，安徽省人社厅在答复省政协委员毕普民《关于进一步落实2.5天弹性休息制度的提案》中明确指出，"2.5天弹性休息制度作为一项鼓励性政策安排，在当前全面落实存在一定困难"，正式对这项"众望所归"的政策予以实事求是的答复。由于没有配套措施推进落实，仅靠鼓励和倡导没有推动力，这项弹性休息制度便成了"镜中花、水中月"。

"2.5天弹性休息制度"为何难以全面落实？究其原因，主要在于缩短工时尚不具备现实基础。进一步缩短我国的法定工作时间标准，需要以经济发展、科技进步和生产力水平的提高为基础，充分考虑我国社会经济发展水平和企业承受能力。一方面，在当前经济形势下，缩短工时会加大企业生产经营压力，带来较高的用人成本和负担。特别是众多的中小企业、民营或个体企业，大都属于自负盈亏，为了节约用工成本，当前的"8小时工作制"和"双休日"标准都难以保证，更别谈"2.5天休假"了。另一方面，在机关事业单位，公职人员的工资福利待遇由财政保障，尽管推行"2.5天弹性休息制度"压力不大，但考虑到可能引发社会不公的争议，也不敢贸然当"出头鸟"，率先实行这项弹性休息制度。此外，这项休息制度在多地基本上只是鼓励和倡导，没有任何强制性，更加难以落实下去。

虽然当前"2.5天弹性休息制度"缺少推行的现实基础，但从其被提及和提倡的频率来看，它反映了人民群众对美好生活的追求，属于公共政策的理想范畴。因此，各地政府部门应当在现实条件和时机成熟之后，制定相关推进全面落实的优惠性配套政策，比如给予减免税费、一定期限财政补贴等优惠措施，促使这一新的休假模式真正落实下去，最终成为惠及大多数劳动者的普惠性休息制度。

资料来源："2.5天弹性休息制度"为何难落地？.(2021-09-17).人民资讯网.

◀◀ 本章小结 ▶▶

公共政策是一定的公共权威经由政治过程所选择和出台的为解决公共问题、达成公共目标、实现一定群体利益的规范性安排，其本质是要对公共利益做出权威性分配。政策制定是一个选择的过程，必须以价值判断或价值观为基础。公共政策与伦理价值具有相关性，政策分析不能避开伦理分析，可以说，公共政策制定是伦理价值实现的途径。不管是在政策目标的确立、政策问题的建构与政策议程的设立，还是在政策方案的设计与评估以及抉择中，都会受到伦理价值观的影响。

工业社会是一个追求理性、崇尚科学与技术的时代。在此背景下，政策科学从诞生之日起就不可避免地受到逻辑实证主义的影响。因而，理性主义也在政策制定过程中占据了主导地位。与此相伴随的却是伦理价值的失落，政策科学完全演化成了数字演算与技术模型。但是，自从 20 世纪 70 年代以来，社会发展再次使伦理价值进入了人们的视野，政策制定过程中出现了伦理价值研究的回归。学者们都认同政策制定中伦理价值的重要意义，政策制定中的价值分析需要遵循公平、正义、民主等基本原则。

整个政策过程都离不开人的价值判断。一项公共政策很难同时满足各个方面的道德标准，甚至不得不在各种同样美好且有益的价值之间做出取舍。面对来自理性与情感、事实与价值、理想与现实等多对矛盾关系的内在张力，公共政策需要依赖相应标准不断调适，以达到"善的"政策效果，并提升政策的公共性。

◀ 关键术语 ▶

公共政策	伦理价值	理性主义	逻辑实证主义	决策模式
公共性	公平	正义	民主	道德自主性
社会多元价值				

◀ 复习思考题 ▶

1. 公共政策分析为什么要进行伦理研究？
2. 伦理价值对政策制定各环节有什么意义？
3. 政策制定中的理性主义有什么特征？
4. 你是否认同理性主义的决策模式？为什么？
5. 简述公共政策制定的根本伦理依据。
6. 政策制定中要遵循哪些价值分析原则？
7. 公共政策的制定中为什么要遵循一定的道德原则？
8. 怎样理解公共政策制定中的事实与价值原则？
9. 公共政策制定中理想与现实之间存在何种关联？

海德格尔说:"追问现代技术的需要大概正在渐渐地熄灭,与之同步的是,技术更加明确地铸造和操纵着世界整体的现象和人在其中的地位。"① 我们逐渐放弃了对现代技术必要性的讨论,转而在承认技术时代事实的基础上重新思考人类与技术的关系。无论作为治理的对象还是治理的工具,尤其是技术所表征的无形逻辑和隐形理念,都对行政管理产生了不容忽视的影响。我们看到,技术对公共行政的形塑在理论和实践中逐渐得到确认,而公共行政在主动引导、利用和被动适应、回应技术的同时,似乎又走入了新的治理困境和伦理困局之中。

13.1 技术与公共行政

在技术决定论视角中,技术对公共行政的影响几乎是全方位的,从实践活动到知识谱系无不展现着对技术时尚的追求;在技术的社会建构论的分析中,技术不过是公共行政可供利用的因素,公共行政与技术的互动是作为主体的行政接受与选择的结果。当我们试图勾勒技术与公共行政这一关系的全景时,或许并不能单一地遵循技术决定论或者技术社会建构论的理解,同时也要从伦理视角出发进行解读。

13.1.1 技术对公共行政的影响

全钟燮曾言:"无论是在 20 世纪的工业社会还是在今天的后工业社会,国家治理都

---

① 海德格尔 . 面向思的事情 . 陈小文,孙周兴,译 . 北京:商务印书馆,1996:61.

强调理性、科学和技术的行动。"① 当我们回望公共行政学的历史时就会发现，公共行政学自诞生之日起，技术始终作为不可忽视的关键概念贯穿其中。20 世纪公共行政的自觉构建首先得益于政治-行政二分法使得公共行政成为一个相对独立的科学探讨对象，其次是官僚制组织理论使公共行政获得了形式合理性建构的空间，再次是科学管理理论使得行政成为可以分析分解和控制的系统②。其中，技术对学科认知、组织形式和行政方法等方面都产生了十分深远的影响。

尽管人们从不同视角出发对"技术"做出五花八门的理解和定义，但至少要看到，我们不能将技术简单地等同于物理技术或工程技术等，正如阿加西所说："一旦我们认识到把技术和物理技术等同起来意味着对社会和政治技术的忽视，那我们就不应该对……技术引起的社会大动荡表现出如此之震惊。"③ 法默尔则认为，"公共行政作为技术乃是要'认识如何'而不是'认识什么'"，技术并不追求普遍而广泛的原理，"它只是想运用已经知道为何的知识"④。此处，我们既将技术理解成一种抽象的总体性概念，也将技术看作公共行政实践中各种工具技艺的总称。

1. 对公共行政认知的影响

在行政学的开山之作《行政学研究》中，伍德罗·威尔逊引用布隆赤里的观点："政治是政治家的特殊活动范围，而行政管理则是技术性职员的事情"⑤，行政作为单独的领域并不关涉政治，其本质是一门技术性事务，是"使我们的政治易于付诸实践的一种手段"⑥，公共行政的活动要交由"一支在技术上受过训练的文官队伍"⑦ 来完成。接续威尔逊对公共行政的理解，怀特在其所著《行政学概论》序言部分即假定"行政在大体上，仍系一种技术，但于转变之为一科学之重要趋势上，极端着重"⑧。即使怀特希冀行政从一种技术逐渐发展转化成为科学，但将行政视作一种技术仍然是最符合他所处的时代背景的理解。

对公共行政的技术性理解，促使公共行政很快成为一个有基本知识可以共享、有基础手段方便学习、有基本问题进行探讨的领域。在实践领域，这就意味着会有可操作化的文本供公共行政的实践者进行学习，一切关于人事、财政、政策等方面的具体事务的处理方式都变得有章可循了。当然，我们必须看到，这种对公共行政的技术性理解与人们对确定性的执着追求密不可分。在欧克肖特看来，"理性主义者专注于确定性"，而"技术和确定性在理性主义者看来是不可分隔地连在一起"⑨。换言之，技术满足了理性主义者对确定性的追求，而这种深刻影响直到今天都依然发挥着某种作用。

① 全钟燮. 公共行政的社会建构：解释与批判. 北京：北京大学出版社，2008：17.
② 张康之. 寻找公共行政的伦理视角：第 2 版. 北京：中国人民大学出版社，2012：45.
③ DURBIN P T. Research in philosophy and technology：an annual compilation of research. Greenwich，Connecticut：JAI Press Inc. 1978：205.
④ 法默尔. 公共行政的语言：官僚制、现代性和后现代性. 吴琼，译. 北京：中国人民大学出版社，2005：122-123.
⑤ 彭和平，等. 国外公共行政理论精选. 北京：中共中央党校出版社，1997：15.
⑥ 同⑤25.
⑦ 同⑤20.
⑧ 怀特. 行政学概论：第 3 版. 刘世传，译. 上海：商务印书馆，1947：1.
⑨ 欧克肖特. 政治中的理性主义. 张汝伦，译. 上海：上海译文出版社，2004：11.

传统公共行政学家对公共行政的技术性理解对后世产生了深远影响，甚至可以说直接影响了我们对待公共行政的基本态度，"公共行政学自产生的时候起，就有着明显的技术主义特征"，且这种"技术主义特征有增无减"①。

2. 对公共行政组织的影响

尽管官僚制自产生以来遭受了持续的批判，但正如韦伯所言："官僚制一旦得到完全确立，就会成为最难以摧毁的社会结构。"② 作为公共行政组织的理想型结构，"官僚制组织的发展有一个决定性的原因——它在纯技术层面上始终优越于任何其他形式的组织"③，它为实现古典公共行政学家所追求的效率奠定了组织基础。

技术对组织的重要影响从"技术官僚"这一概念中可见一斑。可以认为，韦伯所言技术上具备优越性的官僚制已经暗含了某种技术官僚的观点。贝利斯曾给技术官僚下过一个经典的定义："所谓技术官僚，是指具有自然科学或管理专业大学文凭者，因其掌握工业企业管理与规划的专业知识，能够将政治缩减成技术专务，不是依照政客的私人利益或者未经训练的个人价值偏好作为政策的标准，进而掌握政治权力来管理现代社会"④。技术知识、专业化、技术实务、客观流程与标准，等等，这些无不影响着组织的结构与运作。

在具体的管理实践中，技术官僚将技术理性置于首位，他们凭借自身的专业技术知识从事公共行政活动，这反过来又强化了技术理性的首要地位。因为，"单从解决问题的角度而言，技术总是能够给出某种方案……诉诸技术似乎总是能让人们找到更新因而也更好的解决方案"⑤，这样一来，用技术思维与逻辑对组织进行建构与改造的思路就很容易被大家接受，不仅是组织中的技术官僚，组织管理与服务的对象也接受这一点，他们将技术官僚化的组织视为值得信赖的公共问题解决者。

3. 对公共行政方法的影响

所谓公共行政方法，是指公共行政主体在行政活动中为了实现公共行政目标，是使用的工具、技艺、手段等的总称，即"用什么去做"的问题。

尽管泰勒等人所开创的科学管理理论与实践是以企业管理为依托，但它同时也为公共行政提供了技术上的指引，科学管理理论提出的效率原则契合公共行政创设的初衷，标准化管理、挑选一流工人、例外原则⑥等都为增进公共行政效率提供了线索和思路。例如，莱芬韦尔和库克早年就曾应用科学管理思想提升了市政管理的效率，美国政府也将科学管理原理和方法应用于政府机构的精简和调整等行政改革中⑦。

随着新公共管理等运动的兴起，技术又一次受到高度重视。新公共管理运动强调将

---

① 张康之. 公共行政研究中的技术主义. 理论与改革，2008（2）.

② 韦伯. 经济与社会. 阎克文，译. 上海：上海人民出版社，2010：1127.

③ 同③1113.

④ BAYLIS T A. The technical intelligentsia and the east German elite. Berkeley：University of California Press，1974：2.

⑤ 张乾友. 技术官僚型治理的生成与后果：对当代西方治理演进的考察与反思. 甘肃行政学院学报，2019（3）.

⑥ 泰勒. 科学管理原理. 马风才，译. 北京：机械工业出版社，2007.

⑦ 丁煌. 西方行政学说史. 3版. 武汉：武汉大学出版社，2017：43-44.

私人部门的技术引入公共部门的管理之中，用私人部门的模式重新塑造公共部门。例如，今日在公共部门广为流行的项目预算、业绩评估、战略管理、顾客至上、结果控制、合同雇佣制、绩效工资制、人力资源开发和组织发展等观念与手段都源自私人部门①。这些来自企业管理和工商管理的技术被大量引入公共行政之中，进而深刻影响公共部门实践。

同时，随着互联网、云计算、大数据、人工智能、区块链等信息技术的发展，公共行政的手段再一次迎来巨大变革，数字政府成为世界各国政府改革的重要方向，大数据在政府决策中已然发挥重要的支撑作用，人工智能嵌入政府治理也拥有广阔的前景。以公共政策的全过程为例，技术在议程设置、政策制定、政策执行、政策评估等全流程中都发挥出更大的作用。技术不仅作为手段或工具可以辅助行政决策和政策执行，甚至可以在一些领域替代人们直接地做出决策和推进政策执行。党的二十大报告在谈到"完善社会治理体系"时就指出，要进一步完善信息化支撑的基层治理平台。由此可见信息技术对现代治理的支撑性作用。②

一方面，公共行政实践受到了技术的深刻影响；另一方面，人们也在持续反思公共行政的技术化追求。法默尔就曾批评道："公共行政学的基调或技术基调，常常因追逐时尚而自降身份。对作为技艺的技术的强调更是火上浇油，使时尚追逐变本加厉，朝秦暮楚，无有所定。最近的'全面质量管理'和'重塑政府'的时尚就是例子。公共行政的历史就充满了这类潮流和时尚，既在大范围内，又在每天的地方管理中。"③ 不得不承认，公共行政的进步需要技术的革新为其开路架桥，但追逐时尚般地追求技术革新无疑错置了手段和目的之间的位置。技术对公共行政的影响注定是复杂的，其复杂性之一就源于公共行政并非被动地受制于技术，而是会对技术做出特定的回应。

13.1.2 公共行政对技术的回应

有关技术影响，公共行政的讨论暗含了一种技术决定论的思想，即技术作为一种外在于公共行政的客观性力量，会对公共行政认知、组织和方法产生影响，技术的变迁会带来公共行政的变迁。但事实上，技术并不只是在单向地影响公共行政，公共行政也会通过各种方式对技术做出回应。其实，"任何技术都负载一定的社会政治价值和伦理价值"④，作为公共价值重要生产者的公共行政理论与实践位列其中。公共行政对技术的回应不是对率先发生的技术冲击的被动回应，而是通过公共行政对技术的定义、使用、规制、监督等对技术进行了再建构，或者说，是一个与技术持续互动的过程。

当我们讨论公共行政与技术的关系时，此处的技术不只是指一种作为治理手段的技术，即通过使用各类技术手段和工具来达到公共行政的目标，也是指一种作为治理对象

① 陈振明.评西方的"新公共管理"范式.中国社会科学，2000（6）.
② 习近平.高举中国特色社会主义伟大旗帜 为全面建设社会主义现代化国家而团结奋斗——在中国共产党第二十次全国代表大会上的报告.北京：人民出版社，2022：54.
③ 法默尔.公共行政的语言：官僚制、现代性和后现代性.吴琼，译.北京：中国人民大学出版社，2005：129.
④ 晏如松，张红.技术的决定论和社会建构论.陕西师范大学学报（哲学社会科学版），2004（S2）.

的技术，即公共行政对各类技术进行引导、规制和监督以保证技术被限定在特定的范围内。正如温纳所言："'技术'具有一定的自主性，且存在控制与失控的风险。"[①] 除此之外，这里的技术还指向作为一种治理机制和治理理念的技术，即行政主体按照技术逻辑对公共行政中的制度机制、态度观念进行改造，以使其符合人们普遍接受和认同的标准[②]。

1. 公共行政对技术的吸纳

吸纳是指公共行政主体有意识地应用技术，以增强行政管理水平、调整行政组织结构、适应行政外部环境，从而更好地达到行政目标的过程[③]。在此过程中，行政主体居于主导地位，有权力决定技术采纳与否。应该说，公共行政对技术的吸纳贯穿始终，各类技术出现在公共行政视野的同时，公共行政也在甄别、挑选、发展和应用各类技术。公共行政对企业管理或工商管理领域大量技术方法的吸收利用，在吸收硬技术的同时对技术背后的逻辑与理念也做了吸纳，从而推动了公共行政的深度变革。例如，奥斯本曾指出，顾客驱使的制度不仅可以"减少浪费，因为他们使供求相适应"，而且可以"促进更多的革新"[④]，私人部门中这种顾客导向的思维方法就被广泛应用于公共行政提升效率的尝试中。再如，西蒙曾认为，决策可以分为程序化决策和非程序化决策两种类型，决策类型的不同会要求决策者采取不同的决策制定技术[⑤]。因此，随着现代信息技术的发展，人们在数字政府建设中就谋求运用新的技术来优化政府决策。

除了具体的行政方法，技术性治理方式和思维也是值得我们关注的议题，流行的"技术治理"一词就是对这一情境的贴切反映。有人甚至将技术治理的源头追溯到培根笔下《新大西岛》中的世界，即由各种科学家和知识分子所构成的"所罗门之宫"在统领着整个社会[⑥]。尽管技术治理的分支派系繁复，但他们大体上都认同，要用科学原理和技术方法来治理社会，要让接受了系统的现代自然科学技术教育的专家掌握政治权力[⑦]。尽管这种纯粹的专家治国主张遭到广泛的批评，正如哈耶克所言，"虽然真正的科学家全部应当承认，对于人类事务的领域他们的能力有限，但是大众过多的期待，也会使某些人不顾自己的能力所限，假装或真诚地相信自己能做得更好，以迎合人们的要求"[⑧]，但让技术专家参与公共决策等公共行政实践的理念和做法一直延续至今。

我们憧憬着技术治理会给公共事务的解决带来终极答案，社会治理的困境也不断呼唤着更好的治理技术，但是技术治理真如我们想象中美好吗？公共行政对技术的吸纳始终指向公共行政与生俱来的效率提升的目标。技术利用自己观察社会的方式，通过技术

① 温纳．自主性技术：作为政治思想主题的失控技术．杨海燕，译．北京：北京大学出版社，2014：21-25.
② 颜昌武，杨郑媛．什么是技术治理？广西师范大学学报（哲学社会科学版），2020，56（2）.
③ 陈天祥，徐雅倩．技术自主性与国家形塑：国家与技术治理关系研究的政治脉络及其想象．社会，2020，40（5）.
④ 奥斯本，盖布勒．改革政府：企业精神如何改革着公营部门．上海市政协编译组，东方编译所，编译．上海：上海译文出版社，1996：165-167.
⑤ 西蒙．管理决策新科学．李柱流，等译．北京：中国社会科学出版社，1982.
⑥ 培根．新大西岛．何新，译．北京：商务印书馆，1959.
⑦ 刘永谋．论技治主义：以凡勃伦为例．哲学研究，2012（3）.
⑧ 哈耶克．经济、科学与政治：哈耶克思想精粹．冯克利，译．南京：江苏人民出版社，2000：467.

之眼将社会进行过滤①，复杂的社会问题被化约为一个个亟待解决的技术性问题，公共行政似乎只要依照技术性思维、采用技术性方法去解决这一个个问题就能实现既定目标。这或许只是技术带给我们的幻象，公共领域种种得不到有效解决的顽疾就是证据。技术既不万能，也不能取代制度变革的作用②，更有可能的是，"国家通过技术之眼观察社会图像时，看到的是自己的倒影"③。

2. 公共行政对技术的适应

"技术系统最初服务于人们设置的目的，结果是重组了人们自己和人们的环境去满足他们自己操作的特殊条件。人造奴隶逐渐颠覆了它主人的统治。"④ 温纳笔下的"反向适应"描述了人类要去调整迎合技术的现象。技术不再是一种工具性概念，而是发展出了自主性，它要求人类利用技术性思维去认知和解决问题，适应技术所创造出来的环境，遵守技术所形成的各种规范。同样地，面对技术自主性的事实，公共行政也必须有所回应。

不论是来自技术对公共行政的冲击，还是公共行政有意识地自主调节，都可以看到公共行政在对技术吸纳的同时也在不断地调整着自身的组织结构和运作方式以更好地适应技术应用的新场景。例如，信息技术的运用重塑了组织结构，改变了组织间的沟通方式，且减少了外部利益相关者的干预和控制⑤，"等级结构出现了'扁平化'，命令和控制系统也有所松动"⑥。在组织之外，伴随数字政府发展带来的硬件设施的迭代更新，公共行政的管理和服务对象也不断调整自身的思维观念和行为策略，以此更好地适应各类新平台新系统。这也为反向适应提供了很好的证据。

公共行政主体对于技术所追求的效率、速度和准确等原则的顺从是适应技术的一种表现，或者说，技术的深度嵌入让我们不断强化效率等观念，从而更好地适应技术。如罗森布鲁姆所言："实现政治目标的公共行政活动不仅要遵循合理的标准和公平的程序，而且要符合优质管理的标准。抛开目标和法律限制，在日常的机关运作过程中，各项行政行为必须符合效率、效能，以及运作经济之要求。"⑦

3. 公共行政对技术的控制

正如芬伯格在批判技术时指出，"以技术形式出现的理性超过了人类的干预和修正"⑧，当技术的自主性走向极致时，便会有"失控"的风险。这里的"失控"是指"技术治理在实际运行过程中，与其生产者和使用者的目标、任务和意图的偏离"⑨，而公共

① 彭亚平. 治理和技术如何结合：技术治理的思想根源与研究进路. 社会主义研究，2019（4）.
② 韩志明. 技术治理的四重幻象：城市治理中的信息技术及其反思. 探索与争鸣，2019（6）.
③ 彭亚平. 技术治理的悖论：一项民意调查的政治过程及其结果. 社会，2018，38（3）.
④ 温纳. 自主性技术：作为政治思想主题的失控技术. 杨海燕，译. 北京：北京大学出版社，2014：227.
⑤ WELCH E W, PANDEY S K. E-Government and bureaucracy: toward a better understanding of intranet implementation and its effect on red tape. Journal of Public Administration Research and Theory, 17 (3), 2007: 379-404.
⑥ 芳汀. 构建虚拟政府：信息技术与制度创新. 邵国松，译. 北京：中国人民大学出版社，2004：53.
⑦ 罗森布鲁姆，克拉夫丘克，罗森布鲁姆. 公共行政学：管理、政治和法律的途径. 张成福，等校译. 北京：中国人民大学出版社，2002：60.
⑧ 芬伯格. 技术批判理论. 韩连庆，曹观法，译. 北京：北京大学出版社，2005：8.
⑨ 陈天祥，徐雅倩. 技术自主性与国家形塑：国家与技术治理关系研究的政治脉络及其想象. 社会，2020，40（5）.

行政的控制则意味着公共行政主体对过度的技术自主性加以制约和纠正。

面对技术失控，我们既可以将原因归于某种具体技术的不完善，也可以理解成这是技术的本质属性所造成的必然结果。顺着前者的思路，技术控制要诉诸更好更先进的技术，但用新技术取代旧技术的思路很可能让我们更深地陷入技术万能的幻象之中。如果从后者的角度出发，求之于技术以外的事物或许为技术的控制提供了可行的手段，如社会公众的评价、新闻舆论的监督、政策法规的约束，等等，而这些就属于行政伦理的范畴。

20 世纪后期以来，随着行政国家的迅速发展，民主和行政结合而成的民主行政成为一种广泛的话语，民主因素进入公共行政领域成为一个不可阻挡的历史趋势，各种民主行政理论虽然在理论基础和方法路径上不尽相同，但大都拒绝传统公共行政技术导向、单纯追求效率的做法。对民主价值的呼唤某种意义上就是对公共行政领域技术理性蔓延的批判，公共行政不应只包含技术导向的"行政"，也应关注价值导向的"公共"。

13.2　人工智能与公共行政

作为一种技术类型与成果的人工智能，与公共行政的关系同一般性技术与公共行政的关系具有相似性。政府既要考虑如何利用人工智能技术更好地达成自己的治理目标，也要考虑如何规制人工智能技术引发的隐私、安全等问题。但是，人工智能因其感知力、适应力、学习力等特征在一般技术中又显得十分特殊，其对公共行政造成的影响更加深刻，也给治理带来前所未有的挑战。

13.2.1　人工智能对公共行政的影响

关于何为"人工智能"，尚未有统一的定义，但我们可以将人工智能通俗地理解成"让计算机完成人类心智能做的各种事情"，人工智能"可以利用多种技术，完成多重任务"[①]。即使仍广泛存在着强人工智能与弱人工智能的争论，但不可否认的是，人工智能技术已逐渐深入人类生活的各个领域，深刻地改变着我们的生产生活方式和思维习惯，推动人类社会走向智能时代。不可避免地，人工智能也逐渐嵌入了公共行政的各个环节和领域，在诸多场景中得到广泛应用，对公共行政的方法、思维等产生了不可忽视的影响。

面对人工智能迅猛发展的浪潮，各国政府纷纷响应，美国在 2018 年接连成立包括人工智能特别委员会、联合人工智能中心、人工智能国家安全委员会在内的人工智能管理与指导部门；英国在 2018 年 4 月发布旨在推动英国成为全球人工智能领导者的《人工智能行业新政》报告；德国政府也在 2018 年 7 月发布《联邦政府人工智能战略要点》，要求联邦政府加大对人工智能相关领域研发和成果转化的资助。我国在 2017 年印发了《新

---

① 博登. AI：人工智能的本质与未来. 孙诗惠，译. 北京：中国人民大学出版社，2017：3.

一代人工智能发展规划》，抢抓人工智能发展的重大战略机遇。党的二十大报告中也明确指出，要大力发展人工智能等新技术，推动战略性新兴产业融合集群发展，着力构建一批新的增长引擎。① 各国政府在重点扶持人工智能产业增长的同时，也在不断推进人工智能与公共行政的融合，"数字治理将受人工智能技术的驱动而不断向'数智治理'迈进，人工智能赋能数字治理将是大势所趋"②。

　　作为一种新技术或技术发展的新阶段，人工智能如同历次技术变革一样对公共行政产生了重要影响，但同时，人工智能以其特有的开放性、学习力、交互性等特征而让这种影响也变得复杂多变。在嵌入公共行政的过程中，人工智能既会发挥技术特性，对治理活动产生积极影响，也会由于其技术本质，为公共行政带来诸多挑战。

1. 人工智能对公共行政的促进作用

　　（1）加强政府与市场的沟通与联系。从各国对人工智能的重视和扶持中不难看出，人工智能逐渐成为全球新一轮产业变革和发展的着力点，各国企业都投入大量人力物力财力抢占人工智能技术高地，巨大的经济价值推动着企业等市场主体不断研发新技术。与传统技术的生产与使用相同，市场在人工智能技术发展中也主要扮演着技术生产者和提供者的角色，而政府部门在大部分时候则作为人工智能技术的使用者。不同的是，人工智能的开放性特征要求，企业要研发和生产出符合政府需求的技术产品，就必须从一开始进行深度的协商合作，由此，政府与企业围绕技术的传统关系也发生着变化。

　　政府部门通过人工智能技术产品这一媒介，增强了与企业等市场主体的沟通与联系，极大地提高了公私部门之间的互动。并且，这种沟通与联系并非仅仅出现在交易发生的瞬间，而在产品的购买、使用、咨询、维护和售后等多个环节中都有所体现。不管人工智能技术产品是用于监控管理还是公共服务，这种互动格局有利于从主客体分明的管理心态转变成多元治理的思维。

　　（2）提升政府服务效能。可以看到，人工智能技术在很多政府服务场景中已经得到应用，在线智能客服、身份验证、信息搜索成为目前人工智能在政务服务中的重点应用领域，部分城市应用人工智能缓解城市交通拥堵问题，还有学者积极探索人工智能在税务服务中应用的可能性③。我们似乎很难穷尽所有应用场景，但清晰可见的是人工智能在政府服务提供中随处可见的身影。

　　人工智能对政府服务效能的提升可以通过时空突破和个性化两条路径得以体现。互联网和大数据的应用并未完全突破传统受制于物理空间的政府服务模式，而窗口服务模式又存在服务供给不及时、不融洽的现实问题，人工智能的嵌入可以通过创建综合的决策树算法模型，在与大数据的结合作用下，打破政府服务的时空局限，提升民众接受政府服务的便利性④。此外，人工智能可以依托海量数据，为每位公民建立专属详尽的数据

　　① 习近平. 高举中国特色社会主义伟大旗帜 为全面建设社会主义现代化国家而团结奋斗——在中国共产党第二十次全国代表大会上的报告. 北京：人民出版社，2022：30.
　　② 黄建伟，刘军. 欧美数字治理的发展及其对中国的启示. 中国行政管理，2019（6）.
　　③ 朱杰，陆倩，张宝来. 人工智能在纳税服务中的应用. 税务研究，2018（5）.
　　④ 胡洪彬. 人工智能时代政府治理模式的变革与创新. 学术界，2018（4）.

档案，以此作为基础调配公共资源满足公民的个性化需求①。在人工智能的应用场景中，公众以最少的用户学习时间快速融入一个服务场景之中——他们只需用自己习以为常的语言和行为作为信息输入，将剩余的事情交给人工智能和后台的专业服务人员——从而大幅提升了公众满意度。

（3）增强政府决策能力。信息是政府进行决策的基础，任何一个决策过程都是信息的收集、处理、加工和应用的过程。遗憾的是，"前现代化国家在许多关键方面几乎是盲人。它对它的统治对象所知甚少……结果，国家对社会的干预往往是粗劣和自相矛盾的"②，通信技术的发展革新了人与人之间信息传递的方式，也提升了政府收集和获取信息的能力，以人工智能为代表的新一代信息技术将以更清晰准确的方式描述社会现实和图景，极大地提高政府感知社会的能力。政府能更真实全面地把握社会事实，减少过去受制于能力、时间和技术等因素而造成的信息闭塞情况，为科学决策提供信息支持。

在海量信息的背景下，政府决策可以实现由经验决定到数据化驱动的转变③。传统政府管理缺乏足够的信息作为决策支撑，管理者的个人经验则成为决策的依靠，这往往使决策结果带有浓厚的主观色彩。同时，个人的智识也经常难以处理和应对复杂的社会问题。人工智能对社会的深描和全景展现为理性决策奠定了深厚的基础，决策依照数据呈现出来的确定性，这无疑大大提升了政府管理者在决策过程中的分析、处理和决定能力。

2. 人工智能对公共行政带来的挑战

（1）对技术的过分依赖。尽管技术治理一直遭受批评，但作为信息技术尖端研究成果的人工智能在诸多领域得到应用，其革命性、颠覆性再次激发了人类对技术治理的美好想象。政府在吸纳人工智能提升效能的同时，对技术的依赖又是不得不面对的问题。

即使我们只是身处麦卡锡所谓的"弱人工智能"时代，即人工智能仅以一种辅助性工具的形式存在，但人工智能究其本质仍是一种技术，我们要谨记历史上关于公共行政深陷技术理性的批评。人工智能推动的数据驱动决策并不意味着个人经验在决策过程中的排除，数据能描绘社会现实，但不等于社会现实，决策仍需要个人理性和经验的加入，如果完全由人工智能主导决策过程，政府官员就会成为技术的附庸，这不仅会对决策结果产生难以预估的影响，而且会给行政责任带来重大挑战，更会妨碍公务员的道德品格与行政人格的形成④。

（2）对公众参与的抑制。以人工智能为代表的信息技术拓展了公众获取信息的渠道，增加了公众参与治理的便利性，政府可以利用人工智能技术收集、处理和整合民意信息，从某种意义上说，人工智能提升了公众在治理中的参与度。

但是我们可以看到，人工智能技术始终掌握在少数技术或权力精英手中，对于广大公众而言则是一个技术黑箱，很多公众被排除在人工智能等技术之外，人工智能过分嵌

---

① 何哲. 人工智能时代的政府适应与转型. 行政管理改革，2016（8）.

② 斯科特. 国家的视角：那些试图改善人类状况的项目是如何失败的. 王晓毅. 北京：社会科学文献出版社，2004：2.

③ 王张华，颜佳华. 人工智能驱动政府治理变革：技术逻辑、价值准则和目标指向. 天津行政学院学报，2020，22（6）.

④ 谭九生，杨建武. 人工智能嵌入政府治理的伦理风险及其防控. 探索，2021（2）.

入甚至主导公共行政将会进一步扩大不同群体参与的非均衡性，表面上人人都能通过智能产品参与治理，但实际上却附加了诸多参与条件，例如拥有、了解和使用人工智能产品就是参与的第一道通行证。同时，技术精英以及企业对人工智能技术的垄断可能会加大政府对技术精英与核心企业的依赖，行政活动也可能受到技术及其拥有者的制约和影响，而形成优势地位的精英和企业会进一步弱化和分化公民参与[①]。

专栏

上海试点更"聪明"的智能红绿灯

《上海统计年鉴》和《2020 年上海市国民经济和社会发展统计公报》显示，截至 2020 年年末，上海市全市常住人口总数为 2 488.36 万人，拥有各类民用汽车 470.43 万辆，比上年末增长 6.5%，其中私人汽车 365.56 万辆，增长 7.5%。这样的人口和交通体量，在全国都名列前茅。相比之下，上海市人均拥有道路面积仅有 12.47 平方米。人多、车多、路少，这是上海市不得不面对的城市问题。

新兴科技为解决城市交通问题提供了新的思路和手段。首届中国国际进口博览会前，一套全新的"智能信号灯系统"在上海亮相试用。这套信号灯不是简单示意停止或通行的，而是通过多渠道感知和收集交通数据，给出信号控制和交通组织的最佳方案。比如，如果提前预知哪条路、哪个方向的车流量会出现负载过大等情况，交警可以现场提前引导车辆分流，动态分配路权，提高通行效率。据计算，通过这样动态、及时的管理措施，区域道路通行效率提高了 10% 以上。

资料来源：钱培坚.上海"智慧治堵"启示录.工人日报，2019 - 09 - 01.

13.2.2　人工智能与政府结构转型

政府作为国家与社会中最重要的组织，深受其外部环境的影响，虽然不可否认政府职能中包含自我选择的结果，但更重要的是对国家与社会需求的回应与满足。政府职能又进一步塑造政府的组织结构，结构得当、运转流畅的政府组织架构是实现政府职能有效履行的重要条件。遵从上述社会环境到政府职能到组织结构的逻辑理路，聚焦人工智能技术的出现和发展上，就会发现，人工智能技术既可以作为一种外在的社会环境因素，对政府组织结构的变革提出要求，也可以作为一种新技术直接作用于政府，为政府的结构转型提供技术支撑。

1. 政府结构转型的不同层面

（1）横向结构转型。在传统官僚制组织结构中，政府各个部门按照专业化和分工原则进行界定和划分，社会事务被分割成特定的版块，特定部门管理特定公共事务并提供特定公共服务。所有部门都依照既定规则运用权力和履行职责，各个部门之间有着明确的职能边界。这种横向上的组织结构有效地降低了管理复杂度和提升了管理精度，在公

---

① 谭九生，杨建武.智能时代技术治理的价值悖论及其消解.电子政务，2020（9）.

共事务相对简单的历史时期发挥了重要作用。随着人类社会在复杂性和不确定性方面的激增，上述结构中的僵化、非人格化、低效等弊端越来越明显。

从横向上看，人工智能技术具备将分散在各个部门的职能加以整合与集成的可能[1]，人工智能可以充分发挥自动化和智能化等特点，分析和抓取各个部门之中存在的大量简单重复的管理和服务事项，并将这类程序化的工作从人工转移至智能系统之中。同时，为了有针对性地处理人工智能事务，也需要成立特定部门，将分散在各个部门中的相关职权整合起来。欧美一些国家在此方面已经做出尝试，如美国设立了人工智能特别委员会、人工智能国家安全委员会等。中国政府也相继在科技部下设人工智能规划推进办公室、战略咨询委员会和人工智能治理专业委员会等机构。此外，由于社会事务的复杂性日趋增加，社会问题往往需要多部门协同处理，部门融合有了潜在需要，而基于大数据的人工智能能够收集和处理海量信息，这就为社会问题的处理奠定了基础，使得部门间的融合成为可能。[2]

（2）纵向结构转型。受制于地域空间、通信技术等因素的影响，传统行政组织内部的信息传输在纵向上呈现出一种线性结构，这与官僚制的层级结构相呼应。在官僚制中，上下级之间严格按照等级划定，命令-服从关系迫使信息在从上至下的决策传递和从下向上的反馈传输中表现出不同的特征。此外，在巨型机构中，信息在流经冗长的科层链时难免发生各种扭曲。

人工智能所带来的纵向上的结构转型首先就指向了管理层级的压缩问题。从信息沟通角度看，人工智能在信息交流和连接方式上带来的变化会压缩政府组织的中间层级，科层链条的上下层之间的直接沟通成为可能，信息转述的频次减少，失真情况就会得到一定程度的纾解，从而提升了决策和执行之间的吻合程度。同时，在人工智能场景中，除了传统的自上而下的信息流动，自下而上的信息流动将得到大幅扩容，官僚制上层能够通过人工智能技术及时有效地获取组织各个层级的信息。或者，更准确地说，此时的信息流动不再是单向或双向的问题，而是信息在一个场域内的全方位流动。

（3）政府规模的变化。我们看到，政府规模总是在不断膨胀的过程之中，这既来源于政府在面对问题时，希望"通过不断扩大机构、增设部门和增加人员来应对和解决"，同时也和"社会对政府的无止境要求"[3]相关联，社会发展的每一处细节都对政府提出了要求。当然，我们也不能忽视政府自我膨胀的动机，政府"对社会各个领域分门别类进行管理，以至于当社会出现新的领域、新的部门，甚至是新的行业时，政府总是通过设立新的主管机构试图把这些新出现的事物置于自己的掌控之中"[4]。

所谓政府规模，通常可以从职能规模、权力规模、机构规模和人员规模等方面加以界定[5]。就政府职能内容而言，包括政治、经济、文化、社会和生态职能等多个方面，就

① 王张华，颜佳华．人工智能驱动政府治理变革：内在机理与实践样态．学习论坛，2020（11）.
② 何哲．网络社会时代的政府组织结构变革．甘肃行政学院学报，2015（3）.
③ 张康之．限制政府规模的理念．行政论坛，2000（4）.
④ 王锋．智慧社会中的政府规模探究．南通大学学报（社会科学版），2019，35（3）.
⑤ 王玉明．论政府规模及其合理尺度．地方政府管理，1998（9）.

其表现形式而言，最重要的就是提供公共服务。随着人工智能技术的广泛应用，包括普通公民、企业单位等越来越多的社会主体参与到治理过程中来，社会主体能够自我生产部分公共服务，政府成为公共服务众多提供者之一，政府的职能规模存在减小的可能。权力规模同样如此，如前所述，当人工智能技术被广泛应用于治理过程中时，至少从事人工智能研发的高新技术企业在某种意义上存在着和政府分享治理权力的现实。就机构规模和人员规模而言，正如芳汀所言："技术已经被用来促进政府机构的结构调整；在某些情况下，它甚至引发了官僚结构纵向（即指令下达层面）以及横向的（即职能部门）精简。"① 人工智能将行政人员从简单重复劳动中解放出来，将注意力投放到更重要的治理活动中去。

2. 政府结构转型的新特点

（1）虚拟化。互联网和人工智能等技术的发展和应用为政府部门从实体化走向虚拟化奠定了技术基础，公民对政府的认知也不再仅仅局限于钢筋水泥式的建筑、排队办事的窗口和恪守规则的公务员。在虚拟空间中，公民可以即时搜寻信息、办理业务和获取服务，而政府的结构与功能也在此处得到延展，现实的层级关系和部门壁垒在虚拟空间中得以重塑，人机协同成为政府内部管理与政府对外治理的一种应有形态。更进一步，人工智能的发展让物理空间与虚拟空间之间的界限日渐模糊，我们很难再将实体组织结构和虚拟空间中的组织形态严格地区分开来。正如芳汀所言："虚拟政府是这样一种政府，它的政府组织日益存在于组织间网络以及网络化的计算系统内，而不是各自独立的官僚机构。一个虚拟的政府由许多覆盖在正式结构之上的虚拟机构组成。"②

但是我们也要注意，走向虚拟化并不意味着政府组织的全盘虚拟化，也不代表实体组织结构没有存在的必要。这应该是一种虚实结合的状态，即使在实现智能化状态的条件下，政府仍然不得不保留必要的机构设置和必要的职能部门③。

（2）平台化。伴随技术进步，尤其是人工智能的发展，人们越来越多地将政府比喻成一种平台，或者说，政府的主要职责在于为全社会搭建一个平台，供其他治理主体在平台之上实现各种功能。"人工智能时代的政府是平台型政府，是由政府、非营利组织、企业、公民等多元主体参与的，利用互联网及其终端设备搭建的运算平台与传递平台向社会提供有价值的信息与服务，并逐步形成'平台＋用户端＝服务'的政府样态。"④ 正如开放的手机系统一样，新手机只能实现电话短信、拍照上网等基础功能，而应用开发者（无论是企业还是个人）基于该平台可以开发出各式各样的软件，以实现丰富多彩的功能，而手机用户根据自己的需求与判断自主选择安装不同软件。

平台型政府至少应具备模块化和开放性这两个平台型组织的关键特征。而人工智能通过建立多种统一库，如数据库、规则库等，从而更好地实现模块化的平台特征。人工智能还有助于打破传统政务服务的供需定义，一方面，通过广泛收集和快速分析用户数据，更精确地描绘用户需求，另一方面，通过连接多个服务供应节点，搭建临时的组织

①② 芳汀．构建虚拟政府：信息技术与制度创新．邵国松，译．北京：中国人民大学出版社，2004：23.
③ 王锋．智慧社会环境下的政府组织转型．中国行政管理，2019（7）.
④ 陈潭，陈芸．面向人工智能时代的政府未来．中国行政管理，2020（6）.

结构，以开放的方式实现供需方相适应的组合①。

专栏

深圳推行"无人工干预智能审批"模式

2019 年 6 月 25 日，深圳市观湖行政服务大厅正式揭牌启用，全面实施"秒批"服务，实现"马上办、网上办、就近办、一次办"的服务标准。中国工程院院士郭仁忠认为："深圳的'秒批'服务极大提升了城市营商环境竞争力。从长远看，'秒批'最终将改变整个政府治理框架结构，是政务服务的最高标准。"

在人才引进及保障方面，深圳市人力资源和社会保障局推出超过 22 个"秒批"事项，包括在职人才引进、灵活就业人员首次参保、工伤医疗与工伤康复、核定失业人员停领失业保险待遇等方面，预计每年惠及 1 200 余万人次。22 个"秒批"事项主要将"四减"落到了实处，即业务系统智能生成个性化材料清单，自动反馈犯罪记录、社保、体检等信息比对结果，实现"减材料、减环节"；加强部门权责清单梳理，统筹优化办理模式，打通人社、公安、发改、政务服务、诚信管理等部门之间业务系统，改变办事结果纸质传递、多次申请、往返跑动的传统办事方式，实现"减时限、减次数"。

在商事"秒批"服务方面，深圳市市场监管局早在 2015 年便已着手研究利用人工智能技术开展商事登记审批。2018 年，"秒批"业务量已占深圳市全部业务总量的 31.34%。2019 年 3 月 21 日，深圳率先运行个体工商户营业执照"秒批"业务，全市首张"秒批"的营业执照在龙岗区行政服务大厅核发。"一照一码"换照、名称自主申报、不见面审批等"秒批"服务已经覆盖了深圳市商事登记服务的诸多领域。

从人才落户到在职人才引进，从高龄老人津贴申请到网约车许可申办，从企业投资项目备案到个体工商户执照申领……在全球数据爆炸式增长的今天，在科技发展日新月异的深圳，"秒批"这种全新的"无人工干预智能审批"服务正在悄然改变深圳人的生活。

资料来源：秒批服务提升营商环境竞争力 深圳市在多个公共服务领域推行"无人工干预智能审批"模式. 中国质量报，2019－07－15.

13.2.3 人工智能引发的管理方式变革

管理方式是指政府为实现管理目标而采取的各种管理方法、手段和技术的总称。管理方式的选择受到内外部环境的影响，要与管理职能相适应，并服务于管理目标的达成。随着人工智能向公共行政的不断嵌入，政府的管理方式也正发生着深刻的变革。

1. 多元化

尽管治理理论纷繁复杂，但多中心始终是治理理论的核心追求之一，多中心意味着政府之外的多元化主体参与到公共事务的治理中去。但要实现多元化主体在公共领域中

---

① 孟庆国，鞠京芮. 人工智能支撑的平台型政府：技术框架与实践路径. 电子政务，2021（9）.

的真正参与却非易事①。传统的治理体系呈现出一种中心—边缘结构，政府由于权力、强制力、财力等因素占据绝对的主导地位，社会组织、群体、公民等主体在治理中发挥的作用十分有限②。造成其他主体参与不足的原因来源于诸多方面，包括主体意识、参与能力、参与渠道、行为习惯等，而技术一直以来都是一个不可忽视的要素。在传统的技术条件下，人们总有一种担心，即多元主体的参与可能降低行政效率，而这与行政组织的效率追求是冲突的。

人工智能的嵌入为实现治理主体多元化提供了技术支撑。一方面，人工智能为多主体参与治理提供了信息参与的可能路径，它突破了传统选举参与和协商参与的约束和局限，参与者利用移动智能终端就可以实现有效的参与③。同时，政府部门还可以通过人工智能技术收集、整合和分析公众散落在各处的意见、建议和要求，传统技术条件下对公众想法无法感知的现象越来越少，它不仅为政府回应公民诉求提供了信息支撑，也为后续的公众参与提供了基础。

人机在治理活动中共存也逐渐成为一种真实情景。如果说，人工智能的本质就在于让计算机完成人类心智能做的各种事情④，那人工智能机器是否也是多元主体中的一元？或者说，人工智能在公共行政领域的嵌入可能带来"治理主体的机器化，治理主体由传统的'人'转向'机器'"⑤ 的新议题，这是否意味着治理主体范围的再度扩展？机器能否全面地反映真实的人，机器是否有权进行管理活动等都成了富有争议的议题。

2. 智能化

这里的智能化是相较于早期的数字化政府而言的。数字化和智能化都是科学技术嵌入公共行政的结果，但早期的数字化政府强调借助数字技术简化政府流程、提高行政效率、精简组织机构等，而智能政府意味着通过智能技术的使用，减少信息不对称，推动决策智能化、政策执行智能化、资源配置智能化等，使得政府治理等更具智能化特征⑥。

传统部门分立的架构体系和信息阻滞的状况难以适应人工智能时代海量信息流通的现实需求，只有打破政府内横向部门间和纵向层级间的信息壁垒才能为智能政府的发展奠定组织基础。人工智能一方面为信息的流通提供了技术基础，另一方面也倒逼着政府去改变传统信息管理的方式。人工智能通过收集和分析海量数据，为政府决策提供了信息支撑，但更重要的是，当人工智能介入实质性的决策过程时，问题抓取、方案提出、方案比较、方案选择等都有人工智能的参与，甚至在一些决策中被人工智能完全替代，（至少部分事项的）决策将走向智能化。不仅是决策的产生，部分政策的执行也将迈向智能化，从政策宣传、政策互动到政策反馈，人工智能都有很大的应用空间。此外，人工

① 张桐. 迈向共建共享的城市治理：基于对西方两个代表性治理理论的反思性考察. 城市发展研究，2019（11）.

② 张桐. 治理的中心：边缘结构. 南京：南京大学出版社，2019.

③ 张宪丽，高奇琦. 人工智能时代公民的数据意识及其意义. 西南民族大学学报（人文社会科学版），2017，38（12）.

④ 博登. AI：人工智能的本质与未来. 孙诗惠，译. 北京：中国人民大学出版社，2017：3.

⑤ 王小芳，王磊. "技术利维坦"：人工智能嵌入社会治理的潜在风险与政府应对. 电子政务，2019（5）.

⑥ 雷鸿竹，王谦. 技术赋能、用户驱动与创新实践：智能时代下政府治理模式创新. 西南民族大学学报（人文社会科学版），2021，42（2）.

智能能够根据数据处理结果精准定位需求人群，以技术手段优化公共资源的配置结果，提升资源配置的效率和精度。

3. 精细化

精细化政府是指"政府在不断适应行政环境发展变迁的基础上，在政府管理过程中全面体现'精、准、细、严'理念，准确了解公众需求，精确提供公共产品和公共服务，有效提高政府管理职能，化解政府面临困境的政府管理创新模式"①。从上述概念中可以看到，精细化政府的关键在于供需之间的有效匹配，一方面要求从公众角度出发精准抓取、识别和表达公众需求，另一方面强调公共产品和服务的供给要与公众需求——尤其是多样化个性化需求——相契合。

传统经验化和粗放式的管理方式在公共行政实践中饱受诟病，街头官僚将公众视为一个个标准化的零件，当零件经由传送带进入官僚机器时，街头官僚按照标准化规则和流程给予其标准化的处置，至于公众需求是什么、服务是否符合需求等问题则被置于边缘化的境地。而人工智能为精细化政府的实现提供了强有力的技术支持。在城市治理中，人工智能等信息技术的嵌入使得政府可以系统全面、迅速快捷地收集城市中各层面各要素的实时信息，掌握城市运行动态，及时了解居民的个性化需求，并经过运算在方案库中进行精准匹配，将有限的城市资源进行合理化分配，以便更好地满足公众个人和城市发展的需求②。

4. 数据化

从数据的视角看待公共行政，管理过程就可以视为数据的收集、处理、分析和利用的过程，而管理的有效性则取决于上述过程的准确程度与效率高低。在传统公共行政场景中，数据从收集、处理、分析到利用是一个时间上和程序上从前到后的过程，从起点到终点历经复杂和漫长的过程。与此相对应的政府管理过程也是一个前后相继的漫长过程。这一逻辑能够应付低度复杂性和低度不确定性的社会，却难以适应高度复杂性和高度不确定性的社会。而信息技术、大数据和人工智能等在公共行政领域中的应用使得数据的获取和利用方式发生了根本性变化，政府通过各种摄像头、计算机程序、探测芯片等技术能够实现数据的即时收集和处理，政府对社会的感知能力得到前所未有的增强，对社会的回应能力也得到了大幅提升。例如，人工智能在行政审批领域大有可为，行政审批事项可以利用人工智能设备实现对审批数据的收集、识别和处理等，实现一站式完成审批服务的目标③。

与此同时在人工智能时代，数据监管将是监管部门的重要监管手段，通过构建舆情监测和数据分析系统、打造数据与资源共享体系等手段，辅之以配套保障措施，进而形成全周期全方位的监管④。例如，面对城市化进程加快带来的社会治安问题，人工智能可以通过"风险感知识别技术，对治安管理区域中的各种状况进行类别化、模式化分类，

① 刘银喜，任梅. 精细化政府：中国政府改革新目标. 中国行政管理，2017（11）.
② 窦旺胜，秦波. 技术嵌入视角下城市精细化治理逻辑框架与优化路径：基于北京市海淀区治理实践的分析. 城市问题，2021（11）.
③ 杨旎. 整体性治理理论视角下"互联网＋"行政审批的优化. 电子政务，2017（10）.
④ 倪楠. 人工智能时代电子商务技术监管研究. 行政论坛，2020，27（4）.

对情况的紧急程度进行识别，进行自动智能化报警"①，此外还可以依托人工智能的数据处理、分析和预测能力，总结城市治安中问题出现的规律，形成对城市治安形式的总体把握。

专栏

人工智能融入新基建，助推城市治理精细化

2020 年 4 月 20 日，国家发展改革委首次明确新型基础设施的范围，人工智能作为其重要一环被多次提及。将人工智能融入新型基础设施建设，推动国家人工智能战略落地，早已成为科技界和产业界的共识。作为人工智能企业，科大讯飞已率先投身"新基建"。

安徽省铜陵市是科大讯飞"城市超脑计划"首批试点城市之一。智慧化城市的治理经验，建立在人工智能"新基建"的基础上。在城市层面，以人工智能应用为特点的"新基建"将推动城市化和数字化深度融合，促进城市高质量发展。2020 年 4 月 11 日，铜陵市"城市超脑"平台电子猫眼记录显示：社区 79 岁的独居老人已超过 24 小时没有进出家门。这一预警信息在第一时间推送给了社区网格员，他及时联系后了解到，原来这天老人在家里自学钢琴没有出门，确认无恙后这才放心。这是铜陵"城市超脑"首批上线的"独居老人关怀"场景给社区治理带来的改变。

目前铜陵"城市超脑"以城市治理中的城市管理、社区治理、重点安全、生态环境、民生服务、宏观决策 6 大领域场景作为核心切入点，已实现了 21 个智慧场景的上线。"城市超脑"通过智慧场景的打造，来帮助解决城市管理中出现的很多实际问题，在提升城市治理效率的同时，也给城市治理机制带来了创新。

资料来源：科大讯飞　用人工智能推进"新基建". 人民日报，2020 - 05 - 26.

13.3　智能时代的治理困境

数据、算法和算力是构成人工智能的三大基本要素，算力总体上更多地关涉客观技术水平，而数据和算法之中无不包含着人类的主观选择和偏好。这种主观的选择和偏好如果放置于治理情境中，理论上，其结果既可能是公私之间的界限被进一步突破，个人隐私在技术时代无处躲藏，也可能使得歧视披着技术的外衣，游荡在治理场景之中。如果说这些理论上的困境在现实中已经上演，我们始终无法逃避的拷问则是，运用智能技术所招致的诸多问题，是由具备智慧的机器承担责任，还是归因于躲在机器背后的人类。

---

① 刘钊，林晞楠，李昂霖. 人工智能在犯罪预防中的应用及前景分析. 中国人民公安大学学报（社会科学版），2018，34（4）.

13.3.1 数据挖掘与隐私之间的平衡

1. 大数据时代的数据挖掘

尽管我们已经清晰地感受到了大数据时代的到来，但对于何为大数据的问题，依旧界定不一。舍恩伯格在《大数据时代：生活、工作与思维的大变革》中认为："大数据并不是一个确切的概念。最初，这个概念是指需要处理的信息量过大，已经超出了一般电脑在处理数据时所能使用的内存量，因此工程师必须改进处理数据的工具，这导致了新的处理技术的诞生。"[①] 简而言之，即"难以用常规的软件工具在容许的时间内对其内容进行抓取、管理和处理的数据集合"[②]。人们通常用"4V"来描述大数据的基本特征：(1) volume，即数据体量大；(2) variety，即数据类型多；(3) velocity，即数据处理速度快；(4) value，即数据价值高。因此，大数据的关键不仅在于数据体量之大，数据挖掘不仅在于通过各种设备大量抓取用户数据，同时在于获取不同类型的数据，在于提高对数据的处理速度，更在于从既有的海量数据中挖掘出更大的价值。

公共数据作为大数据时代数据资源的一个重要类型，是指"各级行政机关以及履行公共管理和服务职能的事业单位（统称公共管理和服务机构）在依法履职过程中，采集和产生的各类数据资源"[③]。政府等公共管理和服务机构在行使职责的过程中，不可避免地要采集公民、企业等主体的数据信息。同时，如果海量的数据在采集后仅仅存储和固化起来，数据将不会产生任何价值。公共数据价值的实现和增值是一个不断递进的过程，从基础的数据收集整合到数据的开放，再到最终的数据多主体挖掘利用[④]，数据的价值在此过程中得到了不断提升。

2. 大数据时代的隐私问题

隐私权概念的提出可以追溯到沃伦和布兰代斯在《哈佛法律评论》上发表的《隐私权》一文，文章认为隐私权是指公民"免受打扰的权利"（the right to be let alone）[⑤]。巴尼萨尔等人则将隐私划分为信息隐私、通信隐私、空间隐私和身体隐私[⑥]。《中华人民共和国民法典》将隐私定义为"自然人的私人生活安宁和不愿为他人知晓的私密空间、私密活动、私密信息"。

随着信息技术和智能终端的发展，互联网逐渐成为人们日常生活中必不可少的一部分。人们不停地穿梭于物理世界和虚拟世界之中，从事各种各样的活动，因而也留下了海量的数据信息，这些数据中固然潜藏着巨大的价值，但同时也隐藏着巨大的风险。更重要的是，伴随着大数据挖掘技术的快速发展，不仅传统的信息隐私、通信隐私等面临着泄露和侵扰

---

① 舍恩伯格. 大数据时代：生活、工作与思维的大变革. 杭州：浙江人民出版社，2013：8.

② 邬贺铨. 大数据思维. 科学与社会，2014，4 (1).

③ 上海市公共数据开放暂行办法. (2019 - 09 - 10) [2022 - 05 - 27]. https://www. shanghai. gov. cn/nw45024/20200824/0001 - 45024 _ 62638. html.

④ 任福兵，孙美玲. 基于价值链理论的政府开放数据价值增值过程与机理研究. 情报资料工作，2021，42 (4).

⑤ WARREN S D，BRANDEIS L D. The right to privacy. Harvard Law Review，1890，4 (5)：193 - 220.

⑥ BANISAR D，DAVIES S. Global trends in privacy protection：an international survey of privacy，data protection，and surveillance laws and developments. Journal of computer & Information Law，1999，18 (1)：3 - 111.

的风险，在信息技术快速发展背景下形成的整合型隐私的保护也承受着巨大压力。

所谓整合型隐私，是指"通过数据挖掘技术将人们在网络上留存的数字化痕迹进行有规律整合而成的隐私"[①]。换言之，如果没有强大的数据挖掘和分析技术，人类活动留存下来的很多信息都只是杂乱无章的琐碎片段，但大数据分析能够将这些片段信息整合起来，不仅是对横向碎片的数据整合，更是对历时片段的趋势分析，最终精确绘制出某个人、某个群体或某个组织的全貌，甚至超越了信息主体对自身的理解。例如，大数据能够从交易信息的碎片中整合出某个人的兴趣爱好，并预测他的未来消费行为。因此，党的二十大报告在谈到"提高公共安全治理水平"时特别提出，要加强个人信息的保护。[②]

公民对信息隐私等传统隐私内容具有较高的敏感性，也会通过拒绝信息收集、掩藏自己的特征、诉诸法律等手段加以保护，但在大数据时代，我们却很难知晓自己的数据将会在何时何地被何人以何种方式整合成何种信息[③]，更不用说这些数据在之后会被如何利用。这样一来，信息主体进行隐私保护的传统手段似乎也失效了。

3. 大数据挖掘与隐私保护之间的平衡

政府利用大数据及其技术进行社会治理的基本逻辑是，把治理过程产生的各类信息进行数据化处理，在此基础上通过相关技术将孤立分散、庞杂无序的数据加以整合，深入挖掘其中的数据价值，从而为治理活动服务。显然，利用大数据进行社会治理的前提是海量数据，那就必然会与信息主体的隐私保护产生某种张力。对于掌握公共权力的治理主体，在利用大数据技术达成公共管理的目标时，就有可能侵入其他主体的隐私领域，那么在数据挖掘与隐私保护之间进行平衡就是大数据时代不可回避的重大议题。

（1）收集数据。政府大数据治理的起点是对公民、企业和社会组织等主体的数据收集。在此过程中，一方面由于权力垄断、缺少监管等原因，政府可能无视数据所有者的隐私而强行、随意地决定数据收集的时空范围与内容类型；另一方面也是由于隐私的边界规定较为模糊，人们对于隐私的理解尚未达成共识，这就可能为数据收集过程中的不当操作预留了空间。

这就要求政府等公共部门及其工作人员在管理过程中要强化对各主体隐私的尊重和保护意识，在收集数据中要谨慎对待各类隐私，而不是"能收集的都收上来，以后再说"。同时，应通过法律法规、行政规章等明确政府等主体收集数据的范围和边界，界定政府在保护数据所有者隐私方面的职责和义务。

（2）开放数据。随着大数据时代的到来，开放政府数据的经济与社会价值愈发显现。美国在全球率先发动了开放政府数据（OGD）运动，世界各国纷纷响应。我国在 2015 年也颁布《促进大数据发展行动纲要》，提出要促进公共数据资源的开放。但以公开透明为由，泄露相关主体隐私信息的违法违规行为在各国政府数据开放实践中层出不穷，尤其是普通公众绝对隐私信息的过度公开化现象较为严重[④]。

为此，如何在信息公开与隐私保护之间谋求平衡成为理论与实践上的重要问题。例

① 顾理平. 整合型隐私：大数据时代隐私的新类型. 南京社会科学，2020（4）.
② 习近平. 高举中国特色社会主义伟大旗帜 为全面建设社会主义现代化国家而团结奋斗——在中国共产党第二十次全国代表大会上的报告. 北京：人民出版社，2022：54.
③ 顾理平. 区块链与公民隐私保护的技术想象. 中州学刊，2020（3）.
④ 周林兴，周丽. 政府数据开放中的隐私信息治理研究. 图书馆学研究，2019（12）.

如，在政府数据开放和隐私保护的相关法律尚不完备的情况下，政府数据开放的许可协议对于平衡政府数据开放和隐私保护有着巨大作用。比如，在许可范围上要明确规定涉及隐私的数据对于许可协议的不适用性，在许可方式上要对某些可能威胁隐私的数据采取目的限定的许可方式[1]。

（3）利用数据。数据收集是政府利用大数据技术进行治理的前置性条件，但其最重要的目的在于通过数据分析和应用激发出数据所蕴含的各种价值。如果数据信息仅仅被固定在特定的数据库中，就不会产生任何价值，隐私泄露的风险及其不良后果也就大大降低了。而当数据被挖掘和利用时，数据所有者的隐私就会得到释放和扩大。政府出于特定目的所收集的分散的个人信息，经过大数据技术的整合，就变成了整合性信息，相应的隐私风险就成了整合性隐私，这是大数据时代信息保护面临的最大挑战之一[2]。即使一些数据在使用时出于规定、伦理等因素会进行匿名化处理，但技术与管理上的漏洞使其仍存在着"再识别"的现实风险[3]。

应当看到，如果我们将大数据在治理过程中对隐私的侵犯仅仅视为技术问题，那我们解决问题的思路就会陷入"用技术解决技术"的泥潭，技术更迭和发展可能会暂时性地解决诸如匿名化不完全等问题，却无法真正解决数据挖掘与隐私保护之间的根本性难题。为此，我们理应重视法律规章、道德教育、管理流程等手段的作用，多措并举处理好大数据治理与隐私之间的平衡问题。

专栏

美国联邦执法部门频繁密查用户数据

当地时间 2021 年 6 月 30 日，微软公司负责用户安全的副总裁汤姆·伯特在美国国会众议院司法委员会的一场听证会上披露称，在过去 5 年中，美国联邦执法部门每年向微软公司签发 2 400 至 3 500 份"保密令"，以秘密获取微软用户数据，签发的频次多达每天 7 到 10 份，而美国法院几乎没有提供任何有意义的监督。

伯特在听证会上表示："微软这些云服务提供商经常收到（美国联邦执法部门）像模板一样的保密令，这些保密令缺乏有意义的法律或事实支撑，很多根本不应该得到法院批准。""最令人震惊的是，当美国联邦执法部门要查美国人的电子邮件、短信或是储存在云端的敏感内容时，这样的保密令成了例行日常。"美国众议院司法委员会主席杰罗尔德·纳德勒表示："21 世纪的联邦检察官都不需要到你的办公室去，他们只需要去翻你的'虚拟办公室'。他们都不用给记者发传票，只需要去云端（调查）。甚至不用通知人们，告知其电子记录被用来进行犯罪调查了，因为他们可以直接去找第三方公司。"

微软总裁布拉德·史密斯认为"联邦检察官们利用科技侵犯公民基本自由的事太常见了"，呼吁停止滥用"保密令"。

资料来源：滥用权力！微软公司揭露美联邦政府频繁密查用户数据. 中国日报网，2021 - 07 - 02.

---

① 黄如花，刘龙. 我国政府数据开放中的个人隐私保护问题与对策. 图书馆，2017（10）.
② 胡忠惠. 大数据时代政府对个人信息的保护问题. 理论探索，2015（2）.
③ 张涛. 政府数据开放中个人信息保护的范式转变. 现代法学，2022，44（1）.

13.3.2 算法治理中的歧视

莱斯格"代码即法律"[①] 的经典论述阐明了算法在人类社会发展中的重要地位，算法逐渐从计算机等学科走进了更多场域。算法不仅在科学实验场景中发挥作用，也为政府治理提供了技术支持与逻辑反思。但由于诸多原因，算法所支撑的政府治理也蕴含着算法歧视等诸多风险。

1. 算法

所谓算法，可以从狭义、中义和广义三个层次进行理解。狭义视角是从数学和计算机等学科出发，将算法定义为"任何良定义的计算过程，该过程取某个值或值的集合作为输入并产生某个值或值的集合作为输出"[②]。而中义是指"人类通过代码设置、数据运算与机器自动化判断进行决策的一套机制"[③]，中义算法描述了人类利用计算机提升决策效率的过程。而广义上的算法是指"进行计算、解决问题、做出决定的一套有条理的步骤"[④]。在此语境下，算法不再局限于某一领域，而是指一种做出决策以便解决问题的程序。

在政府治理中，人们通常是从中义视角去使用和理解"算法"，它既不是纯粹的科学技术问题，也不是泛指解决问题的程序步骤，而是在决策中利用智能机器解决问题的过程。

2. 算法治理

如同我们对技术治理的理解至少包含作为治理对象的技术治理和作为治理手段的技术治理等多个维度，对算法治理的既有理解大致可分为两个层次："对算法治理"以及"用算法治理"。

"对算法治理"意味着将算法作为治理的对象。算法在为人类带来生活便利、提高政府管理水平的同时，也开始了对社会的渗透和控制，算法日益成为一种社会支配性权力，进而对个人、群体和组织的思维与行为加以引导，对社会规则等加以重构[⑤]，如同法律一般在允许和支持某些思维行为的同时排斥或贬抑其他的思维与行为。因此，对算法的治理和驯化是一道摆在人类面前的难题，其目的在于让算法为人类合理使用，避免发生技术异化的悲剧事件。

"用算法治理"则意味着将算法作为治理的手段，以达到某种治理目标。在此语境下，我们要思考和应对的问题是，随着算法在人类社会，尤其是在政府管理中嵌入的深度和广度不断增加，如何保持人作为治理主体的地位。这就要求框定算法治理的边界，防止算法从一种治理手段和工具转变为主导性的治理主体。同时，在利用算法进

---

① 莱斯格.代码2.0：网络空间中的法律.李旭，沈伟伟，译.北京：清华大学出版社，2009：6.
② 科曼.算法导论.潘金贵，顾铁成，李成法，等译.北京：机械工业出版社，2006：6.
③ 丁晓东.论算法的法律规制.中国社会科学，2020（12）.
④ 赫拉利.未来简史：从智人到智神.林俊宏，译.北京：中信出版集团，2017：75.
⑤ 张铤.人工智能嵌入社会治理的逻辑、风险与政策应对.浙江社会科学，2022（2）.

行治理的过程中，如何应对法律冲突和算法歧视等也是在此视角下不得不面对的问题①。

3. 算法歧视

算法歧视是指"算法在收集、分类、生成和解释数据时产生的与人类相同的偏见与歧视，主要表现为年龄歧视、性别歧视、消费歧视、就业歧视、种族歧视、弱势群体歧视等现象"②。仔细检视算法歧视的表现形式，我们可以看到，这些类型早已有之，只不过是在新的技术条件下的一种复现。算法看似是一种中立的新兴技术手段，但我们始终不能忽视的是，算法背后仍然是人类的意志，因为算法不能凭空产生，在提供算法运行的基本数据、规定运算的基本方式、解释运算的最终结果等几乎所有环节，歧视就有了产生的空间。

相较于现实世界中时有发生的显性歧视而言，算法治理中的歧视则具有结构化的隐秘特征，这意味着一旦包含人类歧视的算法被投入使用，这种歧视至少会在一定时间内在相应环节中反复发生③。例如，弱势群体在传统的政府管理过程中本身就处于相对不利的地位，如果在算法设计中包含了这种管理的旧思路和态度，从数据收集就开始忽视这些群体，此种算法支持下的每一次政府决策及政策执行都可能缺失对弱势者的关注，而这只会加剧这些群体被边缘化的程度。更重要的是，如果人们将算法视为客观公正的标尺，而不对算法及其背后的逻辑思维进行检视，情况就会愈演愈烈。

"机器学习算法基于社会整体'大数据集'而形成'规则集'并应用于具体场景的过程，暗含着以整体特征推断个体行为的基本逻辑"④。依照这种算法逻辑，决策者与管理者就会根据算法提供的所谓群体性特质为不同群体与个体贴上相应的标签，进而推断个体的行为特征。例如，在备受争议的美国卢米斯案中，法官就在对嫌疑人的量刑判决中参考了COMPAS风险评估工具（基于对被告的访谈以及从被告犯罪史中获取的信息，对被告的累犯风险进行评估）的最终评估分值，而该评估工具的具体评估方法却以商业机密为由没有被公开。有研究指出，该评估工具有着明显的种族偏见问题，例如，与同样有可能再次犯罪的白人相比，非裔美国人更有可能被给予较高的分数⑤。该案就反映了算法治理的潜在风险，尤其是在我们不了解算法的内在机理，或者在某种算法未经专业人士审核与监管、未经实践长期检验的情况下，就将算法作为人类决策的辅助甚至主导性工具，其后果可能是难以估量的。

有多种原因可能导致算法中存在歧视情形。首先是算法设计的效率初衷。本质上，算法在面对海量的数据处理时，也面临着公平和效率的抉择难题⑥。而数据、算法和算力作为人工智能的三大基石，其所引领的新技术革新主要是在追求效率。在处理现实世界

---

① 王文玉. 算法嵌入政府治理的优势、挑战与法律规制. 华中科技大学学报（社会科学版），2021，35（4）.

② 汪怀君，汝绪华. 人工智能算法歧视及其治理. 科学技术哲学研究，2020，37（2）.

③ 张欣. 从算法危机到算法信任：算法治理的多元方案和本土化路径. 华东政法大学学报，2019，22（6）.

④ 贾开. 人工智能与算法治理研究. 中国行政管理，2019（1）.

⑤ LARSON J, MATTU S, KIRCHNER L, et al. How we analyzed the COMPAS recidivism algorithm. (2016 - 05 - 23) [2022 - 06 - 02]. https://www.propublica.org/article/how-we-analyzed-the-compas-recidivism-algorithm.

⑥ 张玉宏，秦志光，肖乐. 大数据算法的歧视本质. 自然辩证法研究，2017，33（5）.

问题时，算法治理仍然遵守着虚拟程序中效率导向的原则，这必然会与我们所追求的平等自由等原则发生冲突。其次是所获数据的质量有限。数据集是算法运行的前提。一方面，繁杂的社会事务和有限的时间精力之间经常是矛盾的，政府所关注的往往是亟待解决和权重突出的领域里的数据，另一方面，由于当今世界的高度复杂性和高度不确定性，人们所获取的数据在很多时候并不能真实反映社会运行的真实面貌。数据采集中量与质的不足就为算法治理中的歧视埋下了隐患。最后就是算法运行的黑箱事实。算法黑箱总会出现一些无法为专业人员所能解释的运算过程和运算结果，即使不考虑人为因素，算法技术本身也可能如此。如果算法黑箱出现了损害公共价值的结果，技术人员无法做出合理解释，政府工作人员又过度依赖算法而不对其加以矫正，公共价值将由谁来守护？①

专 栏

算法技术也戴着有色眼镜?

人工智能时代，算法已经逐渐脱离网络平台系统，逐渐被越来越多的政府公共部门纳入使用范围，应用于公共治理领域。在公共校车的路线规划、房屋质量检测、再犯罪风险预估、儿童福利制度、预测性警务等诸多领域，纽约政府部门逐渐使用甚至越来越依赖基于算法的自动决策系统。自动决策系统是指基于数据的算法决策系统，以政府社区治理为目标，其目的在于对社会治理对象的预测、识别、监视、检测。但与此同时，政府对算法自动决策系统的依赖引发了公众的担忧。

纽约"为了人民"（ProPublica）组织在调查中发现一款名为 COMPAS 的软件存在种族歧视的倾向。COMPAS 全称为提供替代性制裁矫正犯罪管理画像，是运用算法依据累犯和犯罪职业特征相关行为和心理结构设计的犯罪嫌疑人风险预测评估软件。在该软件做出的高风险错误判定中，黑人数量是白人的两倍以上。例如，布里沙·博尔登和弗农·帕特均因窃取价值 80 美元财物被指控盗窃罪，前者无入狱经历、有过 4 次行为不当、危险指数为 8（高危），而后者有 5 年入狱经历、曾两度持枪抢劫、危险指数却仅仅被评定为 3（一般危险）。二者的区别之一即是种族差异，前者是一名黑人女性，后者是一名白人男性。

这种算法决策被指责存在种族歧视、人权侵害等风险，继而加剧了社会的不公平现象。

资料来源：算法技术也戴着有色眼镜?. 法治周末, 2020 - 01 - 16.

13.3.3 智能机器的责任

1959 年，被誉为"机器人之父"的约瑟夫·恩格尔伯格研制出了世界上第一台机器人——一只可以完成自动搬运工作的机械手臂。在随后的几十年里，机器人的研发和运用得到了长足的发展，对人类生产生活产生了巨大影响。可以说，如今机器人在工业、军事和家庭等领域的应用早已超出了早期开创者的想象。更进一步，人工智能与机器人

---

① 任蓉. 算法嵌入政府治理的风险及其防控. 电子政务, 2021（7）.

结合而成的智能机器又为人类社会的发展提供了新一轮机会。但与此同时，在政府治理等诸多领域，有关智能机器的责任问题成为我们不得不面对和思考的重大议题。

1. 无法逾越的"责任鸿沟"

2004 年，马蒂亚斯在谈及智能机器的责任问题时指出："传统上，机器的制造商/操作者对其操作的后果负有（道德和法律上的）责任。基于神经网络、遗传算法和智能体系结构的自动学习机器创造了一种新情况，即机器的制造商/操作者在原则上不再能够预测未来的机器行为，因此不能在道德上承担责任或对其负责。社会必须决定是不再使用这种机器（这不是一种现实的选择），还是面临传统责任归属观念无法弥补的'责任鸿沟'。"[①]

过去，我们将机器定位为完全执行人类意志的工具，某一特定机器的设计和使用是为了满足人类具体的目的。机器不具备自身的自主性和能动性，环境一旦发生细微改变，机器便不能正常运转了。由于机器的行动是设计者和操作者行为的直接结果，因此机器的设计者和操作者要为机器行为的后果负直接责任。而智能机器的运算过程对于人类而言仍然是一个"黑箱"，即使是设计人员和操作人员也很难对智能机器的最终决策结果和行为结果给予准确的解释，也就更谈不上预测了。由于智能机器能够在数据和算法的基础上依据环境的变化来自主学习和自我优化，其行为结果也就很难直接归功于或归咎于设计人员和操作人员。但与此同时，我们似乎也无法轻易地承认智能机器具备了承担责任的主体地位，因而无法将责任简单归属于无生命的机器。那么，谁来负责呢？负什么责？对谁负责？

2. 难以廓清的主体身份

面对责任鸿沟，一个可能的解决方式就是廓清智能机器的主体身份。如果仅仅将智能机器视作受人类掌控和支配的最新技术产品，那么否定智能机器的责任主体地位则顺理成章；但如果充分承认智能机器的自主性，我们是否也有一定的把握将智能机器当作某个责任主体？

在一些学者看来，智能机器的自主性不过是某种不值一提的幻象，智能机器的行为及其后果仍然要由设计人员和操作人员负责[②]。智能机器虽然能够表现出某种"自主性"，但是这种"自主性"不是自我实现的，而是人类根据自身目的所赋予的，不是一种实质上的自主性[③]。但是，我们似乎已经可以明显地感受到，人类无法实现对智能机器的完全控制，智能机器可以不基于人类的指令而按照自身运算结果实施行动，智能机器的行为可以超出人类的控制，让人类对自己无法控制的东西负责，似乎又超越了人们对责任的惯常理解。换个角度看，在人机交互的行动中，每个行动体只是执行自身的独立动作，行动体的行为通过交互关系才能产生最终的结果，孤立地看待行动体就只能要求人对自身的行为负责，而无法对整个交互行为的结果担责[④]。

有关智能机器主体地位问题的另一种极端解答就是让机器作为承担责任的主体。面

---

① MATTHIAS A. The responsibility gap：ascribing responsibility for the actions of learning automata. Ethics and Information Technology，2004，6（3）.

② 刘博韬，金香花. 人工智能的责任鸿沟：基于归因过程的分析. 道德与文明，2021（6）.

③ 宋春艳，李伦. 人工智能体的自主性与责任承担. 自然辩证法通讯，2019，41（11）.

④ 郭菁. 基于人机联合行动体的责任归因. 自然辩证法研究，2020，36（11）.

对归责于人的困境，有学者认为"如果合成智能有足够的能力可以感知到周围环境中与道德相关的事物或情况，并且能够选择行为的话，它就符合作为一个道德行为体的条件"①，而智能机器强大的自主学习能力使得我们有理由将其视作一个独立的责任主体②。更进一步而言，当智能机器通过道德图灵测试时，便可以被视作人工道德行动体（AMAs）③，人工道德行动体的目标不仅在于关注设计者在塑造系统道德价值上的角色，而且要使系统具备清晰的道德推理和决策能力④。当然，人工智能目前的发展水平尚未达到可以承担责任的程度，关于人工道德行动体等相关讨论还处于理论探讨的阶段。虽然我们对技术的发展怀有充分的信心，将强人工智能变为技术现实，但是正如斯塔尔所言，或许计算机比人类更善于计算，但它们丧失自由，无法受到惩罚，缺少人类意义上的意识和目的，也不具备使人类采取负责任行动的情感和良知⑤。在这个意义上，即使将智能机器视作责任主体似乎也难以达到预期的效果和实现预期的目的，而更重要的是，可能因此出现将人类责任推脱给智能机器的境况。

基于上述两种极端观点，折中的看法认为，可以在人机责任分配中寻求某种平衡。智能机器的行为，或者更准确地说，有智能机器参与的场景，实质上是人机交互的结果，无论人是作为机器的设计者、操作者还是机器的合作者或服务对象，因此不能将责任单纯归于一方的人或机器，而应当是二者的共同责任。这就将智能机器的责任主体地位问题转化为责任分化和分配问题。有学者试图通过包括人工物设计者、本身和使用者三方的"集体责任"来分配人工智能系统的行动责任⑥，从而建构出一种人机联合责任体⑦。在人机联合责任分配中，要遵循以人为本原则，依照智能化程度差异制定分级分类的担责方案。

3. 治理中的智能机器责任

当我们将视野回归到治理场景之中，理解智能机器的责任问题的一个维度就是智能机器的责任客体，即智能机器应当对谁负责。从公共行政的价值追求来看，它一方面强调对公共利益的追求，即增进公众福祉，维护公共秩序，另一方面还要考虑政府的合法性和公信力。因而，智能机器的责任客体应当由公众和政府两部分组成⑧。

2017 年 1 月，在加利福尼亚州阿西洛马举行的会议上，近千名人工智能领域和机器人领域的专家联合签署了阿西洛马人工智能 23 条原则，明确要求智能系统的设计和运行

---

① 卡普兰. 人工智能时代：人机共生下财富、工作与思维的大未来. 李盼，译. 杭州：浙江人民出版社，2016：80.

② HELLSTRÖM T. On the moral responsibility of military robots. Ethics and Information Technology, 2013, 15 (2)：99 - 107.

③ ALLEN C, VARNER G, ZINSER J. Prolegomena to any future artificial moral agent. Journal of Experimental & Theoretical Artificial Intelligence, 2000, 12 (3)：251 - 261.

④ 瓦拉赫，艾伦. 道德机器：如何让机器人明辨是非. 王小红，译. 北京：北京大学出版社，2017：32.

⑤ STAHL B C. Responsible computers? A case for ascribing quasi-responsibility to computers independent of personhood or agency. Ethics and Information Technology, 2006, 8 (4)：205 - 213.

⑥ JOHNSON D G. Computer systems：moral entities but not moral agents. Ethics and Information Technology, 2006, 8 (4)：195 - 204.

⑦ 郭菁. 基于人机联合行动体的责任归因. 自然辩证法研究, 2020, 36 (11).

⑧ 颜佳华，王张华. 人工智能场景下公共行政技术责任审视. 理论探索, 2019 (3).

应当符合人类的尊严、权利、自由和文化多样性等理念。在政府治理活动中对这些基本原则的遵守就意味着，智能机器的运用首先应当是确保公众的利益不受侵害，提升与公共价值追求的吻合度，即对公众负责。同时，可以预见人工智能在政府活动中应用的广阔前景，智慧政府正逐渐成为一种现实。此时，智能机器的直接使用者是政府，智能机器也应服务于治理目标的实现。

最后，让我们回到阿西洛马人工智能原则①，以此作为本章的结尾。23 条原则共分为三大类：科研问题（research issues）、伦理和价值（ethics and values）、长期问题（longer-term issues）。细致地考察，几乎每一条原则都与公共行政——特别是行政伦理——的理论与实践紧密相关。第 3 条原则指出，应在人工智能研究者与政策制定者之间建立充分的交流，这不仅意味着政府应当制定政策促进人工智能的发展，应当监管人工智能可能带来的风险，还意味着人工智能等新技术重塑了政府与其他主体之间的关系。有关安全性、可靠性、原因追溯、价值归属、个人隐私、利益分享、风险管控等多条原则都旨在回应人工智能涉及的伦理问题，尽管许多表述还停留于表面，但至少表明了伦理在人工智能发展中的突出地位。第 9 条原则指出，人工智能系统的设计者和建造者是人工智能结果的参与者，对其负有相应的责任，这一表达似乎采取了上述的折中路线，既肯定了人类的责任，又没有将责任完全推给人类。因此，人工智能等技术在为人类带来巨大改变的同时，将重塑我们对责任与伦理问题的认识，或者说，逼迫我们重新理解责任与伦理议题。而最后一条原则写道：人工智能的开发是为了服务广泛认可的伦理观念，并且是为了全人类的利益而不是一个国家和组织的利益。这也是行政伦理的核心关切。

◀ **本章小结** ▶

关于技术与社会的相互关系，历来存在着决定论和社会建构论两种针锋相对的观点。然而，技术与公共行政的关系不仅是该议题中的一个组成部分，更要求我们从二者的关系出发，深度思考治理的理论与现实问题。一方面，技术对公共行政认知、公共行政组织和公共行政方法都产生了重要的影响。反过来，公共行政也通过吸纳、适应、控制等方式影响着技术。

人工智能作为一种技术类型与成果，其与公共行政的关系，同一般性技术与公共行政的关系具有相似性。但人工智能因其感知力、适应力、学习力等特征在一般技术中又显得十分特殊，其对公共行政造成的影响也更加深刻，也会给治理带来前所未有的挑战。人类不仅要担心技术对人工的替代，更要警惕人类对技术的过度依赖，政府不仅要关注信息安全、个人隐私等传统议题，还要重新思考公共行政中的互动参与等问题。人工智能对政府的横向结构、纵向结构和政府规模都产生了不同程度的影响，更通过虚拟化和平台化等方式对政府结构转型提出了新的课题。人工智能也通过多元化、智能化、精细

---

① The Asilomar AI Principles. WIRED.（2018-06-01）［2022-6-27］. https://www.wired.com/beyond-the-beyond/2018/06/asilomar-ai-principles/

化和数据化等改变着政府的管理方式。

　　智能时代的人类将面临更为复杂的行政伦理命题。我们在享受大数据带来的福利的同时，需要在数据挖掘和隐私保护之间寻求某种平衡。我们在设计和利用算法的同时，更要关注歧视等隐藏在算法背后鲜为人知的东西。我们在与智能机器共处之时，也不要忘记追问行为背后的责任问题。

◀ **关键术语** ▶

技术	人工智能	虚拟化	智能化	平台化
大数据	隐私	算法	算法治理	算法歧视
智能机器	责任			

◀ **复习思考题** ▶

1. 什么是技术？技术如何影响公共行政？
2. 公共行政如何对技术发挥作用？
3. 什么是人工智能？人工智能如何影响公共行政？
4. 人工智能对政府结构会产生哪些影响？
5. 如何理解人工智能引发了管理方式的变革？
6. 什么是大数据？如何在数据挖掘和隐私保护之间进行平衡？
7. 什么是算法和算法治理？什么是算法治理中的歧视？
8. 人类在智能时代面临怎样的责任困局？

人大版公共管理类教材

公共管理类专业教材——学科基础课教材

书名	作者
现代管理学原理（第三版）（"十一五"国家级规划教材）	娄成武　魏淑艳
一般管理学原理（第四版）	张康之　周　军
管理学基础（第三版）	方振邦
政治学原理（第三版）	景跃进　张小劲
现代政治学原理（第四版）	石永义　刘玉尊　张　璋
公共管理学（第二版）	陈振明
公共管理学——一种不同于传统行政学的研究途径（第二版）	陈振明
公共管理学（第三版）（数字教材版）（"十二五"国家级规划教材）	蔡立辉　王乐夫
公共管理学（精编版）	王乐夫　蔡立辉
公共管理学（第二版）	张康之　郑家昊
公共管理概论（第二版）	朱立言　谢　明
公共政策导论（第六版）（数字教材版）	谢　明
公共政策概论（第二版）	谢　明
公共政策学——政策分析的理论、方法和技术（"十一五"国家级规划教材）	陈振明
公共政策学（第二版）	杨宏山
政策科学——公共政策分析导论（第二版）	陈振明
公共经济学（第三版）（"十二五"国家级规划教材）	高培勇
公共经济学教程	秦立建
政府经济学（第四版）（"十一五"国家级规划教材）	郭小聪
政府经济学（第四版）	潘明星　韩丽华

公共管理类专业教材——方法课教材

书名	作者
公共管理研究方法	何兰萍　张俊艳
行政学研究方法与应用案例	萧鸣政　等
管理定量分析：方法与技术（第三版）	刘兰剑

公共管理类专业教材——行政管理、公共事业管理专业教材

书名	作者
行政法学导论	姜晓萍
公共部门人力资源管理（第四版）	孙柏瑛　祁凡骅
公共部门人力资源开发与管理（第五版）（"十二五"国家级规划教材）	孙柏瑛　祁凡骅
公共部门人力资源管理（第三版）	滕玉成　于　萍
公共部门人力资源管理概论（第二版）	方振邦
公共部门人力资源管理案例	周均旭
行政管理学（第五版）（数字教材版）	郭小聪
公共行政学（第五版）	彭和平
公共行政学（第二版）	张康之　张乾友
行政学导论（第三版）	齐明山

书名	作者
行政管理学导引与案例	陈季修
管理心理学（第三版）	范逢春
公共组织行为学（第三版）（"十一五"国家级规划教材）	孙 萍 张 平
公共组织学（第四版）	李传军
行政组织学（第二版）	张 昕 李 泉
公共组织理论	陆明远 冯 楠
公共事业管理概论（第三版）	朱仁显
公共组织财务管理（第三版）（"十一五"国家级规划教材）	王为民
国家公务员制度（第五版）（数字教材版）（"十二五"国家级规划教材）	舒 放 贾自欣
国家公务员制度概论（第二版）	刘碧强 郗永勤
公务员制度概论	李如海
公务员制度	温志强 王彦平 郝雅立
当代国家公务员制度：理论与实践	胡春艳
行政领导学（第三版）	朱立言 李国梁
领导学（第五版）	邱霈恩
领导学	孙 健
现代市政学（第五版）（数字教材版）	王佃利
市政管理学（第五版）（"十一五"国家级规划教材）	杨宏山
社区管理（第四版）	汪大海 魏 娜 郇建立
社区管理原理与案例	魏 娜
电子政务教程（第三版）（"十一五"国家级规划教材）	赵国俊
电子政府与电子政务（第二版）（"十一五"国家级规划教材）	张锐昕
行政伦理学教程（第四版）（"十二五"国家级规划教材）	张康之 李传军
公共危机管理概论（第二版）	王宏伟
公共危机管理	唐 钧
当代中国政府与政治（第二版）	景跃进 陈明明 肖 滨
当代中国政府与行政（第三版）	魏 娜 吴爱明
地方政府学概论（第二版）	方 雷
地方政府管理（第二版）	陈瑞莲 张紧跟
管理秘书实务（第三版）	赵锁龙
行政秘书学	唐 钧
公文写作与处理	赵国俊
机关管理的原理与方法（第三版）	赵国俊 陈幽泓
公共部门绩效管理（第二版）	方振邦
政府绩效管理（第二版）	方振邦 葛蕾蕾
政府绩效评估	蔡立辉
政府公共关系（第二版）（"十一五"国家级规划教材）	廖为建 张 宁
西方行政学理论概要（第二版）（"十一五"国家级规划教材）	丁 煌
公共行政学史（第二版）	何艳玲
西方公共管理名著导读	汪大海
文化管理学（第三版）（"十二五"国家级规划教材）	孙 萍
文化创意产业导论	魏鹏举
卫生事业管理（第二版）（"十一五"国家级规划教材）	李 鲁
现代公用事业管理	崔运武

公共管理类专业教材——劳动与社会保障专业教材

书名	作者
社会保障概论（第七版）	孙光德　董克用
社会保障学	戴卫东
劳动经济学（"十一五"国家级规划教材）	董克用　刘昕
劳动法与社会保障法	黎建飞
社会保险学（第四版）	孙树菡　朱丽敏
社会保障基金管理	李春根
社会保障国际比较	仇雨临

公共管理类专业教材——土地资源管理专业教材

书名	作者
土地经济学（第八版）（"十一五"国家级规划教材）	毕宝德
土地法学（中国人民大学"十三五"规划教材）	严金明
土地资源学	张正峰　赵文武
土地资源管理学（第二版）	张正峰
国土空间规划学	张占录　张正峰
不动产估价（第二版）（"十一五"国家级规划教材）	叶剑平　曲卫东
土地信息系统	曲卫东　韩琼
地籍管理（第五版）（"十一五"国家级规划教材）	谭峻　林增杰

公共管理类专业教材——城市管理专业教材

书名	作者
城市管理学（第四版）	杨宏山
城市管理学：公共视角	陆军　等
城市管理法	王丛虎
城市总体规划原理	邻艳丽　田莉

公共管理类教材——应急管理专业教材

书名	作者
应急管理导论：原理与案例	李燕凌　朱正威　张海波　章文光
应急管理概论	王宏伟
应急管理理论与实践	唐钧
突发事件风险管理	张小明
应急管理新论	王宏伟
新媒体时代的应急管理与危机公关	唐钧
公共安全风险治理	唐钧

公共管理硕士（MPA）教材——核心课教材

书名	作者
全国公共管理硕士（MPA）核心课程教学指导纲要	全国公共管理专业学位研究生教育指导委员会
社会主义建设理论与实践（第三版）	李景治　蒲国良

书名	作者
公共管理英语（修订版）	顾建光
学术规范和论文写作	胡宏伟
公共管理学（第三版）（全国优秀教材二等奖）	张成福　党秀云
公共管理学原理（修订版）	陈振明
公共管理导论	竺乾威　朱春奎　李瑞昌
公共政策分析	陈振明
公共政策分析导论	陈振明
公共政策分析概论（修订版）	谢　明
公共部门经济学（第三版）	高培勇　崔　军
公共经济学	唐任伍
行政法学（修订版）	皮纯协　张成福
行政法学概论（第三版）	胡锦光
非营利组织管理概论（修订版）	王　名
非营利组织管理	王　名　王　超
公共管理伦理学（修订版）	张康之
社会研究方法	陈振明
电子政务理论与方法（第五版）	金江军
公文写作概论	高永贵

公共管理硕士（MPA）教材——专业方向必修课、选修课教材

书名	作者
公务员制度教程（第六版）	舒　放　王克良
比较政府与政治（修订版）	卓　越
当代中国政府与政治（第三版）	吴爱明　朱国斌　林　震
公共部门人力资源管理及案例教程（第三版）	陈天祥
公共部门绩效评估（修订版）	卓　越
公共部门危机管理（第三版）	张小明
应急管理通论（第二版）	李雪峰
公共部门战略管理（修订版）	陈振明
MPA学位论文写作指南	汪大海

图书在版编目（CIP）数据

行政伦理学教程 / 张康之，王锋主编. -- 4 版. --
北京：中国人民大学出版社，2024.1
新编 21 世纪公共管理系列教材
ISBN 978-7-300-32167-7

Ⅰ.①行… Ⅱ.①张… ②王… Ⅲ.①行政学-伦理
学-高等学校-教材 Ⅳ.①B82-051

中国国家版本馆 CIP 数据核字（2023）第 174409 号

"十二五"普通高等教育本科国家级规划教材
国家级精品课程教材
新编 21 世纪公共管理系列教材
行政伦理学教程（第四版）
张康之　王　锋　主编
Xingzheng Lunlixue Jiaocheng

出版发行	中国人民大学出版社		
社　　址	北京中关村大街 31 号	邮政编码	100080
电　　话	010 - 62511242（总编室）	010 - 62511770（质管部）	
	010 - 82501766（邮购部）	010 - 62514148（门市部）	
	010 - 62515195（发行公司）	010 - 62515275（盗版举报）	
网　　址	http://www.crup.com.cn		
经　　销	新华书店		
印　　刷	北京昌联印刷有限公司	版　次	2004 年 7 月第 1 版
开　　本	787 mm×1092 mm　1/16		2024 年 1 月第 4 版
印　　张	21.25 插页 1	印　次	2024 年 12 月第 2 次印刷
字　　数	478 000	定　价	59.00 元

中国人民大学出版社　管理分社

教师教学服务说明

中国人民大学出版社管理分社以出版工商管理和公共管理类精品图书为宗旨。为更好地服务一线教师，我们着力建设了一批数字化、立体化的网络教学资源。教师可以通过以下方式获得免费下载教学资源的权限：

★ 在中国人民大学出版社网站 www.crup.com.cn 进行注册，注册后进入"会员中心"，在左侧点击"我的教师认证"，填写相关信息，提交后等待审核。我们将在一个工作日内为您开通相关资源的下载权限。

★ 如您急需教学资源或需要其他帮助，请加入教师 QQ 群或在工作时间与我们联络。

中国人民大学出版社　管理分社

🔔 **教师 QQ 群**：648333426（工商管理）　114970332（财会）　648117133（公共管理）
教师群仅限教师加入，入群请备注（学校＋姓名）

☎ **联系电话**：010-62515735，62515987，62515782，82501048，62514760

✉ **电子邮箱**：glcbfs@crup.com.cn

📍 **通讯地址**：北京市海淀区中关村大街甲 59 号文化大厦 1501 室（100872）

管理书社

人大社财会

公共管理与政治学悦读坊